Excel 管理信息处理与实践教程

——全面兼容 2016

（第二版）

主　编　刘启刚

副主编　孙向阳　徐　伟

上海大学出版社

·上海·

图书在版编目(CIP)数据

Excel 管理信息处理与实践教程：全面兼容 2016/
刘启刚主编. —2 版. —上海：上海大学出版社，
2019.6
　　ISBN 978 - 7 - 5671 - 3605 - 2

Ⅰ.①E… Ⅱ.①刘… Ⅲ.①表处理软件-信息处理
系统-教材 Ⅳ.TP391.13

中国版本图书馆 CIP 数据核字(2019)第 120868 号

责任编辑　王悦生
封面设计　柯国富
技术编辑　金　鑫　钱宇坤

Excel 管理信息处理与实践教程
——全面兼容 2016
（第二版）

主　编　刘启刚
副主编　孙向阳　徐　伟

上海大学出版社出版发行
（上海市上大路 99 号　邮政编码 200444）
（http://www.shupress.cn　发行热线 021 - 66135112）
出版人　戴骏豪
＊
南京展望文化发展有限公司排版
上海华教印务有限公司印刷　各地新华书店经销
开本 787mm×1092mm　1/16　印张 23.5　字数 601 千
2019 年 6 月第 1 版　2019 年 6 月第 1 次印刷
印数：1～3100
ISBN 978 - 7 - 5671 - 3605 - 2/TP・072　定价　62.00 元

前　言

随着信息技术的发展,信息的收集和采集越来越方便,但是如何对数据进行有效整理、分析,成为人们需要解决的主要问题。信息处理与分析已经成为人们工作中的一种基本需求,已经渗透到人类活动的各个领域和各个层次,尽管不同领域的信息处理与分析各有特点,但在知识和方法上,却有着本质的联系。进行信息处理和分析,需要两个方面的能力:一是要理解信息分析处理的思想和方法,二是能够熟练掌握一个强有力的数据处理工具。本书选择 Microsoft Excel 作为信息分析工具,通过对分析工具的学习和实践,引导读者逐步了解和体会信息处理的思想和方法,选择合适的功能恰当地达到信息处理和分析的目的。所以,本书的书名为《Excel 管理信息处理与实践教程》,主要是强调在日常的管理工作和商务环境下如何进行数据的处理,而 Excel 仅仅是一个工具。

Microsoft Excel 是目前最为常用的办公软件 Office 的一个组件,它可以进行各种数据的处理、统计分析和辅助决策操作,广泛地应用于管理、统计财经、金融等众多领域,成为许多人工作中不可缺少的一个工具,也是大学生计算机基础教育中一个重要内容。Excel 的版本更新很快,特别是新推出的 2016 版与早期的 2003 版在程序使用上发生了巨大的变化。本书将兼顾 2013 版和 2016 版对 Excel 工具进行较为全面的讲解,特别针对一些在实际工作中非常有用的方法和技巧作了介绍,希望读者通过阅读和学习本书,成为使用 Excel 的高手,充分发挥 Excel 的功效,提高工作的效率和水平。

作为一个数据处理软件,Excel 的功能发挥除了与用户对于 Excel 的掌握程度有关以外,更要受到用户对数据处理方法内涵理解的影响。因此,本书在编写过程中不仅告诉读者如何使用这些技巧,更重要的是把关注点转向介绍 Excel 中各种工具设计的目标、使用的场合以及对不同类型的数据源、不同的研究目标、不同的情景下,应该如何进行数据的整理、描述、分析和预测。例如,许多人都会使用 Excel 的图表工具生成各类图表,但是绝大部分人在使用时只是根据个人的喜好随意挑选图表的类型、设置图表的颜色等,而实际上同样的数据采用不同的图表时,其表达的含义是完全不同的,不同的细节设置也会对图形的效果产生深刻的影响。在本书的第 5 章中介绍了不同形式的数据应该选择合适的图表类型的思想,介绍了不同颜色的搭配和色彩的设定对数据体现产生的影响,这样的学习会对读者真正掌握 Excel 数据处理的精髓大有裨益。

当然 Excel 在数据处理方面的功能相当丰富,限于篇幅,本书不可能包罗万象,非常详细全面地完整介绍。因此,在内容的选择上本书主要考虑了三个方面:第一,从实践性出发,能把 Excel 中最常用最有用的功能准确地介绍给读者;第二,考虑不同读者的需求,在每一章的开始有一个引言，既介绍了全章的目标和内容，也给出该章的阅读建议，帮助不同需求的读者掌握全章的重点和难点，有选择地进行学习；第三，考虑到读者进一步学习的需求，内容介绍是尽可能展示 Excel 的全貌。例如，本书第 6 章讲解了数据分析的各种方法和应用，还介绍了数据地图工具如何嵌入在 Excel 中使用，这在同类书中是很少见的。当然，由于数据分析工具非常多，本书只是做一个引导性的讲解，更多、更详细的内容可以参考本书附带的相关参考资料。

本书的编写工作是在最近五年的教学改革和课程教学的基础上进行的，由于这门课程内容具有显著的实践性和趣味性，同时不难于理解，特别适合学生进行一些自学和探究活动。因此，在教学模式上可采取授课、自学、个人项目、团队项目相结合的方式，这不仅可以帮助学生在未来的学习和工作中能够有效地进行数据的收集和整理，了解数据分析的常见方法和作用，充分发现和挖掘数据的内在价值，而且可以提高学生的自学能力和实际解决问题的能力。

本书在授课时，建议老师可以在每章中选择一部分内容由学生自行学习，在第 6 章和第 10 章的教学过程中，可以分别安排两个学生的项目训练。例如，在第 6 章教学之后，可以请学生进行一些实际数据的分析，第 10 章学完以后，可以编写一些基于 VBA 的小程序，如通信录、资料管理系统等。

本书的编写工作由刘启刚、孙向阳、徐伟、胡珉、周丽、陈娟、杜娟、罗钢、牟立峰和孙燕红共同完成，刘启刚负责全书的策划和统稿。其中，第 1 章由牟立峰编写，第 2 章由周丽编写，第 3 章由孙向阳编写，第 4 章由徐伟编写，第 5 章由孙燕红编写，第 6 章由刘启刚编写，第 7 章由杜娟编写，第 8 章由陈娟编写，第 9 章和第 10 章由罗钢编写。另外，张敬尧、李皓璇、倪奕菲和徐胜康也为本书的顺利完成作出了贡献。

本书中所有的例题、练习题、实验题、资源以及相关的参考资料的电子文档(大多用"参见"等提示)都可以从网络上下载，下载网址 https：//github.com/qigangliu/resources4IPA。如果需要课程课件和习题答案，可以向作者免费索取。

本书中难免有疏漏之处，恳请读者不吝赐教。如果读者在阅读过程中遇到问题或需要讨论，可与作者联系。作者也非常欢迎和其他老师一起讨论有关信息处理与实践课程的教学改革问题。如果有教师需要本书的教案和习题答案可与编者联系。

编　者

邮件地址：ryan.liu@shu.edu.cn

2019－05－17

目 录

第 1 章

Excel 快速入门

Excel 是一个电子表格软件，它被封装在 Microsoft Office System 套装软件中，不仅可以用来制作电子图表，完成各种复杂的数据运算，进行数据的分析和预测，而且还可以制作网页，实现与 Internet 交换数据等功能，甚至还能实现使用内嵌的 VBA 编制特定的应用程序。

Excel 为数据的录入提供了极其丰富和完备的功能，其中包括对单元格中数据的编辑、有效性检查和格式的设置等。同时，利用图表和单元格格式的设置以及各种绘图工具可以很好地控制数据的输出形式。Excel 不仅制表和绘图功能很强，而且内装数学、财务、统计、工程等 10 类 300 多种函数，并可利用数据清单和数据透视表管理数据，还有模拟运算表、方案管理器、单变量求解、规划求解和数据分析等多种分析方法和分析工具，可用来进行各种复杂的计算和分析，这些功能对经济管理人员、工程技术人员和科研人员无疑都是很有用的。此外，Microsoft 的 Excel 作为应用程序的开发平台，既提供了一个程序化的编程语言（VBA），又提供了一个声明式的编程语言（工作表），这两种语言的合理应用使开发出的应用程序具有非常高的效率。

"工欲善其事，必先利其器。"作为重要的办公应用软件，作为办公商业套装 Microsoft 软件套装中的一个模块软件，Excel 具有强大、灵活和易于使用的特性，每天成千上万的商务人员都在使用电子表格程序来建立他们面临的决策问题的模型，且这些工作已成为他们日常工作的一部分。强大的 Excel 功能已经成为职场人员必须掌握的最重要基本职能之一。

从 1985 年第一款 Excel 诞生，已经过了 30 多年了。目前的主流版本是 Excel 2013，而 2015 年 9 月 22 日，微软正式发布 Windows 版 Office 2016。由于这两个版本在界面上比较类似，所以本章将兼顾 Excel 2013 和 Excel 2016，介绍如何使用 Excel 这个强大的工具软件。

很多人认为 Excel 仅仅是一个电子表格，很容易掌握。其实，绝大部分人平时只是使用了不到 5％的功能，而对剩下的 95％的功能不甚了解，因此没有完全发挥它的作用。只有深入掌握 Excel 功能，它才能真正成为人们手中有力的武器。

本章作为全书的开篇章节，将对 Excel 的基本概念和功能作重点的介绍，帮助读者进入 Excel 的世界。本章分为五小节。第 1.1 节介绍 Excel 工作界面和基本概念，第 1.2 节介绍工作表的基本操作，第 1.3 节介绍数据的输入和快速输入和有效性技巧，第 1.4 节分析如何进行单元格的操作和美化，第 1.5 节展示如何进行视图布局。如果已经使用过 Excel 2013 以上版本的读者，可以主要关注第 1.2.7、1.3.2、1.3.3 节和第 1.5.2～1.5.4 节。

1.1 Excel 工作界面和基本概念

Excel 作为 Office 套装商务软件中的模块软件之一，具有和其他模块软件如 Word、PowerPoint 等类似的工作界面和通用的菜单操作。首先介绍一下它的工作界面和功能区的划分。

1.1.1 Excel 工作界面

和以前版本的 Excel 相比，Excel 2016 的用户界面整体改动不大，只在局部细节上做出改动（如图 1－1 所示）。Excel 2016 的窗口主要包括标题栏、功能区、文档工作区、状态栏等部分。此外，Excel 2016 在功能区新加入了"操作说明搜索"查找命令，只需在搜索框内输入所希望的操作，"操作说明搜索"功能即可引导用户找到命令。下面简单介绍一下工作界面的相关功能区和菜单。

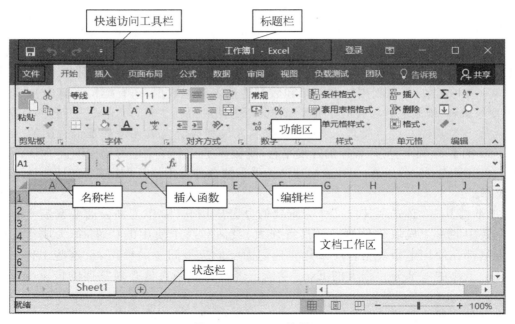

图 1－1　Excel 工作界面

1. 标题栏

标题栏中间显示当前编辑的表格的文件名称。启动 Excel 时，将创建一个空白的工作簿文件，默认的文件名为"工作簿 1"。若按下 Ctrl＋N 组合键可继续创建新的工作簿文件，将分别命名为"工作簿 2""工作簿 3"等。

2. 快速访问工具栏

该工具栏位于 Excel 工作簿界面的左上方，也可以在"Excel 选项"对话框的"快速访问工具栏"页面最下方勾选"在功能区下方显示快速访问工具栏"复选框，将其放置在功能区下方。

那么快速访问工具栏是不变的吗？答案是否定的。实际上，我们可以任意地修改和添加快速访问按钮。具体操作如下：右键单击任何命令按钮，从弹出的快捷菜单中选择"添加到快速访问工具栏"命令,将该命令按钮添加到其中;也可右键单击"快速访问工具栏",在弹出的快捷菜单中选择"从快速访问工具栏中删除"选项,将该命令按钮从工具栏中删除;或者可以通过Excel选项卡来进行自定义添加和删除,如图1-2所示。

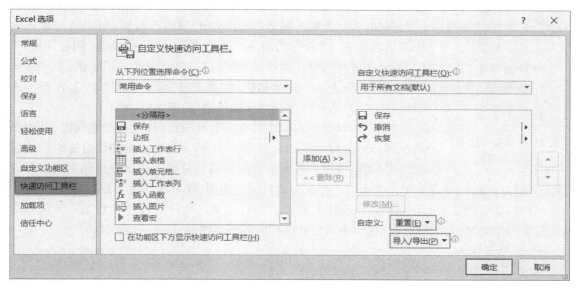

图1-2 快速访问工具栏

3. 功能区

功能区中包含多个围绕特定方案或对象进行组织的选项卡,每个选项卡上的控件进一步组织成多个组。每个组中的命令按钮执行一个命令或显示一个命令菜单。例如,在"开始"选项卡中包含有"剪贴板""字体""对齐方式""数字""样式""单元格"和"编辑"等命令组。每个命令组中包含相关的多个命令控件,如"剪贴板"命令组中包含有"粘贴""剪切""复制"和"格式刷"等命令控件,这样的控件组织可以让用户更加直观快捷地寻找到需要操作的命令。

注意,功能卡选项区的选项卡并不是固定不变的,除了基本的"开始""插入""页面布局""公式""数据""审阅""视图"这些选项卡之外,用户还可以根据需求添加"开发工具"和"数据挖掘"等选项卡,这些Excel高级功能将在第7章之后进行介绍。

值得一提的是,在Excel 2016的功能区选项卡中新添入了"操作说明搜索"查找命令和共享按钮,前者能帮助用户快速查找Excel命令,后者能邀请其他人查看和编辑基于云的工作簿。此外,在特定的场合,功能区也可以被"隐藏"处理,参见本章第1.5.2节。

4. "名称栏""插入函数"按钮和"编辑栏"

名称栏用于显示当前所选单元格或者区域的名称,单元格名称由所在位置的行列号组成,如A1,表示第一列第一行单元格。除了显示单元格名称外,名称栏也用于显示"区域"名称。关于"区域"的概念,将在本章第1.1.2节中介绍。

"插入函数"按钮可显示常用函数列表,单击某一函数即可完成函数的引用。

编辑栏用于对单元格中的内容进行编辑,包括对数字、函数、公式、文本、图片等各种内容的添加、修改与删除。

在特定的场合,"名称栏""插入函数"按钮和"编辑栏"也可以被隐藏,参见本章第1.5.2节。

图 1-3 "显示比例"
对话框

5. 状态栏

Excel 2016 的状态栏中,可显示各种信息,如显示单元格中的统计数据。同时也提供了设置表格的视图方式、调整表格的显示比例、录制宏等操作入口。

例如,在状态栏右侧的"显示比例"滑块和按钮,用户通过单击缩小或放大按钮,或者拖动滑块,就可以将屏幕的显示比例在 10%~400% 之间进行调整。当然,如果用户需要自定义显示比例,也可以选择"视图"选项卡,单击"显示比例"组中的"显示比例"按钮,在弹出的"显示比例"对话框中选择相应的按钮,如图 1-3 所示。

此外,在状态栏右侧还具有多个视图按钮,包括普通视图、页面布局视图和分页预览视图。使用页面布局视图可查看页面的起始位置和结束位置,并可查看页面上的页眉和页脚。使用分页预览视图可以预览文档打印时的分页位置。关于这几种视图的特点与使用,参见本章第 1.5.1 节。

当然,状态栏显示的项目可以根据用户的需求自行定义。用户可通过在状态栏区域单击右键,在弹出的"自定义状态栏"菜单中进行状态栏内容的调整,如图 1-4 所示。

6. 文档工作区

文档工作区包含了列标、行号、单元格、工作表标签、标尺、滚动条等多个组件和部分,是整个工作表中的重要区域。这些基本概念,将在本章第 1.1.2 节进行介绍。

1.1.2 Excel 基本概念

Excel 中数据存储的基本文件称为工作簿,工作簿由若干张工作表组成,工作表则由多个单元格组成。

1. 工作簿

工作簿是 Excel 处理和存储数据的文件,系统默认生成的第一个空白文档"工作簿1"就是一个工作簿。每个工作簿可以包含一个或多个工作表,这些工作表可以有多种类型:一般的工作表、图表工作表、宏工作表以及模块工作表等。默认情况中,新建一个工作簿时默认包含一个工作表"Sheet1"。在 Excel 2016 中可通过"Excel选项"→"常规"→"新建工作簿时"→"包含的工作表数"进行设置,修改默认创建的工作表数目(1~255)。虽然默认创建的工作表数目具有上限,但一个工作簿实际可打开的工作表数目却是无限的,只要内存足够大,理论上是没有限制的。

2. 工作表

工作表的名称显示在工作簿窗口底部的工作表标签上。可以通过窗口底部的工作表标签进行工作表的切换,此时,活动工作表的标签会显示处于按下状态。当包

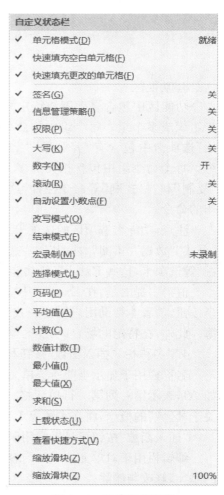

图 1-4 自定义状态栏

含多个工作表时,可以拖动工作表标签区域的"范围调整"按钮来调整显示多个工作表。

尽管在一个工作簿文件中可以包含多个工作表,但在某一时刻,用户只能在一张工作表上工作,我们将这张工作表称为活动工作表或当前工作表。在 Excel 2013 和 Excel 2016 中,每个工作表中最多有 1 048 576 行,16 384 列,因而最多的网格数为 1 048 576×16 384,与 Excel 2010 相同。

3. 单元格

Excel 将工作表分成许多行和列,这些行和列交叉构成了一个个的单元格,每个单元格都设置有参考坐标,行坐标以数字表示,列坐标以字母表示,对于某一个单元格的引用,用列坐标加上行坐标来表示,如位于第 2 行和第 2 列的单元格,用 B2 表示。

活动单元格是指正在使用的单元格,即目前光标所在的单元格,这时输入的数据将会保存在该单元格中。在 Excel 中,每一时刻只能有一个活动单元格,如图 1-5 所示。

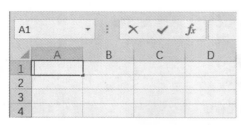

图 1-5 活动单元格   图 1-6 单元格区域

有时为了操作和运算的方便,会将多个单元格设置为一个区域,这些单元格可以是连续的,也可以是不连续的。如图 1-6 所示是选择了 A1:D4 的单元格区域,一般用设定区域中左上角单元格地址和右下角单元格地址及冒号来定义区域。

1.2 工作表基本操作

了解了 Excel 的基本界面和概念后,下面介绍如何对 Excel 工作簿和工作表进行操作,包括创建、打印、保存、关闭、管理等,以及如何对 Excel 的安全性进行设置。

1.2.1 创建工作簿

创建工作簿的方法多样,最简单的方法就是在启动 Excel 时,单击开始屏幕右侧"空白工作簿"选项,Excel 会创建一个新的空白工作簿"工作簿 1"。此外,还有几种创建工作簿的方法,现分述如下:

1. 创建空白工作簿

当用户启动 Excel 2016 时,单击"开始"屏幕右侧"空白工作簿"选项,系统会建立新的工作簿,即可开始输入信息。另外,可以通过单击功能区"文件"选项卡的"新建"命令,在弹出的对话窗口中单击"空白工作簿"图标,如图 1-7 所示。

注意:我们还可以通过 Ctrl+N 组合键来新建一个空白工作簿。但利用这个方法创建的工作簿将不会弹出"新建工作簿"对话框。

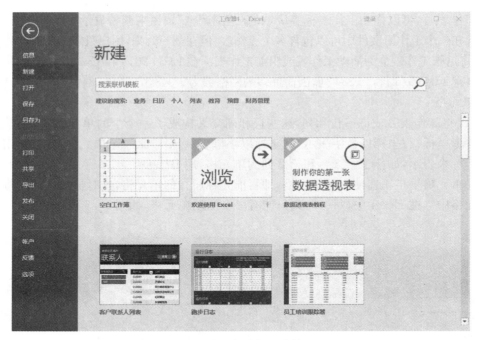

图 1-7　创建新工作簿

2. 模板创建

模板是预定义好格式、公式的 Excel 工作簿，当用模板建立一个新文件后，新文件就具有了模板所有特征。默认模板是模板名.xltx。

在 Excel 2016 版本下，单击"文件"选项卡，在"新建"页面中鼠标单击"个人"选项获得已安装模板列表，如图 1-8 所示。

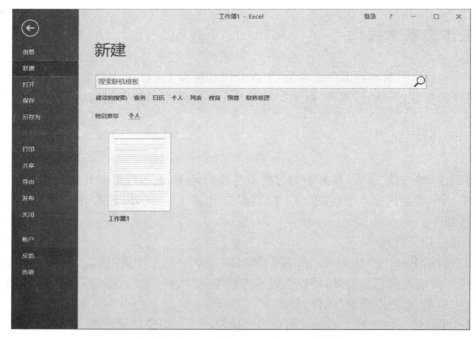

图 1-8　利用已安装模板创建工作簿

当然,除了系统已经具有的模板,也可以使用页面右上方的搜索引擎,如搜索"业务",单击后将出现"在线销售跟踪表"图标,单击图标,在新弹出的对话框中选择"创建",如图1-9所示,该模板将在联机状态下下载到本地,并自动创建新工作簿"在线销售跟踪表1"和新工作表"销售",如图1-10所示。

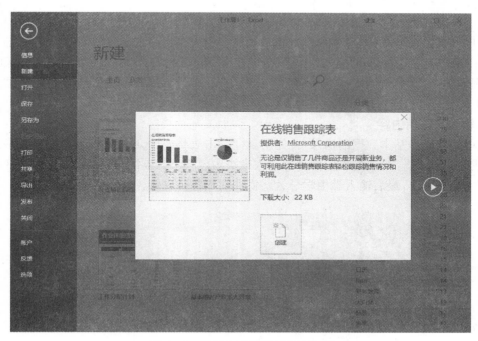

图1-9　利用在线模板创建工作簿

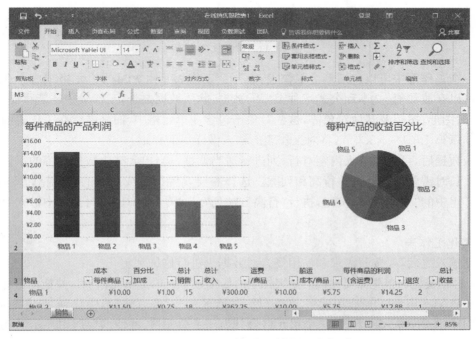

图1-10　新建工作簿"在线销售跟踪表1"

1.2.2　创建与美化工作表

一个工作簿中可包括多张工作表,默认状态下为一张工作表,用户也可以通过单击"文件"→"选项"→"常规",在"新建工作簿时"标签下修改"包含的工作数"的数值,即可修改默认状态的工作表数量。

用户可以在工作表中输入和编辑数据。如用户还需在当前工作簿中创建新工作表,只需点状态栏中工作表标签右侧的"插入工作表标签"按钮(Shift+F11),即可完成操作。下面举例说明。

【例题1-1】　下面用"学生成绩一览表"进行基本的操作(参见"第1章/例题/例题1-1.xlsx")。

1. 输入与编辑内容

表单的基础是基本数据的输入,首先用鼠标单击表格左上角单元格A1,输入表格的标题"学生成绩一览表"。再单击单元格A3,输入表头内容"学号",用同样的方法输入第3行的表头各列的显示内容,最后输入学生学号、姓名、性别和各科成绩。如图1-11所示。

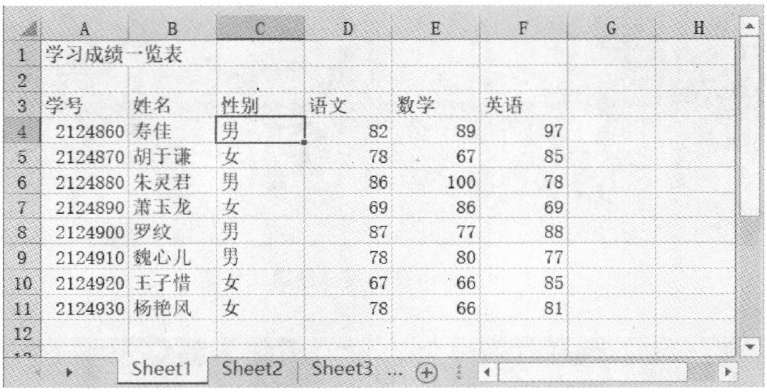

	A	B	C	D	E	F	G	H
1	学习成绩一览表							
2								
3	学号	姓名	性别	语文	数学	英语		
4	2124860	寿佳	男		82	89	97	
5	2124870	胡于谦	女		78	67	85	
6	2124880	朱灵君	男		86	100	78	
7	2124890	萧玉龙	女		69	86	69	
8	2124900	罗纹	男		87	77	88	
9	2124910	魏心儿	男		78	80	77	
10	2124920	王子惜	女		67	66	85	
11	2124930	杨艳风	女		78	66	81	
12								

Sheet1　Sheet2　Sheet3 …

图1-11　输入文本内容

在一个工作簿中可以包括多个工作表,而每个工作表又由大量的单元格组成。在这些单元格中可以存放数值、文本和公式三种类型的数据,除了数据之外,工作表中还能存储图表、图片、绘制的图形、按钮及其他对象等,这些对象不包含在单元格中,而是驻留在工作表的绘图层中。在本章第1.3.1～1.3.3节,将对工作表的输入做详尽的介绍。

输入数据后,可根据输入内容对行、列进行适当调整。当单元格中数据内容的字体过大或者文字太长时需要适当地调整行高和列宽。选择需要设置行高或列宽的单元格,单击功能区"单元格"组中的"格式"下拉按钮,执行"行高"或"列宽"命令,在弹出的对话框中输入要设置的值即可。

2. 美化工作表

数据输入之后,要按照需求和使用场合对数据表进行修饰和美化。

(1) 标题美化。首先需要完成的是表标题的居中显示。单击单元格A1,并拖动鼠标至单元格F1,选中A1～F1间的所有单元格,在"开始"功能区的"对齐方式"组中找到"合并后居中"按钮,并单击该按钮,将A1～F1共7个单元格合并为一个单元格,并使内容居中显示,如图1-12所示。接着单击"开始"功能区的"字体"列表,选择字体为"黑体",设置字号为20,如图1-13所示。

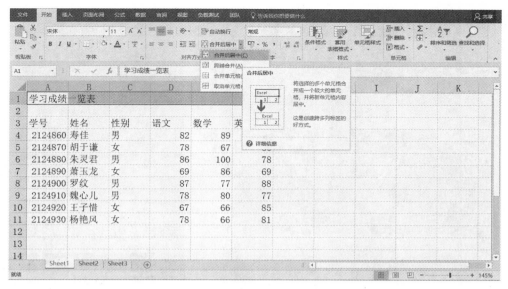

图 1-12 标题居中

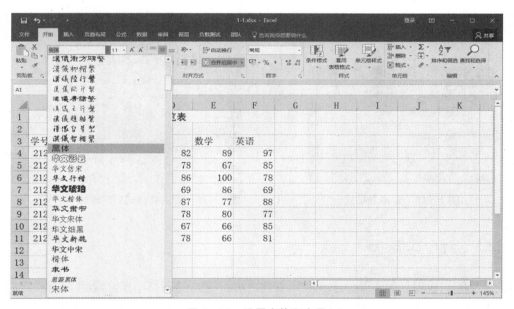

图 1-13 设置字体和字号

（2）表单格式设置。选中 A3～F11 间的所有单元格，单击"开始"功能区"样式"组中的"套用单元格格式"按钮，弹出如图 1-14 的样式表。

单击其中一个样式，将弹出"套用表格式"对话框，图 1-15 所示。套用表格格式 Excel 提供了自动格式化的功能，它可以根据预设的格式，将我们制作的报表格式化，产生美观的报表，也就是表格的自动套用。这种自动格式化的功能，可以节省用户将报表格式化的许多时间，而制作出的报表却很美观。

单击"确定"按钮，得到如图 1-16 所示的表格。

这样，一个简单美观的表单就编辑完成了。在本章第 1.4.3 节中，还将详细介绍如何进一步进行工作表的美化。

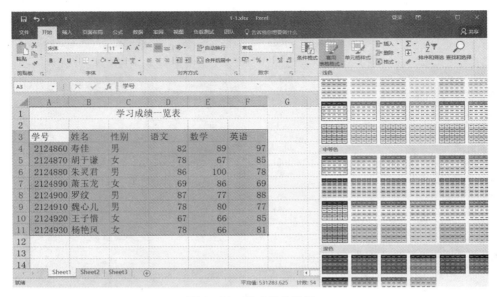

图 1 - 14 样式表的选择

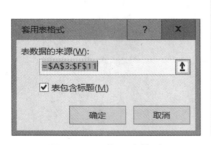

图 1 - 15 套用表格式

图 1 - 16 套用表格式后的表格

1.2.3 打印工作表

工作表制作完成后,通常需要打印输出,在此之前,一般先进行打印预览,效果满意后再进行打印。在 Excel 2016 版本下,单击"文件"页面左侧的"打印"菜单,可以进行打印或打印预览的显示。

在进行打印设置时,与 Office 其他软件一样,需要对"页面方向""纸张大小""缩放比例""页边距"等进行设置。在一些特别的场合,有两项打印设置有很重要的功能,一项是页眉/页脚的设置,另一项是打印标题。

1. 打印页眉/页脚

页眉和页脚分别位于打印页的顶部和底部,它能够为打印出的文件提供很多相关属性,如页码、日期、文件或标明等。用户可以方便地了解 Excel 文档的相关信息。打印页眉页脚之前,首先要进行添加设置。

【例题 1 - 2】 打开"某公司员工费用报销表"(参见"第 1 章/例题/例题 1 - 2.xlsx"),在"页面布局"视图下可以直接设置页眉和页脚,也可以选择"插入"选项卡,单击"文本"选项组中的"页眉和页脚"按钮,进行插入和设置。当页眉页脚插入后,可以通过"设计"工具栏的"页眉和页脚工具"组,设置"页眉和页脚"元素中的页码、页数、当前日期、当前时间等设定项,也可以单击"页眉和页脚"组中的相应菜单列表,选择使用 Excel 预定义的页眉和页脚。如图 1-17 所示。

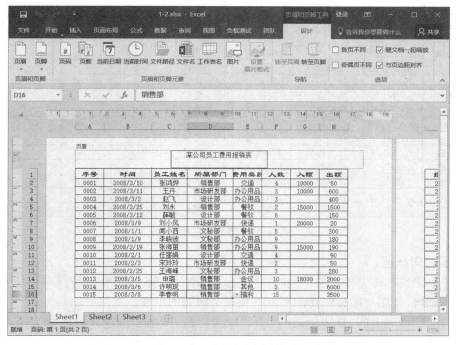

图 1-17　页眉与页脚的添加

打印页眉页脚时,可以通过"页面设置"中"页眉/页脚"选项卡对打印效果进行设置和调整,如图 1-18 所示。打印效果如图 1-19 所示。

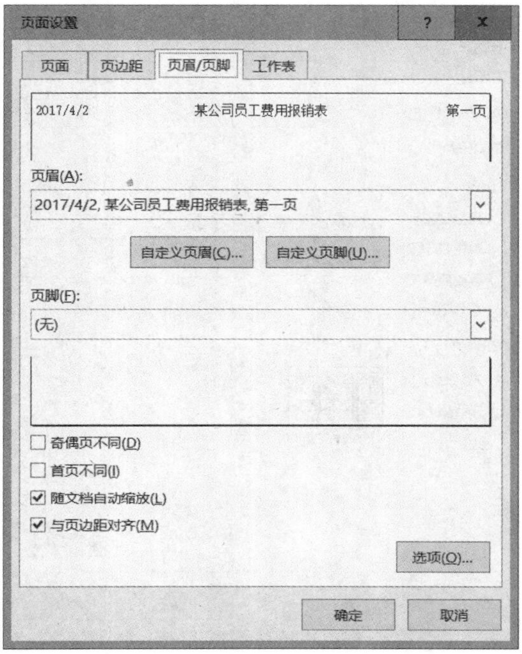

图 1-18　页眉与页脚的打印设置

序号	时间	员工姓名	所属部门	费用类别	人数	入额	出额
0001	2008/3/10	张鸿烨	销售部	交通	4	10000	50
0002	2008/3/11	王丹	市场研发部	办公用品	3	10000	600
0003	2008/3/2	赵飞	设计部	办公用品	3		400
0004	2008/2/25	刘永	销售部	餐饮	2	15000	1500
0005	2008/3/12	薛敏	设计部	餐饮	6		150
0006	2008/3/9	刘小风	市场研发部	快递	1	20000	20
0007	2008/1/1	闻小西	文秘部	餐饮	5		300
0008	2008/1/9	李晓波	文秘部	办公用品	9		180
0009	2008/2/19	张海丽	销售部	办公用品	9	15000	190
0010	2008/2/1	任丽娟	设计部	交通	4		90
0011	2008/2/3	宋玲玲	市场研发部	快递	2		50
0012	2008/2/25	王海峰	文秘部	办公用品	3		280
0013	2008/3/5	申璐	销售部	会议	10	18000	2000
0014	2008/3/6	许明现	销售部	其他	2		6000
0015	2008/3/8	李春明	销售部	福利	15		3500

图 1-19　页眉打印效果

2. 设置打印标题

当上一页无法打印完整的工作表时,若直接打印第二页内容,会因没有标题而使第二页上的内容难以理解,使用打印标题功能可以避免这个问题的出现。

在"工作表"选项卡的"打印标题"栏中,"顶端标题行"用于设置某行区域为顶端标题行;"左端标题行"用于设置某列区域为左端标题列。若要设置标题行或标题列,单击其后的折叠按钮,并选择相应的标题区域即可(如图 1-20 所示)。

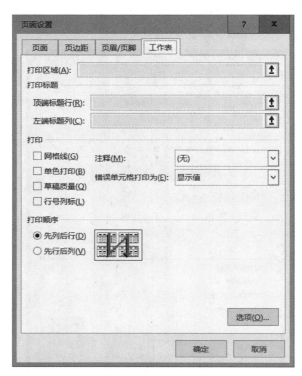

图 1-20　打印标题选项卡

1.2.4 保存工作簿

保存工作簿可以防止创建的新工作簿或者对现有的工作簿进行修改时，因外界因素而造成数据丢失。

选择"文件"页面中的"保存"命令或者"另存为"命令，或者直接按快捷键 Ctrl＋S 就可以进行保存了。不论是打开"保存"或者"另存为"对话框，都需要选择保存路径和保存类型，如图 1－21 所示。在"保存类型"的下拉列表中有如下几种常用的选择：

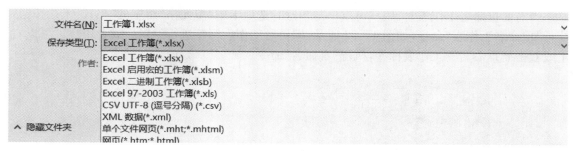

图 1－21 "另存为"对话框选择保存类型

（1）Excel 工作簿：以默认文件格式保存工作簿。Excel 2016 版本下，将默认以 ＊.xlsx 的文件进行保存。该文件在 97－2003 版本的软件中无法打开。

（2）Excel 启用宏的工作簿：将工作簿保存为基于 XML 且启用宏的文件格式。若文件中包含宏命令，只有保存为 ＊.xlsm 的文件才能够在打开文件时启用宏。

（3）Excel 97－2003 工作簿：保存一个与 Excel 97－2003 完全兼容的工作簿副本。后缀名为 ＊.xls。

（4）Excel 模板：将工作簿保存为 Excel 模板类型。后缀名为 ＊.xltx。

除了人工保存文件，Excel 也提供了自动保存工作簿的机制，其自动保存的间隔可以由用户自行设定。具体操作为：

在"Excel 选项"对话框中选择左侧的"保存"选项，并在"保存工作簿"中启用"自动恢复信息时间间隔"复选框，并可以设置恢复时间间隔。

1.2.5 关闭工作簿

当用户关闭工作簿时，可以只关闭活动工作簿，也可以一次性关闭所有打开的工作簿，Excel 2016 版本可以有以下几种方式关闭：

（1）单击右上角的"关闭"按钮，关闭当前活动工作簿，并弹出提醒保存对话框。

（2）单击"文件"页面并执行"关闭"命令，关闭当前活动工作簿，并弹出提醒保存对话框。

（3）在"快速访问工具栏"选项卡栏，将"从下列位置选择命令"选取为"文件""选项卡"，找到并选中"关闭文件"工具，单击"添加"按钮。单击"快速关闭"选项，关闭当前活动工作簿，并弹出提醒保存对话框。

（4）快捷键 Alt＋F4，关闭当前活动工作簿，并弹出提醒保存对话框。

1.2.6 管理工作表

在 Excel 中，每个工作簿中可以具有多张不同类型的工作表，用于存储不同的数据，用户可以对这些工作表进行如下的设置。

1. 选择和重命名工作表

单击需要选择的工作表标签即可选择该工作表。如果要选择连续的工作表，可以单击第一个工作表，然后按住 Shift 键的同时单击最后一个需要选择的工作表标签。如果要选择不连续的工作表，可按住 Ctrl 键的同时逐一单击需要选择的工作表。

当需要重命名工作表时，用户可以单击"开始"选项卡中"单元格"组中的"格式"下拉按钮，执行"重命名工作表"命令，如图 1-22 所示，即可对工作表标签进行编辑。或者用户也可以右击或双击要重命名的工作表标签，执行"重命名"命令。

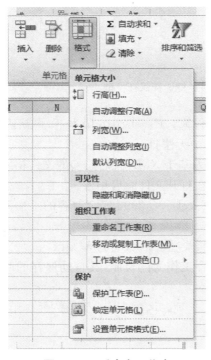

图 1-22　重命名工作表

图 1-23　插入和删除命令

2. 插入和删除工作表

根据用户的需求，可以在工作簿中插入新的工作表和删除已有的工作表，进行数据编排。选择"开始"选项卡，单击"单元格"组中的"插入"或"删除"下拉按钮，执行"插入工作表"和"删除工作表"命令，如图 1-23 所示。当然也可以直接右击要重命名的工作表标签，根据弹出的命令执行相应操作命令。

3. 移动和复制工作表

选择要复制或移动的工作表，右击其工作表标签，将弹出命令菜单（图 1-24）执行"移动或复制"命令，即可打开如图 1-25 所示的对话框，可以选择复制或移动的位置，当复选"建立副本"命令，可建立副本，即为复制表单，否则为移动表单。副本建立后，将以之前工作表名称命名,为了与之前的原始工作表区别,在工作表后将添加数字,如"学生成绩一览表(2)"等,而副本创建时其内容与原始工作表完全一样。

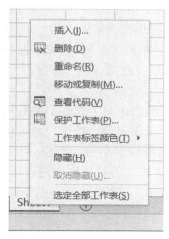

图1-24 命令菜单

图1-25 移动或复制工作表选项卡

4. 隐藏和恢复工作表

执行"工作表标签颜色"命令,如图1-24所示,可为选中的工作表设置特定颜色的标签。

执行"隐藏"命令,如图1-24所示,可以将选中的工作表隐藏。对于已隐藏的工作表,当单击"取消隐藏"命令后,该工作表即恢复显示。

1.2.7 Excel 的安全性

为了避免他人对重要数据信息进行修改或复制,可以利用 Excel 的保护功能为数据表建立有效的保护措施。用户可以根据保护需求的不同,对工作簿或工作表中的某些元素进行保护。保护措施主要有以下三个保护层次:保护工作簿、保护工作表、保护单元格。此外,还可以对工作表行、列等隐藏来保护部分数据,该部分内容见本章第1.5.2节。

1. 保护工作簿

保护工作簿后,只有通过授权的特定用户才能有权限访问该工作簿。保护工作簿是对工作簿的结构和窗口大小进行保护。如果一个工作簿被设置了"保护",就不能对该工作簿内的工作表进行插入、删除、移动、隐藏、取消隐藏和重命名操作,也不能对窗口进行移动和调整大小的操作。

基本操作如下:选择"审阅"选项卡,单击"保护"组中的"保护工作簿"选项,执行"保护结构和窗口"命令,即可打开"保护结构和窗口"对话框,如图1-26所示。

(1)保护结构。可防止用户移动、删除、隐藏或更改工作表的名称;防止用户插入新工作表或图表工作表,但用户可以在现有工作表中插入嵌入式图表;防止用户查看已隐藏的工作表;防止用户将工作表移动或复制到另一工作簿中。在数据透视表中,可在数据区域显示某个单元格的源数据,或者在

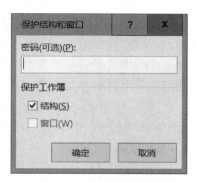

图1-26 保护工作簿对话框

单独的工作表上显示页字段。对于某个方案而言，可防止用户创建方案汇总报告。此外，亦可防止用户录制新宏。

（2）保护窗口。可防止用户更改工作簿窗口的大小和位置；防止用户移动窗口、调整窗口大小、关闭窗口、隐藏或取消隐藏窗口。使工作簿的结构保持现有的格式，从而不能进行如删除、移动、复制等操作。如复选"窗口"，可以使工作簿的窗口保持当前形式。

当然，为了防止其他用户删除工作簿保护，还可以设置密码文本框，该文本框用于设置当前工作簿的密码，密码可以包含字母、数字、空格以及符号的任意组合，字母区分大小写。

2. 保护工作表

保护工作簿是对其布局结构及窗口大小进行保护，但不禁止对工作表中的数据进行修改或者删除。如果需要保护活动工作表中的元素，则要进行工作表的保护。当对工作表保护之

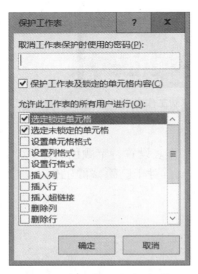

图 1-27　保护工作表对话框

后，仍然可以对工作表的窗口大小进行调整，但不允许修改其中的数据或者单元格格式。要对工作表进行保护，首先需要选择保护的工作表，单击"审阅"选项卡的"保护"组中的"保护工作表"按钮，即可打开"保护工作表"对话框，如图1-27所示。

在"取消工作表保护时使用的密码"文本框中输入密码，可确保工作表的保护设置不被随意取消。这是一个可选项，用户可根据自己的需要进行自定义。

在"允许此工作表的所有用户进行"列表框中根据需要选择相应的项目进行设置。例如选定"选定锁定单元格"和"选定未锁定的单元格"复选框，则该工作表允许鼠标选择锁定和未锁定的单元格，而其他操作，如插入行列等就不允许了。

通过这样设置，工作表就得到了保护。要取消保护的工作表，可从窗口上方的功能区中选择"审阅"选项卡的"保护"选项组中的"撤销工作表保护"命令，即可取消对工作表的保护，回复原来的状态。

3. 保护单元格

许多情况下，并不需要对工作表中的所有单元格进行保护，只是需要对某几个敏感的数据进行保护。而默认情况中，保护工作表时该工作表中的所有单元格都会被锁定，用户不能对锁定的单元格进行任何更改。因此为了在保护工作表之后依旧能够编辑单元格，可以在保护工作表之前先取消某些锁定的单元格，然后只锁定特定的单元格和区域。

例如，学校考试完毕一般要进行各种数据的处理，例如总分、平均分、名次，最高分，最低分，不及格等，利用Excel的公式和函数功能很容易实现。因为多为雷同性工作，如果做成内含公式的格式表格推广下去，就可以大大减轻老师们的工作量。但问题是老师们对电子表格使用水平参差不齐，常常发生误操作，有意无意删改公式导致数据面目全非。

其实，利用Excel中保护工作表的相应功能，就可以避免此类错误。思路如下：将表格中重要的使用公式和函数计算的单元格锁定，不允许修改，留下其他单元格进行基本数据的输入，这样就可以保护重要单元格中数据和公式的安全性和稳定性。

【例题1-3】　以"期末考试一览表"（参见"第1章/例题/例题1-3.xlsx"）为例来进行具体的分析，步骤如下：

① 首先定制表格的基本框架。灰色区域 G3：I10 为锁定区，区域 B3：F10 为数据输入区，如图 1−28 所示。

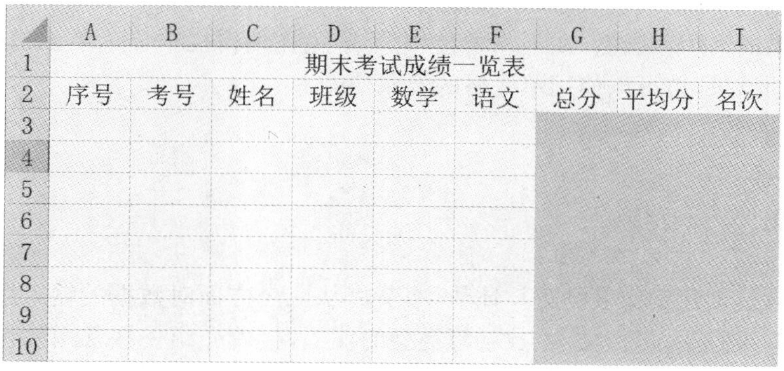

	A	B	C	D	E	F	G	H	I
1				期末考试成绩一览表					
2	序号	考号	姓名	班级	数学	语文	总分	平均分	名次
3									
4									
5									
6									
7									
8									
9									
10									

图 1−28　表格基本框架

② 设定非锁定区域。选中 B3：F10，在鼠标右键菜单中选择"设置单元格格式"，在"保护"选项卡中取消"锁定"项的选定（此项默认为选中状态），如果下面的"隐藏"被选中了，同样把它取消。在这个对话框中我们可以看到相关说明：只有在工作表被保护时，锁定单元格或隐藏公式或数据才有效。将来在进行工作表保护后，因为此区域的锁定状态已被取消，所以可以自由输入数据，或者对它们进行修改（如图 1−29 所示）。

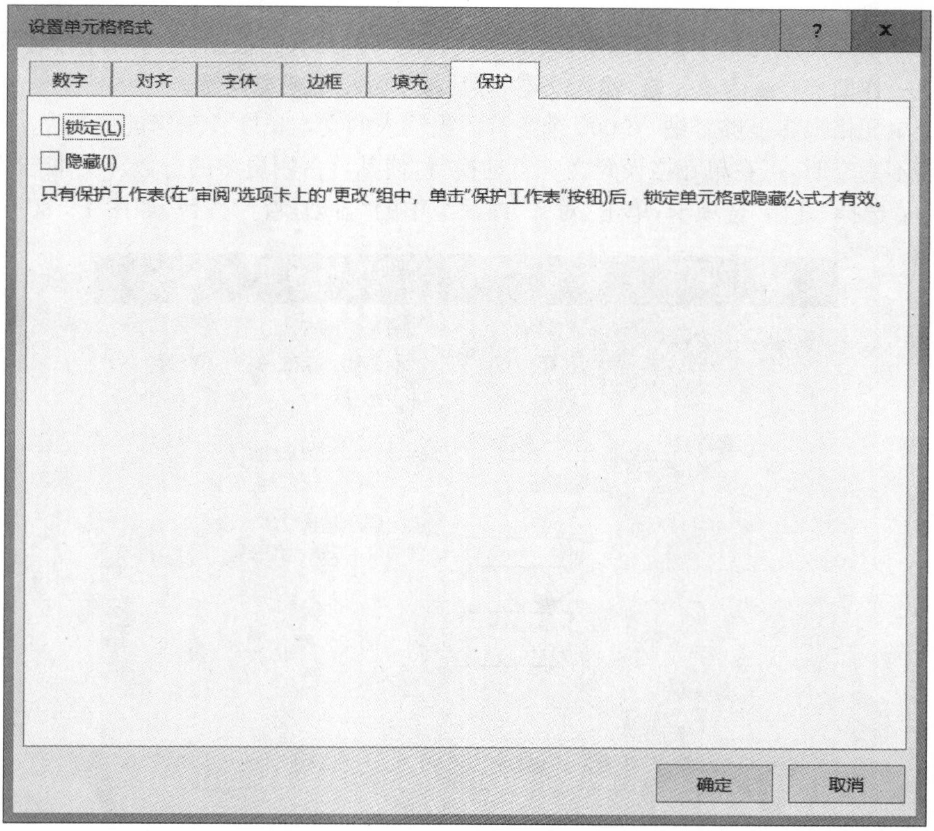

图 1−29　设定非锁定区域

③ 设定保护区域。选中图 1-28 中的灰色区域,在图 1-29 的对话框中勾选"锁定"和"隐藏"。选中"隐藏"的目的是让单元格中的数据不在公式栏出现,从而避免其过长而遮掩下面的表格内容。当然,如果公式较短可以不选此项,好处是可以看到某一单元格中完整的公式,从而了解计算结果的来历。当然,在某些场合,为了避免在编辑栏中显示单元格中的公式,只需显示公式计算的结果,也可以使用单元格的隐藏功能。

1.3　数据输入

数据的输入是创建工作表的重要环节,本节将从三个方面对数据的输入进行介绍。首先是数据的基本输入方法,包括文本、数字等类型的输入,接着介绍一些常用的快速进行数据输入的技巧,最后介绍如何设置数据有效性机制,确保输入数据的有效性。

1.3.1　基本数据输入

针对不同类型的数据,在进行输入时要采取不同的方法和技巧。在工作表中,一般可以存储文本、数字和日期,以及用于计算数据的公式和函数等内容。本节主要介绍文本、数字和日期的输入,公式和函数的输入可参见本书第 2 章和第 3 章的内容。

1. 文本输入

输入文本即在单元格中输入以字母、汉字或其他字符开头的数据,在单元格中输入文本和输入数值一样简单:激活单元格,输入文本,然后按 Enter 键或方向键。

一个单元格最多能够容纳 32 000 个字符。当输入的文本长度长于当前的列宽,并且相邻的单元格不为空时,可在单元格设置文本自动换行,使其可占用更多的行数。文本自动换行设置方法为:选择"开始"选项卡,单击"对齐方式"组中的"自动换行"按钮,如图 1-30 所示。注

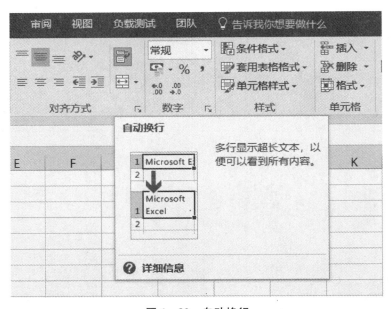

图 1-30　自动换行

意,可以为单元格或者区域设置,或取消"自动换行"。

默认状态下,单元格中数值类型的数据都是靠右对齐的,而文本靠左对齐。当数字用来表示诸如学号、编号、电话号码等内容时,虽然输入的是数字,但由于并不进行计算,应该将其定义为文本类型。

一般,在输入数字型的字符串时,需要在输入数据的前面加右单引号"'",该单元格左上方多一个绿色三角形的标记。这是一个智能出错提示图标,如果确定这些数据表达是文本信息,则单击图标,在菜单中选择"忽略错误",那么这个图标将不再出现(如图1-31所示)。另一种输入数字型文本的方法是直接改变文本框类型,选中要输入数字文本的单元格或区域,右单击选择"单元格格式"命令,弹出"自定义序列"对话框,在"数字"分类列表中选择"文本",则该单元格为文本单元格,数字将作为文本处理,单元格显示的内容与输入的内容完全一致,即使当列宽较小时,数值型字符串也不会以科学计数法格式显示。关于科学计数法数据表示请参见本小节中关于数值输入(5)的例子。

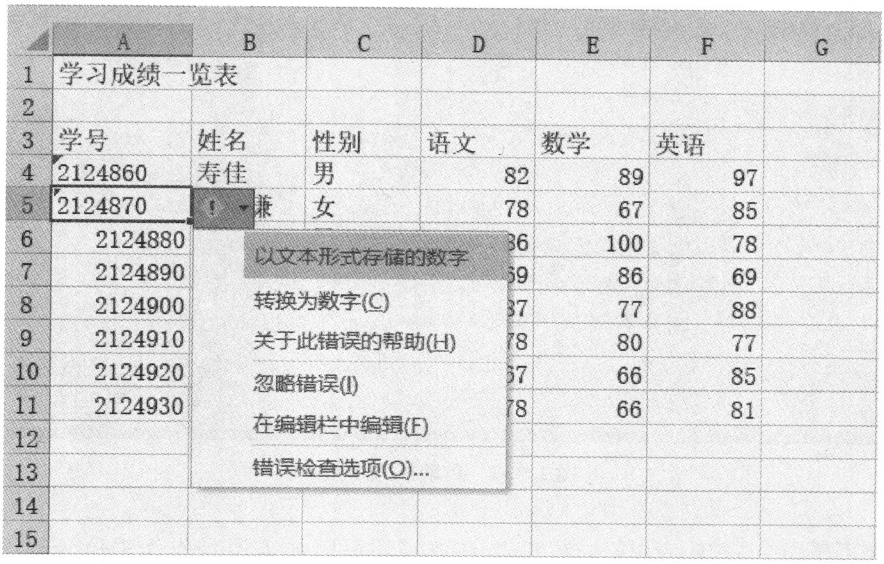

图 1-31　文本类型设置

2. 数值输入

在工作表中,数字型数据是数据处理的根本,也是最为常见数据类型。用户可以利用键盘上的数字键和一些特殊符号,在单元格输入相应的数字内容。除了简单的正数和小数输入外,数值型数据的输入还包括以下几种特殊的类型:

(1)负数的输入。除可以直接输入负号和数字外,还可以通过数字外加圆括号"( )"来完成负数的输入。如"-50"可输入"(50)"。

(2)分数的输入。用户会发现,如果在单元格内直接输入分数,例如"2/9",单元格会默认其为日期2月9日。因此,如要输入分数"2/9",必须先输入"0"以及一个空格,然后输入分数"2/9",即"0_2/9"。如果省去"0",则会变为日期"2月9日"。

(3)输入具有自动设置小数点或尾随零的数字。有时候,为了快速输入一系列小数数字如"3.987,8.888,7.972,9.683,…",需要为这些数字设置小数点位置,以避免每次都要输入小数点。具体操作如下：选择"文件"选项卡，单击"选项"菜单会弹出"Excel 选项"对话框，选择"高级"子菜单，在右侧的"编辑选项"中选中"自动插入小数点"复选框，在"位数"框中输入数字，小数点右边输入正数，或在小数点左边输入负数，如图 1-32 所示。在"位数"框中输入 3，当在单元格中键入 2 834，则其值显示为 2.843。如果在"位数"框中输入-3，然后在单元格中键入 283，则其值为 283 000。注意在选择"自动插入小数点"选项之前输入的数字不受影响。

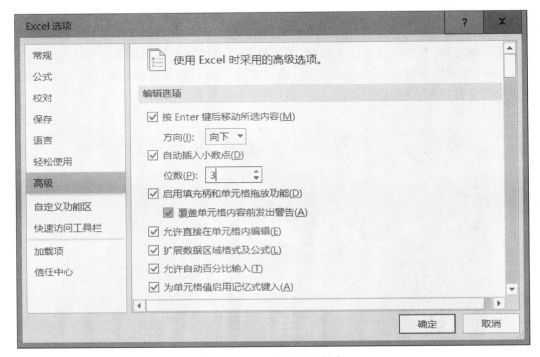

图 1-32　自动插入小数点

（4）使用千位分隔符。在输入数字时，在数字间可以加入逗号作为千位分隔符，Excel 会将输入的数据当作数值。选择"文件"选项卡，单击"选项"菜单会弹出"Excel 选项"对话框，选择"高级"子菜单，在右侧的"编辑选项"中选中"使用系统分隔符"，包括"小数分隔符"和"千位分隔符"，如图 1-33 所示。注意，如果加入的逗号的位置不符合千位分隔符的定义，则会将输入的数字和逗号作为文本处理，如图 1-34 所示。

（5）科学计数法。当输入很大或很小的数值时，输入的内容和显示内容可能不一。例如，在图 1-35 中，A6：A11 单元格自动使用科学计数法来显示。

（6）超宽度数值的处理。当输入的数值宽度超过单元格宽度时，Excel 将在单元格中显示井号串"###…"，如图 1-36 所示。如果加大本列宽，数字的显示将会和输入的一样。

3. 日期与时间输入

在单元格中输入日期时，需要使用反斜杠"/"或者使用连字符"-"区别年、月、日内容，例如，输入 2010/3/12 或者 2010-3-12。而输入时间时，则是通过":"来分割时、分、秒的。例如 10:00 和 19:00。如果输入是当前系统日期，则可直接按"Ctrl+;"组合键。如果输入当前系统时间，则直接按"Ctrl+Shift+;"组合键。

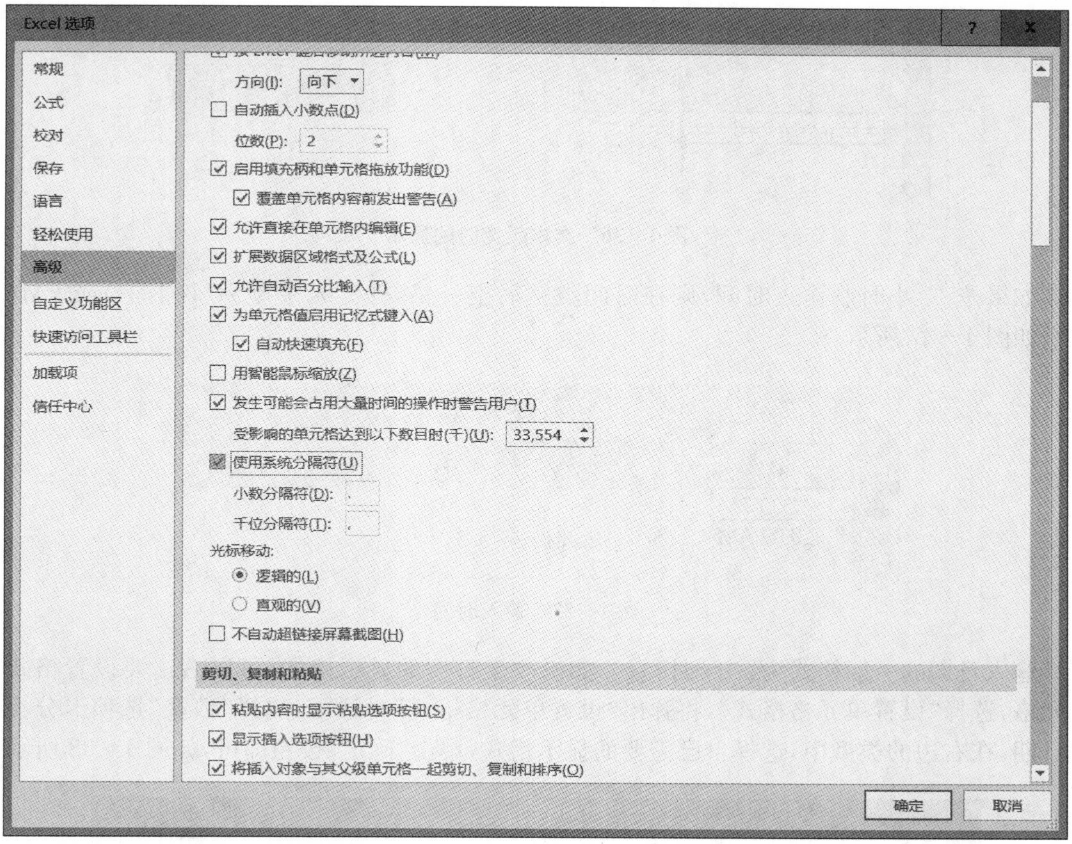

图 1-33　使用千位分隔符

	A	B
1	123,123,123	
2	123,123,12	
3		
4		
5		
6		

图 1-34　非千位分割符操作

	A	B	C	D	E	F	G	H
1	学习成绩一览表							
2								
3	学号	姓名	性别	语文	数学	英语		
4	2124860	寿佳	男	82	89	97		
5	2124870	胡于谦	女	78	67	85		
6	2. E+06	朱灵君	男	86	100	78		
7	2. E+06	萧玉龙	女	69	86	69		
8	2. E+06	罗纹	男	87	77	88		
9	2. E+06	魏心儿	男	78	80	77		
10	2. E+06	王子惜	女	67	66	85		
11	2. E+06	杨艳风	女	78	66	81		
12								
13								
14								

图 1-35　科学计数法的显示

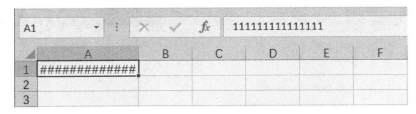

图 1-36　文本超宽时的显示

如果按 12 小时制输入时间,则在时间数字后空一格,并键入字母 AM(上午)或 PM(下午),如图 1-37 所示。

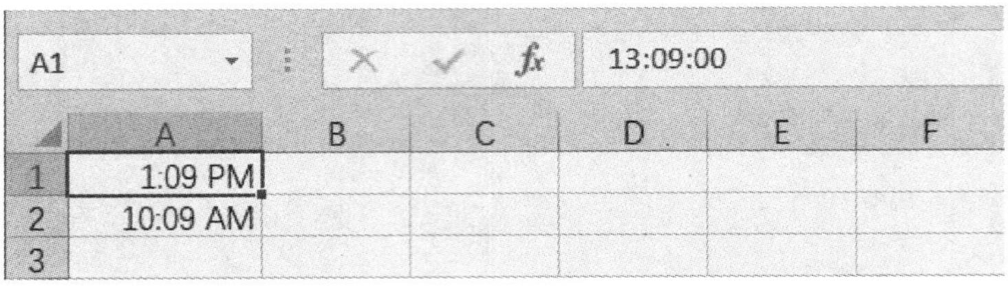

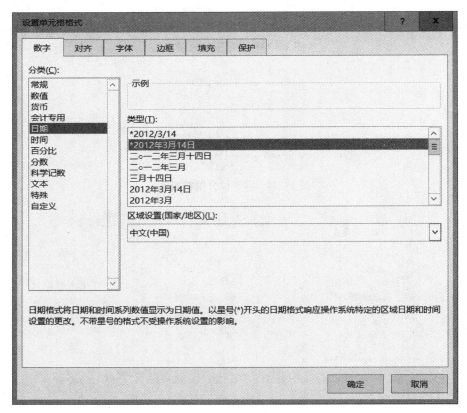

图 1-37　输入时间

输入日期的一般格式为:年-月-日。如果改变日期的显示格式,可以右击要设置格式的单元格,选择"设置单元格格式",将弹出"设置单元格格式"对话框,选择"数字"选项卡分类中的日期,在右边的类型中,选择自己需要的显示格式,单击"确定"按钮即可,如图 1-38 所示。

图 1-38　日期显示格式

注意：除了数字、文本和日期与时间这三种输入数据类型之外，文本框中还可输入货币、百分比及其他特殊格式，可在图1-38的格式分类中选择相应类型。

1.3.2　快速输入数据

除了上面基本的数据输入方法外，Excel还提供了多种快速输入数据的方法，本节将主要介绍使用填充柄和命令完成的自动填充，自定义序列的填充以及快速填充相同数据的方法。

1.自动填充

Excel的"自动填充"功能，可轻松地在一组单元格中输入一系列的数值或文本。可以通过以下使用填充柄和填充命令方式完成。

（1）使用填充柄：

它使用"自动填充"柄（活动单元格右下角的小方框）拖动来复制单元格，或自动完成一系列数据或者文本的输入。填充柄就是选定区域右下角的一个黑色小方块。拖动填充柄之后，出现"自动填充选项"按钮，可以"复制单元格""填充序列""仅填充格式""不带格式填充"，如图1-39所示。复制单元格表示复制原始单元格的全部内容，包括单元格数据以及格式等。仅填充格式则只填充单元格的格式，而不带格式填充表示只填充单元格中的数据，不复制格式。

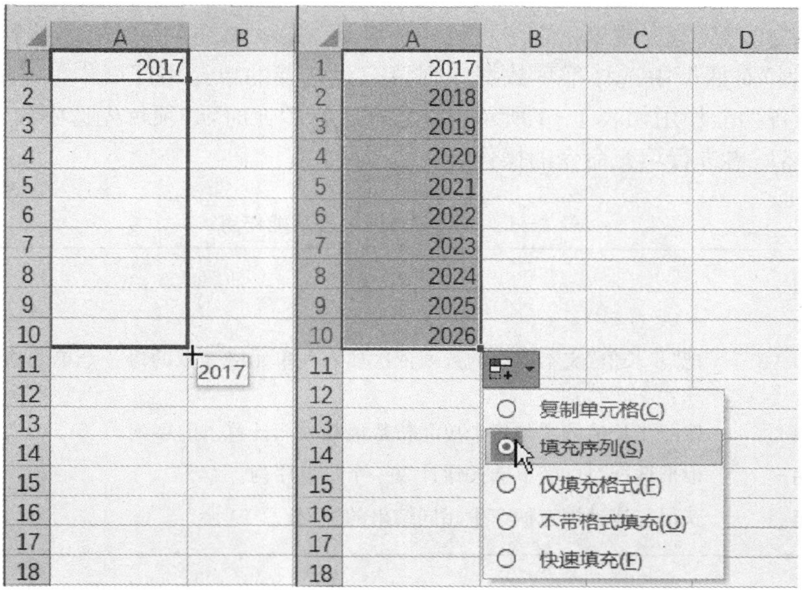

图1-39　使用填充柄填充

（2）使用填充命令：

除了直接使用填充柄，还可以使用填充命令自动填充。相比填充柄只能填充一些简单的序列，填充命令可以根据数据之间的规则，完成比较复杂的数据填充。

当需要在相邻单元格或区域内填充内容时，首先需要选中需要填充内容的活动单元格或选定区域。在"开始"选项卡上的"编辑"组中,单击"填充"按钮,打开下拉命令列表。可单击"向上""向下""向左"或"向右"命令完成填充(如图1-40所示)。

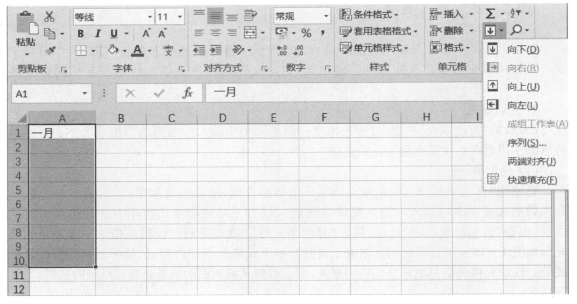

图1-40 使用填充命令

当需要填充等差、等比或者指定步长值的数据时,单击"填充"下拉按钮,执行"系列"命令,在弹出的"序列"对话框中选择某种数据序列填充到选择的单元格区域中,如图1-41所示。"序列"对话框各功能作用如表1-1所示。注意在进行填充时,必须首先选中放置填充内容的全部单元格,然后再进行填充命令的操作。

表1-1 "序列"对话框各功能作用

类　型	说　　明
等差序列	把"步长值"文本框内的数值依次加入到单元格区域的每一个单元格数据值上来计算一个序列。
等比序列	按照步长值依次与每个单元格数值相乘而计算出的序列。
日　期	根据选择"日期"单选按钮计算一个日期序列。
自动填充	获得与拖动填充柄产生相同结果的序列。

单元格内容过长时,可以通过执行"填充"下的"两端对齐"命令重新排列单元格中的内容,并将其内容向下面的单元格进行填充,如图1-42所示。或者选择同列单元格中的文本内容时,通过该命令可以合并于单元格区域的第一个单元格中。

【例题1-4】 例如有采购、销售和财务三个部门,每个部门后面对应不同的数据(参见"第1章/例题/例题1-4.xlsx"),现要将相同部门后面的数据汇总后放到每个相同部门的对应数据列,如图1-43所示。

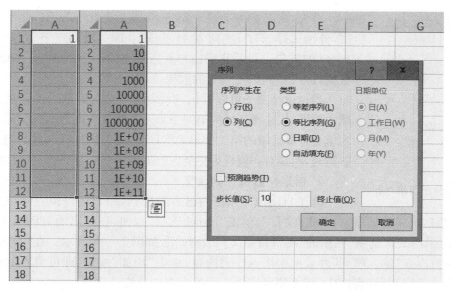

图 1-41 序列填充

图 1-42 两端对齐填充

	A	B	C	D	E
1	部门	数据		部门	数据
2	采购	A1		采购	A1 A2 A3
3	采购	A2		采购	A1 A2 A4
4	采购	A3		采购	A1 A2 A5
5	销售	B1		销售	B1 B2
6	销售	B2		销售	B1 B3
7	财务	C1		财务	C1 C2 C3 C4
8	财务	C2		财务	C1 C2 C3 C5
9	财务	C3		财务	C1 C2 C3 C6
10	财务	C4		财务	C1 C2 C3 C7

图 1-43 通过两端对齐实现从左到右的转化

	A	B
1	部门	数据
2	采购	A1 A2 A3
3	采购	
4	采购	
5	销售	B1 B2
6	销售	
7	财务	C1 C2 C3 C4
8	财务	
9	财务	
10	财务	

图 1-44　分组两端对齐

首先，将 B 列调整至一定宽度，然后选择 B2：B4，两端对齐。其次，分别选择 B5：B6 两端对齐，B7：B10 两端对齐。这时出现图 1-44 的效果。最后将空白单元格填充为上一个非空白单元格同一数据，即可得到图 1-43 的效果。

通过这个例子可以看出两端对齐功能：简单的说就是将选择区域内数据，从选择区域的第一个单元开始从左向右填充完后再从左向右填充选择区域的第二个单元格，当然是竖向选择区域。当单元格足够宽时，两端对齐就成为把竖向数据变为横向数据的一种思路。

2. 自定义数据序列填充

除了自动填充系统内已有的序列，用户还可以自动填充自定义的序列。要自定义数据序列，单击"文件"，单击"Excel 选项"按钮，在弹出的对话框中单击"使用 Excel 时采用的首选项"栏中的"编辑自定义列表"按钮，如图 1-45 所示。在"自定义序列"对话框中，可以在"输入序列"列表框中输入序列内容，单击"添加"按钮，即可将新的序列添至左侧的"自定义序列"列表框中，接着便可使用自动填充方法填充该序列。

自定义序列填充主要用在填充序列中非计算机系统默认的序列，例如"第一班级，第二班级，……"。自动填充无法满足工作需求，用户必须自定义并存储自己的序列作为自动填充项。具体操作如下：

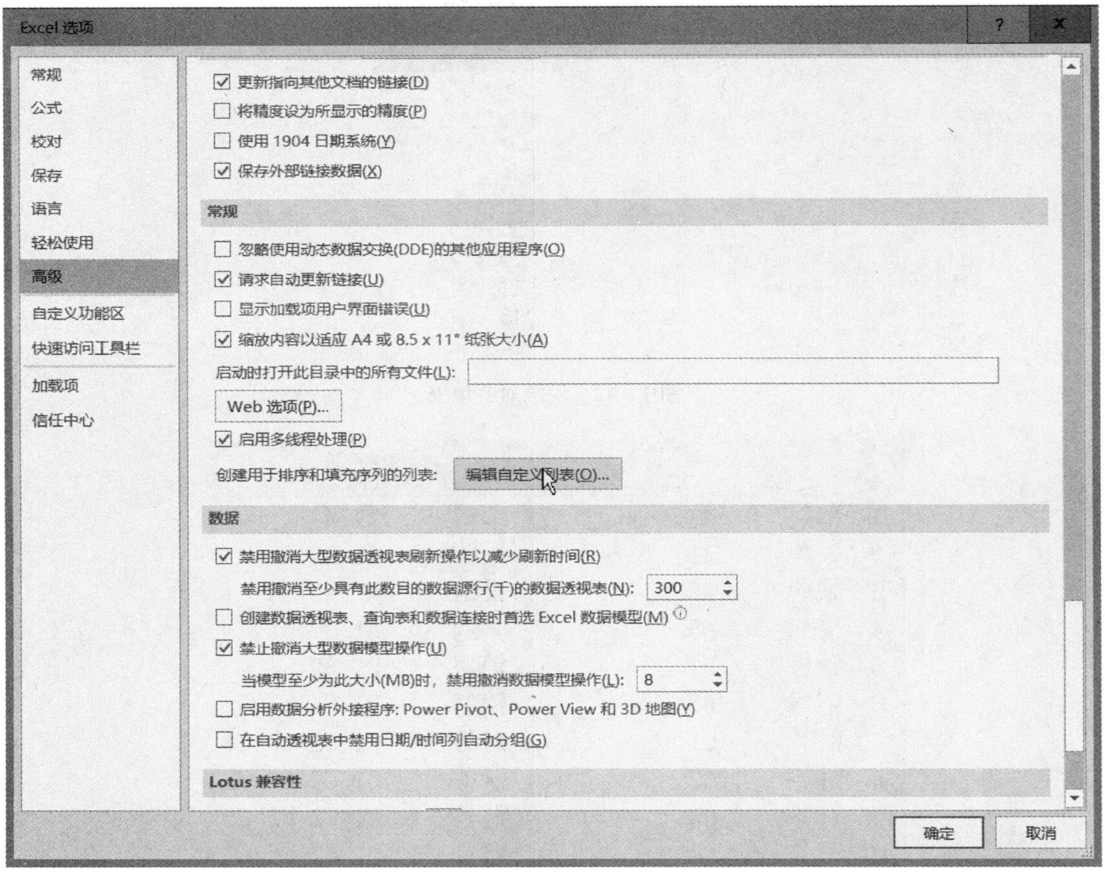

图 1-45　自定义序列命令

首先单击"文件",从弹出的菜单中选择"Excel 选项"命令,打开该对话框,在"高级"选项卡右侧的"常规"组中单击"编辑自定义列表"按钮,在"输入序列"对话框中输入序列"第一班级,第二班级,……",每输入一项,按一次回车键,直到输入完毕。单击"添加"或"确定",即完成新序列添加,如图1-46所示。接着就可以按照自动填充的办法进行序列填充了,可以通过拖动填充柄或填充命令来完成填充。

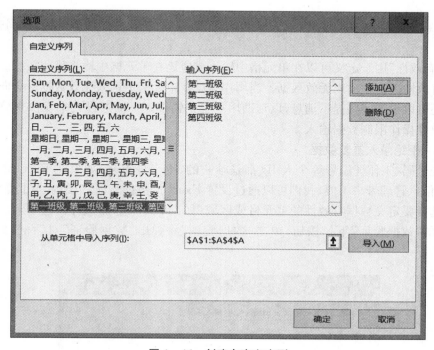

图 1-46 创建自定义序列

3. 多个单元格中输入相同的数据

选择全部要填充相同数据的单元格,在编辑栏中输入数据,然后同时按 Ctrl+Enter 组合键,即完成输入,如图1-47所示。

选择单元格主要有以下几种方式:

① 选择连续单元格区域:选择区域第一个单元格,按住 Shift 键不放,利用键盘上的方向

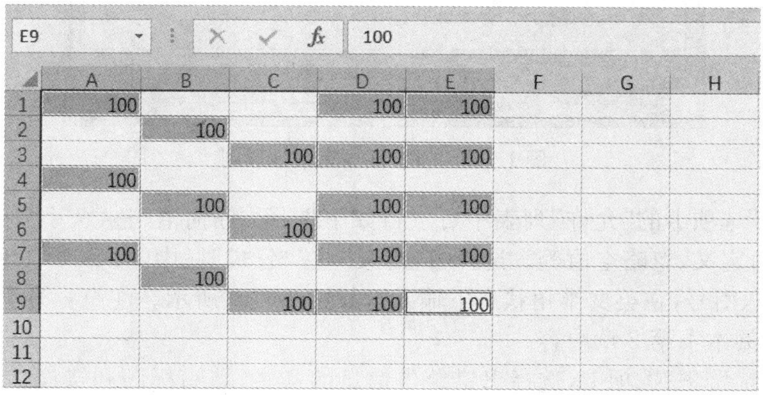

图 1-47 多单元格填充

键选择连续的单元格区域；

② 选择不连续单元格区域：按住 Ctrl 键的同时，逐一单击要选择的单元格；

③ 选择整个工作表：Ctrl＋A 组合键选择整个工作表。

1.3.3 数据有效性

在 Excel 2016 版本中，"数据有效性"更名为"数据验证"，下文"数据验证"等同于"数据有效性"。

"数据有效性"用于定义可以在单元格中输入或应该在单元格中输入哪些数据。用户可以配置数据有效性以防止输入无效数据。当用户尝试在单元格中键入无效数据时会向其发出警告。另外还可以设置一些提示消息，以帮助用户更正错误。下面通过三个实例来分析如何使用数据有效性操作限制数据输入。

实例 1：拒绝录入重复数据

身份证号码、工作证编号等个人 ID 都是唯一的，不允许重复，如果在 Excel 录入重复的 ID，就会给信息管理带来不便，我们可以通过设置 Excel 的数据验证，拒绝录入重复数据。

首先选择要定义数据有效性的单元格或区域（如：A 列），选择"数据"选项卡，单击"数据工具"组中的"数据验证"下拉按钮，单击"数据验证"将弹出"数据验证"对话框，如图 1－48 所示。

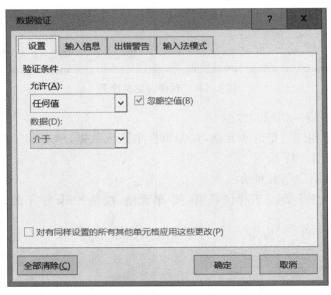

图 1－48 设置数据有效性原则

其中"设置"选项卡的"允许"列表中可进行如下选择：任何值、整数、小数、序列、日期、时间、文本长度、自定义、忽略空值等。选择"自定义"，在"公式"栏中输入"＝COUNTIF(A：A，A1)＝1"（不含双引号，在英文半角状态下输入），如图 1－49 所示。注意：关于 COUNTIF 函数的使用，请参阅本书第 2 章内容。

切换到"出错警告"选项卡，选择出错警告信息的样式，填写标题和错误信息，如图 1－50 所示。最后单击"确定"按钮，完成数据有效性设置。

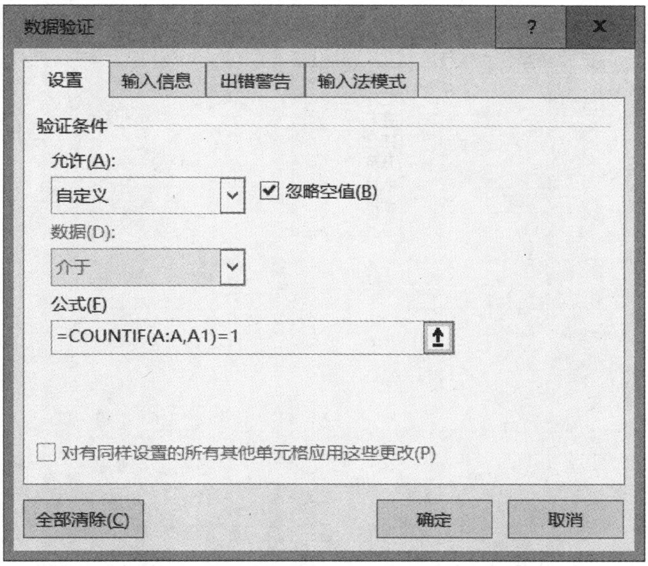

图 1-49　设置数据有效性条件

图 1-50　出错警告

当用户输入不符合有效性条件设置的数据时，将弹出"数据验证"对话框中"出错警告"选项卡中的设置内容，包括"停止""错误警告"和"错误信息"，如图 1-50 所示。

这样，在 A 列中输入身份证等信息，当输入的信息重复时，Excel 立刻弹出"错误警告"，提示输入重复数据。

实例 2：选择序列输入

数据有效性还可以用在为单元格创建下拉列表。例如在单元格 C3 处选择一个月份输入，如图 1-51 所示。

在"设置"选项卡中选择"序列"选项并使用"来源"控件指定包含列表的区域。确保选中"提供下拉箭头"复选框，如图 1-52 所示。

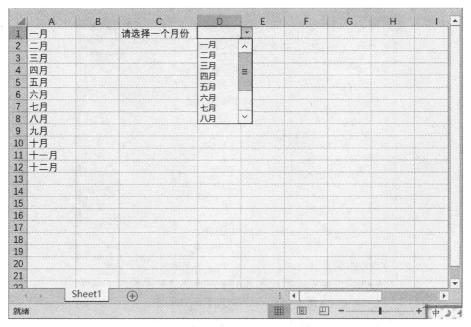

图 1-51 有效性列表的输入

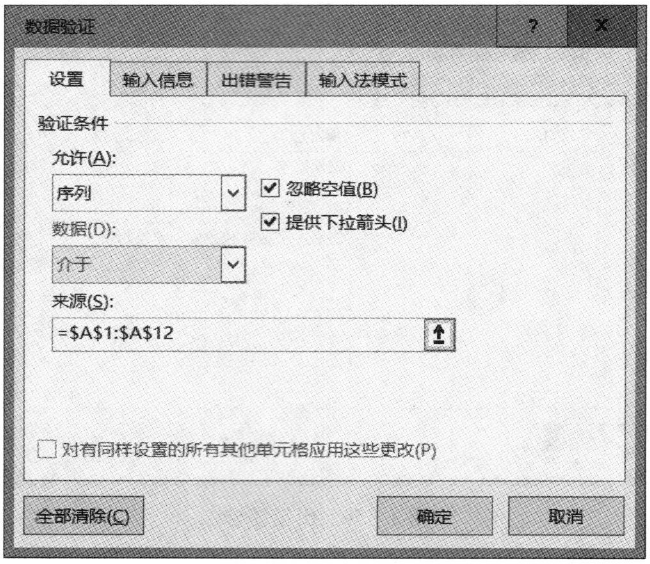

图 1-52 设置序列

如果列表较短,可以直接将列表项输入到"设置"选项卡的"来源"框中,使用列表分隔符来分隔每一项即可。当列表在不同工作簿时,则需要为多个分离的单元格设置一个区域名称,直接在"来源"中输入"=区域名称"。

实例 3:快速找出无效数据

用 Excel 处理数据,有些数据是有范围限制的,比如以百分制记分的考试成绩必须是 0~100 之间的某个数据,录入此范围之外的数据就是无效数据,如果采用人工审核的方法,要从浩瀚的数据中找到无效数据是件麻烦事,我们可以用 Excel 的数据有效性,快速找出表格中的无效数据。

首先选中需要审核的区域,切换到"数据"功能区,单击"数据验证"按钮,弹出"数据验证"窗口,切换到"设置"选项卡,打开"允许"下拉框,选择"小数",打开"数据"下拉框,选择"介于",最小值设为 0,最大值设为 100,如图 1-53 所示。

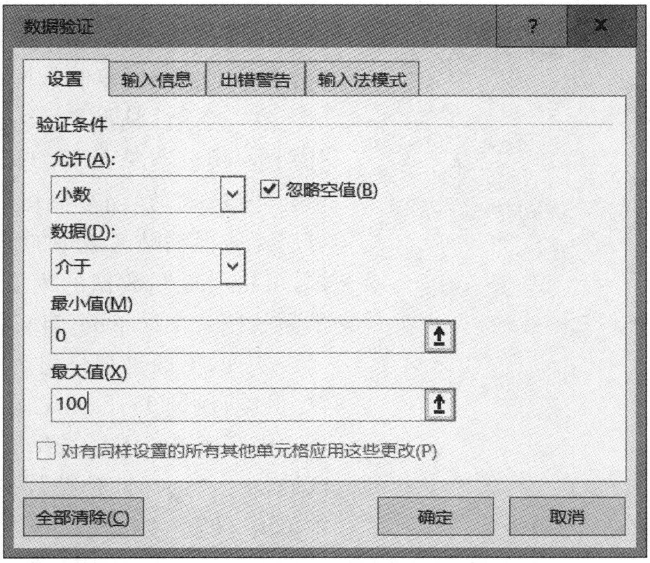

图 1-53 设置数据有效性原则

设置好数据有效性原则后,单击"数据"功能区,数据有效性按钮右侧的"▼",从下拉菜单中选择"圈释无效数据",表格中所有无效数据被一个红色的椭圆形圈释出来,错误数据一目了然。

1.4 工作表的编辑与美化

数据输入完毕后,下一步就是要对输入的数据进行一系列的操作与美化。在这一节中将主要介绍工作表中的选择性粘贴、数据的查找替换和定位,以及工作表的美化。

1.4.1 选择性粘贴

和其他的 Office 软件一样,Excel 具有强大的复制和粘贴功能。而由于工作表单元格包含有多种信息,因此 Excel 的粘贴功能更加强大。Excel 2016 的选择性粘贴功能具有以下多种粘贴命令,包括公式、数值、格式、批注和数据验证等,如图 1-54 所示。用户可以根据需求选择全部粘贴,或者只粘贴其中的一项。Excel 2016 版本同时具有浮动菜单选项,使得用户可以更加直观地选择相

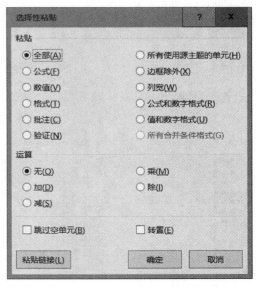

图 1-54 选择性粘贴命令

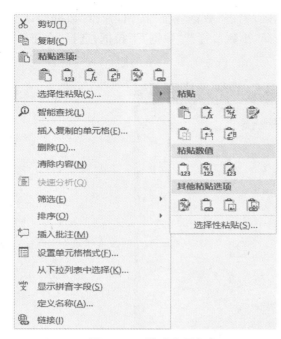

图 1-55　粘贴选项命令

应的粘贴命令,如图 1-55 所示。

如果选择粘贴"公式",则仅粘贴在编辑栏中输入的所复制数据的公式(相当于相对引用,参见本书第 2 章);如选择粘贴"数值",则仅粘贴在单元格中显示的所复制数据的值;如选择"格式",则粘贴所复制数据的单元格格式。

在"选择性粘贴"命令中还有两个复选框,分别是"跳过空单元"和"转置"。启用"跳过空单元"复选框,则当复制区域中有空单元格时,可避免替换粘贴区域中的值。启用"转置"复选框,可将所复制数据的列变成行,将行变成列。下面就用一个简单的实例说明如何进行转置。

例如,下面是某公司费用报销表(参见"第 1 章/例题/例题 1-2.xlsx"),如图 1-56 所示,首先选中区域 A1:J16,选择复制,然后在其他空白区域,单击"选择性粘贴",在弹出的粘贴选项卡中单击"转置"复选框,即可得到如图 1-57 所示的转置后的结果,完成行列互换。

序号	时间	员工姓名	所属部门	费用类别	人数	入额	出额	报销日期	负责人
0001	2008/3/10	张鸿烨	销售部	交通	4	10000	50	2008/3/15	寇佐龙
0002	2008/3/11	王丹	市场研发部	办公用品	3	10000	600	2008/3/20	寇佐龙
0003	2008/3/2	赵飞	设计部	办公用品	3		400	2008/3/2	王秀娟
0004	2008/2/25	刘永	销售部	餐饮	2	15000	1500	2008/3/1	王秀娟
0005	2008/3/12	薛敏	设计部	餐饮	6		150	2008/3/15	寇佐龙
0006	2008/3/9	刘小风	市场研发部	快递	1	20000	20	2008/3/15	寇佐龙
0007	2008/1/1	闻小西	文秘部				300	2008/1/15	寇佐龙
0008	2008/1/9	李晓波	文秘部	办公用品	9		180	2008/3/4	王秀娟
0009	2008/2/19	张海丽	销售部	办公用品	9	15000	190	2008/3/20	王秀娟
0010	2008/2/1	任丽娟	设计部	交通	4		90	2008/3/1	寇佐龙
0011	2008/2/25	宋玲玲	市场研发部	快递	2		50	2008/3/15	寇佐龙
0012	2008/2/25	王海峰	文秘部	办公用品	3		280	2008/3/2	寇佐龙
0013	2008/3/5	申璐	销售部	会议	10	18000	2000	2008/3/10	王秀娟
0014	2008/3/6	许明现	销售部	其他	2		6000	2008/3/15	寇佐龙
0015	2008/3/8	李春明	销售部	福利	15		3500	2008/3/10	寇佐龙

图 1-56　某公司员工费用报销表

序号	0001	0002	0003	0004	0005	0006	0007	0008	0009	0010	0011	0012	0013	0014	0015
时间	2008/3/10	2008/3/11	2008/3/2	2008/2/25	2008/3/12	2008/3/9	2008/1/1	2008/1/9	2008/2/19	2008/2/1	2008/2/3	2008/2/25	2008/3/5	2008/3/6	2008/3/8
员工姓名	张鸿烨	王丹	赵飞	刘永	薛敏	刘小风	闻小西	李晓波	张海丽	任丽娟	宋玲玲	王海峰	申璐	许明现	李春明
所属部门	销售部	市场研发部	设计部	销售部	设计部	市场研发部	文秘部	文秘部	销售部	设计部	市场研发部	文秘部	销售部	销售部	销售部
费用类别	交通	办公用品	办公用品	餐饮	餐饮	快递		办公用品	办公用品	交通	快递	办公用品	会议	其他	福利
人数	4	3	3	2	6	1		9	9	4	2	3	10	2	15
入额	10000	10000		15000		20000			15000				18000		
出额	50	600	400	1500	150	20	300	180	190	90	50	280	2000	6000	3500
报销日期	2008/3/15	2008/3/20	2008/3/2	2008/3/1	2008/3/15	2008/3/15	2008/1/15	2008/3/4	2008/3/20	2008/3/1	2008/3/15	2008/3/2	2008/3/10	2008/3/15	2008/3/10
负责人	寇佐龙	寇佐龙	王秀娟	王秀娟	寇佐龙	寇佐龙	寇佐龙	王秀娟	王秀娟	寇佐龙	寇佐龙	寇佐龙	王秀娟	寇佐龙	寇佐龙

图 1-57　转置后的结果

1.4.2 查找、替换与定位

在 Excel 中,我们需要找到某一单元格,一般是使用鼠标拖动滚动条来进行,但如果数据范围超出一屏幕显示范围或数据行数非常多时,想快速寻找或定位到某一单元格就比较麻烦了。这时可以使用 Excel 强大的查找、替换与定位功能。

1. 查找与替换

Excel 的查找与替换功能与其他 Office 软件比较类似。单击"查找"命令,在"查找内容"文本框中输入要查找的内容。如对格式有一定设置,可单击"选项"按钮。在"开始"选项卡上的"编辑"组中,单击"查找和替换"所示的命令列表,则可进行查找操作,如图 1-58 所示。

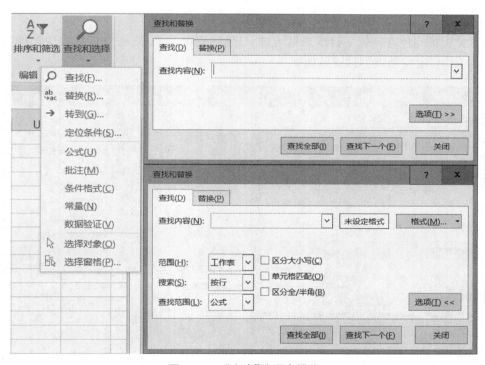

图 1-58 "查找"选项卡操作

当需要进行"替换"操作时,可以单击"替换"选项卡,在"替换为"文本框中输入要替换的数据即可,也可以对替换内容设置格式,如图 1-59 所示。

2. 定位条件

所谓定位,就是在工作表中找到某个指定的单元格。可使用单元格引用或名称来快速定位。

在"开始"选项卡的"编辑"组中,单击"查找和选择"按钮,在命令列表中选择"转到"命令,在"引用位置"编辑区输入要定位到的单元格引用位置或命名区域,即自动定位选择该区域。例如,需要选中 Y2008 单元格(或快速移动到 Y2008 单元格),在引用位置里输入"Y2008"后按回车即可。如需要选中 Y 列的 2004~2008 行的单元格,我们按照相同的方法,在引用位置里输入"Y2004:Y2008"按回车即可。需要选中 2008 行的单元格,我们可以在引用位置里输入"2008:2008"按回车即可。需要选中 2004~2008 行的单元格,我们可以在引用位置里输入"2004:2008"按回车即可。

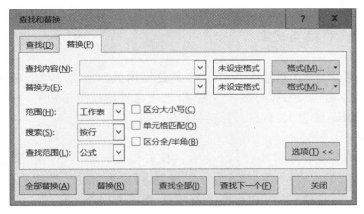

图 1-59　"替换"选项卡操作

如需要定位到包含特殊字符或条目的对象、批注或单元格,则在命令列表中选择"定位条件"命令,弹出"定位条件"对话框,如图 1-60 所示。

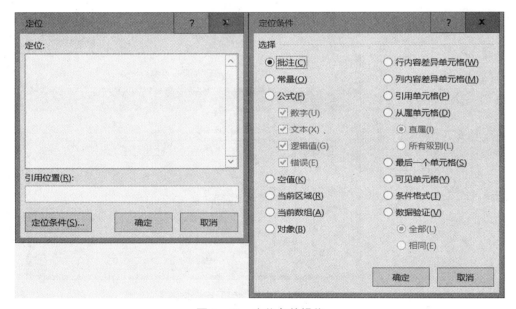

图 1-60　定位条件操作

1.4.3　工作表的基本格式设置

格式化设置有两种方式:一种是使用功能区中"开始"选项卡中"字体""对齐方式""数字"和"单元格"等组命令,另一种是利用"设置单元格格式"对话框来进行设置。在打开该对话框前,首先选中要设置格式的单元格或区域,单击右键后出现命令列表,单击"设置单元格格式"对话框,如图 1-61 所示。本节主要介绍字体与对齐方式的设置、底纹和颜色填充设置以及数据格式的设置。

1. 字体与对齐方式设置

字体格式化包括设置字体、字形、字号、颜色、背景图案等,如图 1-61 所示。

而对齐方式的设置可见图 1-62,设置与其他 Office 软件类似。

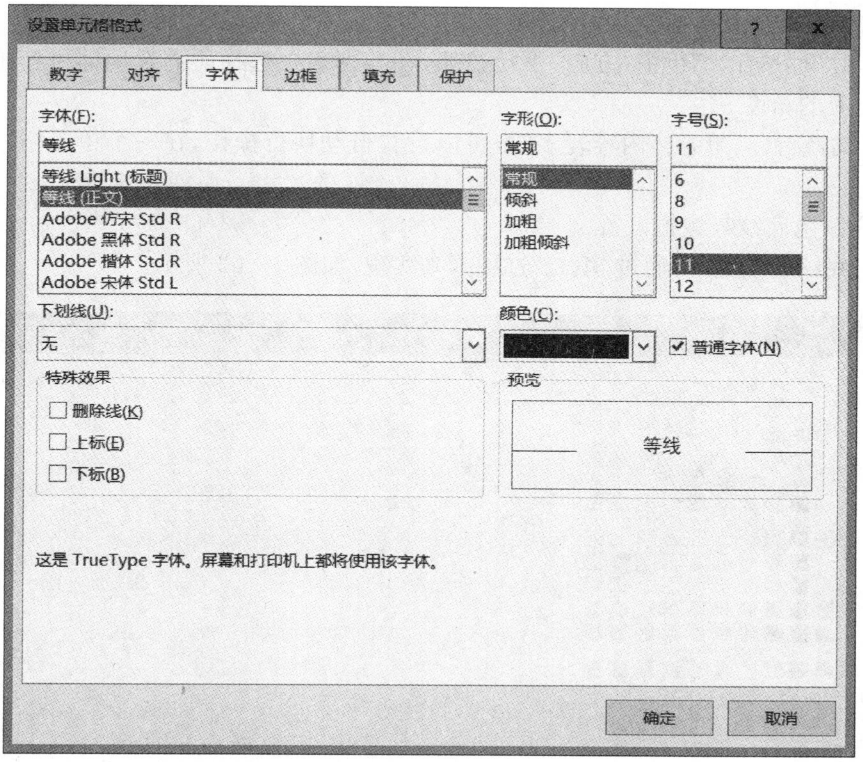

图 1－61　字体设置选项卡

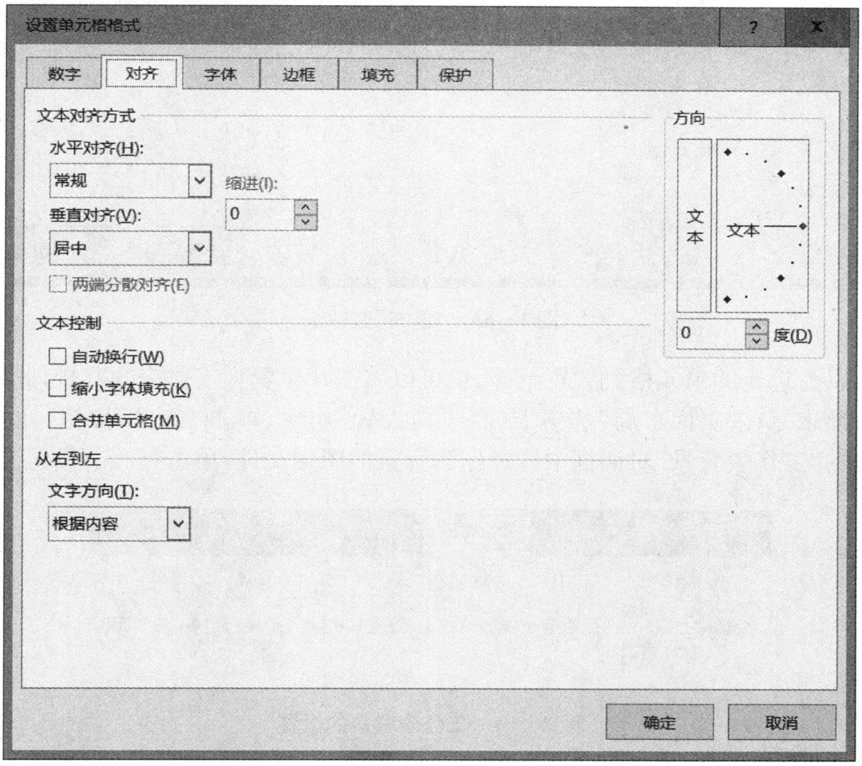

图 1－62　对齐方式设置选项卡

在对齐方式设置中,有两个技巧比较实用:

(1)单击"对齐方式"组中"方向"下拉按钮,在其列表中选择所需选项即可使单元格中的数据旋转相应的角度。

(2)自动换行,当单元格内容较多时,可以设置自动换行操作,在一个单元格中显示多行文本。

2.填充颜色底纹与边框设置

颜色与底纹的填充,可通过"填充"选项卡来实现,如图1-63所示。

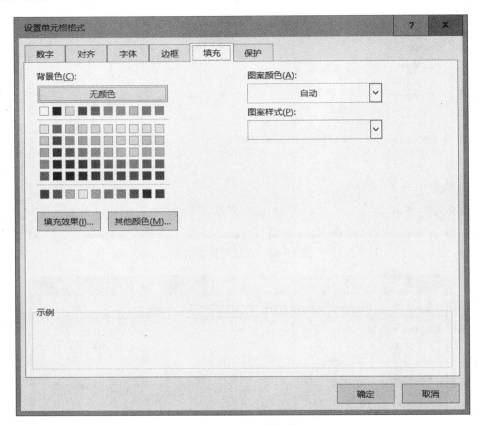

图1-63 "填充"选项卡

除了可以为选定的单元格设置背景外,也可以将图片设置为工作表的背景,此工作表背景不会被打印出来。在"页面布局"选项卡的"页面设置"组中,单击"背景"按钮,如图1-64所示。在打开的"工作表背景"对话框中选择作为背景的图像文件,单击"插入"按钮。

图1-64 工作表背景的设置

在"边框"选项卡中可以设置单元格边框,如图1-65所示。

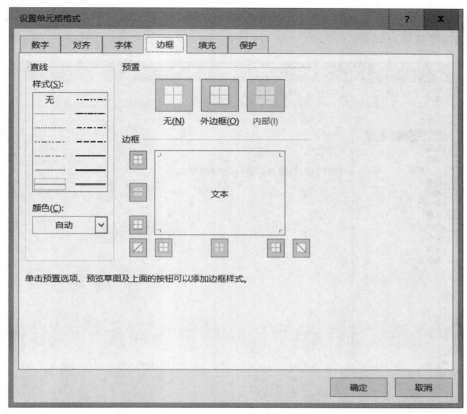

图 1 - 65　边框选项卡设置

3. 数字格式设置

Excel 针对常用的数字格式进行了分类,包含常规、数值、货币、会计专用、日期、时间、百分比等数字格式,如表 1 - 2 所示。

表 1 - 2　常用数字格式

分　　类	功　　　　能
常　　规	不包含特定的数字格式
数　　值	用于一般数字的表示,包括千位分隔符、小数位数以及不可以指定负数的显示方式
货　　币	用于一般货币值的表示,包括货币符号、小数位数以及不可以指定负数的显示方式
会计专用	与货币一样,但小数或货币符号是对齐的
日　　期	把日期和时间序列数值显示为日期值
时　　间	把日期和时间序列数值显示为日期值
百 分 比	将单元格乘以 100 并添加百分号,还可以设置小数点的位置
分　　数	以分数显示数值中的小数,还可以设置分母的位置
科学记数	以科学计数法显示数字,还可以设置小数点的位置
文　　本	在文本单元格格式中数字作为文本处理
特　　殊	用来在列表或数字数据中显示邮政编码、电话号码、中文大写数字和中文小写数字
自 定 义	用于创建自定义的数字格式

选定要设置数字格式的单元格,打开"设置单元格格式"对话框,单击"数字"选项卡,如图1-66所示,即可进行设置。

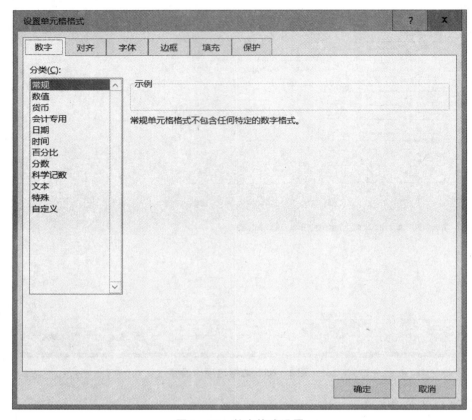

图1-66 数字格式设置

当选择"自定义"格式进行设置时,可在"类型"下方的文本框中输入自定义的数字格式字符串,来生成新的格式。常用数字格式符号及其含义如表1-3所示。

表1-3 常用数字格式符号及其含义

符 号	含 义
G/通用格式	以常规格式显示数字
0	预留数字位置。确定小数的数字显示位置,按小数点右边0的个数对数字进行四舍五入处理,如果数字位数少于格式中的零的个数则将显示无意义的0
#	预留数字位置。与0相同,只显示有意义的数字,而不显示无意义的0
?	预留数字位置。与0相同,但它允许插入空格来对齐数字位,且除去无意义的0
.	小数点。标记小数点的位置
%	百分比。所显示的结果是数字乘以100并添加%符号
,	千位分隔符。标记出千位、百万位等位置
_	对齐。留出等于下一个字符的宽度,对齐封闭在括号内的负数,并使小数点保持对齐
:￥-()	字符。可以直接显示的字符
/	分数分隔符。指示分数

符　号	含　　义
""	文本标记符。引号内引述的是文本
*	填充标记。用星号后的字符填满单元格的剩余部分
@	格式化代码。标识出输入文字显示的位置
[颜色]	颜色标记。用标记处的颜色显示字符
H	代表小时。以数字显示
D	代表日。以数字显示
M	代表分。以数字显示
S	代表秒。以数字显示

1.5　视图功能

用户在使用 Excel 工作表的过程中,当向工作表中添加了很多信息后,会发现浏览和定位所需的内容越来越困难。其实在 Excel 中包含了一些选项,能使查看工作表更加方便。这些选项包括隐藏和显示工作表、在多窗口中查看工作表、并排工作表、拆分工作表以及冻结工作表等。

1.5.1　工作簿视图

在 Excel 中,主要有几种"工作簿视图",包括"普通视图""页面布局视图""分页预览视图"等。用户可以选择"视图"菜单,单击"工作簿视图"组中的相应按钮来完成操作。除了以上几种视图方式,还可以"自定义视图"。单击该按钮,弹出"视图管理器"对话框,单击"添加"按钮,即可在弹出的"添加视图"对话框中输入视图名称,并设置视图选项。

此外,为了最大范围地查看工作表中的数据,用户可以只显示 Excel 标题,单元格行号与列标,以及单元格的内容,即将工作表进行全屏显示。选择"视图"选项卡,单击"工作簿视图"组中的"全屏显示"按钮,全屏显示的效果如图 1 - 67 所示。

取消全屏视图显示的方法为快捷键 Esc 键,或双击标题栏空白处,或单击标题栏上的"向下还原"按钮 　。

1.5.2　显示和隐藏工作表元素

当需要隐藏工作表时,可以通过选择"视图"选项卡,单击"窗口"组中的"隐藏"按钮,即可隐藏工作表,若需显示则单击"取消隐藏"按钮。

为了安全性的需要,或者为了方便用户进行操作。除了显示和隐藏工作表外,还有其他的一些窗口元素可以按照用户的需求显示或者消失。现分述如下:

1. 功能区的显示和隐藏

为了使窗口显示更多的单元格区域,可以将功能区折叠,以显示更多的数据区域。右击功

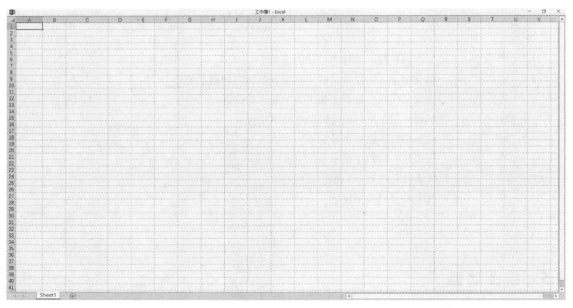

图 1-67　全屏显示的效果

图 1-68　显示或隐藏功能区

能区的空白处,执行"折叠功能区"命令,如图1-68所示,即可隐藏功能区。或者单击功能区右上角的隐藏按钮 ∧ 。

2. 命令提示的显示和隐藏

命令提示是将指针停留在命令或控件上时,显示的描述性文本的小窗口。通过单击"Excel 选项"对话框中的"常规"选项卡,然后单击"使用Excel 时采用的首选项"栏中"屏幕提示样式"下拉按钮,选择"在屏幕提示中显示功能说明",如图1-69所示。

3. 页面窗格的显示和隐藏

为了使工作表看上去错落有致,并使其实现无框线表格,可以对网格线进行隐藏操作。在"页面布局"选项卡中,选择"工作表选项"组中禁用"网格线"选项组中的"查看"复选框,即可隐藏网格线。也可以选择"视图"选项卡,在"显示"组中禁用"网格线"复选框。

4. 标题或编辑栏的显示和隐藏

编辑栏是用于输入数据或公式的条形区域,用户可以对其进行隐藏或显示操作。选择"视图"选项卡,分别禁用"编辑栏"和"标题"复选框,即可隐藏编辑栏和标题。取消复选即可显示。

5. 标尺的显示和隐藏

标尺用于测量和对齐文档中的对象。在 Excel 普通视图下,"显示"组中的"标尺"复选框是灰色的,无法使用。用户可以单击状态栏中的"页面布局"按钮,切换至页面布局视图,此时只需启用"视图"选项卡下"显示"组中的"标尺"复选框即可显示标尺。

6. 行/列的隐藏和恢复

当需要隐藏工作表中的一行或多行时,可先选择单行或多行,单击功能区"单元格"组中的"格式"下拉按钮,执行"隐藏和取消隐藏"列表中的相应命令。

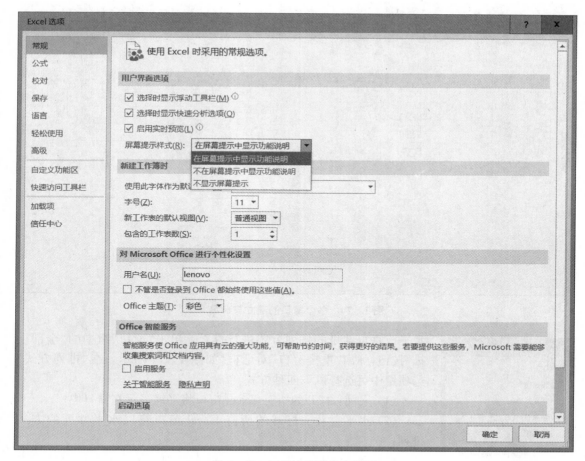

图 1‑69　显示或隐藏命令提示

1.5.3　在多窗口中查看工作表

由于工作需求,有时我们要查看一个工作表的不同部分,例如查看同一工作表中相距较远的单元格引用,或者同时检查工作簿中的多个工作表。在这种情况下,通过使用同一个工作簿的多个窗口,在其中打开工作簿的新视图,即可轻松解决问题。

1. 新建窗口

要在当前的工作簿中创建和显示一个新视图,可从窗口上方的功能区中选择"视图"选项卡的"窗口"选项组中的"新建窗口"命令,这样即可在当前的工作簿中显示一个新窗口。为了帮助用户识别窗口,Excel 在每个窗口后附加了一个冒号和一个数字,如"某公司费用报销表:1""某公司费用报销表:2"等,如图 1‑70 所示。这样用户就可以进行如下操作:

(1)在两个窗口中打开同一个工作簿的同一个工作表,以便在不同的窗口中查看工作表的不同部分。

(2)在两个窗口中打开同一工作簿的不同工作表,以查看不同的工作表。

2. 全部重排

重排可以使工作表在查看时更方便,如用户为了对比两个或多个窗口中的数据,可以使用

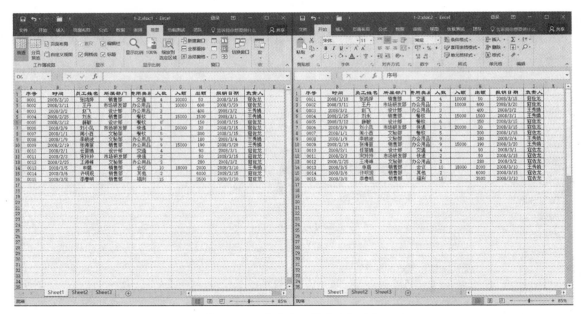

图 1-70　多个窗口的建立与命名

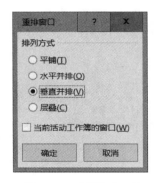

图 1-71　"重排窗口"对话框

水平或垂直并排的排列方式进行查看。单击"窗口"组中的"全部重排"按钮,弹出"重排窗口"对话框,如图 1-71 所示。在"排列方式"选项组中可选择以下四种方式:

(1)平铺:打开的所有 Excel 窗口将平铺显示在窗口中;

(2)水平并排:打开的所有 Excel 窗口将以水平并列的方式排列;

(3)垂直并排:打开的所有 Excel 窗口将以垂直并列的方式排列;

(4)层叠:打开的所有窗口将以层叠方式显示。

3. 并排查看

并排查看功能可以将两个或多个工作簿窗口并列排放,以方便用户比较工作簿中的数据。单击"窗口"组中的"并排查看"按钮,弹出"并排比较"对话框,选择要并排比较的工作簿。通过"同步滚动",两个文档将一起滚动。

1.5.4　拆分工作表窗口

使用拆分工作表窗口功能可以将一个窗口拆分成两个或四个窗口,以方便用户同时查看分隔较远的工作表部分。下面举例介绍如何进行拆分。

【例题 1-5】　工作表拆分(参见"第 1 章/例题/例题 1-5.xlsx")。

单击"窗口"组中的"拆分"按钮可进行以下三种拆分:

(1)水平拆分。选择要拆分的下一行或下一行的第一个单元格,然后单击"拆分"命令,如图 1-72 所示。

(2)垂直拆分。选择要拆分的后一列或后一列的第一个单元格,然后单击"拆分"命令,如图 1-73 所示。

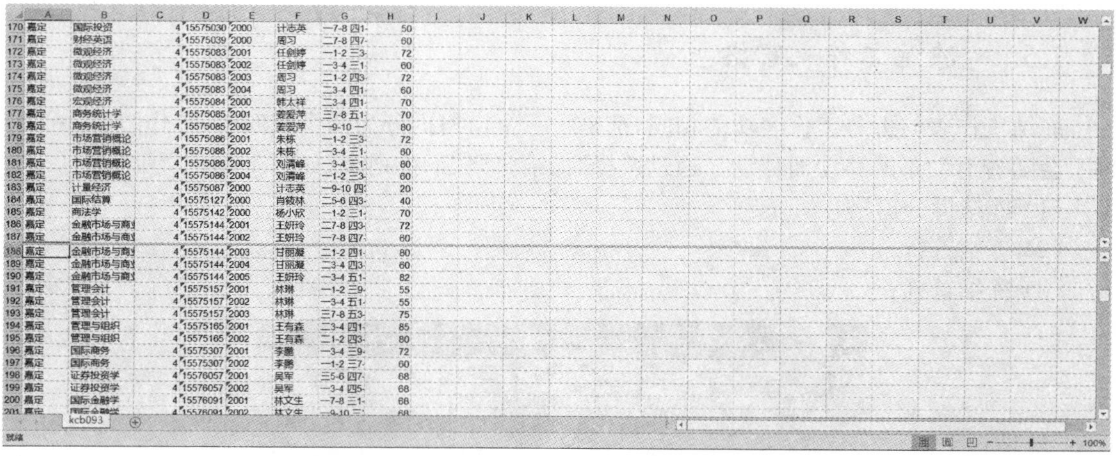

图 1-72 水平拆分

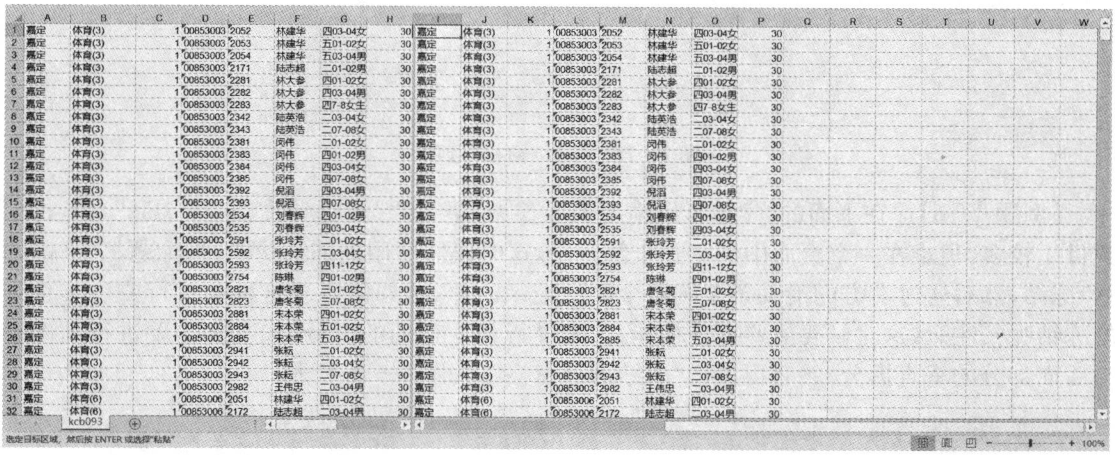

图 1-73 垂直拆分

（3）水平/垂直拆分。选择要拆分的下一行兼后一列的那一个单元格，然后单击"拆分"命令，如图 1-74 所示。

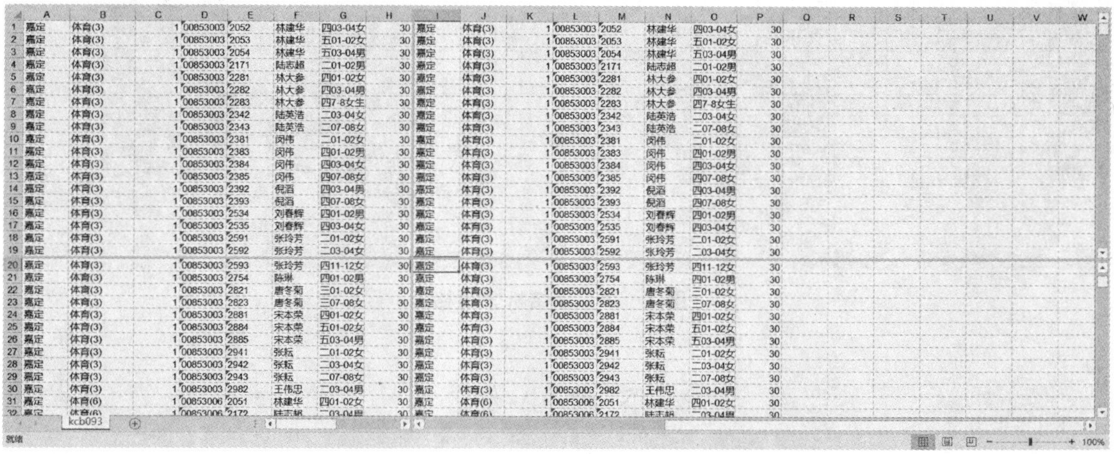

图 1-74 水平/垂直拆分

1.5.5　冻结工作表窗格

冻结工作表与拆分工作表功能相同，都是将一个窗格拆分为两个或四个，工作表的一部分将不会随着滑动条的移动而移动。通过选择"冻结窗格"下拉列表，如图1-75所示：

（1）冻结拆分窗格；

（2）冻结首行；

（3）冻结首列；

图1-75　"冻结窗格"选项

【**例题1-6**】　在下面的"学生考勤情况表"（参见"第1章/例题/例题1-6.xlsx"）中，行列数目比较多，很难在一个页面中浏览到全部记录，这时候需要用到冻结功能，将标题部分（前四行）冻结，然后通过右方的滑动条来浏览全部的记录。那么，如何实现这种非首行或者非首列的冻结呢？注意，这时候要借鉴拆分功能，首先进行相应行列的拆分，如本例需要进行前四行与后面部分的垂直拆分，然后再进行"冻结拆分窗格"，如图1-76所示。

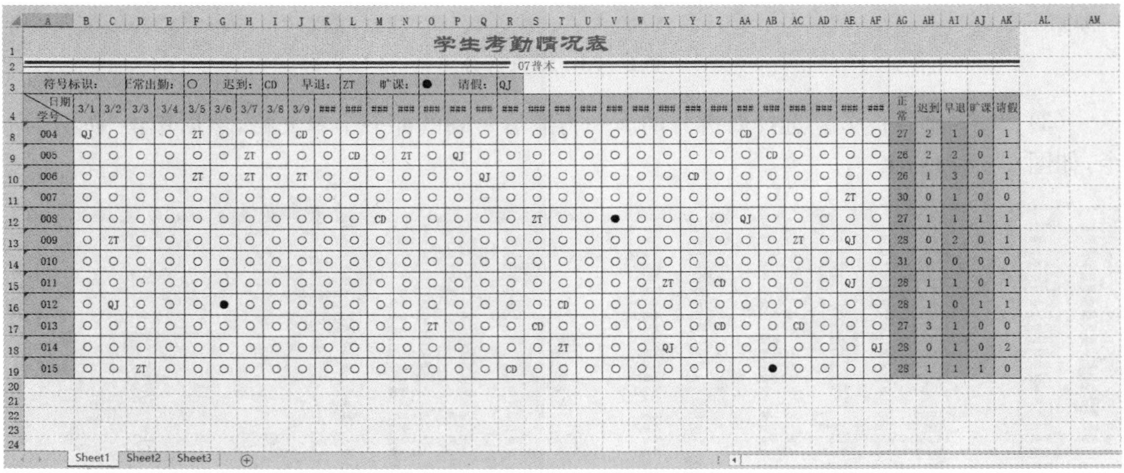

图1-76　冻结拆分窗格

本 章 小 结

本章主要针对 Excel 的基础知识和操作进行讲解，包括 Excel 的工作界面和常用术语、创建和管理工作簿、工作表的编辑、工作表的基本操作、工作表的格式设置和视图功能等内容。这些内容将为后续章节的展开做很好的铺垫,也是用户熟练使用 Excel 的前提和基础。

练　习

一、填空题

1. _____用于向单元格中输入数据、计算公式或函数等内容。

2. 在 Excel 2016 中,工作簿文件的扩展名为_____,每个工作簿由若干个_____构成。

3. _____是工作表中最小的单位,是用来存放具体信息的,它是由_____和_____来表示和引用。

4. _____是预先定义好格式、公式的 Excel 工作簿,默认模板是_____。

5. 在 Excel 2016 中,单元格下可以存放_____、_____、_____3 种类型的数据。

6. 在 Excel 2016 中,当文本数据超出单元格宽度时,如果右侧相邻的单元格是_____的,跨越到右邻单元格显示;如果右侧相邻的单元格是_____的,超出单元格宽度的部分不显示。

7. 在 Excel 中,日期和时间均按_____处理,其显示方法取决于单元格所用的数字格式。如果在单元格中输入一般的日期和时间格式,则会变为_____的日期和时间格式;如果输入的日期和时间不能识别,则作_____数据处理。

8. 为单元格输入数据时,Excel 会自动识别输入的数据类型,默认情况下,文本数据在单元格中_____,数字数据在单元格中_____。

二、选择题

1. 在 Excel 2016 中,工作簿文件的扩展名是(　　)。
   A. .xslm　　　　　　B. .xml　　　　　　C. .xlm　　　　　　D. .xlsx

2. (　　)是工作表中最小的单位。
   A. 单元格　　　　　　B. sheet1　　　　　C. sheet2　　　　　D. sheet3

3. 在 Excel 2016 中,最大的单元格数量是(　　)。
   A. 1 048 576×256　　　　　　　　　B. 1 048 576×512
   C. 1 048 576×1 024　　　　　　　　D. 1 048 576×16 384

4. 用字符串 cl＊ck 进行查找,可以查找到(　　)。(多选项)
   A. clock　　　　　　B. claerck　　　　　C. clok　　　　　　D. cloock

5. 默认情况下,Excel 会自动在新建的工作簿中新建(　　)个工作表。
   A. 3　　　　　　　　B. 4　　　　　　　　C. 5　　　　　　　　D. 6

6. 按(　　)组合键可以在当前工作表之前插入新的工作表。
   A. F11　　　　　　　B. Shift＋F11　　　C. Alt＋F11　　　　D. Ctrl＋F11

7. 在命名工作表时,下列哪一个符号是允许的(　　)。
   A. ：　　　　　　　　B. \　　　　　　　　C.]　　　　　　　　D. ,

8. 在 Excel 2016 中,我们可以通过缩放显示比例来查看工作表信息,默认情况下,Excel 显示的比例是(　　)。
   A. 100%　　　　　　B. 90%　　　　　　C. 80%　　　　　　D. 50%

9. 假设 A1 单元格有数值 25.5,当执行了百分比样式后为(　　　);执行了千位分隔样式后为(　　　);执行货币样式后为(　　　)。

    A. $25.50   B. ￥25.50   C. 2 550％   D. 255％

    E. 25.5   F. 25.50

三、简答题

1. 列出正常退出 Excel 的两种方法。

2. Excel 中的"准备"菜单主要有什么功能?

3. 为了更加快速地新建和打开工作簿,如何把"新建""打开"命令添加到快速访问工具栏当中?

4. 简述一下工作簿和工作表有什么不同。

5. 在 Excel 中,是怎样定义单元格区域的?

6. 在 Excel 2016 中,如果要同时在几个工作表中输入或编辑数据,应如何操作?

7. 当组合了多张工作表后,是否可以从其中的一张工作表中复制或剪切数据粘贴到另一工作表中? 为什么?

8. 工作表名称最多可以有多少个字符? 而又有哪些符号是不允许的? 试列举一些。

9. 冻结工作表首行的主要作用是什么?

10. 跨列居中和合并居中有什么分别?

11. 要对单元格的文本设置 45°方向,应如何操作?

12. 当输入的文字超出了单元格的列宽,其文字会跨越下一单元格,那么应如何操作才能使其不会自动跨入下一格单元格?

13. 当把工作表隐藏后,应如何操作才能重新显示工作表?

14. 在 Excel 2016 中,默认情况下,单元格的行高与列宽各是多少? 应如何改变?

四、操作题

1. 制作一张班级同学一周睡眠情况表,记录班级同学一周中每天睡眠时间、睡眠质量、睡眠时间点等。

    (1) 设置性别可选序列;

    (2) 不显示零值;

    (3) 为睡眠时间少于 6 小时的记录添加批注,批注内容为"睡眠充足是学习的基础";

    (4) 锁定首行和首列;

    (5) 美化工作表;

    (6) 输入日期、时间和学号。

2. 制作一个个人开支记录表,符合以下各项要求:

    (1) 包括日期、大类、内容、价格;

    (2) 大类分为:生活费、食物、日用品、餐费、服装、娱乐学习、其他;

    (3) 把价格高于 300 元的数据突出显示;

    (4) 收入数据为负;

    (5) 价格保留小数点两位,采用货币格式;

    (6) 当同一日期有多项支出时进行日期单元格合并;

（7）锁定标题头；

（8）尽量美化表格。

3. 对如图 1-77 所示的一简单表格进行定位操作，在空白处添加"Hello"，实现如图 1-78 所示的效果。本练习可参见"第 1 章/练习/定位操作.xlsx"。

红得发紫						
红得发紫						
	红得发紫			红得发紫	红得发紫	红得发紫
				红得发紫		
红得发紫						
红得发紫	红得发紫		红得发紫			
红得发紫						
红得发紫				红得发紫		红得发紫
红得发紫				红得发紫		红得发紫
		红得发紫				
		红得发紫		红得发紫		
红得发紫						
红得发紫						
				红得发紫		
红得发紫	红得发紫	红得发紫				
红得发紫	红得发紫	红得发紫				

图 1-77 待定位操作表格

红得发紫	Hello	Hello	Hello	Hello	Hello	Hello
Hello	Hello	Hello	Hello	Hello	Hello	Hello
红得发紫	Hello	Hello	Hello	Hello	Hello	Hello
Hello	Hello	Hello	Hello	Hello	Hello	Hello
Hello	红得发紫	Hello	Hello	红得发紫	红得发紫	红得发紫
Hello	Hello	Hello	Hello	红得发紫	Hello	Hello
Hello	Hello	Hello	Hello	Hello	Hello	Hello
红得发紫	Hello	Hello	Hello	Hello	Hello	Hello
红得发紫	红得发紫	Hello	红得发紫	Hello	Hello	Hello
红得发紫	Hello	Hello	Hello	Hello	Hello	Hello
红得发紫	Hello	Hello	Hello	红得发紫	Hello	红得发紫
红得发紫	Hello	Hello	Hello	红得发紫	Hello	红得发紫
Hello	Hello	红得发紫	Hello	Hello	Hello	Hello
Hello	Hello	红得发紫	Hello	红得发紫	Hello	Hello
红得发紫	Hello	Hello	Hello	Hello	Hello	Hello
红得发紫	Hello	Hello	Hello	Hello	Hello	Hello
Hello	Hello	Hello	Hello	红得发紫	Hello	Hello
红得发紫	红得发紫	红得发紫	Hello	Hello	Hello	Hello
红得发紫	红得发紫	红得发紫	Hello	Hello	Hello	Hello

图 1-78 定位操作后表格效果

实　验

打开"第 1 章/实验/学习成绩一览表.xlsx"，参照如图 1-79 所示样张，完成下面的操作并进行思考。

学习成绩一览表							
学号	姓名	性别	语文	数学	英语	总分	平均分
2124860	寿佳	男	82	89	97		
2124870	胡于谦	女	78	67	85		
2124880	朱灵君	男	86	100	78		
2124890	萧玉龙	女	69	86	69		
2124900	罗纹	男	87	77	88		
2124910	魏心儿	女	78	80	77		
2124920	王子惜	男	67	66	85		
2124930	杨艳风	女	78	66	81		
各科平均分							
最高分							
最低分							

图 1-79　学习成绩一览表

操作:

(1) 用自动填充序列数的方法填充学号,学号范围从 2124860～2124930(等差序列,步长为 10)。

(2) 提供选项进行性别的输入(采用数据有效性完成)。

(3) 求每个学生总分、平均分、各科的最高分和最低分。

(4) 在表格标题与表格之间插入一空行,然后将表格标题设置为蓝色、粗楷体、16 磅大小、加下画双线,并采用合并及居中对齐方式。

(5) 将表格各栏标题设置成粗体、居中;再将表格中的其他内容居中,平均分保留小数 1 位。

(6) 设置单元格底纹填充色:对各标题栏、最高分、最低分、平均分的数据区设置为灰色。

(7) 对学生的总分设置条件格式:总分≥260 分,用宝石蓝图案;230≤总分<260 分,采用蓝色、加粗斜体。

(8) 将 Sheet1 表格命名为学生成绩单。

(9) 冻结表格的标题栏。

(10) 复制"学生成绩单"表格到 Sheet2,改名为"自动格式",对复制的工作表的格式使用自动套用表格格式(任选)。

(11) 复制"学生成绩单"表格到 Sheet3,改名为"隐藏",隐藏窗口中的网格线、标题和编辑栏。

思考:

(1) 如何对工作表 Sheet3"隐藏"进行保护,以防其他人修改分数?

(2) 对于学生的成绩你觉得可以从哪几个方面分析,尝试完成它,把分析过程表达出来,并给出结论。过程和结论写在 Sheet1"学生成绩单"中。

(3) 复制"Sheet2"表格到 Sheet4,改名为"打印",给表单添加页眉文字"学生成绩表",添加水印(页眉部分)和页码(页脚部分),以便打印。

第2章 公式与函数基础

《论语》中有这样一句话:"工欲善其事,必先利其器。"意思是说要想做好工作,必须要磨利工具,即做事要想达到事半功倍的效果,必须要有"利器"相助才行。在 Excel 中,帮助我们高效完成数据处理,精确获取分析结果的"利器"就是其中的公式与函数。

通过前面的学习,我们已经知道了在 Excel 的工作表中可以输入各种类型的数据,但是这些数据之间没有任何关系,如何建立它们之间的联系,从而进一步挖掘出它们之间内在的有价值的信息呢?比如说,通过员工的入职时间,计算他们的工龄;想要向银行借款买房,事先分析一下不同借款年限对还款金额的影响,等等。对于这些问题我们都可以借助于函数和公式这个工具来分析,进而找到我们所需的答案。

公式是对 Excel 工作表中的数据进行分析计算的等式。它们可以对相同或不同工作表中的数值进行加、减、乘、除等运算。例如想要求出总分,就可以在公式中对各科成绩进行加运算;若要计算某产品的销售额,就可以在公式中输入该产品的单价与其销售数量的乘积。根据不同的应用目的,我们可以编写出不同的公式。

在 Excel 中还需重点关注的内容就是函数。我们可以将函数理解为一些已经预先定义好的公式,它们根据用户给定的信息,完成某种特定的运算和操作。例如分析和处理日期值和时间值、确定贷款的支付额等。同时,函数也可以成为公式的一部分,这样不仅可以使一些公式更加简洁,而且功能也更强大。

Excel 已经为我们准备了一座宝库——函数库,里面有大大小小的"宝物"300 多个(当然,在第 7 章开始学习了"炼金术"——VBA 后,还可以根据自己的想法炼制取之不尽的"宝物")。这 300 多个"宝物"根据功能的不同,被广泛应用于财务管理、市场分析、生产管理及日常办公中,掌握了它们,你就可以在日常的工作中百战百胜。

现在,宝藏的大门已经为你打开,究竟能拿走多少宝贝,就靠自己的努力了!

本章节学习要点:

① 认识 Excel 公式;

② 掌握公式的结构和使用方法;

③ 掌握单元格的引用方式——绝对引用、相对引用和混合引用;

④ 认识函数;

⑤ 掌握常用基本函数的使用方法。

本章主要介绍公式及函数的基本知识,如公式及函数的基本结构、输入方式、出现错误时的提示信息等,对于这部分内容要熟练掌握。本章的另一个重点就是单元格的引用(相对引用、绝对引用及混合引用),这部分内容对我们在实际工作中应用公式及函数是非常关键的,因此要多加练习,重点掌握。此外,本章的函数部分为大家介绍了一些最基础、最常用的函数,在下一章里,我们要利用这些基础函数组合完成一些更为复杂的任务,所以这部分内容也请大家重点关注。

2.1 公式

2.1.1 认识 Excel 公式

通过前面的学习,我们已经知道了在 Excel 表格中可以输入数据,但 Excel 表格不仅仅是输入数据的场地,我们还可以在其中编辑公式以便对表格中的这些数据进行各种数值计算和统计分析。

1. 公式的概念及结构

在 Excel 中,公式是由用户自行设计的算式,通常由运算符和参与计算的操作数组成。其中操作数可以是常量数据、函数、单元格引用等元素,而运算符则是用于计算的加、减、乘、除等运算符号。在单元格中输入公式,它进行某种类型的计算后必须(且只能)返回值。

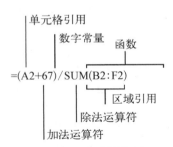

图 2-1 公式结构图

公式以等号"="开始,用于表明其后的字符为公式。紧随等号之后的是需要进行计算的元素(操作数)和运算符号,各操作数之间以算术运算符分隔。图 2-1 展示了一个样例公式的结构。

从图 2-1 可知,公式通常由以下几部分组成:

(1)等号"="。输入公式时,必须以"="开头,然后再输入运算符和操作数,需要注意的是,该等号必须是英文输入法下的等号,表示正在对公式进行输入。

(2)单元格/区域引用。表示在公式中通过引用地址的形式引用了某一单元格或单元格区域中的数据,如图 2-1 所示的"区域引用"就是引用了 B2 至 F2 间的所有单元格。利用 SUM 函数对该区域内的所有单元格中的数据进行求和计算。

(3)函数。Excel 中内置的或编写的函数,如图 2-1 中的 SUM 函数就是一个求和函数。

(4)运算符。Excel 包含四种形式的运算符:算术运算符、逻辑运算符、文本运算符和引用运算符。

2. 公式中的运算符

Excel 允许在公式中使用各种运算符进行运算操作。Excel 包含算术运算符、比较运算符、文本运算符和引用运算符四种类型。

(1)算术运算符。算术运算符用来完成基本的数学运算,如+(加)、-(减)、*(乘)、/(除)、%(百分比)、^(乘方)。

(2)比较运算符。比较运算符用来对两个数值进行比较,产生的结果为逻辑值 True(真)或 False(假)。比较运算符有=(等于)、>(大于)、<(小于)、>=(大于等于)、<=(小于等于)、<>(不等于)。

（3）文本运算符。文本运算符"&"用来将一个或多个文本连接成为一个组合文本。例如"努力"&"学习"的结果为"努力学习"。

（4）引用运算符。使用引用运算符可以对由若干个单元格组成的单元格区域中的数据进行合并计算。其中主要的引用运算符有如下两种：

① :（冒号）——区域运算符，即对两个引用单元格之间的所有单元格进行计算，如图2-2所示，其中，SUM（A1：A9）即为对A1至A9间所有单元格中的数据进行求和运算。A1与A9之间的"："表示连接A1至A9间的区域。

图2-2　区域运算符

② ,（逗号）——联合运算符，将多个引用合并为一个引用，如图2-3所示，其中，SUM（A1：A9，C1：C9）即为计算A1至A9区域与C1至C9区域中所有数据的和，其中的","起到合并两个引用区域的作用。

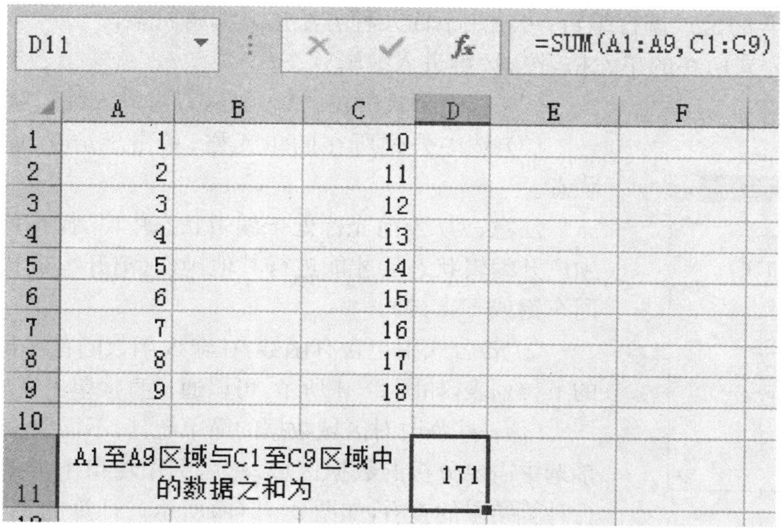

图2-3　联合运算符

3. 运算符的运算顺序

如果公式中同时用到了多个运算符,Excel 将按表 2-1 的顺序进行运算。

表 2-1 运算符的运算顺序表

符 号	运 算 符	优 先 级
^	幂运算符	1
*	乘 号	2
/	除 号	2
+	加 号	3
—	减 号	3
&	连接符号	4
=	等于符号	5
>	大于符号	5
<	小于符号	5

注意: ① 如果公式中包含了相同优先级的运算符,例如公式中同时包含了乘法和除法运算符,Excel 将从左到右进行计算。

② 如果要修改计算的顺序,应把公式需要先计算的部分括在圆括号内。

2.1.2 公式的输入、编辑及复制

1. 公式的输入

在单元格中输入公式的操作与输入文本类似,不同的是在输入一个公式时总是以一个"="作为开头,当输入"="时,Excel 会自动识别其为公式输入的开始,之后输入的是公式的表达式。公式输入完成后可按 Enter 键结束编辑,公式的计算结果会显示在所在的单元格中。

2. 公式的编辑

若要对已有的公式进行编辑,可使用下面几种方法进入编辑状态:

(1) 选中公式所在的单元格,按 F2 键进入编辑状态;

(2) 选中公式所在的单元格,双击进入编辑状态;

(3) 选中公式所在的单元格,单击上方的编辑栏进入编辑状态。

注意: ① 当前光标处于编辑状态中时,操作均不能进行。必须离开编辑状态后才能进行其他操作(离开编辑状态的方法有按回车键或 Esc 键)。

② 若公式中包含有函数,在输入函数的首字母时会出现函数的下拉列表,如图 2-4 所示,可以通过直接单击完成快速输入。

③ 一些临时对区域数据的简单统计,不需要编写公式,可以直接选中需要分析的数据区域,然后利用窗口下方的状态栏快速进行计算结果的查看,如图 2-5(a)所示。计算的类型可通过"自定义状态栏"(在状态栏中按右键打开)设置,如图 2-5(b)所示。

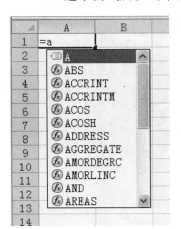

图 2-4 函数的快速输入

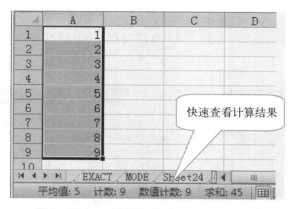

图 2 - 5(a)　利用状态栏快速查看计算结果

3. 公式的复制

如果要在某个区域使用相同的计算方法,可以利用公式的可复制性。针对不同的复制区域,可采用以下两种复制方法:

(1)若在连续的区域中使用相同的公式,可通过"双击"或"拖动"单元格右下角的填充柄进行公式的复制。

(2)若公式所在的单元格区域不连续,可以借助"复制"和"粘贴"功能实现公式的复制。

注意:若公式中使用了单元格引用,复制时会因为绝对引用和相对引用表达的不同对复制后的地址产生不同的变化。具体将在第 2.1.5 节中阐述。

图 2 - 5(b)　状态栏快速查看设置

2.1.3　公式的审核

在使用公式进行数据计算时,常会因函数参数设置不对、数据源引用不对等情况导致最终计算结果错误,尤其是在包含很多公式的计算中,需要引用其他单元格或单元格区域,这更增加了查找公式错误的难度。为了方便用户直观地找到错误原因,在 Excel 中提供了"公式审核"功能。它提供了一些数据审查工具,显示单元格之间引用和被引用的关系,包括"追踪引用单元格""追踪从属单元格""公式求值"和"错误检查"等。

在进一步说明公式审核前,我们先要明确"引用单元格"和"从属单元格"的概念。

① 引用单元格:被其他单元格中的公式引用的单元格。例如,如果单元格 D10 中有公式"=B5",则单元格 B5 就是单元格 D10 的引用单元格。

② 从属单元格:包含引用其他单元格的公式的单元格。例如,若单元格 D10 包含公式"=B5",则单元格 D10 就是单元格 B5 的从属单元格。

1. 追踪引用单元格

若在公式计算中出现错误值,可通过"公式审核"选项卡中的"追踪引用单元格"来追踪引用的数据源,从而判断数据源是否正确。当追踪结束后可以使用"移去单元格追踪箭头"按钮将标记去掉。

【**例题 2 - 1**】　以"成绩表"为例(参见"第 2 章/例题/例题 2 - 1.xlsx"),在计算某学生的平均分和总分时出现了错误,如图2-6所示,为了找到出错的原因并改正,我们必须知道出错单元格在计算时引用了哪个其他单元格,这时我们就可以运用"追踪引用单元格"功能查找出错的原因。具体操作如下:

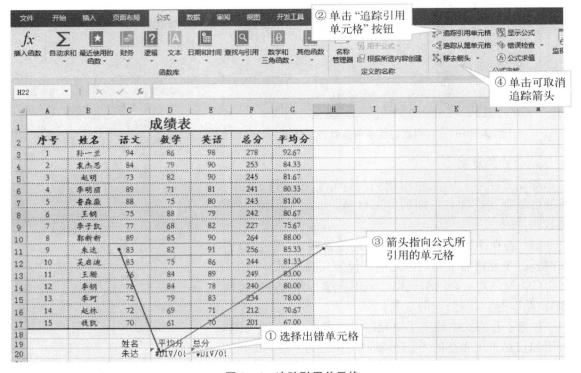

图2-6 追踪引用单元格

① 选定需要进行追踪的单元格(出现错误的单元格),即选定单元格D20。

② 单击"公式"菜单栏上的"公式审核"工具栏中的"追踪引用单元格"选项。

③ 选定单元格(出现错误的单元格)中公式所引用的单元格被追踪箭头标识出来,图中圆点表示被引用的单元格,箭头所表示的单元格是从属单元格。只要双击箭头就可选择箭头的另一端的单元格。被引用的单元格区域用边框标记。通过追踪箭头所标识的单元格,我们可以查询哪个数据源出现问题导致公式在进行计算时出错。

④ 如果要取消工作表上的引用单元格的追踪箭头,可单击"公式审核"工具栏上的"移去箭头"中的"移去引用单元格追踪箭头"。

2. 追踪从属单元格

出错单元格的值也可能会被其他单元格引用,从而导致引用其值的单元格也出错。若想查看有哪些单元格受其影响的,可使用"追踪从属单元格"功能,具体步骤如图2-7所示。

① 选定需要进行追踪的单元格(出现错误的单元格)。

② 单击"公式"菜单栏中的"公式审核"工具栏上的"追踪从属单元格"。

③ 追踪箭头标识出受到该选定的单元格(出现错误的单元格)影响的单元格,即通过追踪箭头可标识出从属单元格的位置。

④ 如果要取消工作表上的追踪从属单元格箭头,可单击"公式审核"工具栏上的"移去箭头"中的"移去从属单元格追踪箭头"。

图 2-7　追踪从属单元格

3. 显示公式

由于编辑栏一次只能显示一个公式，不便于查看各公式间的相互关系。为了使用户能对在数据表中所使用的公式有一个全局的了解，可使用"公式"菜单栏上"公式审核"工具栏中的"显示公式"功能，使公式直接显示在单元格上。如图 2-8 所示，该项功能是一个开关项，单击一次，数据表显示公式，再次单击则取消公式的显示。

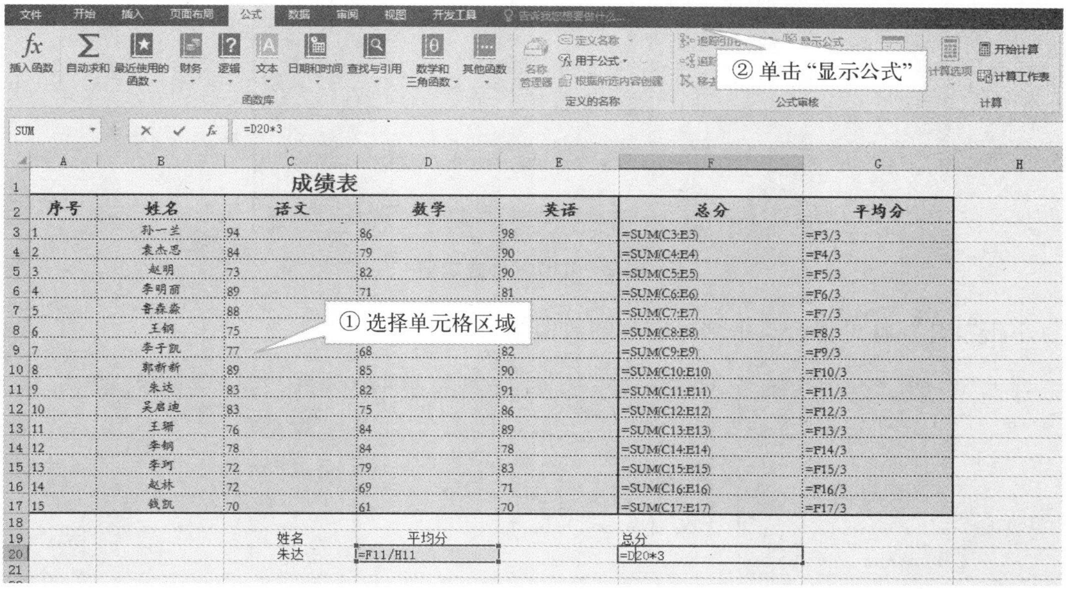

图 2-8　显示公式

4. 公式求值

对于较为复杂的公式,当计算结果出错时,可使用"公式求值"功能。该功能可以调出一个对话框,用逐步执行的方式显示公式每一步的计算步骤,使用户能清楚地查看公式的计算顺序和结果,从中找到错误原因并进行改正,具体步骤参见组图 2-9(a)~(c)。

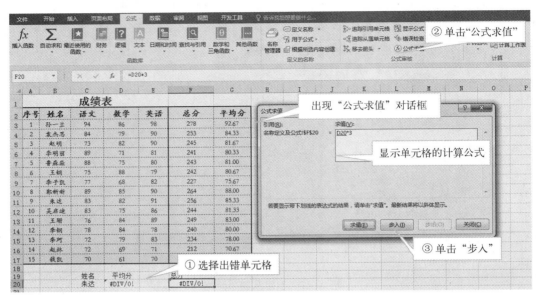

图 2-9(a) 公式求值

"公式求值"窗口中,D20 下方有一个下画线,表明可进一步通过"步入"按钮查看其中的具体内容,如图 2-9(b)所示。

图 2-9(b) 公式求值

单击"求值"就可得公式中部分内容的数值结果。

图 2-9(c) 公式求值

由此,我们可以分析出错原因,是单元格 F20 中的公式的除数为零。

5. 错误检查

在数据表中可能会出现多处错误,这时就可以使用"错误检查"功能来逐一对错误进行检查,该功能标明该单元格的错误原因,我们可以根据此提示对此单元格进行更正。具体操作步骤如图 2‑10(a)所示。

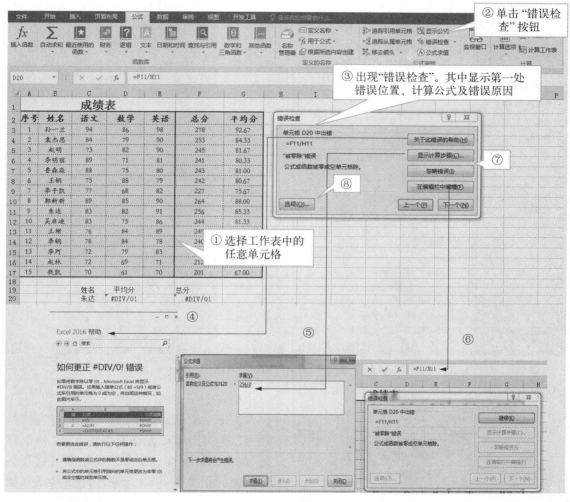

图 2‑10(a)　错误检查

(1) 选中工作表中的任意单元格;

(2) 在"公式"选项卡中的"公式审核"工具栏中单击"错误检查";

(3) 打开"错误检查"对话框,该对话框显示第一处错误的位置、计算公式及错误原因;

(4) 若单击"关于此错误的帮助",则启动该错误的帮助信息,帮助用户进行错误分析,给出解决方案;

(5) 若单击"显示计算步骤",则启动"公式求值"对话框,显示该错误出现的公式内容;

(6) 若单击"在编辑栏中编辑",则光标跳转到编辑栏,便于用户进行公式修改;

(7) 若单击"忽略错误",则忽略当前单元格内公式的错误,跳转到下一个出错单元格;

（8）若单击"选项"，则可启动"Excel 选项"中的"公式"对"错误检查规则"做相应的设置，如图 2-10(b)所示。

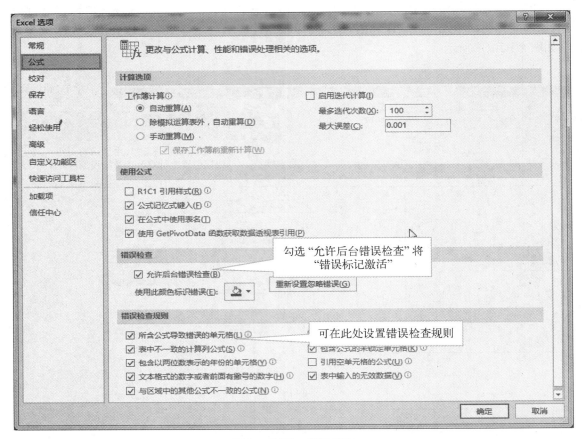

图 2-10(b)　错误检查

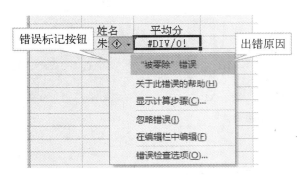

图 2-11　错误标记查看公式错误

小贴士：

当 Excel 单元格中的公式出现错误时，还可以通过出错单元格左侧出现的"错误标记"按钮进行查询。单击该按钮即可打开一个智能标记菜单，其上显示错误的名称（如"被零除"），这就可使用户迅速发现错误原因，如图 2-11 所示。

若出错单元格左侧无"错误标记"按钮，可在图 2-10(b)中勾选"允许后台错误检查"，将"错误标记"激活。

2.1.4　公式使用中常见问题分析

当我们在单元格中使用公式时，不可避免地会出现计算结果为错误的信息，如＃N/A!、＃VALUE!、＃DIV/O! 等。产生这些错误的原因有很多种，例如，在需要数字的公式中使用文本、删除了被公式引用的单元格，或者使用了宽度不足以显示结果的单元格。以下是几种 Excel 常见的错误及其解决方法。

1. 公式常见问题

本小节列出了公式中常见的错误信息及这些信息产生的原因，并给出了相应的解决方法，如表 2-2 所示。

表 2-2　公式常见问题表

错误信息	原　因	解　决　方　法
＃＃＃＃＃	列宽不够；时间日期公式产生了负值	增加列宽；可将单元格的格式改为非日期时间型来显示
＃VALUE	使用错误的参数或运算对象类型；或者当公式自动更正功能不能更正公式	确认公式或函数所需的运算符或参数正确，并且公式引用的单元格中包含有效的数值
＃DIV/O	公式被 0(零)除	修改单元格引用，或者在用作除数的单元格中输入不为 0(零)的值
＃N/A	当在函数或公式中没有可用的数值时，将返回错误值＃N/A	如果工作表中某些单元格暂时没有数值，在这些单元格中输入＃N/A，公式在引用这些单元格时，将不进行数值计算，而是返回＃N/A
＃NAME?	在公式中引用了不存在的单元格名称或函数名称	确认使用的名称确实存在。如果所需的名称没有被列出，则添加相应的名称。如果名称存在拼写错误，则修改拼写
＃NULL!	试图为两个并不相交的区域指定交叉点	如果要引用两个不相交的区域，可使用联合运算符(逗号)
＃NUM!	公式或函数中某些数字有问题	检查数字是否超出限定区域，确认函数中使用的参数类型是否正确
＃REF!	单元格引用无效	更改公式。在删除或粘贴单元格之后，立即单击"撤销"按钮以恢复工作表中的单元格

2. 公式常见错误实例分析

为了便于大家理解，在表 2-3 中列举出一些常见错误实例以供参考(参见"第 2 章/例题/常见错误分析.xlsx")。

表 2-3　常见公式错误现象分析

错　误　现　象	错　误　原　因	处　理　方　法	处　理　结　果
	列宽不够	将 A 列列宽增加	
	时间日期公式计算产生负值	将 B4 单元格的格式设置为常规	
	函数参数的数值类型不正确	该例中文本参与数值计算，将文本改为数字即可	

错　误　现　象	错　误　原　因	处　理　方　法	处　理　结　果
	函数参数的个数不正确	求平方根的函数参数应只有一个，故需改变参数的个数	
	使用数组公式时未正确输入	本例为计算两个数组乘积，数组公式输入完毕后，使用Ctrl＋Shift＋Enter键确定	
	公式中有除数为零，或有除数为空白的单元格	该例中C列为A列与B列的商，因B4为空，故C4出现错误提示，将B4添上数字即可	
	公式使用查找功能的函数时，找不到匹配的值	该例没有学号103，故查找不到，出现错误提示，将查找内容改为已有值即可	
	使用了Excel无法识别的文本	求和公式拼写错误，更正即可	
	在Excel中使用了没有被定义的区域或单元格名称	公式中的区域名未被定义，定义所选区域即可	
	引用文本没有添加引号	在公式中的文本上添加引号	
	公式中开方所用的参数为负（－100），无效	根据具体情况将无效参数改为有效参数	
此例在C1中求A1与B1的和，而后将C1复制到了A1位置进行了循环引用出现错误。	公式复制到含有引用自身的单元格中	在其他位置放置复制的单元格	
公式引用了不相交的两个区域	使用了不正确的区域运算符或引用的单元格区域的交集为空	两个不连续的区域之间添加逗号	

2.1.5 认识单元格的引用

我们在使用函数和公式时,经常需要引用一些单元格中的数据配合计算,这就是单元格的引用。通过引用,可以在公式中使用工作表不同部分的数据,或者在多个公式中使用同一单元格的数值;还可以使用同一工作簿中不同工作表的单元格、不同工作簿中的单元格,甚至其他应用程序中的数据。

在 Excel 中可以通过"引用"标识工作表中的单元格或单元格区域,指明公式中所使用的数据的位置。

1. 基本表示

(1)单个单元格

每个单元格都可以通过单元格地址进行标识,单元格地址由它所在位置的行号和列号表示,如图 2-12 所示。

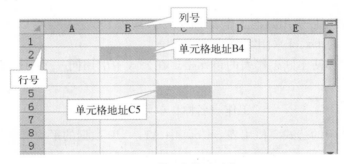

图 2-12　单元格的地址表示

(2)单元格区域

"区域"是单元格的延伸,多个单元格所构成的单元格群构成区域。若构成区域的单元格间是互相连续的,它们所构成的区域就是连续区域,连续区域的形状为矩形;若多个单元格之间是相互独立的并不连续,则它们所构成的区域就称为不连续区域。

① 连续区域:可以用矩形区域左上角和右下角的单元格地址来进行标识,形式为"左上角单元格地址:右下角单元格地址",若连续区域是整行或整列,可直接用行号或列号表示,如图 2-13 所示。

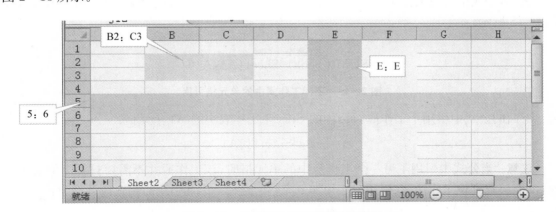

图 2-13　单元格的连续区域地址表示

② 不同连续区域：对于不连续的单元格，可用上述方法表示每个连续区域，然后再将这些区域用逗号连接在一起，如图 2－14 所示。

图 2－14　单元格不同连续区域的地址表示

（3）跨簿及跨表表示

Excel 中的公式可以引用其他工作表中的数据，这些工作表甚至可以在不同的工作簿中，对于这种类型的引用，Excel 采用"！"来进行处理。

① 引用同一工作簿不同工作表的单元格。在公式中引用同一个工作簿不同工作表中的数据，引用格式为：

"工作表名称！单元格地址"

假设表 Sheet1 中的公式要使用表 Sheet3 中 A1：A10 数据的平均值，可输入如下公式：

＝AVERAGE(Sheet3！A1：A10)。

注意： 若引用的工作表名里包含空格、特殊符号（如％、& 等）或其首字符为数字，需要将其用单引号括起来。如下面的公式引用了一个名为 day&night 的工作表的 A1 单元格，其表示形式为：

＝′day&night′！A1

② 引用其他工作簿的单元格。对其他工作簿中的工作表进行引用，可使用下面的格式：

"［工作簿名称］工作表名称！单元格引用"

例如，公式中引用工作簿 book1 中的 Sheet1 工作表中 A1：A10 数据的和，可输入公式如图 2－15 所示。

$$\underset{\text{工作簿名}}{=\text{SUM}(\underbrace{[\text{book1}]}}\underbrace{\text{Shee1}}_{\text{工作表名}}!\underbrace{\text{A1}:\text{A10}}_{\text{单元格的引用}})$$

图 2－15　不同工作簿中的单元格引用

下面的公式中引用了工作簿 sale 中的 Sheet1 工作表中的 A1 单元格：

＝［sale］Sheet1！A1

注意： 当公式中引用了另一个工作簿中的单元格时，该工作簿并不需要打开。但为了使 Excel 能够找到该工作簿，在引用时必须加上完整的路径。因此引用时格式应调整为：

′路径［工作簿名称］工作表名称′！单元格地址

例如需要引用存放在 D 盘的工作簿“生成成本”中“原料成本”中的 A1 单元格则可以写成：

='D：\[生成成本.xlsx]sheet1'！A1

2. 相对引用、绝对引用和混合引用

对于不同的应用环境及用途，在公式中引用单元格又可分为三种引用的方式：相对引用、绝对引用和混合引用。

(1) 相对引用

当拖动复制公式时，公式中所引用的单元格数据会随着结果单元格所在位置的改变而改变，这时可以使用相对引用。例如在 C1 单元格中输入公式“＝A1＋B1”，即在单元格 C1 中计算其左边两个单元格的和，当将此公式复制到 C2 单元格时，公式就变为“＝A2＋B2”，即计算相对于单元格 C2 的左侧两个单元格的和。同样，当将公式复制到 D1 单元格时公式变为“＝B1＋C1”，即求的是相对于单元格 D1 的左侧两个单元格的和。

相对引用在实际应用中非常普遍，下面举例加以说明。

【例题 2-2】 图 2-16 展示了某厂第一季度各车间的产品生产情况表，在计算各车间的总产量时，就用到了相对引用(参见“第 2 章/例题/例题 2-2.xlsx”)。

E3 　 fx 　 =SUM(B3:D3)

	A	B	C	D	E
1	产品生产情况表				
2		1车间	2车间	3车间	总产量
3	1月份	81	78	84	243
4	2月份	97	94	99	290
5	3月份	114	138	143	395

第一季度产量统计表（相对引用）

图 2-16　第一季度产品生产情况表——相对引用

在此表中，首先在单元格 E3 中输入公式“＝SUM(B3：D3)”，输入“回车”后即可得到 1 月份各车间的总产量 243。在这里，公式中对于 B3：D3 区域的引用方式就是相对引用。

接着将鼠标移至 E3 单元格的右下角，当光标变成黑色十字时，按住鼠标左键向下拖动单元格至 E5 进行公式复制。仔细观察 E4 和 E5 发现，SUM 函数引用的单元格地址会随当前公式所在单元格的位置做动态调整。即 E4 中的公式为“＝SUM(B4：D4)”，E5 中的公式为“＝SUM(B5：D4)”。这样，计算结果即为 2、3 月份的月总产量，此操作即为在 E4 和 E5 中对 E3 中的单元格采用相对引用的方式进行复制。

使用相对引用为计算提供了很大便利，这也是我们在后面学习公式应用时经常会用到的一种引用方式，即在公式中使用相对引用方式可以快速帮助我们计算出其他数据。

(2) 绝对引用

有些数据在进行公式复制时是不希望被改变的，如银行利率、产品价格等，这些数据在被引用时要始终保持为一个固定值，不能随公式位置的改变而改变。对于这样的数据，我们在引用时必须使用“绝对引用”。例如在 C1 单元格中计算 A1 单元格和 B1 单元格中两个固定值的和，可以在 C1 中输入公式“= $A$1+ $B$1”，当将 C1 单元格复制到 C2 单元格时，里面的公式仍为“= $A$1+ $B$1”。这种将美元符号分别放在标记单元格所在位置的行号和列号的前面的引用方式就是绝对引用。这里美元符号就好像两把锁，将所引用单元格的地址牢牢锁住，使之不再发生改变。

注意：若要快速将某一单元格标记为绝对引用，可选定该单元格并按 F4 键。

【例题 2－3】 以上面应用实例为基础，我们再来计算该厂各车间在第一季度每月的总产值(参见“第 2 章/例题/例题 2－3.xlsx”)。如图 2－17 所示，该厂规定的产品单价是 36 元，因此每个月的总产值就是当月的总产量与产品单价的乘积。需要格外注意的是，这里的产品单价在参与计算时是不能发生变化的，因此使用“产品单价”参加计算时就需要用到绝对引用。

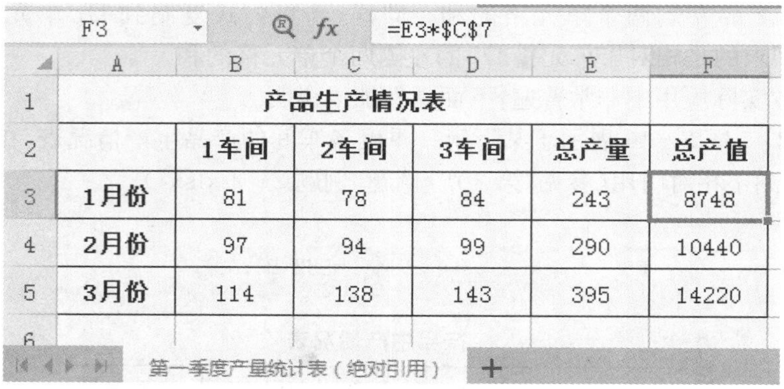
F3 =E3*$C$7

	A	B	C	D	E	F
1	产品生产情况表					
2		1车间	2车间	3车间	总产量	总产值
3	1月份	81	78	84	243	8748
4	2月份	97	94	99	290	10440
5	3月份	114	138	143	395	14220
6						

图 2－17 第一季度产品生产情况表——绝对引用

在此表中，首先在单元格 F3 中输入公式“=E3 * $C$7”，输入“回车”后即可得到 1 月份各车间的总产值 8 748。接着将鼠标移至 F3 单元格的右下角，当光标变成黑色十字时，按住鼠标左键向下拖动单元格至 F5 进行公式复制，即可得出一季度每月的总产值。观察 F4 和 F5，我们可以发现，F4 中的公式为“=E4 * $C$7”，F5 中的公式为“=E5 * $C$7”，即参加计算的“总产量”所引用的单元格地址会随当前公式所在单元格的位置做动态调整，而“产品单价”固定不变。

在这里，由于参与计算的产品单价不能改变，故在引用“产品单价”所在的单元格 C7 参与计算时要使用绝对引用，即 $C$7。而参与计算的“总产量”E3 在进行公式复制时要随月份的变化而变化，因此在引用时需要使用相对引用。

(3) 混合引用

当在公式中引用某一个单元格时，该单元格的行、列采用不同的引用方式，则属于混合引用。混合引用具有绝对列和相对行，或是绝对行和相对列。绝对引用列采用 $A1、$B1 等形式。绝对引用行采用 A$1、B$1 等形式。如果公式所在单元格的位置改变，则相对引用改变，绝对引用不变。如果多行或多列地复制公式，相对引用自动调整，而绝对引用不做调整。例如，如果在 A2 单元格中有一个混合引用公式“=A$1”，则将 A2 复制到 B3 时，它将从“=A$1”调整到“=B$1”。

【例题 2－4】 当该厂想要查看设定不同的产品单价对一季度每个月产值的影响，进而改进产品生产策略时就需要使用到混合引用(参见“第 2 章/例题/例题 2－4.xlsx”)。如图 2－18 所示。

在图 2－17 中我们以“产品生产情况表”建立一个二维表，横向为产品单价的变化值，纵向为一季度各月的产量，表中灰色部分为各月的总产值。在具体计算时，灰色部分的每一个单元格的值应该为其所在位置对应的产品单价与该月产量的积。以 D3 单元格为例，其值应为其所在行、列的乘积，即 D3＝ C3 ∗ D2，计算结果为 8 262，如图 2－18(a)所示。

D3 　 fx 　 =C3*D2

	A	B	C	D	E	F
1				一季度每月总产值		
2				243	290	395
3		产品单价变化	**34**	8262		
4			**36**			
5			**38**			
6			**40**			

图 2－18(a)　第一季度产品生产情况表——混合引用

大家想一下，通过拖动 D3 单元格能否得到灰色部分其他单元格的值呢？尝试的结果如图 2－18(b)所示，答案显然不正确。你能自己分析一下其中的原因吗？

	A	B	C	D	E	F
1				一季度每月总产值		
2				243	290	395
3		产品单价变化	**34**	8262	2395980	946412100
4			**36**	297432	7.12641E+11	6.74452E+20
5			**38**	11302416	8.05457E+18	5.43242E+39
6			**40**	452096640	3.64144E+27	1.97818E+67

图 2－18(b)　第一季度产品生产情况表——混合引用

当拖动单元格 D3 向下进行单元格复制时，其所在的列不变，行变，即一月份的总产量不变，产品单价做动态变化，计算结果反映的是 1 月份产值随价格的变动情况，故 C3 应写为 \$C3；同样，当 D3 向右拖动进行公式复制时，列变，行不变，即计算的是在单价为 34 的情况下，一季度各月的总产值，D2 应写为 D\$2。因此 J3 单元格可写成“＝ \$C3 ∗ D\$2”。拖动 D3 进行公式复制的结果如图 2－18(c)所示。

D3 　 fx 　 =$C3*D$2

	A	B	C	D	E	F
1				一季度每月总产值		
2				243	290	395
3		产品单价变化	**34**	8262	9860	13430
4			**36**	8748	10440	14220
5			**38**	9234	11020	15010
6			**40**	9720	11600	15800

图 2－18(c)　第一季度产品生产情况表——混合引用

3. R1C1 引用样式

除了 A1 这种单元格表达方法，单元格也可以使用 R1C1 引用样式。R1C1 样式使用"R"表示 Row(行)和"C"表示 Column(列)，分别加上序号来指示单元格的位置，通过有无[]表示是相对引用还是绝对引用。例如，单元格绝对引用 R1C1 与 A1 引用样式中的绝对引用 $A$1 等价。如果活动单元格是 A1，则单元格相对引用 R[1]C[1] 将引用下面一行和右边一列的单元格，或是 B2。

由于 Excel 中的默认引用形式是 A1 引用，所以如要使用 R1C1 引用需要进行引用形式的转换。具体步骤如下：

① 启动 Microsoft Excel 2016。在"文件"菜单上，单击"选项"，如图 2-19(a)所示。

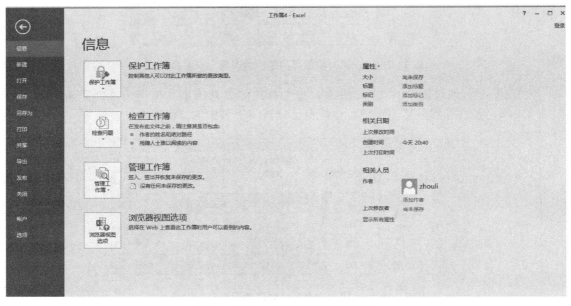

图 2-19(a)　R1C1 引用样式转换

② 在"Excel 选项"中单击"公式"，在"使用公式"部分找到"R1C1 引用样式"，勾选前面的复选框。如图 2-19(b)所示。

这样 Excel 就会将行标题和列标题的引用样式以及单元格引用从 A1 样式更改为 R1C1 样式。

由于 R1C1 模式用时需要进行样式转换，因此平时在公式中较少使用，但是使用这种样式最大的优点就是可以对单元格所处的位置表达具有统一性，这一点对我们今后学习 VBA 编程是非常重要的。

注意： 在 R1C1 引用样式下，原来标识列标签的字母会变为数字。例如，在工作表列的顶部看到的是 1、2、3 等而不是 A、B、C 等，如图 2-20 所示。

4. 名称的定义与使用

采用 A1 和 R1C1 的方式，都是以编号进行命名的，很难与单元格实际意义联系在一起。Excel 专门为用户提供了"名称管理器"功能，通过"名称管理器"可以轻松地自行进行名称的定义和管理。

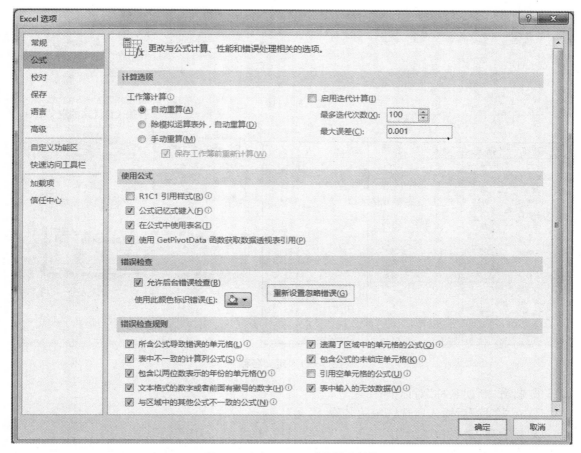

图 2 - 19(b)　R1C1 引用样式转换

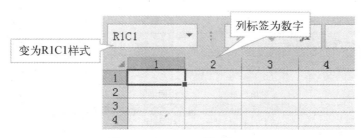

图 2 - 20　R1C1 列标签显示

　　名称是一个事先定义好的有实际意义的标识符,可以用来代表单元格、单元格区域等。在公式中可以使用名称来代替数据区域进行计算,这样可使公式看起来更加简捷明确,编写更加方便、快捷。

　　(1) 名称的定义

　　为了方便数据的处理,可以将一些常用的数据源区域定义为特定的名称。如图 2 - 21 所示,可将 B4：B18 的区域定义为"语文",具体定义步骤如下：

　　① 选定要定义的单元格区域(B4：B18)；

　　② 单击"公式"选项卡,在"定义的名称"组中单击"定义名称"；

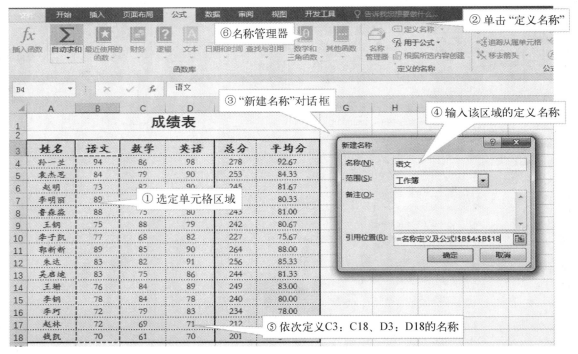

图 2-21　定义名称

③ 打开"新建名称"对话框；

④ 在"名称"后输入所选区域的名称"语文"；

⑤ 按上述方法将 C4：C18 定义为"数学"，D4：D18 定义为"英语"；

⑥ 在"定义名称"选项中单击"名称管理器"，可对所建立的名称进行查看、编辑、修改，并且在该对话框中还可以新建名称，如图 2-22 所示。

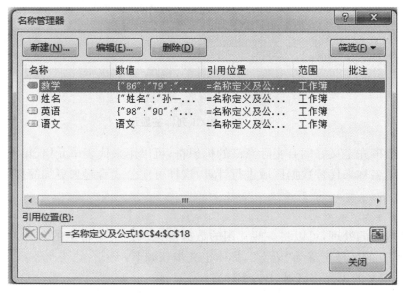

图 2-22　"名称管理器"对话框

小贴士：

● 根据所选范围创建名称

如果需要创建多个名称，而这些名称与选定单元格的引用位置有一定的规则，例如都以表单的标题来命名。这时可以根据所选范围自动创建名称，如上例，采用此种方式可以同时对这三个区域创建名称，具体方法如图 2-23 所示：

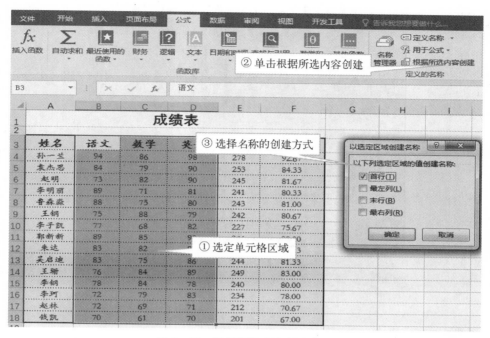

图 2-23　根据所选内容创建名称

① 选中要创建名称的单元格区域 B3：D18；

② 单击功能区的"公式"选项卡，在"定义的名称"组中单击"根据所选内容创建"按钮，弹出"以选定区域创建名称"的对话框；

③ 在"以选定区域创建名称"对话框中根据单元格内的内容，自动选择了作为名称的单元格位置，本例定为"首行"。单击"确定"按钮完成区域的名称设置；

④ 创建名称完成后可通过"名称管理器"进行查询。

● 定义名称的注意事项

① 有效字符：名称中必须以字母、下划线（_）或汉字开始。其余部分可以是字母、数字、句点和下划线等。但是不允许出现空格；

② 名称不能与其他单元格名称或函数名称相同，不能使用运算符；

③ 一个名称最多可以包含 255 个字符，且不区分大写字母和小写字母。

（2）名称的使用

有了定义好的名称，在公式中引用这些单元格时只需使用它们的名称即可，非常方便、直观。如图 2-24 所示，在"成绩表"中计算各科成绩的平均值，可以进行如下操作：

① 选择 B19 单元格；

② 在该单元格中输入"＝AVERAGE（语文）"，即可完成对语文成绩的平均分计算；

③ 按照第②步的方式计算数学、英语的平均分。

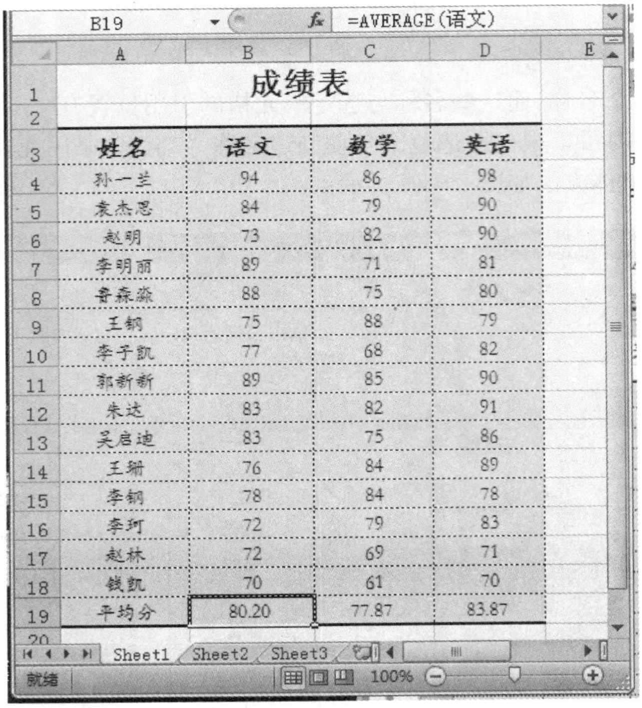

姓名	语文	数学	英语
孙一兰	94	86	98
袁杰思	84	79	90
赵明	73	82	90
李明丽	89	71	81
晋森淼	88	75	80
王钢	75	88	79
李子凯	77	68	82
郭新新	89	85	90
朱达	83	82	91
吴启迪	83	75	86
王珊	76	84	89
李钢	78	84	78
李珂	72	79	83
赵林	72	69	71
钱凯	70	61	70
平均分	80.20	77.87	83.87

图 2－24　名称的使用

2.2　函数

2.2.1　函数的定义及结构

函数是 Excel 中预定义的公式，它通过使用一些称为参数的特定数值并按特定的顺序或结构执行运算。

函数与公式既有区别又互相联系。如果说前者是 Excel 预先定义好的，执行计算、分析等处理数据任务的特殊公式，那么后者就是由用户自行设计的，对工作表进行计算和处理的计算式。

公式以等号“＝”开始，其内部可以包括函数、引用、运算符和常量。如果函数要以公式的形式出现，它必须有两个组成部分，一个是函数名称前面的等号，另一个则是函数本身。

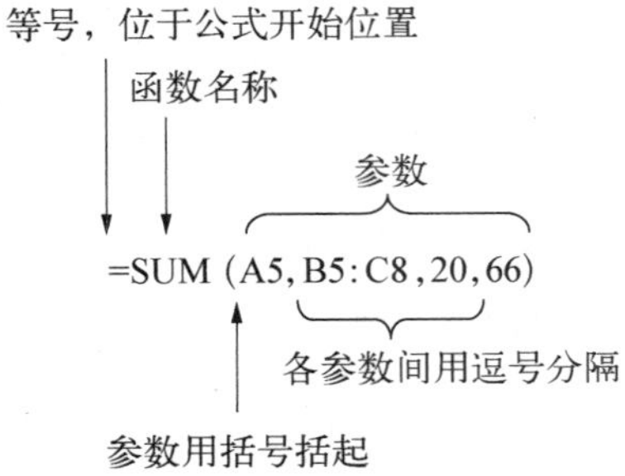

图 2－25　函数的结构

利用函数可方便地执行一些复杂的计算，从而提高工作效率。函数使 Excel 公式变得更加强大，我们要掌握的重点就是在实际工作中如何快速地掌握和使用这些函数。

在学习 Excel 函数之前，我们需要对函数的结构做必要的了解。如图 2－25 所示，函数的结构以函数名称开始，后面是圆括号，圆括号之间是以逗号分隔的参数。如果函数以公式的形式出现，则在函数名称前面键入等号“＝”。在创建包含函数的公式时,公式选项板将提供相关的帮助。

其中参数可以是数字、文本、逻辑值、数组或单元格引用。给定的参数必须能产生有效的值。公式或其他函数也可作为参数使用,若在一个函数中使用另外一个函数作为参数,则形成了嵌套函数,例如图 2-26 中所示的公式使用了嵌套的 AVERAGE 函数,并将结果与 50 相比较。这个公式的含义是:如果单元格 F2 至 F5 的平均值大于 50,则求 G2 至 G5 的和,否则返回值为"0"。

图 2-26　嵌套函数

2.2.2　函数类型

在 Excel 中,根据来源的不同,函数通常可分为以下两种:

(1) 内置函数(工作表函数):启动 Excel 就可以使用的函数,如 SUM,AVRERAGE 等函数。

(2) 扩展函数(自定义函数):必须通过加载宏才能实现。

在内置函数中,Excel 提供了多种不同类型的函数,如表 2-4 所示。

表 2-4　Excel 的函数类型

函　　数	功　　能
数学和三角函数	处理简单计算,如数字取整,计算单元格区域中的数值总和或复杂计算
日期与时间函数	在公式中分析和处理日期值和时间值
查找和引用函数	当需要查找特定数值或某一单元格的引用时,可以使用查询和引用工作表函数
财务函数	用于财务计算,如确定贷款的支付额,投资收益等
统计函数	对数据区域进行统计分析
逻辑函数	主要用来判断条件是否成立,或者进行复合检验
信息函数	可以使用工作表函数确定存储在单元格中的数据的类型
工程函数	用于工程分析。主要对数据进行各种工程上的运算和分析
文本函数	通过文本函数处理公式中的字符串

为了方便用户使用,Excel 2016 将这些类型的函数在"公式"菜单栏中的"函数库"里列出,如图 2-27 所示。

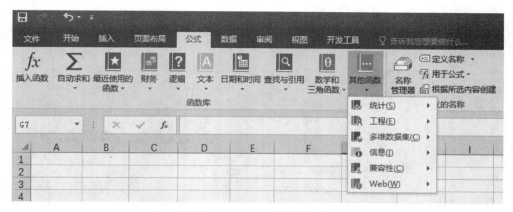

图 2-27　Excel 函数类型

2.2.3 函数的插入

当用户要插入函数时,可按以下步骤进行,如组图 2 - 28(a)(b)所示:
(1) 选定需要计算的单元格;
(2) 可在"公式"菜单栏中的"函数库"选项中单击"插入函数",弹出"插入函数"对话框;
(3) 在"插入函数"对话框可"搜索函数",根据函数类型选择所需的函数;
(4) 单击"确定"后,弹出"函数参数"对话框,可根据需求填写相关参数。

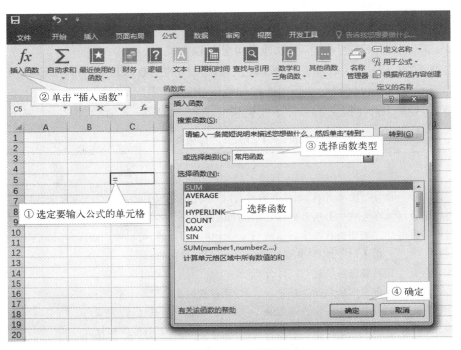

图 2 - 28(a) Excel 函数的输入

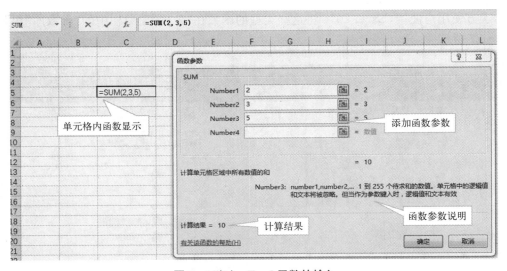

图 2 - 28(b) Excel 函数的输入

2.2.4 基础统计函数

统计函数是 Excel 使用频率最高的一类工作表函数,普遍存在于大多数用户的数据表中。在 Excel 中常用的统计分析函数共有 80 多种,下面就将其中最具代表性的几种介绍给大家。

1. 基本运算函数

这组函数在 Excel 中是最为常见的函数,它们语法简单,使用频率高,大多数的工作表中都会利用它们来完成相应的计算功能。

(1) 基本格式

1) SUM()

功能：返回参数表中,或某一单元格区域中所有数字之和。

语法：SUM(Number1,Number2,…)。

参数：Number1,Number2,… 是要对其求和的 1~255 个参数。

2) AVERAGE()

功能：返回所有参数的算术平均值。

语法：AVERAGE(Number1,Number2,…)。

参数：Number1,Number2,… 是要对其求平均值的 1~255 个参数。

3) PRODUCT()

功能：将所有以参数形式给出的数字相乘,然后返回乘积值。

语法：PRODUCT(Number1,Number2,…)。

参数：Number1,Number2,… 是要对其求乘积的 1~255 个参数。

注意：这组函数虽然简单,但在使用时有一些问题我们还是要注意的。

① 参数表中的数字、逻辑值及数字的文本表达式可以参与计算,其中逻辑值被转换为 0,1;文本被转换为数字。如果任意参数为错误值或为不能转换为数字的文本,Excel 将会显示错误。

② 如果参数为数组或引用,则只有其中的数字被计算,而数组或引用中的文字、逻辑值或空单元格将被忽略。

③ 如果平均值计算包括引用中的逻辑值和代表数字的文本,请使用 AVERAGEA 函数,如图 2-29 中单元格 C4 所示。

(2) 实例分析

【例题 2-5】 在如图 2-29 所示数据表的左侧为数据区,该数据区可为本组函数的计算提供数据源。数据区中的数据类型有两种,分别是"数值型"和"逻辑型"。因此,在用函数计算时一定要记住各种类型数据参与计算时的注意事项(参见"第 2 章/例题/例题 2-5.xlsx")。

	A	B	C	D	E	F	G	H
1		2						
2		2	公式	结果		说明		
3		2	AVERAGE(A1:A5)	2	只对选定区域的数值部分求平均值			
4	TRUE		AVERAGEA(A1:A5)	1.4	将选定区域中的逻辑值进行转换后求解			
5	FALSE		=SUM(A1:A5)	6	只对选定区域的数值部分求和			
6			=PRODUCT(A1:A5)	8	只对选定区域的数值部分求乘积			
7			=SUM(1,TRUE,"5",45)	52	将参数中的逻辑值及文本转换后再进行求解			
8			=PRODUCT(1,TRUE,"信息")	#VALUE!	文本不能转换成数字,报错!			

图 2-29　基本运算函数实例

2. 极值函数

利用这组函数可以求解某数据集的极值(即最大值、最小值)。

（1）基本格式

1）MAX( )

功能：求出一组数中的最大值。

语法：MAX(Number1,Number2,…)。

参数：Number1,Number2,…是要从中找出最大值的 1～255 个数字参数。

注意：MAX 函数统计的是所有数值型数据的最大值，当参数中有文本或逻辑值等时，则忽略。如果需要计算的数组集中包括空白单元格、逻辑值或文本，可使用 MAXA 函数，其格式与 MAX 相同。

2）MIN( )

功能：求出一组数据中的最小值。

语法：MIN(Number1,Number2,…)。

参数：Number1,Number2,… 是要从中查找最小值的 1～255 个数字。

注意：与 MAX 函数类似。

（2）实例分析

【例题 2-6】　在日常生活中，极值函数经常会被用到，比如便利店里要查找同类产品中哪种品牌的货物销售量最高；厂家进货时，哪个供货商报的价格最低等。在本例中，查找的是某市六月份日平均气温的极值，具体的函数输入及结果参见图 2-30(a)所示(参见"第 2 章/例题/例题 2-6.xlsx")。

	A	B	C	D	E	F	G	H
1		某市六月份日平均气温表						
2		周一	周二	周三	周四	周五	周六	周日
3	第1周	30.97	33.77	31.93	28.26	31.48	28.90	31.44
4	第2周	28.59	32.26	28.37	33.97	32.75	30.86	29.08
5	第3周	28.76	31.35	28.14	28.12	31.10	28.55	28.52
6	第4周	32.14	31.61	28.59	30.13	29.56	29.29	30.63
7								
8				输入函数	结果			
9		六月日平均最高气温		=MAX(B3:H6)	33.97			
10		六月日平均最低气温		=MIN(B3:H6)	28.12			

图 2-30(a)　极值函数示例

【例题 2-7】　MAX()和 MIN()函数可对逻辑值或文本进行计算，因此在"第 2 章/例题/例题 2-7.xlsx"中数据表的 A 列输入不同类型的数据，然后用极值函数对 A 列中的数据进行极值计算，所得的结果及相应说明如图 2-30(b)所示。

3. 单元格统计函数

这组函数用于单元格计数，一般来说，一个计数函数能返回某特定区域内满足一定条件的单元格的数量。

（1）基本格式

1）COUNTA()

功能：返回参数列表中非空值的个数。包括错误值和空文本（"·"），利用函数 COUNTA

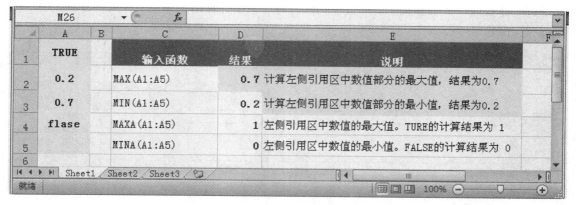

图 2‐30(b)　极值函数示例

可以计算数组或单元格区域中数据项的个数。

语法：COUNTA(value1,value2,…)。

参数：value1,value2,…所要计数的值,参数个数为 1～255 个。在这种情况下,参数可以是任何类型。

2) COUNTBLANK()

功能：计算某单元格区域中空白单元格的数目。

语法：COUNTBLANK(range)。

参数：range 为需要计算其中空白单元格数目的区域。

（2）实例分析

【例题 2‐8】　本例中,数据区中输入了不同类型的数据,可用单元格统计函数根据不同的要求对数据区中的单元格数量进行统计,具体操作过程及统计结果如图 2‐31 所示(参见"第 2 章/例题/例题 2‐8.xlsx")。

数据区域					公式	结果	说明
1	2	3		5	COUNT(A4,D4)	2	计算A4和D4两个单元格中数字的个数（不包括C1单元格）
1	2	0		5	COUNT(A5:D5)	4	计算从B1到D1单元格中数字的个数（包括C1单元格）
1	2			5	COUNT(A6:D6)	3	空单元格不参加计算
"123"	2	TRUE		5	COUNT(A7:C7)	2	字符及逻辑值不参与计算
					=COUNTA(A4,D4)	2	统计A4和D4两个单元格中数字个数
					=COUNTA(A6:D6)	3	统计A6:D6区域单元格中数字个数，空白单元格被忽略
					=COUNTA(A7:D7)	4	字符、逻辑值与错误值均可参与计算
					=COUNTBLANK(A4:D7)	1	计算选定的单元格区域内空白单元格的个数

图 2‐31　单元格统计函数实例

【例题 2‐9】　考试结束后,学校统计了学生成绩,制作了"学生参加考试情况表",其中及格学生评定等级以 1、2、3 表示,不及格的记作"不及格"。通过这张表,学校想要了解有多少学生参加了考试,每科考试有多少人参加。COUNTA()函数可以实现这一目的,因为它就是用来专门统计表格中数字和文本的个数。具体计算公式及计算结果如图 2-32 所示(参见"第 2 章/例题/例题 2-9.xlsx")。

	A	B	C	D	E	F	G	H
1		学生参加考试情况表					每个学生参加的科目数	公式
2		数学	英语	艺术	历史			
3	王巍	不及格		1			2	=COUNTA(B3:E3)
4	刘洋	2	1	3			3	=COUNTA(B4:E4)
5	王佩		1	1	1		3	=COUNTA(B5:E5)
6	张丽	不及格		不及格			2	=COUNTA(B6:E6)
7	夏远	1	3	2	不及格		4	=COUNTA(B7:E7)
8								
9		每个科目参加考试的学生数						
10		数学	英语	艺术	历史			
11		4	3	5	2			
12	公式	=COUNTA(B3:B7)	=COUNTA(C3:C7)	=COUNTA(D3:D7)	=COUNTA(E3:E7)			
13								

图 2-32　单元格统计函数实例

2.2.5　逻辑函数

逻辑函数是指根据条件来判断真假值的 Excel 函数,逻辑值用 TRUE、FALSE 之类的特殊文本表示指定条件是否成立,条件成立时逻辑值为 TRUE,条件不成立时逻辑值为 FALSE。

1. 基本逻辑函数

(1) 基本逻辑函数格式

1) TURE 和 FALSE

TRUE、FALSE 函数可用来返回参数的逻辑值,TRUE 的返回逻辑值为"真",显示为"TRUE";FALSE 返回的逻辑值为"假",显示为"FALSE"。在实际应用中,这两个函数会经常和其他函数配合使用。

2) AND、OR 和 NOT

AND

功能:所有参数的逻辑值为真时返回 TRUE(真);只要有一个参数的逻辑值为假,则返回 FALSE(假)。

语法:AND(logical1,logical2,…)。

参数: Logical1,logical2,… 是 1~255 个待检测的条件,它们可以为 TRUE 或 FALSE。

注意:① 参数必须是逻辑值或者包含逻辑值的数组或引用;② 如果数组或引用内含有文字或空白单元格,则忽略它的值。如果指定的单元格区域内包括非逻辑值,AND 将返回错误值♯value!。

OR

功能:所有参数中的任意一个逻辑值为真时即返回 TRUE(真)。

语法:OR(logical1,logical2,…)。

参数: Logical1,logical2,… 是 1~255 个需要进行测试的条件,测试结果可以为 TRUE 或 FALSE。

注意:① 如果数组或引用的参数包含文本、数字或空白单元格,它们将被忽略。② 如果指定的区域中不包含逻辑值,OR 函数将返回错误＃value!。

NOT

功能：求出一个逻辑值或逻辑表达式的相反值。当要确保一个值不等于某一特定值时,就应该使用 NOT 函数。

语法：NOT(logical)。

参数：Logical 是一个可以计算出 TRUE 或 FALSE 结果的逻辑值或逻辑表达式。如果逻辑值或表达式的结果为 FALSE,则 NOT 函数返回 TRUE;如果逻辑值或表达式的结果为 TRUE,那么 NOT 函数返回的结果为 FALSE。

3）IF 函数

功能：执行逻辑判断功能,它可以根据逻辑表达式的真假,返回不同的结果,从而执行数值或公式的条件检测任务。例如,如果 A1＞B1 这个表达式为真时,它就返回 TRUE,否则返回 FLASE。

语法：IF(logical_test,value_if_true,value_if_false)。

参数：① logical_test：要检查的条件,是由带有比较运算符的逻辑值指定条件判定公式。是计算结果为 TRUE 或 FALSE 的任何数值或表达式。

② value_if_true：是条件为真时的返回值。value_if_true 可以是一个表达式。

③ value_if_false：是条件为假时的返回值。value_if_false 也可以是一个表达式。

（2）基本逻辑函数综合实例分析

【例题 2－10】　本例要根据学生的平均分为学生评定成绩等级,具体等级划分规则如下：

① 成绩满分为 100 分;

② 若学生成绩小于 60 分,成绩等级设定为不合格;

③ 若学生成绩大于等于 60 分且小于 90 分,则成绩等级设定为合格;

④ 若学生成绩大于等于 90 分,则成绩等级设定为优秀。

在实际应用中,逻辑函数经常会配套使用以构造出更加复杂的检测条件。因此,在本例中就可以综合利用这些函数实现等级的划分,具体的计算结果如图 2－33 所示(参见"第 2 章/例题/例题 2－10.xlsx")。

	A	B	C	D	E	F	G
1							
2		孙一兰	袁杰思	赵明	李明丽	鲁森淼	王钢
3	数学	90	56	75	100	76	76
4	语文	76	60	86	95	57	88
5	英语	88	56	90	96	83	45
6	物理	87	54	76	88	66	66
7	化学	90	54	75	89	78	76
8	政治	82	47	58	94	84	88
9	历史	68	55	82	93	66	94
10	平均分	83.00	54.57	77.43	93.57	72.86	76.14
11	综合评定	合格	不合格	合格	优秀	合格	合格

fx =IF(B10>=60,IF(B10>=90,"优秀","合格"),"不合格")

图 2－33(a)　嵌套函数的实例 1

步骤：

① 选定单元格 B11，并在其中输入公式

$$=IF(B10>60,IF(B10>90,"优秀","合格"),"不合格")$$

公式的含义为： 如果单元格 B10 的值大于等于 60，则执行第二个参数；在这里第二个参数继续判断单元格 B10 的值是否大于等于 90，如果满足此条件则在单元格 B11 中显示"优秀"，不满足显示"合格"；如果 B10 中的值以上条件都不满足，则执行第三个参数，即在单元格 B11 中显示"不合格"。

② 向右侧拖动单元格 B11 进行公式复制，得出其他同学的成绩等级。

【例题 2-11】 本例中，公司为给员工定级别，要求不高，只需要达到任意一个条件就可以判定为优秀员工，判定标准是要么销售额大于等于 30 000，要么客户数要达到 20 位及以上。那么，可以使用 OR 函数与 IF 函数结合使用。函数可写为：=IF(OR(D2>=30 000,E2>=20)，"优秀员工"，"仍需努力")，如图 2-33(b) 所示（参见"第 2 章/例题/例题 2-11.xlsx"）。

F2			×	✓	fx	=IF(OR(D2>=30000,E2>=20),"优秀员工","仍需努力")			
	A	B	C	D	E	F	G	H	I
1	序号	员工姓名	年龄	销售额	客户数	工作评级			
2	1	鲁森淼	29	25000	23	优秀员工			
3	2	王钢	43	45300	44	优秀员工			
4	3	李子凯	33	35600	18	优秀员工			
5	4	郭新新	38	17800	13	仍需努力			
6	5	朱达	45	27900	22	优秀员工			
7	6	吴启迪	45	36800	21	优秀员工			
8	7	王珊	38	42000	28	优秀员工			
9	8	李钢	38	25560	17	仍需努力			
10	9	李珂	43	50100	36	优秀员工			
11	10	赵林	40	36800	31	优秀员工			
12									

图 2-33(b)　嵌套函数的实例 2

2. 高级逻辑函数

在了解了 IF 函数的使用方法后，我们再来看看其他与之类似的根据某一条件来分析数据的函数。

（1）基本格式

1）SUMIF

功能： 根据指定条件对若干单元格、区域或引用求和。

语法： SUMIF(range,criteria,sum_range)。

参数： range 为用于条件判断的单元格区域，每个区域中的单元格都必须是数字和名称、数组和包含数字的引用。空值和文本值将被忽略；

criteria 是由数字、逻辑表达式等组成的确定对哪些单元格相加的判定条件；sum_range 为需要求和的单元格、区域或引用。

2）COUNTIF

功能： 计算区域中满足给定条件的单元格的个数。

语法： COUNTIF(range,criteria)。

参数： range 为需要计算其中满足条件的单元格数目的单元格区域。

criteria 为确定哪些单元格将被计算在内的条件,其形式可以为数字、表达式、单元格或文本。例如,条件可以表示为 32、″>32″ 或 ″apples″,其中数字可以直接写入,表达式和文本必须加引号。

【例题 2-12】 SUMIF 及 COUNTIF 函数的应用实例分析过程如图 2-34 和图 2-35 所示。(参见"第 2 章/例题/例题 2-12-1.xlsx"和"第 2 章/例题/例题 2-12-2.xlsx")

	A 属性值	B 佣金	C 数据
1	属性值	佣金	数据
2	100,000	7,000	
3	200,000	14,000	
4	300,000	21,000	
5	400,000	28,000	
6	公式	结果	说明
7	SUMIF(A2:A5,″>160000″,B2:B5)	63000	属性值高于 160,000 的佣金之和。
8	SUMIF(A2:A5,″>160000″)	900000	高于 160,000 的属性值之和。
9	SUMIF(A2:A5,300000,B2:B3)	21000	属性值等于 300,000 的佣金之和。

图 2-34 SUMIF 函数实例

	商品名	订购数量	
1	商品名	订购数量	
2	青岛啤酒	120	
3	长城干葡萄酒	40	
4	蓝带啤酒	130	
5	雪花啤酒	200	
6	苹果酒	150	
7			
8	公式	结果	说明
9	COUNTIF(A2:A6,″青岛啤酒″)	1	单元格区域 A2 到 A6 中包含 "青岛啤酒" 的单元格的个数。
10	COUNTIF(A2:A6,A2)+COUNTIF(A2:A6,A5)	2	单元格区域 A2 到 A6 中包含 "青岛啤酒" 和 "苹果酒" 的单元格的个数。
11	COUNTIF(B2:B6,″>60″)	4	单元格区域 B2 到 B6 中值大于60的单元格的个数
12	?	?	单元格区域 B2 到 B4 中值大于或等于100 且小于或等于120 的单元格的个数

图 2-35 COUNTIF 函数实例

【例题 2-13】 统计局对某项政策在一些工厂的某些部门进行民意调查,并将回收的反馈信息整理成调查表。若该部门同意此政策则回答"Y",不同意的则回答"N"。下面我们就可以根据整理的结果统计出同意此政策的有多少部门,不同意的有多少部门,还有多少部门没有提交调查结果,对于这些数据的统计我们可以用 COUNTIF 函数,计算公式及结果如图 2-36 所示(参见"第 2 章/例题/例题 2-13.xlsx")。

2.2.6 日期和时间函数

在进行数据分析时,正确获取日期

	A	B	C	D	E
1			XXX方案情况调查表		
2		部门1	部门2	部门3	部门4
3	工厂1	Y	N		Y
4	工厂2		Y	Y	N
5	工厂3				
6	工厂4	N		N	N
7	工厂5	Y		Y	
8	工厂6	Y	Y	Y	N
9	工厂7		N	Y	
10	工厂8	N		Y	N
11	工厂9			Y	
12	工厂10	Y	N		Y
13					
14		没登记的	16	=COUNTBLANK(C32:F41)	
15					
16		回答Yes的	14	=COUNTIF(C32:F41,″Y″)	
17					
18		回答No的	10	=COUNTIF(C32:F41,″N″)	

图 2-36 单元格统计函数实例

和时间值是非常重要的,如我们经常会遇到这样的问题:距离工程的交付期还有多少个工作日? 项目的完成周期是多长? 产品何时到期? ……这些问题的解决都离不开时间、日期函数。

在 Excel 里,日期与时间函数用来表示当前日期与时间,经常被用于时间的处理,如返回日期序列号的年月份,计算两段时间的时间差等。Excel 中的日期使用序列号进行管理,序列号分为整数部分和小数部分,前者代表日期,后者代表时间。

小贴士:

① 在 Excel 中,系统把日期数据视为一种数值的特殊表现形式,即日期是一组"序列数"。其默认采用的是 1900 年日期系统,取值区间从 1900 - 1 - 1 至 9999 - 12 - 31。数值 1 代表 1900 - 1 - 1,同理,2010 年 5 月 1 日的上海世博会开幕日与其对应的日期序数为 40 298。

② 我们已经知道,日期与时间在 Excel 中是一个数值,整数部分代表日期,小数部分代表时间。即天可以分成小时、分钟和秒。与 24 小时时间制相同,Excel 在通常情况下处理的时间区间为 00:00:00～23:59:59。

1. 当前时间获取函数

(1) 当前时间获取函数的基本格式

1) TODAY()

功能:用于返回当前日期的序列号。

语法:TODAY()。

2) Now()

用途:用于返回当前日期和时间所对应的序列号。

语法: Now()。

说明:① 这两个函数无需使用任何参数,但函数的括号必须有。

② 序列号是 Microsoft Excel 日期和时间计算使用的日期-时间代码。如果在输入函数前,单元格的格式为"常规",则函数 TODAY() 的结果将被自动设置为"日期型",而函数 Now() 的结果将被自动设置为"自定义"。

(2) 实例分析

【例题 2 - 14】 图 2 - 37 显示的是某便民超市的销售单,此销售单上需要有当天的日期和结账的时间,这时我们就可以利用这两个函数获取这些信息(参见"第 2 章/例题/例题 2 - 14.xlsx")。

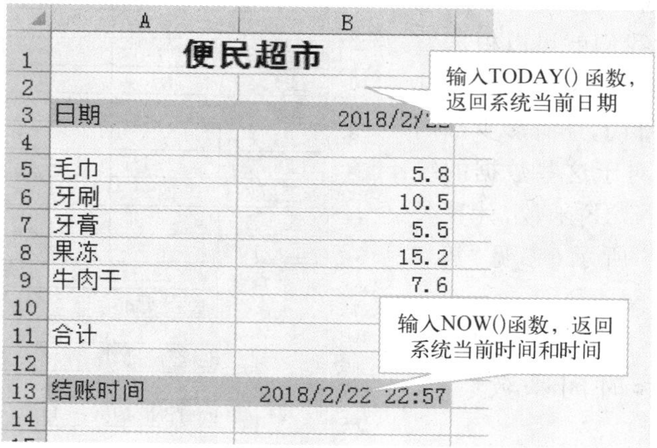

图 2 - 37 当前时间获取函数实例

2. 日期时间函数

这组函数是用指定的序列号表示年、月、日、小时等数字,此类函数用于返回日期序列号对应的年、月、日等值及时间序列号所对应的时间值。

(1) 日期时间函数的基本格式

这是一组与时间日期相关的函数。当使用"插入函数"对话框时,这些函数就出现在"日期和时间"函数类型中。

1) YEAR

功能:返回某日期的年份。其结果为 1 900～9 999 之间的一个整数。

语法:YEAR(serial_number)。

参数:serial_number 是一个日期值,其中包含要查找的年份。日期有多种输入方式:带引号的文本串(例如 "1998/01/30")、序列号(例如,如果使用 1900 日期系统则 35 825 表示 1998 年 1 月 30 日)或其他公式或函数的结果(例如 DATEVALUE("1998/1/30"))。

2) MONTH

功能:返回以序列号表示的日期中的月份,它是介于 1(一月)和 12(十二月)之间的整数。

语法:MONTH(serial_number)。

参数:serial_number 表示一个日期值,其中包含着要查找的月份。

3) DAY

功能:返回用序列号(整数 1～31)表示的某日期的天数,用整数 1～31 表示。

语法:DAY(serial_number)。

参数:serial_number 是要查找天数的日期,它有多种输入方式:带引号的文本串(如 "1998/01/30")、序列号(如 1900 日期系统的 35 825 表示的 1998 年 1 月 30 日),以及其他公式或函数的结果(如 DATEVALUE("1998/1/30"))。

注意:以上三个函数应使用 DATE 函数输入的日期,或者将函数作为其他公式或函数的结果输入。

4) HOUR

功能:返回时间值的小时数。即介于 0(12:00 A.M.)到 23(11:00 P.M.)之间的一个整数。

语法:HOUR(serial_number)。

参数:serial_number 表示一个时间值,其中包含着要返回的小时数。它有多种输入方式:带引号的文本串(如 "6:45 PM")、十进制数(如 0.781 25 表示 6:45 PM)或其他公式或函数的结果(如 TIMEVALUE("6:45 PM"))。

5) MINUTE

功能:返回时间值中的分钟数,即介于 0～59 之间的一个整数。

语法:MINUTE(serial_number)。

参数:serial_number 是一个时间值,其中包含要查找的分钟数。它也有多种输入方式,具体方式参见函数 HOUR()。

6) DATE

功能:返回代表特定日期的序列号。

语法:DATE(year,month,day)。

参数:year 可以为一到四位数字,根据所使用的日期系统解释该参数。默认情况下使用 1900 日期系统。month 代表一年中从 1 月到 12 月(一月到十二月)各月的正整数或负整数。

day 代表一月中从 1 日到 31 日各天的正整数或负整数。

注意：Excel 按顺序的序列号保存日期，这样就可以对其进行计算。如果工作簿使用的是 1900 日期系统，则 Excel 会将 1900 年 1 月 1 日保存为序列号 1。同理，会将 1998 年 1 月 1 日保存为序列号 35 796，因为该日期距离 1900 年 1 月 1 日为 35 795 天。

实例：如果采用 1900 日期系统（Excel 默认），则公式"=DATE(2001,1,1)"返回 36 892。

（2）实例分析

【例题 2 - 15】 本例中，先用 Date 函数获取代表特定日期的序列号，并用 Now 函数获取当前系统时间，然后再以这两个函数的返回结果为依据用日期时间函数对这两个返回值进行操作，具体计算结果及说明如图 2 - 38 所示。（参见"第 2 章/例题/例题 2 - 15.xlsx"）。

	日期	结果	公式	说明
在A2中输入公式"=DATE(2018,5,1)"，以获取代表特定日期的序列号	2018/5/1	2018	=YEAR(A2)	返回日期对应的年份
		5	=MONTH(A2)	返回日期对应的月份
		1	=DAY(A2)	返回日期对应的天数
获取当前系统时间	2018/2/22 23:26	23	=HOUR(A5)	返回时间对应的小时数
		26	=MINUTE(A5)	返回时间对应的分钟数
所求的值会随系统时间的变化而变化		8	=SECOND(A5)	返回时间对应的秒数

图 2 - 38 时间日期函数计算实例

注意：再次强调在输入日期时应使用 DATE 函数，或者将函数作为其他公式或函数的结果，如果日期以文本形式输入，会出现问题。

3. 两个日期间距的计算

教室的黑板上记录着距离考试还有多少天，广场的液晶屏上显示着离奥运会开幕还有多少天，储户所得的利息与资金存入、取出时间有关……相信大家都有过这样的经历，这里所用到的就是两个时间距离的差值。

日期时间是特殊的数值，因此它具有数值型数据所具有的所有运算功能，通过对其进行加、减、乘、除等运算，可得出具有特殊意义的值。如两个日期间距，即表明计算两个日期之间的相差天数。

两个日期间距的计算可以采用以下三种方法进行。

（1）减法

直接比较两个日期间的差值。下面举例说明。

【例题 2 - 16】 如想要计算当前日期离高考还有多少天，可直接用高考时间减去当前系统时间，如图 2 - 39 所示（参见"第 2 章/例题/例题 2 - 16.xlsx"）。

图 2 - 39 时间间隔计算——用相减法计算时间差

为了便于大家掌握时间日期函数的使用,结合逻辑函数,再举例说明。

【例题 2 - 17】 如图 2 - 40 所示(参见"第 2 章/例题/例题 2 - 17.xlsx")。该数据表为×××公司员工的年假统计表,公司规定的年假天数与该员工的工龄相关,具体规定如下:

	A	B	C	D	E	F
1			XXX公司员工年假统计表			
2	编号	员工姓名	姓别	入职时间	工龄	年假天数
3	SIL001	刘勇	男	1995年5月1日	15	10天
4	SIL002	许沁习	女	2001年4月20日	9	7天
5	SIL003	赵垌	男	1990年3月13日	20	15天
6	SIL004	何春江	男	1985年6月5日	25	15天
7	SIL005	蒋力娴	男	1996年11月24日	14	10天
8	SIL006	周月	女	1998年2月2日	12	10天
9	SIL007	郭在江	男	2005年7月9日	5	3天
10	SIL008	胡丽云	女	2009年2月2日	1	0天
11	SIL009	陈天镜	男	1998年11月2日	12	10天
12	SIL0010	金范	男	1982年3月29日	28	15天
13	SIL0011	宋慧	女	1990年4月12日	20	15天
14	SIL0012	陈月娇	男	1999年4月9日	11	10天
15	SIL0013	李小红	女	2004年5月8日	6	7天
16	SIL0014	孙添翔	男	2003年10月15日	7	7天

图 2 - 40　时间间隔计算——用相减法计算工龄

① 若工龄大于 15 年,则年假天数为 15 天;

② 若工龄大于 10 年,则年假天数为 10 天;

③ 若工龄大于 5 年,则年假天数为 7 天;

④ 若工龄大于 3 年,则年假天数为 3 天;

⑤ 若工龄大于 1 年,则年假天数为 1 天,否则,年假天数为 0 天。

在计算时首先根据职工的入职时间计算其工龄,即使用 TODAY 和 YEAR 函数自动计算工龄,如第一位职工刘勇的工龄为"=YEAR(TODAY())-YEAR(D3)",结果为 15。然后可以使用 IF 函数根据职工的工龄计算员工的应有年假,如刘勇的年假天数为:=IF(E3>15,15,IF(E3>10,10,IF(E3>5,7,IF(E3>3,3,IF(E3>1,1,0)))))&"天"。

(2) DAYS360 函数

功能: 按照一年 360 天的算法(每个月以 30 天计,一年共计 12 个月),返回两日期间相差的天数,如图 2 - 41 所示(参见"第 2 章/例题/例题 2 - 18.xlsx")。该函数在一些会计计算中经常会被用到。如果财务系统是基于一年 12 个月,每月 30 天,可用此函数帮助计算支付款项,如可用此函数计息。

	A	B	C	D	E	F	G	H	I
1									
2	存款时间	取款时间	存款时间	公式	说明				
3	2016/2/2	2018/2/2	720	=DAYS360(A3,B3)	按照一年 360 天的算法,上述两日期之间的天数				
4	2008/1/1	2018/1/1	3600	=DAYS360(A4,B4)	同上				
5									

图 2 - 41　时间间隔计算——DAYS360

语法: DAYS360(starat_date,end_date,method)。

参数: starat_data 为起始时间,end_data 为终止时间。如果 start_date 在 end_date 之后,

则 DAYS360 将返回一个负数。Method 为一个逻辑值,它指定了在计算中是采用欧洲方法还是美国方法。

表 2－5　Method 参数含义

Method	含　　义
False （省略时默认）	美国方法（NASD）。如果起始日期是一个月的 31 日,则等于同月的 30 日。如果终止日期是一个月的 31 日,并且起始日期早于 30 日,则终止日期等于下一个月的 1 日,否则,终止日期等于本月的 30 日。
True	欧洲方法。起始日期和终止日期为一个月的 31 日,都将等于本月的 30 日。

注意:本函数也要求使用 DATE 函数输入日期,或者将函数作为其他公式或函数的结果输入。

【例题 2－18】　本例计算了存款时间与取款时间的时间差,该时间差可以用来协助计息(参见"第 2 章/例题/例题 2－18.xlsx")。

（3）NETWORKDAYS（）函数

当计算两个日期之间的间隔时,有时需要排除周末和假期,只计算工作日。比如在签订供货合用时,厂家必须知道在预订的交货时间内工厂是否有足够的工作时间用于生产这些订单。这时就需要用到 NETWORKDAYS 函数解决这个问题。

功能:计算两日期间完整的工作日数值。工作日不包括周末和专门指定的假期。

语法:NETWORKDAYS(start_date,end_date,holidays)。

参数:start_date 为起始日期;end_date 为终止日期;holidays 表示不在工作日历中的一个或多个日期所构成的可选区域。例如:省/市/自治区和国家/地区的法定假日以及其他非法定假日。该列表可以是包含日期的单元格区域,或是表示日期的序列号的数组常量。

注意:应使用 DATE 函数输入日期,或者将函数作为其他公式或函数的结果输入。例如,使用函数 DATE(2018,5,23) 输入 2018 年 5 月 23 日。如果日期以文本形式输入,则会出现问题。

【例题 2－19】　此例需要计算"2017－12－1"至"2018－4－1"这段时间内的工作时间,除了去掉周六周日外,一些传统节日也要排除在外,如 A6：B9 所标的时间。计算公式及结果如图 2－42 所示(参见"第 2 章/例题/例题 2－19.xlsx")。

	A	B	C	D	E	F
1	起始日	结束日				
2						
3	2017/12/1	2018/4/1				
4				剩余天数	公式	说明
5				82	=NETWORKDAYS(A3,B3,A6:A9)	该公式计算从2017.12.1起至2018.4.1止去掉节假日后的工作时间。
6	2018/1/1	元旦				
7	2018/2/15	大年三十				
8	2018/2/16	大年初一				
9	2018/3/2	正月十五				

图 2－42　时间间隔计算——NETWORKDAYS

2.2.7 随机函数

很多时候我们需要一个随机数,比如比赛的随机分组、随机顺序、随机抽奖等。这个时候我们可以利用 Excel 中的随机函数产生这些随机数。

1. RAND 函数

功能: 返回一个大于等于 0、小于 1 的随机数,每次计算工作表(按 F9 键)将返回一个新的数值。

语法: RAND()。

参数: 不需要。

注意: ① 生成 a,b 之间的随机实数,可使用公式"=RAND()＊(b—a)+a"。例如,若要生成一个 5～10 之间的随机数,可输入公式"=RAND()＊(10—5)+5",所得结果如图 2-43 所示。

因为是随机函数,故每次生成的结果可能都不相同。

图 2-43 生成 a,b 间的随机实数

② 如果在某一单元格内应用公式"=RAND()",然后在编辑状态下按住 F9 键,将会产生一个变化的随机数。

③ 返回值的小数位数可通过设置单元格的宽度或格式来调节。

2. RANDBETWEEN() 函数

尽管通过用 RAND 函数可以产生任何范围内的随机数,然而它产生的都是小数,要产生整数又怎么办呢? Excel 为我们提供了另一种随机函数——RANDBETWEEN。

功能: 产生位于两个指定整数之间的一个随机数,每次重新计算工作表(按 F9 键)都将返回新的数值。

语法: RANDBETWEEN(bottom,top)。

参数: bottom 是 RANDBETWEEN 函数可能返回的最小随机数,top 是 RANDBETWEEN 函数可能返回的最大随机数。

【例题 2-20】 本实例在 A1 单元格输入公式"RANDBETWEEN(100,200)",即可在该单元格中产生从 100～200 之间的随机整数,拖动该单元格进行公式复制,即得如图 2-44 所示的随机数据区(参见"第 2 章/例题/例题 2-20.xlsx")。

	A	B	C	D	E
1					
2	155	119	155	183	
3	174	120	160	125	
4	110	140	152	153	
5	100	103	155	189	
6	135	170	185	108	
7	181	106	105	194	
8	167	165	174	145	
9	190	140	188	182	
10	142	125	163	131	
11					

A2 ▼ fx =RANDBETWEEN(100,200)

图 2-44 随机函数计算

小贴士：

在使用这两个函数生成的随机数进行计算时,随机数的值会在每次运算后发生改变。如何将生成的随机数固定下来呢? 我们可以采用以下两种方法。

① 在编辑栏中输入"＝RAND()"或"＝RANDBETWEEN",保持编辑状态,然后按 F9 键,将公式所产生的随机数永久性地固定下来。

② 手动重算：仅在选中"公式"菜单栏上的"计算选项"组中的"手动"项后,重新打开工作簿时,其中的随机数不会自动重算。

2.2.8 取整函数

在对数值的处理中,经常会遇到进位或舍掉的情况,如将某数去掉其小数部分,将某数按四舍五入的方法进位等。在 Excel 中常用的取整函数有两个：ROUND 和 INT。

1. ROUND

功能：根据指定的位数将数字四舍五入。

语法：ROUND(number,num_digits)。

参数：Number 是需要四舍五入的数字;Num_digits 为指定的位数,Number 按此位数进行处理。

注意：① 如果 num_digits 大于 0,则四舍五入到指定的小数位;

② 如果 num_digits 等于 0,则四舍五入到最接近的整数;

③ 如果 num_digits 小于 0,则在小数点左侧按指定位数四舍五入。

实例：如果 A1＝65.25,则公式"＝ROUND(A1,1)"返回 65.3。

公式"＝ROUND(82.149,2)"返回 82.15;"＝ROUND(21.5,－1)"返回 22。

2. INT

功能：将任意实数向下取整为最接近的整数。

语法：INT(number)。

参数：Number 为需要处理的任意一个实数。

【例题 2－21】　本例中,在 A 列中输入测试数据,利用这两个函数对其中的数据取整,如图 2－45 所示(参见"第 2 章/例题/例题 2－21.xlsx")。

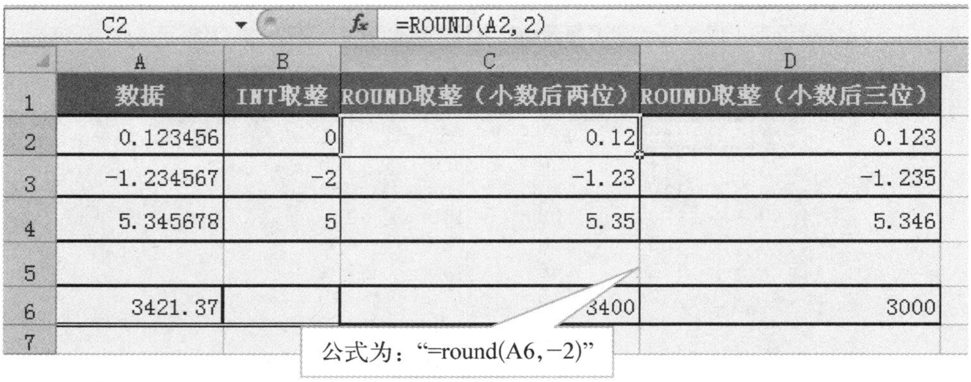

图 2－45　取整函数计算实例

本 章 小 结

本章主要介绍了 Excel 公式及函数的基本知识,讨论了与之相关的基本内容,如公式及函数中数据的引用方式,公式的审核方法等。在函数部分着重讲解了一些基础统计函数、逻辑函数及日期时间函数等。

下一章我们将重点讲解在日常工作中对我们非常有帮助的一些实用函数及其应用。

练 习

1. 按图 2-46 所示,建立九九乘法表。

⊿	A	B	C	D	E	F	G	H	I	J
1		1	2	3	4	5	6	7	8	9
2	1	1*1=1	1*2=2	1*3=3	1*4=4	1*5=5	1*6=6	1*7=7	1*8=8	1*9=9
3	2	2*1=2	2*2=4	2*3=6	2*4=8	2*5=10	2*6=12	2*7=14	2*8=16	2*9=18
4	3	3*1=3	3*2=6	3*3=9	3*4=12	3*5=15	3*6=18	3*7=21	3*8=24	3*9=27
5	4	4*1=4	4*2=8	4*3=12	4*4=16	4*5=20	4*6=24	4*7=28	4*8=32	4*9=36
6	5	5*1=5	5*2=10	5*3=15	5*4=20	5*5=25	5*6=30	5*7=35	5*8=40	5*9=45
7	6	6*1=6	6*2=12	6*3=18	6*4=24	6*5=30	6*6=36	6*7=42	6*8=48	6*9=54
8	7	7*1=7	7*2=14	7*3=21	7*4=28	7*5=35	7*6=42	7*7=49	7*8=56	7*9=63
9	8	8*1=8	8*2=16	8*3=24	8*4=32	8*5=40	8*6=48	8*7=56	8*8=64	8*9=72
10	9	9*1=9	9*2=18	9*3=27	9*4=36	9*5=45	9*6=54	9*7=63	9*8=72	9*9=81
11										

图 2-46 九九乘法表

2. 打开文件"第 2 章/练习/数据表.xlsx",完成如下操作:

① 计算数据表中所有数据的和;

② 统计数据表中不为空的单元格数量;

③ 统计 A1:D4 区域与 E7:H12 区域内的所有空白单元格的数量。

3. 打开"第 2 章/练习/员工薪酬.xlsx"文件,完成下列操作:

① 在 H 列中使用求和函数计算调整后的总工资。

调整后的总工资=调整后的基本工资+调整后的岗位工资+调整后的工龄工资

② 通过函数统计市场部总人数。

③ 将"调整后的基本工资"数据区域命名为 Basic,统计基本工资大于 1 500 元的人数。

④ 显示调整后总工资的最高值与最低值。

⑤ 在单元格 D22 中采用日期函数,显示当天的值。

⑥ 采用日期函数计算,当天值与最后一次调薪日期之间相差的天数。

4. 打开文件"第 2 章/练习/折扣率.xlsx",完成如下操作:

① 利用单元格相对引用、绝对引用和混合引用,在 C4 处建立求折扣值的公式;

② 采用单元格拖曳的方式完成不同物件在不同折扣率时的折扣值;

③ 在 C14 至 G14,计算不同折扣下的总折扣值。

5. 如图 2-47 所示,利用 Excel 提供的函数建立一个"活期存款利息计算器"。其中

利息=存款金额×月利率×月份

1	活期存款利息计算器			
2	存款金额	月利率（%）	月份	利息额
3	10000	0.0016	12	
4	8000	0.0016	18	
5	26000	0.0016	13	
6				

图 2－47　活期存款利息计算器

6. 打开文件"第 2 章/练习/课程表.xlsx"完成如下操作：

① 将 B3：G10 区域名称定义为 course；

② 根据课程表的框架，采用 Excel 中的函数 COUNTA()和 COUNTIF()统计非物理课的周学时数和语文课的周学时数，放入 B13 和 B14 单元格中。

7. 打开文件"第 2 章/练习/商品销售统计表.xlsx"，完成如下操作：

① 按商品编号计算商品的销售金额；

② 根据商品类别对每种商品的总销售金额进行汇总；

③ 统计名称为"长虹"的商品的总销售金额；

④ 统计名称为"LG"的商品的总销售数量。

8. 打开文件"第 2 章/练习/判断对错.xlsx"，试用 IF 函数判断所计算的结果（如图所示）是否正确，并显示出结果。

	A	B	C	D	E	F	G
1			算术式		答案		判断
2	1	+	1	=	2		对
3	523	－	200	=	323		错
4	75	*	3	=	225		错
5	125	/	25	=	5		错
6							

图 2－48　判断对错

9. 打开文件"第 2 章/练习/部门奖金表.xlsx"，完成如下操作：

① 计算"年度利润表"中的总利润额。

② 在年度奖金表(1)中，计算各部门的奖金，计算规则如下：

该部门在该季度盈利时，奖金＝利润×5％；亏损时，奖金为 0。

③ 在年度奖金表(2)中，根据部门所在的地区进行奖金的分配，计算规则如下：

若部门所在的地区是西藏，则盈利时，奖金＝利润×7％；若部门所在地区是北京，盈利时奖金＝利润×5％。当亏损时，奖金为 0。

④ 在年度奖金表(3)中，公司根据各部门在某季度的利润额及总利润额的情况颁发年终奖，年终奖的计算规则如下：

若本年度的总利润为盈利，且该部门在某季度的利润为正时，则该季度所占年终奖的额度为＝利润×1.5％，否则，奖金为 0。

⑤ 计算出年终奖的总额度。

10. 打开文件"第 2 章/练习/学分积计算.xlsx"，根据下列条件计算各位同学的学分积，计算规则如下：

若某门课程成绩及格，则该门课程的学分积＝本门课程分数×本门课程的学分×0.01；若没及格，则该本门的学分积就是 0。

实　验

　　打开有关房产信息的"第2章/实验/房屋信息.xlsx"工作簿，按如下要求对工作簿中的数据进行操作：

① 计算每套房屋每平方米的单价，填入 H 列。

② 在 J 列中模拟产生实际售价，实际售价控制在"标价"的 90%～110%之间，注意取消自动重算功能。标题为"当前售价"。

③ 求出有车库的可出售套数与无车库的可出售套数之比，放在 M9 单元格。

④ 根据不同地区，在 M10 到 M12 中列出各地区每平方米单价平均值。

⑤ 对"面积"列的数据区域进行命名"Area"，对"标价"列的数据区域进行命名"Price"；求出单位价格平均值，放入 M13 中。

⑥ 对于单位价格大于 M13 平均价的单元，在 J 列中显示"偏高"；对于单位价格等于 M13 平均价的单元，在 J 列中显示"相当"；对于单位价格小于 M13 平均价的单元，在 J 列中显示"偏低"。提示：使用嵌套的 IF 函数。

　　例如：IF(A2>2,"high",IF(A2=2,"same","low"))

⑦ 分别计算 2010/2/11 和 2010/6/25 的实际售出总额，放在 M14 和 M15 单元格中；计算期间的工作日期数，显示在 M16 单元格中。

⑧ 在 M17 和 M18 单元格中列出最高"当前售价"和最低"标价"的数据，并确保此计算公式不因公式的复制或填充而改变。

第3章

公式与函数应用

	A	B	C	D
1	成绩表			
2				
3	姓名	语文	数学	英语
4	孙一兰	94	86	98
5	袁杰思	84	79	90
6	赵明	73	82	90
7	李明丽	89	71	81
8	鲁淼淼	88	75	80
9	王钢	75	88	79
10	李子凯	77	68	82
11	郭新新	89	85	90
12	朱达	83	82	91
13	吴启迪	83	75	86
14	王珊	76	84	89
15	李钢	78	84	78
16	李珂	72	79	83
17	赵林	72	69	71
18	钱凯	70	61	70
19				

图 3-1　学生成绩表

每次期末考试后,按照惯例,老师都要对同学们的考试成绩(如图 3-1 所示)进行总结分析,如计算每名同学的总分、平均分;查看某门课程的最高分与最低分、统计不及格的人数等,运用前面所学的知识相信你会很容易帮老师完成这些任务。

在完成上述任务的基础上,我们需要对获得的数据做进一步分析,如在姓名排序不变的情况下按总分对学生进行排名;统计课程各分数段的分布情况;查询数学、语文、英语成绩均大于 80 分的学生名单,等等,面对这些问题,你有办法解决吗? 不用着急,当你学完这一章的内容,所有的问题就都可以迎刃而解了!

本章要点:

① 掌握如何使用数组公式对数据进行批处理的方法;

② 学习使用查找与引用函数搜索所需的信息;

③ 掌握利用文本函数对文本进行各种操作的方法;

④ 学习使用财务函数进行财务分析。

在本章,要重点掌握数组公式的基本知识,尤其是数组中常用函数的使用方法。此外,查找与引用函数也是本章要重点掌握的内容,这些函数在日常工作中经常会被用到,所以要多加练习,灵活掌握它们的用法。对于财务函数部分,在本章只讲了一些最常用的基础函数,这些函数对我们今后进行投资理财都是很有帮助的,尤其是那些将来想要从事财会工作的读者则更要格外关注该部分内容。

Excel 的高级公式与函数的使用,往往和数组公式联系在一起,我们先从数组公式讲起。

3.1 数组公式

要成为一个 Excel 的高手，达到可以充分利用内置函数组成公式完成各种操作的水平，就必须掌握数组公式。数组公式是可以对一组或多组值执行多重计算的公式，它可返回一个或多个结果。也就是说，不同于普通的公式每次只返回一个结果值，数组公式可能会返回多个结果值；另外，数组公式还可以对多组数据同时进行计算。举个例子来说，老师先请第一组的同学统计他们组的平均成绩，然后老师请第二组的同学统计他们组的平均成绩，接着老师又请第三组的同学统计他们组的平均成绩……每一次老师的指令就相当于一个普通公式。如果老师的指令改为请各组的同学同时统计他们组的平均成绩，那么实际上就是一个数组公式，它可以一次获得多组的平均成绩值。因此，数组公式可以使公式操作变得简单。不仅如此，数组公式还可以完成以前看起来无法在 Excel 中实现的计算，使 Excel 中现有的函数功能变得更为强大。

3.1.1 数组

在进一步学习数组公式之前，我们有必要先回顾一些关于数组的知识，这些内容对于数组公式来讲非常重要。

1. 数组

上中学的时候我们就知道数组其实就是多个元素的组合。例如，你所在的班级就是一个数组，你以及你的同学就是数组中的一个个元素。对于 Excel 而言，班级就相当于工作表，而学生就是工作表里的单元格。所以在 Excel 里，我们可以认为数组就是由多个单元格组成的集合。

2. 数组的维数

数组中有一维数组、二维数组和三维数组。什么是数组的维数呢？打个比方讲，就像我们上学时学过的数轴，如果一个轴上有数据就是一维；平面有两个坐标轴，对应数据就是二维数组。学习数组的"维数"非常重要，这是因为在数组公式中用来参与运算的数组间存在着对应关系，如果用一个一维数组和一个二维数组进行加减运算就会出错。

【例题 3-1】 在数组公式里我们接触到的一般都是一维数组和二维数组（参见"第 3 章/例题/例题 3-1.xlsx"）。一维数组我们可以简单地看成是一行或一列单元格的集合，如 A1：A6。具体数值表示时，以行方式排列的各元素间用"，"隔开，以列方式排列的各元素用"；"隔开，如{1,2,3,4,5}，具体排列方式如图 3-2 所示。同样，二维数组也可以看成是多行多列的单元格的集合，如图 3-3 所示的 A1：C4 区域中的数据可以看成是多个一维数组的组合。在表示时，二维数组中同行的元素间用"，"分隔，不同行用"；"分隔。如{1,2,3;4,5,6}。

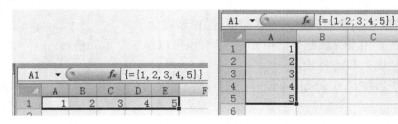

图 3-2　一维数组

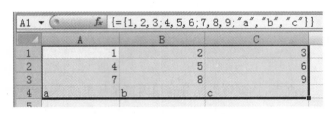

图 3-3 二维数组

3. 数组的输入

数组的输入方式比较特殊,例如,在数据表中显示一个 4 行 3 列,包含数值、文本、日期、逻辑值和错误值的二维数组,可以按下面的步骤进行:

① 选定 4 行 3 列组成的单元格区域,用于存放数组公式的计算结果。

② 在编辑区输入以下表达式:

$$=\{1,2,3;\#N/A,5,TRUE;"田径","2010-5-18","股市";TRUE,FALSE,12\}$$

这里我们必须注意,在输入二维数组时,每行都必须含有相同数量的元素,如数组$\{1,2,3;3,4;5,6,7;8,9\}$是非法的,因为它的第二行和第四行只有两个元素。

③ 输入完成后按 Ctrl+Shift+Enter 组合键。此时编辑区的表达式会被一个大括号(花括号)括起来,表明现在的表达式已经是一个数组表达式了。结果如图 3-4 所示。

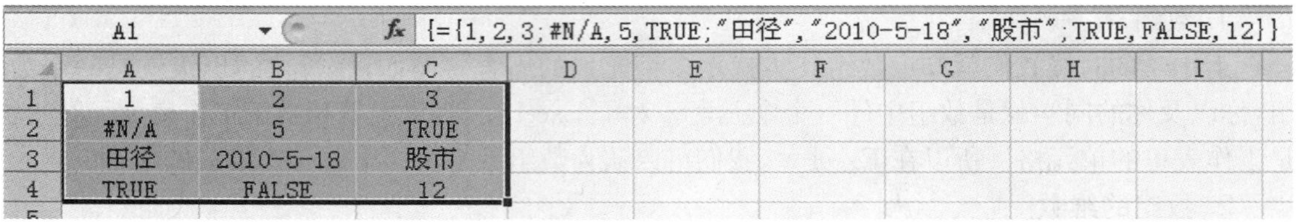

图 3-4 数组的输入

3.1.2 数组公式输入

1. 数组公式

数组公式把数组中同类型的数据当成一个整体进行统一的批处理,而无须对每个单元格一一应用公式。运用数组公式可以显式地通知 Excel 计算引擎对其进行多重计算。为了与普通公式相区分,Excel 会在数组公式结束编辑之后自动在其首尾加上花括号"{}"。

使用数组公式我们还必须要注意的是数与数之间一一对应的关系。

2. 数组公式的输入方法

数组公式的输入与数组的输入方式类似,操作步骤如下:

① 必须先选择用来存放结果的单元格区域(也可以是一个单元格);

② 在编辑栏输入数组公式;

③ 输入完毕后按 Ctrl+Shift+Enter 组合键锁定数组公式,Excel 将在公式两边自动加上花括号"{}"。

特别注意:不要自己键入花括号"{}",必须通过组合键完成数组公式的输入。

3. 数组公式应用实例

通过以上内容的学习,相信大家已经对数组公式有了一个大概的了解,下面我们就来举一个例子,让大家以更直观的方式了解数组公式的应用。

【例题 3-2】 如图 3-5 所示,这是一张轿车销售统计表(参见"第 3 章/例题/例题 3-2.xlsx"),我们的目的是求出轿车总销售额合计。

	A	B	C	D	E
1		轿车销售统计表			
2	销售人员	汽车类型	销售数量	单价	总销售额
3	刘鹏	桑塔纳	5	1200	
4		奥迪	4	2500	
5	尹歌	帕萨特	6	2300	
6		别克	8	1700	
7	林彩瑜	宝马	3	6000	
8		奔驰	1	4600	
9	潘杰	奥特	9	600	
10		荣威	5	1950	
11	施德福	保时捷	4	7250	
12		法拉利	3	8000	
13		总销售额合计			
14					

图 3-5　轿车销售统计表

下面我们就分别采用一般公式和数组公式两种方法求解这个问题,如图 3-6 所示,请大家注意其中的差别在哪里。

	A	B	C	D	E	F	G	H	I	J	K
18		轿车销售统计表						轿车销售统计表			
19	销售人员	汽车类型	销售数量	单价	总销售额		销售人员	汽车类型	销售数量	单价	总销售额
20	刘鹏	桑塔纳	5	1200	6000		刘鹏	桑塔纳	5	1200	
21		奥迪	4	2500	10000			奥迪	4	2500	
22	尹歌	帕萨特	6	2300	13800		尹歌	帕萨特	6	2300	
23		别克	8	1700	13600			别克	8	1700	
24	林彩瑜	宝马	3	6000	18000		林彩瑜	宝马	3	6000	
25		奔驰	1	4600	4600			奔驰	1	4600	
26	潘杰	奥特	9	600	5400		潘杰	奥特	9	600	
27		荣威	5	1950	9750			荣威	5	1950	
28	施德福	保时捷	4	7250	29000		施德福	保时捷	4	7250	
29		法拉利	3	8000	24000			法拉利	3	8000	
30		总销售额合计			134150			总销售额合计			134150
31											
32		一般方法的公式:						数组方法的公式:			
33		=C20*D20						{=SUM(I20:I29*J20:J29)}			
34		=SUM(E20:E29)									
35											

图 3-6　求解"总销售额合计"的不同方法

采用一般方法的公式,图 3-6 左侧所示,求得最后的结果需要如下三步操作:

① 在 E20 中输入公式"=C20*D20"求出桑塔纳的总销售额;

② 选定 E20 并向下拖动进行公式复制,得出其他轿车的总销售额;

③ 在 E30 中对各轿车的总销售额进行求和计算,即"=SUM(E20:E29)",得出最后的总销售额合计。

而采用数组的方式就会方便很多,如图 3-6 右侧所示。具体操作如下:

① 选定存放结果的单元格位置 K30;

② 在编辑栏中输入"＝SUM(I20∶I29＊J20∶J29)",其含义就是将 I20∶I29 区域内的数据与 J20∶J29 区域内的相对应的数据两两相乘,并对所得积求和,即计算的是"5×1 200＋4×2 500＋6×2 300＋…"的和。当公式输入完毕后按 Shift＋Ctrl＋Enter 组合键结束,之后即可在 K30 中得出所需要的值。

通过上面的例子我们可以看出,使用数组公式可以大大提高工作效率,本例只是一个简单的例子,若我们面对的是一个更为复杂的任务,数组公式的优势就会更加显著。

在使用数组公式时,我们还必须注意以下几点:

① 若数组公式中包含文本型常量,则必须用双引号(")将其首尾标识出来。

② 由于数组中的所有单元格是被当作一个整体处理的,因此不能直接对其中的某一部分单元格单独编辑,否则会出现报错信息,如图 3－7 所示。

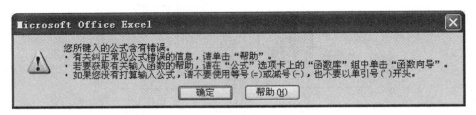

图 3－7　编辑部分数组时的报错信息

因此在重新修改数组公式时,必须先选取整个数组。

选取数组的步骤如下:

(1) 选取数组中的任一单元格;

(2) 按下 F2 键。

编辑数组的步骤如下:

(1) 选定要编辑的数组;

(2) 移到数据编辑栏上按 F2 键或单击左键,使代表数组的括号消失;

(3) 编辑该数组公式;

(4) 编辑完成后,按下 Ctrl＋Shift＋Enter 组合键。

删除数组的步骤如下:

(1) 选定要删除的数组;

(2) 按 Ctrl＋Del 组合键或选择编辑菜单中的"清除"命令删除数组。

脑筋急转弯:有人戏称数组公式为 CSE 公式,你知道为什么吗?

这个问题与数组公式的输入方式有关,各取 Ctrl＋Shift＋Enter 组合键的首字母就是这个问题的答案。你猜对了吗?

3.1.3　数组公式中的常用函数

数组公式经常会结合一些函数一起使用,如 LARGE、SMALL、RANK、FREQUENCY 和 MODE 函数等。这些函数非常有用,被广泛应用于解决各种实际问题。

在本章的开始部分老师给你布置的任务还记得吗? 我们再将这几个任务具体明确一下:

① 在成绩表中找出英语成绩排名倒数第三的分数及总分排名第五的分数;

② 在不改变原有学生姓名排列的情况下，按总分在成绩表中列出每个人的名次；

③ 统计学生们语文考试成绩在各分数段的分布情况；

④ 统计英语成绩中哪一个分值出现的频率最高。

上面这些任务都可以通过在数组公式中有效地使用这些函数完成。下面我们就来学习这些函数，找到解决这些问题的方法。

1. 常用函数简介

在解决这些问题之前，我们首先要学习一下相关函数的基本知识。

(1) LARGE 和 SMALL 函数

功能：这两个函数的作用是返回某一数组中第 K 个最大值或最小值，从而得到该数组中特定位置上的数值。

语法：函数(Array,K)。

参数：Array 为需要从中查询第 K 个最大值或最小值的数据区域；K 为返回值在数组或单元格区域里的位置（从大到小）。

注意：使用函数 LARGE()函数，该函数先将指定范围内的数据降序排位，然后再返回与指定排位一致的数值。相反，若要返回数组或数据区域中的第 K 个最小值，可以使用 SMALL()函数，其用法与 LARGE()函数相同。

例如：如果 A1=14,A2=5,A3=11,A4=25,A5=0,A6=2，则公式"=LARGE(A1：A6,3)"返回 11，即数组中排名第 3 个大的数字是 11(A3)，公式"=SMALL(A1：A6,3)"的返回值是 5，即数组中排名第 3 个小的数字是 5(A2)。

(2) RANK 函数

功能：返回一个数值在一组数据中的排位。

语法：RANK(number,ref,order)。

参数：number 为需要找到排位的数字；ref 则是数字列表的引用；若参数 order 为 0 或省略，则 Excel 将 ref 当作按降序排列的数据清单进行排位；如果 order 不为 0，则 Excel 将 ref 当作按升序排列的数据清单进行排位。

例如：在 A 列中从 A1 单元格起依次输入数据 83、96、62、75、62，之后在 B1 单元格中输入公式"=RANK(A1, $A $1：$A $5,0)"，回车后，向下复制公式到 B5 单元格。即可从 B1 单元格起依次返回值为 2、1、4、3、4，即 A 列中数据以降序形式的排位。

(3) FREQUENCY 函数

功能：该函数以一列垂直数组的形式返回某个区域中数据的频率分布。它可以计算出在给定的值域和接收区域内，每个区间包含的数据个数。由于函数 FREQUENCY 返回一个数组，必须以数组公式的形式输入。FREQUENCY 用处很大，比如可以计算不同工资段的人员分布、公司员工的年龄分布、产品的价格分布、学生的考试成绩分布等。

语法：FREQUENCY(data_array,bins_array)。

参数：Data_array 是要进行频率分布统计的数据范围，如学生成绩表中各科的分数；Bins_array 分组的依据，也就是分段的界值，如查看学生成绩分布时所设定的分数范围：60～69,70～79,等等。

注意：① 函数在输入时以多单元格数组方式输入，且必须是纵向数组。

② 输入函数时所选单元格数比分段的界值（分段点）个数大 1，统计数据范围大于分段点最大值的频数。

(4) MODE 函数

功能：使用该函数可以求得某一数组或数据区域中出现频率最多的数值，也称为“众数”。众数体现一组数据的“集中趋势”，与平均数不同，它不会受到个别极大或极小数据的影响，常常在销售分析等场合使用。

语法：MODE(number1,number2,…)。

参数：number1,number2,…可以使用单一数组(即对数组区域的引用)来代替由逗号分隔的参数。

例如：在 A 列中从 A1 开始依次输入数据 3,2,6,3,1,3,2，在 B1 中输入公式“=MODE(A1：A7)”，则所得的结果为 3，即 A 列数据中的众数(出现频率最多的数)为 3。

注意：① 参数可以是数字或者是包含数字的名称、数组或引用。

② 如果数据集合中不含有重复的数据，则 MODE 数返回错误值 N/A。

③ MODE 函数可返回在数据区出现频率最高的数据，但频率最高的数据有两个或两个以上时只返回排在最前面的频率最高值。

2. 常用函数实例分析

学习好了相关函数，现在我们就来用这些函数对上面提出的问题逐一解答。

【例题 3-3】 在成绩表中找出英语成绩排名倒数第 3 的分数及总分排名第 5 的分数。对于在某一个数据区域内找到某个排名的最大值和最小值，我们可以用 LARGE 和 SMALL 函数(参见“第 3 章/例题/例题 3-3.xlsx”)。本题解答的具体步骤如下：

① 根据图 3-1 所示的成绩表，求出各位同学的总分；

② 计算英语成绩排名倒数第 3 及总分排名第 5 的分数，问题解答如图 3-8 所示。

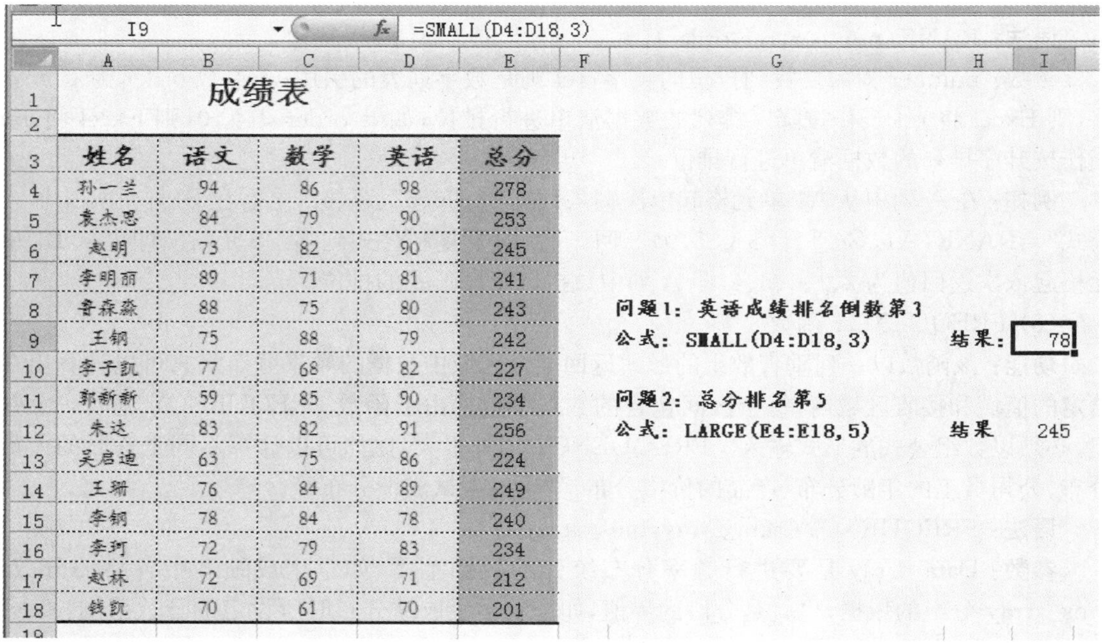

I9 =SMALL(D4:D18,3)

成绩表

姓名	语文	数学	英语	总分
孙一兰	94	86	98	278
袁杰思	84	79	90	253
赵明	73	82	90	245
李明丽	89	71	81	241
鲁森淼	88	75	80	243
王钢	75	88	79	242
李子凯	77	68	82	227
郭新新	59	85	90	234
朱达	83	82	91	256
吴启迪	63	75	86	224
王珊	76	84	89	249
李钢	78	84	78	240
李珂	72	79	83	234
赵林	72	69	71	212
钱凯	70	61	70	201

问题1：英语成绩排名倒数第3
公式：SMALL(D4:D18,3)　　结果：78

问题2：总分排名第5
公式：LARGE(E4:E18,5)　　结果　245

图 3-8　SMALL 与 LARGE 函数

【例题 3-4】 在不改变原有学生姓名排序的情况下，在成绩表中按总分列出每个人的名次。对于这个问题，我们可以使用 Rank 函数实现(参见“第 3 章/例题/例题 3-4.xlsx”)。具体操作步骤如下：

① 在成绩表中新增加一列“排名”；

② 选定存放数组计算结果的单元格区域 F4：F18；

③ 在公式编辑区输入公式“=RANK(E4：E18,E4：E18)”，并按 Ctrl+Shift+Enter 组合键结束输入，在这里我们要进行操作的对象是一个数据集，因此需要用到数组公式，所得结果如图 3-9 所示。

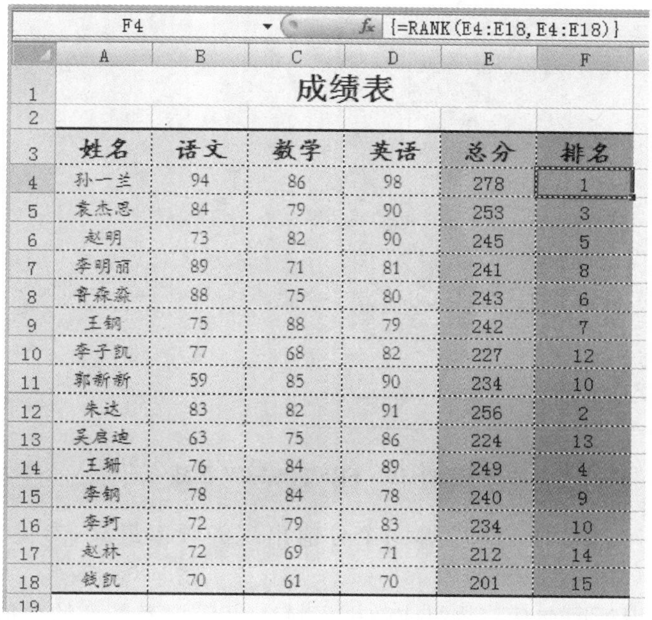
F4 {=RANK(E4:E18,E4:E18)}

成绩表

姓名	语文	数学	英语	总分	排名
孙一兰	94	86	98	278	1
袁杰恩	84	79	90	253	3
赵明	73	82	90	245	5
李明丽	89	71	81	241	8
香淼淼	88	75	80	243	6
王钢	75	88	79	242	7
李子凯	77	68	82	227	12
郭新新	59	85	90	234	10
朱达	83	82	91	256	2
吴启迪	63	75	86	224	13
王珊	76	84	89	249	4
李钢	78	84	78	240	9
李珂	72	79	83	234	10
赵林	72	69	71	212	14
钱凯	70	61	70	201	15

图 3-9 RANK 函数

【例题 3-5】 统计学生们语文考试成绩在各分数段的分布情况。为了更加直观，我们规定了成绩等级：

- 优：大于等于 90 小于 100；
- 良：大于等于 80 小于 90；
- 中：大于等于 70 小于 80；
- 及格：大于等于 60 小于 70；
- 不及格：小于 60。

FREQUENCY 函数的常规用法是进行频率统计，它可以统计数据区域内的各数据在某个区间(分段)内出现的频率，然后返回一个垂直数值，我们正好利用这个函数来统计考试成绩的频数分布(参见“第 3 章/例题/例题 3-5.xlsx”)。具体步骤如下：

① 在“区间”一栏给出了分段的界值(0,59,69,79,89,100)，由于 FREQUENCY 函数是向上舍入进行统计计算的，分段点 60,70,80,90 将被计入下一分段区间，因此在划分分段点时，利用减去 1 来实现分段对数据的正确统计。当然，如果分数中包含小数，可以利用减去 0.1 来设置分段点，即分段点可以设为：59.9,69.9,79.9,89.9。

② 在“计数”栏中选定存放计算结果的单元格区域 H4：H8。

③ 在公式编辑区输入公式“=FREQUENCY(B4：B18,G4：G8)”，并按 Ctrl+Shift+Enter 组合键结束输入。

所得结果如图 3－10 所示。

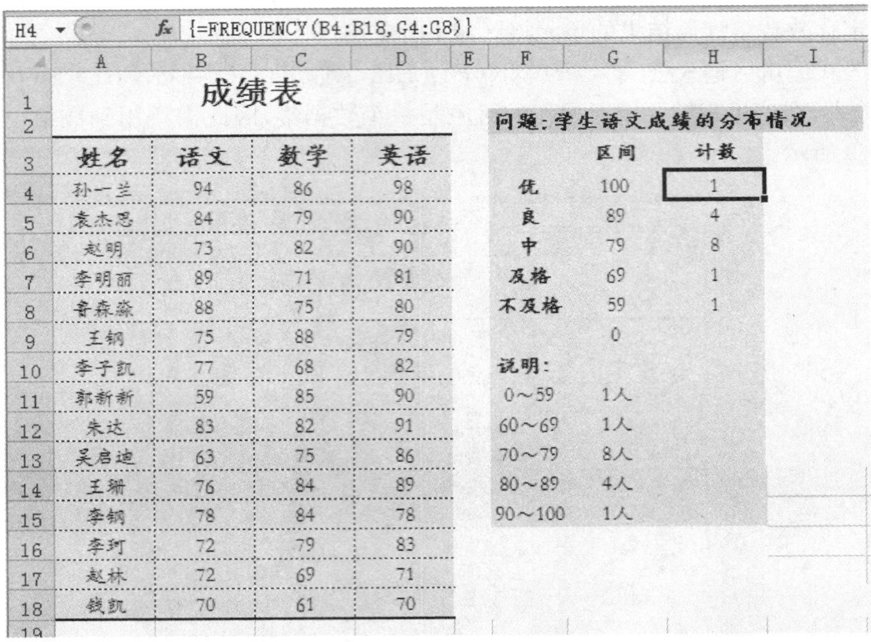

H4 {=FREQUENCY(B4:B18,G4:G8)}

成绩表

姓名	语文	数学	英语
孙一兰	94	86	98
袁杰思	84	79	90
赵明	73	82	90
李明丽	89	71	81
音森淼	88	75	80
王钢	75	88	79
李子凯	77	68	82
郭新新	59	85	90
朱达	83	82	91
吴启迪	63	75	86
王珊	76	84	89
李钢	78	84	78
李珂	72	79	83
赵林	72	69	71
钱凯	70	61	70

问题：学生语文成绩的分布情况

	区间	计数
优	100	1
良	89	4
中	79	8
及格	69	1
不及格	59	1
	0	

说明：

0～59	1人
60～69	1人
70～79	8人
80～89	4人
90～100	1人

图 3－10　FREQUENCY 函数

【例题 3－6】 计算英语成绩中哪一个分值出现的频率最高(参见“第 3 章/例题/例题 3－6.xlsx”)。

MODE 函数可以返回在某一数组或数据区域中出现频率最高的数值。它是一个位置测量函数。本题的解答方法如图 3－11 所示。

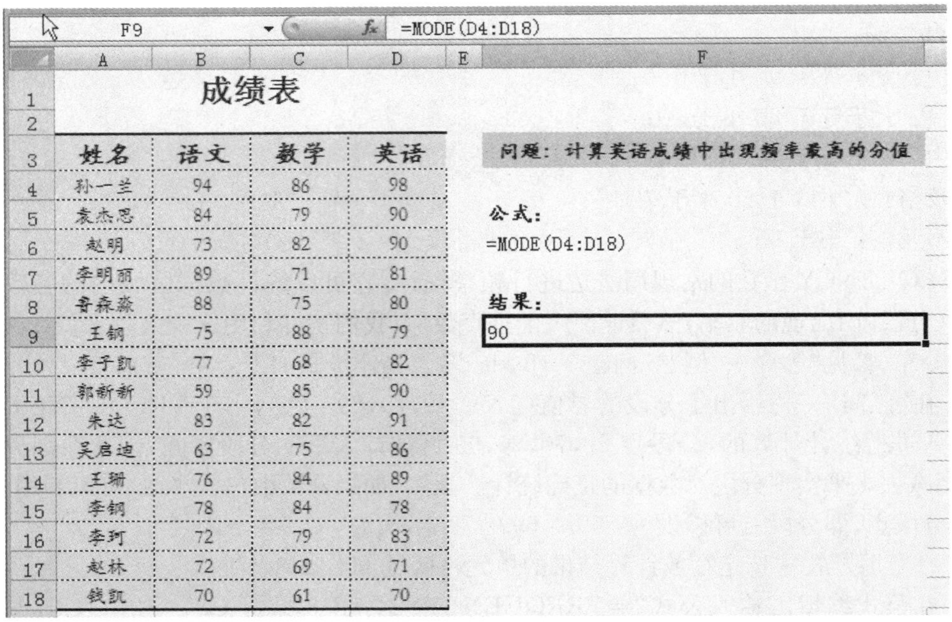

F9 =MODE(D4:D18)

成绩表

姓名	语文	数学	英语
孙一兰	94	86	98
袁杰思	84	79	90
赵明	73	82	90
李明丽	89	71	81
音森淼	88	75	80
王钢	75	88	79
李子凯	77	68	82
郭新新	59	85	90
朱达	83	82	91
吴启迪	63	75	86
王珊	76	84	89
李钢	78	84	78
李珂	72	79	83
赵林	72	69	71
钱凯	70	61	70

问题：计算英语成绩中出现频率最高的分值

公式：
=MODE(D4:D18)

结果：
90

图 3－11　MODE 函数

通过以上四个函数,老师布置给我们的任务已经轻松完成了。在 Excel 中还有很多高级函数可以帮我们解决实际应用中的各种问题,下面我们就来进一步深入学习这些函数。

3.2 查找与引用函数

通过在查找和引用函数中设定条件,我们不但可以在数据表中找到我们所需要的值,而且还可以识别单元格的位置或表的大小。查找与引用函数按其查找对象的不同可分为三类:值的查找、位置的查找和引用的单元格查找。它们之间还可以相互组合使用,实现数据的精确定位。

3.2.1 查找指定目标的值——VLOOKUP()、HLOOKUP()、LOOKUP()

这组函数是以查找值为基准,利用这组函数,用户可以通过设定查找条件来实现一些简单的数据查询,找到与设定条件匹配的值。如从学生信息表中找到某位同学所在的班级,从通信录中找到某个人的通信地址,从产品登记表中找到某个产品的价格信息等。

在这些查找函数中,使用频率较高的就是 VLOOKUP()、HLOOKUP() 和 LOOKUP() 函数。

1. 函数的基本格式

（1）VLOOKUP()

功能:VLOOKUP 中的 V 表示垂直方向。当比较值位于需要查找的数据左边的一列时,可以使用 VLOOKUP。该函数用于在表格或数组的首列查找指定的数值,并由此返回表格或数组当前行中指定列处的数值。

语法:VLOOKUP(lookup_value,table_array,col_index_num,range_lookup)。

参数:Lookup_value 表示要查找的值,其值可以为数字、文本、逻辑值或包含数值的名称或引用。它必须位于自定义查找区域的最左列。

Table_array 表示查找的区域,其值可以为文本、数字或逻辑值。是要在其中查找数据的数据表。

Col_index_num 为相对列号。最左列为 1,左侧第二列为 2,以此类推。

Range_lookup 为一逻辑值,指明函数 VLOOKUP 查找时是精确匹配,还是模糊匹配。

① 如果为 TRUE 或省略,则返回精确匹配值或近似匹配值。也就是说,如果找不到精确匹配值,则返回小于 lookup_value 的最大数值。

特别需要注意的是,在默认状态下,VLOOKUP 的 range_lookup 参数是模糊查询,因此必须保证左侧的第一列(即查询列)是有序排列的。如果数据没有有序排列,用户可以单击"开始"选项卡"编辑"组中的排序和筛选,进行数据排序。如果在排序中有问题,可以阅读第 4 章 4.1 节。

② 如果为 FALSE,VLOOKUP 将只寻找精确匹配值。在此情况下,table_array 第一列的值不需要排序。如果 table_array 第一列中有两个或多个值与 lookup_value 匹配,则使用第一个找到的值。如果找不到精确匹配值,则返回错误值 ♯N/A。

（2）HLOOKUP()

功能:HLOOKUP 中的 H 表示水平方向。当比较值位于需要查找的数据上方的第一行时，可以使用 HLOOKUP。HLOOKUP 函数与 VOOKUP 函数的功能基本相同，它用于在表格或数值数组的首行查找指定的数值，并由此返回表格或数组当前列中指定行处的数值。

语法：HLOOKUP(lookup_value，table_array，row_index_num，range_lookup)。

参数：row_index_num 为 table_array 中待返回的匹配值的行序号。当 row_index_num 为 1 时，返回 table_array 第一行的数值；当 row_index_num 为 2 时，返回 table_array 第二行的数值，以此类推。其他参数与 VLOOPUP()相同。

(3) LOOKUP()

功能：在单行区域或单列区域(向量)中查找数值，然后返回第二个单行区域或单列区域中相同位置的数值。LOOKUP 查询时，对于表单查询行或列的要求不像 VLOOKUP 和 HLOOKUP 规定必须在首行和首列，更为自由。

语法：LOOKUP(lookup_value，lookup_vector，result_vector)。

参数：lookup_vector 为只包含一行或一列的区域。其值可以为文本、数字或逻辑值。其他参数与上同。

注意：在使用 LOOKUP 函数时我们需要注意以下几个问题：

① lookup_vector 的数值必须按升序排序，否则不能返回正确的结果。

② result_vector 指定函数返回值的单元格区域，其大小必须与 lookup_vector 相同。

③ 若函数 LOOKUP 找不到 lookup_value，则查找 lookup_vector 中小于或等于 look up_value 的最大数值。

④ 如果 lookup_value 小于 lookup_vector 中的最小值，函数 LOOKUP 返回错误值"#N/A"。

2. 实例分析

【例题 3－7】 VLOOKUP()实例。如图 3－12 所示，用 VLOOKUP()函数查找数据表中符合搜索条件的数据(参见"第 3 章/例题/例题 3－7.xlsx")。

	A	B	C	D	E	F	G	H
1	2006年下半年会计取证考试成绩查询表							
2	序号	姓名	性别	成绩	毕业学校		数据查找示例（VLOOKUP）	
3	1	刘景玉	女	不合格	延吉市职业中等专业学校			
4	2	李会姣	女	合格	北京电子科技职业学院		查询学号	10
5	3	卢昊	男	合格	山东经济学院		学生姓名	
6	4	张艳华	女	合格	湖北工业大学			
7	5	于玮祺	女	合格	中国石油大学（华东）		查找姓名	张艳华
8	6	李强	男	不合格	军事经济学院		毕业学校	
9	7	王寅昶	男	合格	南京工业大学			
10	8	衣静	女	合格	合肥工业大学		查找姓名	张艳华
11	9	王磊	男	合格	中原工学院		毕业学校	
12	10	刘京	女	合格	河北农业大学			

图 3－12　会计取证考试成绩查询表(1)

在图 3－12 中，左侧是会计取证考试成绩查询表，右侧是进行数据查找所需的条件，在这里我们主要要完成两项查找任务：

(1) 在 H5 单元格中查找学号为 10 的学生姓名。具体查找过程如下：

选定 H5 单元格，并在其中输入公式

=VLOOKUP(H4，A2：E12，2)

其中，公式中的参数 H4 为要查询的学号，A2：E12 为数据搜索的区域，参数“2”说明需要返回的是相对于“序号”列右侧的第 2 列的值，即“姓名”这一列的值，其结果为“刘京”，如图 3－13 中单元格 H5 所示。

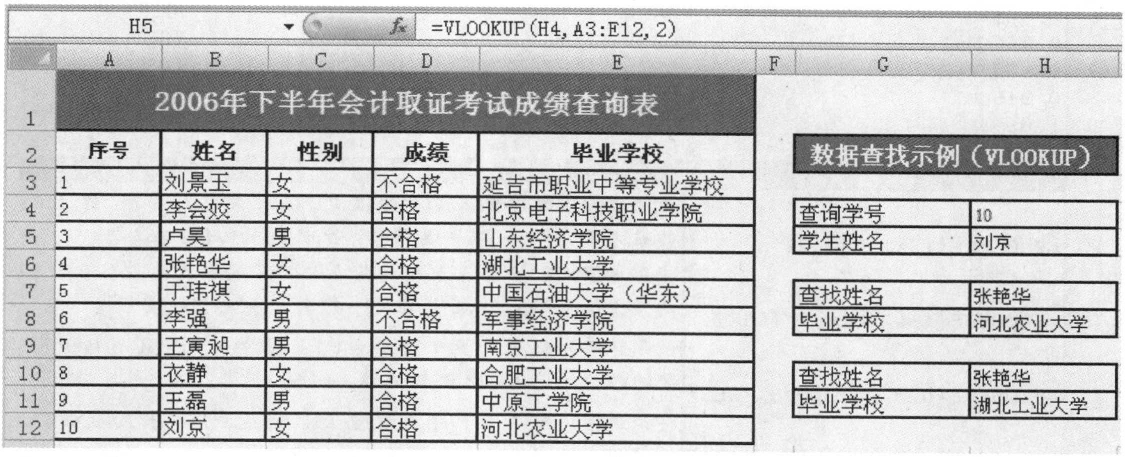
H5 =VLOOKUP(H4,A3:E12,2)

2006年下半年会计取证考试成绩查询表				
序号	姓名	性别	成绩	毕业学校
1	刘景玉	女	不合格	延吉市职业中等专业学校
2	李会姣	女	合格	北京电子科技职业学院
3	卢昊	男	合格	山东经济学院
4	张艳华	女	合格	湖北工业大学
5	于玮祺	女	合格	中国石油大学（华东）
6	李强	男	不合格	军事经济学院
7	王寅昶	男	合格	南京工业大学
8	衣静	女	合格	合肥工业大学
9	王磊	男	合格	中原工学院
10	刘京	女	合格	河北农业大学

数据查找示例（VLOOKUP）	
查询学号	10
学生姓名	刘京
查找姓名	张艳华
毕业学校	河北农业大学
查找姓名	张艳华
毕业学校	湖北工业大学

图 3－13　会计取证考试成绩查询表(2)

(2) 查询姓名为张艳华的毕业学校。

与前面的搜索过程类似，我们同样先选定单元格 H8，然后在其中输入公式

＝VLOOKUP(H7,B3：E12,4)

其中，H7 为要搜索的条件，B3：E12 为要搜索的区域，在这里大家要注意，搜索条件区域必须位于数据搜索区域的最左侧。参数“4”为相对于搜索条件所在列的右侧偏移量。其搜索的结果为“河北农业大学”，如图 3－13 中单元格 H8 所示。

细心的同学可能发现，按以上的方式以“姓名＝张艳华”为条件进行“毕业学校”的查询时，所显示出的结果是“河北农业大学”而不是“湖北工业大学”，为什么会出现这样的问题，自己先动动用脑筋想一想。

我们在做第一个查询时，H5 单元格根据学号查询姓名，在这个操作中，由于 A 列的序号已经按升序排列，因此第 4 个参数可以缺省(TURE)，即可使用模糊匹配方式按升序查找。

而在做第二个查询时，我们根据姓名“张艳华”查找她所毕业的学校，但“姓名”这列并没有进行排序，因此使用该公式计算的结果并不是正确的值，所以在这里我们必须要采用精确匹配方式进行查找，即第 4 个参数应为 0 或 FALSE。因此公式修改为：

＝VLOOKUP(H10,B3：E12,4,0)

正确的查询结果如图 3－13 中单元格 H11 所示。

VLOOKUP 函数的实际应用非常广泛，特别是模糊匹配的查找方式，为了配置时减少误差，或查找某一个不确定的值，我们都会经常会使用到模糊匹配法进行查询。为了使大家能更好地掌握 VLOOKUP 函数的使用，我们再举一个例子说明该函数的用法。

【例题 3－8】　在本例(参见“第 3 章/例题/例题 3－8.xlsx”)中搜索钻石特征表的“重量”列以查找参数“经深度百分比”和“抛光/对称性”列中对应的值。具体查找公式及说明如图 3－14 所示。

	A 重量（克拉）	B 经深度百分比(%)	C 抛光/对称性
2	0.457	63.5	F
3	0.525	66	F
4	0.616	56.8	G
5	0.675	64.2	G
6	0.746	63.2	VG
7	0.835	59	ID
8	0.946	62.2	EX
9	1.09	60.5	VG
10	1.29	61.8	ID
11	公式	说明（结果）	
12	=VLOOKUP(1,A2:B10,2)	使用近似匹配搜索 A 列中的值 1，在 A 列中找到小于等于 1 的最大值 0.946，然后返回同一行中 B 列的值。(62.2)	
13	=VLOOKUP(1,A2:C10,3,TRUE)	使用近似匹配搜索 A 列中的值 1，在 A 列中找到小于等于 1 的最大值 0.946，然后返回同一行中 C 列的值。(EX)	
14	=VLOOKUP(0.8,A2:C10,3,FALSE)	使用精确匹配在 A 列中搜索值 0.8。因为 A 列中没有精确匹配的值，所以返回一个错误值。(#N/A)	
15	=VLOOKUP(0.1,A2:B10,2,TRUE)	使用近似匹配在 A 列中搜索值 0.1。因为 0.1 小于 A 列中最小的值，所以返回一个错误值。(#N/A)	
16	=VLOOKUP(2,A2:B10,2,TRUE)	使用近似匹配搜索 A 列中的值 2，在 A 列中找到小于等于 2 的最大值 1.29，然后返回同一行中 B 列的值。(61.8)	
17			

图 3-14　钻石参数查询表

3.2.2　查找指定目标的位置——MATCH,OFFSET,INDEX

1. 函数的基本格式

（1）MATCH

功能：MATCH 函数可在单元格区域中搜索指定项,然后返回该项在单元格区域中的相对位置。例如在单元格区域 A1：A4 包含值 12、20、38 和 55,则公式"＝MATCH(38,A1：A4,0)"会返回数字 3,因为值 38 是单元格区域中的第三项。

语法：MATCH(lookup_value,lookup_array,match_type)。

参数：lookup_value 为要搜索的值;lookup_array 为可能包含所要查找的数值的连续单元格区域,lookup_array 应为数组或数组引用。

注意：match_type 为匹配形式,有 0、1 和－1 三种选择：

①"0"表示一个准确的搜索;

②"1"表示搜索小于或等于查找值的最大值,查找区域必须为升序排列;

③"－1"表示搜索大于或等于查找值的最小值,查找区域必须为降序排列。

以上的搜索,如果没有匹配值,则返回"♯N/A"。

（2）OFFSET

功能：用于以指定的引用为参照系,通过给定偏移量得到新的引用。返回的引用可以是一个单元格或者单元格区域,并可以指定返回的行数或者列数。

语法：OFFSET(reference,rows,cols,height,width)

参数：reference 变量作为偏移量参照系的引用区域,它必须为对单元格或相连单元格区域的引用。rows 从作为引用的单元格中，指定单元格上下偏移的行数，正数向下移动，负数向上移动。cols 从作为引用的单元格中指定单元格左右偏移的列数，正数向右移动，负数向左移动。height 是要返回的引用区域的行数，height 必须为正数。width 是要返回的引用区域的列数，width 必须为正数。

（3）INDEX

功能：根据指定的行号和列号来返回表或区域中的值或值的引用。函数 INDEX 有两种形式：数组形式和引用形式。

1）数组形式

语法：INDEX(array,row_num,column_num)。

参数：array 为单元格区域或数组常数；row_num 为数组中某行的行序号，函数从该行返回数值；column_num 为数组中某列的列序号，函数从该列返回数值。

注意：row_num 和 column_num 必须指向 array 中的某一单元格，否则，函数 INDEX 返回错误值 ♯REF!。

2）引用形式

语法：INDEX(reference,row_num,column_num,area_num)。

参数：reference 为对一个或多个单元格区域的引用；row_num 为引用中某行的行序号，函数从该行返回引用；column_num 为引用中某列的列序号，函数从该列返回引用；area_num 是选择引用中的一个区域，并返回该区域中 row_num 和 column_num 的交叉区域。选中或输入的每一个区域序号为 1，第二个为 2，以此类推。

注意：row_num、column_num 和 area_num 必须指向 reference 中的单元格；否则，函数 INDEX 返回错误值 ♯REF!。如果省略 row_num 和 column_num，函数 INDEX 返回由 area_num 所指定的区域。

2. 实例分析

【例题 3-9】 MATCH()函数实例。

根据班级同学的身高统计信息，我们可以利用 MATCH 函数，查询某个同学的身高数据在整个班级的排名情况（参见"第 3 章/例题/例题 3-9.xlsx"），如图 3-15 所示。

	A	B	C	D	E	F	G
1	姓名	性别	身高				
2	程国光	男	1.56		公式	结果	说明
3	王少飞	男	1.56		=MATCH(1.57,C2:C9,1)	2	无正确匹配，返回C2:C9 区域中最接近的下一个值的位置
4	许健美	女	1.58		=MATCH(1.68,C2:C9,0)	5	精确搜索1.68在C2:C9中的位置
5	王文莉	女	1.62		=MATCH(1.63,C2:C9,-1)	#N/A	未降序排列，返回错误值
6	洪璐	女	1.68				
7	陈秋霞	女	1.72				
8	汪晓庆	女	1.76				
9	欧阳苹	女	1.82				

图 3-15 Match 函数

在本例中，大家需注意的关键问题就是 match_type 匹配形式，什么时候对搜索范围内的数据进行升序处理，什么时候对搜索范围内的数据进行降序处理一定要记牢。

【例题 3-10】 OFFSET()函数实例。

如图 3-16 所示,在该例中使用 OFFSET 函数查询数据区域满足某些位置条件的确定的值(参见"第 3 章/例题/例题 3-10.xlsx")。

	A	B	C	D	E	F	G	H
1		数据区域				公式	结果	说明（结果）
2	10	55	3	36		=OFFSET(C5,2,-2,)	888	显示单元格A7 中的值
3	57	88	33	44		=SUM(OFFSET(B2:C4,1,0,2,2))	164	相当于对数据区域 B3:C4 求和
4		6	37	89		=OFFSET(A2:B4,-2,-3,1,2)	#REF!	返回错误值 #REF!,因为引用区域不在工作表中
5	53	8	12	42				
6	45	65	8	88				
7	888	544	75	13				
8	84	707	57	333				

图 3-16 OFFSET 函数

通过这些实例可以看出 OFFSET 函数实际上并不移动任何单元格或者更改选定区域,它只是返回一个引用。

【例题 3-11】 INDEX()函数的数组形式实例。

本例是某店商品信息表,现在我们要根据指定的行、列信息,利用 INDEX 函数的数组形式和引用形式分别按指定要求查找相应的结果。

数组形式:

	G3	▼	fx	=INDEX({"铅笔",0.7,"10%";"钢笔",6.5,"10%";"文具盒",11.5,"20%"},F3,F4)							
	A	B	C	D	E	F	G	H	I	J	K
1	商品名	单价	折扣率								
2	铅笔	0.7	10%		检索		检索结果				
3	钢笔	6.5	10%		行号	2	6.5				
4	文具盒	11.5	20%		列号	2					
5											

图 3-17 INDEX 的数组形式查询

在此例中(参见"第 3 章/例题/例题 3-11-1.xlsx"),先用左侧数据表中的数据以数组元素输入或引用区域的方式构造一个数组,然后再根据查询条件,提取该数组中第 2 行第 2 列的值,即查询的结果为 6.5,如图 3-17 所示。

引用形式:

	I24	▼	fx		
	A	B	D	E
1	食品（水果）	食品（蔬菜）		
2	苹果	白菜		
3	梨	芹菜		
4	橘子	菠菜		
5	香蕉	萝卜		
6	樱桃	土豆		
7			公式	结果
8	查找食品区域第4行第2列的值		=INDEX(A2:B6,4,2)	萝卜
9	返回水果区域第5行第1列的值		=INDEX((A2:A6,B2:B6),5,1,1)	樱桃
10				

图 3-18 INDEX 的引用形式查询

在本实例中(参见"第 3 章/例题/例题 3-11-2.xlsx"),为查找食品区域第 4 行第 2 列的值,可在 D8 单元格中输入公式"=INDEX(A2:B6,4,2)"。其中:A2:B6 为查找范围,该范围是对一个单元格区域的引用。

为了便于大家理解参数 Area_num,在对水果区域的第 5 行第 1 列的值进行查询时,特意将引用区域划分为两个,即 A2：A6,B2：B6。因此,D9 中的公式"=INDEX((A2：A6,B2：B6),5,1,1)"可以解释为:查找的范围由两个区域组成(A2：A6,B2：B6),查找的对象应为第一个区域中第 5 行第 1 列所对应的值,如图 3 - 18 所示。

【例题 3 - 12】 INDEX 函数和 MATCH 函数实例。

INDEX 函数和 MATCH 函数常常配合使用以实现更为复杂的查找功能,如图 3 - 19 所示,在员工信息表中要通过员工姓名查找其员工号,这时我们就可以通过这两个函数的配合使用完成此任务(参见"第 3 章/例题/例题 3 - 12.xlsx")。即先用 MATCH 函数在 E2：E9 的范围内找到姓名为"阮清"的单元格在单元格区域中的相对位置,再用 INDEX 函数确定该位置所对应的员工号,并将其返回至 B3,所以在单元格 B3 中我们可输入公式"=INDEX(D2：D9,MATCH(B2,E2：E9,0))",查询结果如图 3 - 19 所示。

B3	▼	fx	=INDEX(D2:D9,MATCH(B2,E2:E9,0))				
	A	B	C	D	E	F	G
1	数据查找示例			员工号	姓名	部门	职务
2	查找姓名	阮清		A01048	王巍	技术支持部	支持经理
3	员工号	A07546		A02267	刘洋	企划部	技术经理
4				A03236	王佩	综合部	
5				A05023	张丽	企划部	技术经理
6				A05241	夏远	开发部	
7				A07546	阮清	推广部	
8				A08084	林仁	综合部	经理
9				A09095	张璋	开发部	经理

图 3 - 19　INDEX 与 MATCH 配合查询

思考: 在前面我们也学过了一些查找函数,如 VLOOKUP,大家考虑一下此函数在这里是否适用,为什么?

答: VLOOKUP 用于在表格或数组的首列查找指定的数值,并返回表格或数组当前行中指定列处的数值。而本例查找的对象位于表格的第二列,故此函数对本例并不适用。

3.2.3　查找引用单元格的位置或值——COLUMN,ROW,COLUMNS,ROWS

1. 函数的基本格式

(1) ROW 与 ROWS

1) ROW

功能: 用于返回给定引用的行号。

语法: ROW(reference)。

参数: reference 为需要得到行号的单元格或单元格区域。选择区域时,返回位于区域首行的单元格行号。如果省略该参数,则返回 ROW() 函数所在的单元格行号。

2) ROWS

功能: 用于返回引用或数组的行数。

语法: ROWS(array)。

参数：array 为需要得到其行数的数组、数组公式或对单元格区域的引用。该参数不能省略。

（2）COLUMN 与 COLUMNS

1）COLUMN

功能：用于返回给定引用的列标。

语法：COLUMN(reference)。

参数：reference 为需要得到其列标的单元格或单元格区域。如果省略 reference，则假定为是对函数 COLUMN 所在单元格的引用。如果 reference 为一个单元格区域，并且函数 COLUMN 作为水平数组输入，则函数 COLUMN 将 reference 中的列标以水平数组的形式返回。注：reference 不能引用多个区域。

2）COLUMNS

功能：用于返回数组或引用的列数。

语法：COLUMNS(array)。

参数：array 为需要得到其列数的数组、数组公式或对单元格区域的引用。

2. 实例分析

这一组函数为引用函数，是以指定的引用为参照系，通过给定新的偏移量，得到新的引用。这组函数也可以用于指定行号或列标、单元格等，以此函数返回的结果为基数，和其他函数组合查找相应的值。

这组函数非常重要，它们经常与别的函数共同使用，进行更加复杂的运算。另外在后续进行数据分析或在编写 VBA 程序时，也经常会利用这些函数。

【例题 3-13】 这组函数的具体应用实例如图 3-20 所示（参见"第 3 章/例题/例题 3-13.xlsx"）。

	A	B	C	D
1				
2	公式	结果	说明	
3	=ROW()	3	公式所在行的行号	
4	=ROW(D2:E3)	2	引用区域首行单元格行号	
5	=ROWS(D3:E8)	6	引用区域的行数	
6	=ROWS({1,2,3;4,5,6})	2	数组的行数	
7	=COLUMN(E5)	5	引用单元格的列标	
8	=COLUMN()	2	公式所在列的列标	
9	=COLUMNS(F3:G6)	2	引用区域的列数	
10	=COLUMNS({1,2,3;4,5,6})	3	数组的列数	
11				

图 3-20　行号、列号的使用

3.2.4　查找参数表中选择的特定值——CHOOSE()

CHOOSE

功能：可以根据给定的索引值，从多达 254 个待选数值中选取相应的值或操作。

语法：CHOOSE(index_num,value1,value2,…)。

参数：index_num 用以指明待选参数序号的参数值。它必须为 1～254 之间的数字、或者是包含数字 1～254 的公式或单元格引用。

value1，value2，… 为 1～29 个数值参数，参数可以为数字、单元格引用、已定义的名称、公式、函数或文本。

【例题 3 - 14】 实例：

CHOOSE 函数的应用实例如图 3 - 21 所示（参见"第 3 章/例题/例题 3 - 14.xlsx"）。

	A	B	C	D	E	F
1	数据			公式	结果	说明（结果）
2	11	110		=CHOOSE(3,A2,B2,A3,B3,A4)	22	第三个参数A3的值
3	22	120		=SUM(A2:CHOOSE(4,A4,B4,A5,B5,))	610	计算单元格区域A2：B5中所有数值的和
4	33	130				
5	44	140				
6	55	150				

图 3 - 21 CHOOSE 函数

3.3 文本函数

文本是 Excel 的主要数据类型，Excel 提供一些函数来操作文本，包括对文本进行提取、查找、替代、结合、转换等操作。

3.3.1 文本函数基本格式

1. 文本的查找、连接、比较与替换函数——FIND、CONCATENATE、EXACT 与 REPLACE

（1）FIND( )与 FINDB( )

功能：函数 FIND 和 FINDB 用于在第二个文本串中定位第一个文本串，并返回第一个文本串的起始位置的值，该值从第二个文本串的第一个字符算起。其中函数 FIND 面向的是单字节字符集，而函数 FINDB 则面向的是双字节字符集。我们所使用的全角字符为双字节，半角字符为单字节，汉字都是双字节字符。

语法：FIND(find_text，within_text，start_num)，

　　　　FINDB(find_text，within_text，start_num)。

参数：find_text 是待查找的目标文本；within_text 是包含待查找文本的源文本；start_num 指定从其开始进行查找的字符，即 within_text 中编号为 1 的字符。如果忽略 start_num，则假设其为 1。

实例：如果 A1＝信息处理与实践，则公式"＝FIND("处理"，A1，1)"返回 3，而公式"＝FINDB("处理"，A1，1)"返回值 5。

（2）CONCATENATE( )

功能：将多个字符文本或单元格中的数据连接在一起，显示在一个单元格中。

语法：CONCATENATE(Text1，Text2，…)。

参数：Text1，Text2，⋯ 为 1～30 个将要合并成单个文本项的文本项。这些文本项可以为文本字符串、数字或对单个单元格的引用。

实例：在 A1 单元格中输入"陈"，在 B1 单元格中输入"一"，在 C1 单元格中输入公式"＝CONCATENATE(A1，B1)"，则 C1 的显示结果为"陈一"。

（3）EXACT()

功能：测试两个字符串是否完全相同。如果它们完全相同，则返回 TRUE；否则返回 FALSE。

EXACT 函数能区分大小写，但忽略格式上的差异。

语法：EXACT(text1，text2)。

参数：text1，text2 为待比较的字符串。

实例：在 A1 单元格中输入"hello"，在 B1 单元格中输入"Hello"，在 C1 单元格中输入公式"＝EXACT(A1，B1)"，则 C1 的返回值为"FLASE"。

（4）REPLACE()与 REPLACEB()

功能：函数 REPLACE 与 REPLACEB 使用其他文本串并根据所指定的字符数替换另一文本串中的部分文本。其中函数 REPLACE 面向单字节字符集，函数 REPLACEB 面向双字节字符集。

语法：REPLACE (old_text，start_num，num_chars，new_text)，

REPLACEB(old_text，start_num，num_bytes，new_text)。

参数：old_text 原始文本，函数会将其部分内容替换为新文本；start_num 指定开始的位置，即指定从旧文本的第几个字符开始进行替换；num_chars 指定替换的长度，即指定用新文本替换原始文本中多少个字节；new_text 新文本，用于替换指定的原始文本。

实例：如果 A1＝学习的革命、A2＝电脑，则公式"＝REPLACE(A1，3，3，A2)"返回"学习电脑"，公式"＝REPLACEB(A1，2，3，A2)"返回"电脑的革命"。

（5）LEN()与 LENB()函数

功能：LEN 返回文本串的字符数。LENB 返回文本串中所有字符的字节数。

语法：LEN(text)或 LENB(text)。

参数：Text 待要查找其长度的文本。

实例：如果 A1＝信息处理与实践，则公式"＝LEN(A1)"返回 7，公式"＝LENB(A1)"返回 14。

注意：此函数用于双字节字符，且空格也将作为字符进行统计。

2. 文本的截取——LEFT、MID 和 RIGHT

（1）LEFT()

功能：根据指定的字符数返回文本串中的第一个或前几个字符。此函数用于双字节字符。

语法：LEFT(text，num_chars)。

参数：Text 是包含要提取字符的文本字符串，可以直接输入含有目标文字的单元格名称。Num_chars 指定要由 LEFT 所提取的字符数，该数值必须大于或等于 0。

（2）MID()

功能：MID 返回文本串中从指定位置开始的特定数目的字符，该数目由用户指定。MIDB 返回文本串中从指定位置开始的特定数目的字节，该数目由用户指定。

语法：MID(text,start_num,num_chars)，MIDB(text,start_num,num_chars)。

参数：text 是包含要提取字符的文本字符串，start_num 是文本中要提取的第一个字符的位置，文本中第一个字符的 start_num 为 1，以此类推，num_chars 是希望 MID 从文本中返回字符的个数。

（3）RIGHT()

功能：RIGHT 根据所指定的字符数返回文本串中最后一个或多个字符。RIGHTB 根据所指定的字节数返回文本串中最后一个或多个字符。

语法：RIGHT(text,num_chars)，RIGHTB(text,num_bytes)。

参数：text 是包含要提取字符的文本字符串，可以直接输入含有目标文字的单元格名称。num_chars 指定希望 RIGHT 提取的字符数。

3. **大小写转换**——UPPER、LOWER 和 PROPER

（1）UPPER

功能：将文本转换成大写形式。

语法：UPPER(text)。

（2）LOWER

功能：将一个文字串中的所有大写字母转换为小写字母。

语法：LOWER(text)。

（3）PROPER

功能：将文字串的首字母及任何非字母字符之后的首字母转换成大写，将其余的字母转换成小写。

语法：PROPER(text)。

注：以上三个函数中的参数 text 均为需要进行转换的文本。

4. **数字代码与字符的转换**——CHAR( )与 CODE( )

（1）CHAR

功能：返回对应于数字代码的字符，该函数可将其他类型的电脑文件中的代码转换为字符（操作环境为 Macintosh 字符集和 Windows ANSI 字符集）。

语法：CHAR(number)。

参数：number 是用于转换的字符代码，介于 1～255 之间（使用当前计算机字符集中的字符）。

实例：公式"＝CHAR(56)"返回 8，公式"＝CHAR(36)"返回 $。

（2）CODE

功能：返回文字串中第一个字符的数字代码（对应于计算机当前使用的字符集）。

语法：CODE(text)。

参数：text 为需要得到其第一个字符代码的文本。

实例：因为"＝CHAR(65)"返回"A"，所以公式"＝CODE(″Alphabet″)"返回值为 65。

3.3.2　文本函数实例分析

【例题 3-15】　图 3-22 给出了一个文本函数的综合实例（参见"第 3 章/例题/例题 3-15.xlsx"），请大家先按照操作要求自己尝试着做一下，然后再看答案。

	A	B	C	D	E	F
1	数据区			操作要求	公式	结果
2	工商管理学院			查找"学院"的起始位置	=FIND("学院", A2)	5
3				将A5、B5的值连接起来组成新浪的邮箱	=CONCATENATE(A6, B6, "@sina.com.cn")	Lin miNG _0011@sina.com.cn
4	努力学习	Excel函数		测试A7与A8中的值是否相同	=EXACT(A8, A9)	FALSE
5				用B3中的字符代替A3中的部分字符	=REPLACE(A4, 5, 2, B4)	努力学习Excel函数
6	Lin miNG	_0011		统计A3单元格中字符串的个数	=LEN(A4)	6
7					=LEFT(A2, 3)	工商管
8	物理			采用三种不同的方式截取A2中的文本	=MID(A2, 2, 4)	商管理学
9	化学				=RIGHT(A2, 3)	理学院
10	物理			采用不同的方式对A6中的文本进行大小写转换	=LOWER(A6)	lin ming
11					=UPPER(A6)	LIN MING
12					=PROPER(A6)	Lin Ming
13				返回对应于数字65所对应的字符	=CHAR(65)	A
14				返回A6中第一个字符的数字代码	=CODE(A6)	76

图 3－22　文本函数实例(a)

【例题 3－16】　在本例中,我们要根据所提供的英文姓名,提取其姓和名(参见"第 3 章/例题/例题 3－16.xlsx"),如图 3－23 所示。

	A	B	C	D	E
1	提取名				
2					
3		姓名	名	公式	
4		Alan Jones	Alan	=LEFT(C14,FIND(" ",C14,1))	
5		Bob Smith	Bob	=LEFT(C15,FIND(" ",C15,1))	
6		Carol Williams	Carol	=LEFT(C16,FIND(" ",C16,1))	
7					
8					
9	提取姓				
10					
11		姓名	姓	公式	
12		Alan Jones	Jones	=RIGHT(C22,LEN(C22)-FIND(" ",C22))	
13		Bob Smith	Smith	=RIGHT(C23,LEN(C23)-FIND(" ",C23))	
14		Carol Williams	Williams	=RIGHT(C24,LEN(C24)-FIND(" ",C24))	
15					

图 3－23　文本函数实例(b)

注：本例所采用的提取姓和名的方法一般只适应于英文姓名(名在前,姓在后),对于中文姓书写习惯是姓在前且文字中间没有空格,所以不适用。这个公式是使用文本函数达到目的的,其技巧就在于姓名中间有空格分开。

【例题 3－17】　当创建完成企业员工档案工作表,并输入了员工的编号、姓名、身份证号后,就不需要再手工输入员工的性别和日期了,通过前面我们学过的文本函数,我们就可以自动获取相应的信息(参见"第 3 章/例题/例题 3－17.xlsx"),如图 3－24 所示。

(1) 性别信息获取方法：

性别信息统一在 D 列填写,可以在 D3 单元格中输入公式"＝IF(MOD(IF(LEN(C3)＝15,MID(C3,15,1),MID(C3,17,1)),2)＝1,"男","女")"。

其中：

	A	B	C	D	E
1	XXX公司员工档案				
2	编号	员工姓名	身份证号	性别	出生日期
3	SIL001	刘勇	340150720521031	男	1972年05月21日
4	SIL002	许沁习	340150790726022	女	1979年07月26日
5	SIL003	赵垌	360123196803110313	男	1968年03月11日
6	SIL004	何春江	360124195603250317	男	1956年03月25日
7	SIL005	蒋力娴	360123197606110119	男	1976年06月11日
8	SIL006	周月	360103198011220024	女	1980年11月22日
9	SIL007	郭在江	360106196803110813	男	1968年03月11日
10	SIL008	胡丽云	340505631208062	女	1963年12月08日
11	SIL009	陈天镜	320521720807021	男	1972年08月07日
12	SIL0010	金范	320521196803044111	男	1968年03月04日
13	SIL0011	宋慧	340505196102270326	女	1961年02月27日
14	SIL0012	陈月娇	320521720821083	男	1972年08月21日
15	SIL0013	李小红	230107197506120828	女	1975年06月12日
16	SIL0014	孙添翔	23010819740312081X	男	1974年03月12日
17					

图 3－24　文本函数实例(C)

① LEN(C3)＝15：检查身份证号码的长度是否是 15 位。

② MID(C3,15,1)：如果身份证号码的长度是 15 位,那么提取第 15 位的数字。

③ MID(C3,17,1)：如果身份证号码的长度不是 15 位,即 18 位身份证号码,那么应该提取第 17 位的数字。

④ MOD(IF(LEN(C3)＝15,MID(C3,15,1),MID(C3,17,1)),2)：用于得到给出数字除以指定数字后的余数,本例表示要对提取出来的数值除以 2,获取所得到的余数。

⑤ IF(MOD(IF(LEN(C3)＝15,MID(C3,15,1),MID(C3,17,1)),2)＝1,"男","女")：如果除以 2 以后的余数是 1,那么 B2 单元格显示为"男",否则显示为"女"。

⑥ 回车确认后,即可在 D2 单元格显示正确的性别信息。

⑦ 选中填充柄直接拖曳,获取其他人员的性别信息。

(2) 出生日期信息获取方法：

出生日期信息在 E 列填写,可以在 E3 单元格中输入公式"＝IF(LEN(C3)＝18,CONCATENATE(MID(C3,7,4)&"年",MID(C3,11,2),"月"&MID(C3,13,2),"日"),CONCATENATE("19",MID(C3,7,2)&"年",MID(C3,9,2),"月"&MID(C3,11,2),"日")"。

回车确定后选中填充柄直接拖曳,获取其他人员的出生日期信息。

根据前面所学的文本函数,大家试着自己分析一下该公式的结构,在这里值得注意的是由于 15 位的身份证号码没有出生的"年份",人为增加一个"年份"(19),所以第二个 CONCATENATE() 函数中第一个参数为"19"。

3.4　财务函数

目前,投资理财正日渐普及,越来越多的人开始了解和学习财务金融方面的知识,并将其运用到企业和个人的经济生活中,在这里我们要学习如何利用 Excel 财务函数满足人们在财务金融计算方面的需求。

3.4.1 货币的时间价值

随着时间的增长,货币的价值会不断地增加。如将 1 元钱视为本金,在银行存一段时间后多出来的部分就是因时间产生的利息,利息有两种形式,即单利和复利。

1. 单利和复利

(1) 单利:每次计算利息时,都以本金为计算基数的计息方式。其公式为:

$$I = pv \cdot rate \cdot nper$$

其中,I 为利息,pv 为本金,$rate$ 为利率,$nper$ 为期数。

(2) 复利:每次计算利息时,都以上次累积的本金加利息的和作为计算基础,不仅要计算本金的利息还要计算利息的利息,即复利。其公式为:

$$I = pv \cdot \left[(1 + rate)^{nper} - 1\right]$$

其中,各参数含义与上面相同。

(3) 单利与复利的比较:

学习了这两种利息的计算公式以后,我们通过一个例子来进一步了解它们之间的差别。

【例题 3-18】 现有 100 元本金,在利率为 10%,期数为 6 的条件下,分别采用单利和复利进行本利和计算(参见"第 3 章/例题/例题 3-18.xlsx")。通过计算的结果我们可比较出这两种方式累计利息的差异,如图 3-25 所示。

	A	B	C	D	E	F	G
1	本金		利率				
2	￥100.00			10%			
3							
4	期数	1	2	3	4	5	6
5							
6	单利	￥10.00	￥20.00	￥30.00	￥40.00	￥50.00	￥60.00
7	本利和	￥110.00	￥120.00	￥130.00	￥140.00	￥150.00	￥160.00
8							
9	复利	￥10.00	￥21.00	￥33.10	￥46.41	￥61.05	￥77.16
10	本利和	￥110.00	￥121.00	￥133.10	￥146.41	￥161.05	￥177.16

图 3-25 单利与复利比较

本例中所用的公式如下:

$$B6 = \$A\$2 * \$C\$2 * B4$$
$$B9 = \$A\$2 * ((1 + \$C\$2)^{\wedge} B4 - 1)$$

在 B6 和 B9 中输入公式后,分别选中 B6,B9 横向拖动,即得其余各期的单利和复利。

注: 在输入单利和复利公式时,本金和利率是定值,因此必须使用绝对引用。

2. 终值和现值

(1) 终值:本金按照给定利率在若干计息期后按复利计算后所得的本利和。终值是基于复利计息计算出来的,因此与复利存在着对应关系。终值的计算公式为:

$$fv = pv \cdot (1 + rate)^{nper}$$

其中,fv 表示终值,其他参数与前面相同。

【例题 3-19】 在图 3-26 中,100 元本金按利率 10%,经 6 次复利计息后的本利和为

177.16 元，该公式可直接用财务函数来替代，即在 D9 中输入"＝FV(10％,6,,－100)"，结果如图 3－26 所示(参见"第 3 章/例题/例题 3－19.xlsx")。

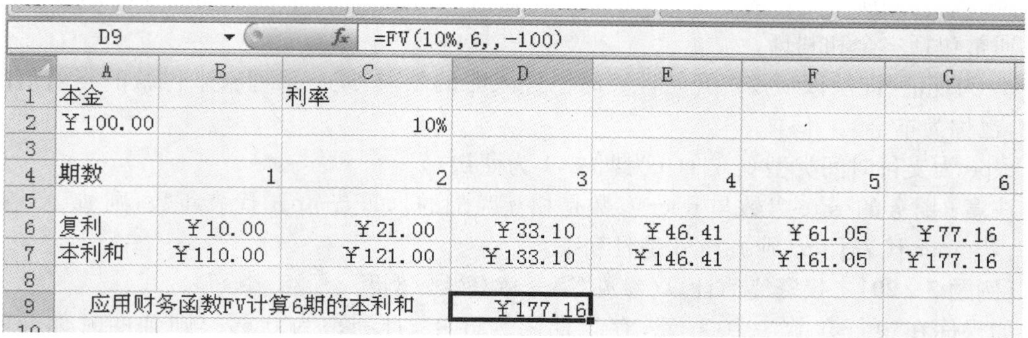

图 3－26　终值计算

本例中，在 D9 中进行的计算就使用了终值函数 FV。

(2) 现值：即为本金的数量。图 3－26 所示的本金 100 元即为现值 pv。如你在银行存了 10 万元，这个数量代表你的投资现值，如果向银行贷款 50 万元买房，此值即为贷款的现值。

注意：在财务函数中，负数代表现金流出，正数代表现金流入。因此，此值可以为正也可以为负。

3.4.2　常用的货币时间价值函数

在 Excel 中有 7 个常用的货币时间价值函数，如表 3－1 所示。

表 3－1　常用的货币时间价值函数

函　数	功　　　能	语　　法
FV	基于固定利率及等额分期付款方式，返回某项投资的未来值	FV(rate,nper,pmt,[pv],[type])
PV	返回投资的现值，现值为一系列未来付款的当前值的累积和	PV(rate,nper,pmt,[fv],[type])
RATE	返回对应 nper 周期的年金或收益的利率	RATE(nper,pmt,pv,[fv],[type],[guess])
NPER	基于固定利率及等额分期付款方式，返回某项投资的期数	NPER(rate,pmt,pv,[fv],[type])
PMT	基于固定利率及等额分期付款方式，返回投资或贷款的每期付款额	PMT(rate,nper,pv,[fv],[type])
PPMT	基于固定利率及等额分期付款方式，返回借款的每期付款额	PPMT(rate,per,nper,[pv],[type])
IPMT	基于固定利率及等额分期付款方式，返回投资或贷款在某一给定期次内的利息偿还额	IPMT(rate,nper,nper,[pv],[type])

在前面进行基础知识介绍时，我们已经接触到了两个相关财务函数，下面我们再对这些函数作更进一步的介绍。

1. 终值函数 FV

功能：基于固定利率及等额分期付款方式，返回某项投资的未来值。

语法：FV(rate,nper,pmt,[pv],[type])。

参数：rate 为各期利率。

nper 为总投资期（即该项投资的付款期总数）。

pmt 为各期所应支付的金额，即为每月付款值，其数值在整个年金期间保持不变。PMT 函数通常包括本金和利息。

pv 为现值（即从该项投资开始计算时已经入账的款项，或一系列未来付款的当前值的累积和，也称为本金）。

type 为支付时间类型 0 或 1（0 为期末，1 为期初）。

注意：财务的 rate 参数与 nper 参数是相互匹配的，如，若 nper 代表年数，则 rate 就是年利率；若 nper 代表月数，则 rate 就是月利率。

【例题 3－20】 投资终值计算（参见"第 3 章/例题/例题 3－20.xlsx"）。

如果你在银行存款 10 000 元，存款期限为 3 年，月利率为 0.6%，则到期时你会收到 12 403.02 元，则此值即为你的投资终值，如图 3－27 所示。

图 3－27　投资终值计算（1）

因为此例中，利率是月利率，所以期数要与之相对应，故存款期数 C5＝3 ＊ 12，3 年后的存款总额利用 PV 函数计算，即 C8＝FV(C4,C5,,－10 000)。

【例题 3－21】 零存整取（参见"第 3 章/例题/例题 3－21.xlsx"）。

如果存折中已有 10 000 元，每月末将工资收入中的 500 元存进银行，如图 3－28 所示，如果年利率是 7.2%，那么 3 年后存折上有多少钱？

图 3－28　投资终值计算（2）

此例中，

$$C5＝7.2\%/12$$

$$C6 = 3 * 12$$
$$C8 = FV(C5, C6, C4, C3, 0),$$

注：① 因为此例中需要按月向银行存款，故利率及存款期数均以月为单位计数。

② 本例中的存款行为是在月末发生的，故参数 type 值为 0（期初发生为 1，期末发生为 0）。

2. 现值函数 PV

即本金的数量。如你在银行的存款中存入 10 000 元，则这个数字代表你投资的本金或是现值。在利率 rate，总期数 nper，终值 fv，支付时间类型 type 已确定的情况下，可利用 PV 函数求出现值。

功能：返回投资的现值（即一系列未来付款的当前值的累积和），如借入方的借入款即为贷出方贷款的现值。

语法：PV(rate, nper, pmt, [fv], [type])。

参数：fv 为未来值，或在最后一次支付后希望得到的现金余额，如果省略 fv，则假设其值为零（一笔贷款的未来值即为零）；其他函数说明参见 FV 函数。

【例题 3-22】　房屋价值（1）（参见"第 3 章/例题/例题 3-22.xlsx"）。

假设银行借款的利率为 8%，预计 5 年后一套三房一厅可售 200 万元（现金注入），如图 3-29 所示，那么该房现在值多少钱？

C7	▼	⋮	× ✓ _fx_	=PV(C4,C5,,C3)	
	A	B	C	D	E
1					
2	描述	对应参数	值	现金流方向	
3	5年后房屋价值	FV	2,000,000	现金流入	
4	月利率	rate	8.00%		
5	借款期数	nper	5		
6					
7	现在价值	PV	￥-1,361,166.39	现金流出	
8					

图 3-29　房屋现值计算（1）

其中，C7 = PV(8%, 5, , 2 000 000)，即本房产现在的价值为 1 362 166.39 元。

【例题 3-23】　房屋价值（2）（参见"第 3 章/例题/例题 3-23.xlsx"）。

假设银行借款的利率为 8%，预计 5 年后一套三房一厅可售 200 万元（现金注入），且每年得租金收入 2 万元，如图 3-30 所示，那么该房现在值多少钱？

C9	▼	⋮	× ✓ _fx_	=PV(C6,C7,C5,C4)	
	A	B	C	D	
1					
2					
3	描述	对应参数	值	现金流方向	
4	5年后房屋价值	FV	2,000,000	现金流入	
5	每年房租收入	PMT	20,000		
6	月利率	rate	8.00%		
7	借款期数	nper	5		
8					
9	现在价值	PV	￥-1,441,020.59	现金流出	

图 3-30　房屋现值计算（2）

其中,C9＝PV(8％,5,200 000,2 000 000)。

3.4.3 利率函数 RATE

利率是本金的一个百分比,通常以年为基础表示,如你可以去银行存款,每年可以赚6％的利息,或者你向银行借款,那么你每年要向银行付7.2％的利息。

在总期数 nper、年金 pmt、现值 pv、终值 fv、支付时间类型 type 已确定的情况下,可用该函数求出相关的利率或贴现率。

功能:返回年金的各期利率。函数 RATE 通过迭代法计算得出,并且可能无解或有多个解。

语法:RATE(nper,pmt,pv,[fv],[type],[guess])。

参数:guess 为预期利率。如果省略预期利率,则假设该值为10％。如果函数 RATE 不收敛,请改变 guess 的值。通常当 guess 位于0～1之间时,函数 RATE 是收敛的。其他参数说明请参见 FV 和 PV 函数。

【例题3－24】 买卖房屋的利润率计算(参见"第3章/例题/例题3－24.xlsx")。

已知10年前购置的一套住房为10万元,现以30万元的价格出售,如图3－31所示,求该房屋买卖的利润率是多少?

	A	B	C	D
1				
2				
3	描述	对应参数	值	现金流方向
4	购买时的价格	pv	¥100,000.00	现金流出
5	出售时的价格	fv	¥300,000.00	现金流入
6	持有时间	nper	10	
7				
8	年利润率	rate	11.61%	现金流出

图3－31 房屋买卖利润率计算(1)

其中,利润率 C8＝rate(10,,－100 000,300 000)。即年利润率为11.61％。

注意:在财务函数中,若不存在 pmt 参数,则支付时间类型 type 参数可忽略。

【例题3－25】 投资经营房产的利润率(参见"第3章/例题/例题3－25.xlsx")。

已知10年前购置的一套10万元房产作为投资,每年初获得房租收入为8 000元,现将该房屋以30万元的价格转让,如图3－32所示,求该项房产投资的利润率是多少。

	A	B	C	D
1				
2	描述	对应参数	值	现金流方向
3	购买时的价格	pv	¥100,000.00	现金流出
4	出售时的价格	fv	¥300,000.00	现金流入
5	每年的租金收入	pmt	¥8,000.00	现金流入
6	持有时间	nper	10	
7				
8	年利润率	rate	17.96%	现金流出

图3－32 房屋买卖利润率计算(2)

其中，C8＝rate(10,8 000,100 000,300 000,1)即该房产的投资利润率是17.96％。

注意：① 因此例中房租收入是在年初获得，因此其中的type参数值为1。

② rate函数的计算结果对应nper参数单位的实际利率，如果nper是以月为单位，那么函数返回结果就是月实际利率；如果nper以年为单位，那么其结果就是年实际利率。

3.4.4 期数函数NPER

在利率rate、年金pmt、现值pv、终值fv、支付时间类型type已确定的情况下，可利用NPER函数求出与rate对应的计息周期的总期数。

功能：基于固定利率及等额分期付款方式，返回某项投资(或贷款)的总期数。

语法：NPER(rate,pmt,pv,[fv],[type])。

参数：该函数的参数说明请参考FV与PV函数。

【例题3‐26】 基金收益计算(参见"第3章/例题/例题3‐26.xlsx")。

假设基金的年收益率是15％，那么现在投入10万元，今后每年末追加1万元，如图3‐33所示，那么要经过多久才能变成100万元？

	A	B	C	D
1				
2	描述	对应参数	值	现金流方向
3	初期投入	pv	¥100,000.00	现金流出
4	目标价值	fv	¥1,000,000.00	现金流入
5	每年追加投入	pmt	¥10,000.00	现金流出
6	年收益率	rate	15.00%	
7				
8	花费时间（年）	rate	13.28185598	

图3‐33 期数函数计算

其中，花费时间C8＝rate(15％,−10 000,−100 000,1 000,000,0)，即再过13.181 855 98年，你就可以得到100万元。

注意：① 因每年是在年末追加投资1万元，所以type值为0。

② NPER函数的计算结果对应rate参数的计息周期，如果rate是按月计息，那么函数返回结果的单位就是月；如果rate参数按年计息，则其结果的单位就是年。

3.4.5 借款偿还函数PMT

在年金的现值pv和终值fv确定的情况下，根据已知的利率rate、总期数nper和支付时间类型type，可以使用PMT函数直接计算出每期偿还借款的值。

功能：基于固定利率及等额分期付款方式，返回贷款的每期付款额。

语法：PMT(rate,nper,pv,[fv],[type])。

参数：参数说明请参见PV函数。

【例题3‐27】 教育储蓄(一)(参见"第3章/例题/例题3‐27.xlsx")。

假定教育储蓄的利率是6％，现在起每年末需要存多少钱，才能存足10万元供孩子10年后上大学？如图3‐34所示。

图 3-34 教育储蓄(一)计算

其中,每年年末存款 C7＝pmt(6％,10,,100 000)。即每年还需向银行存入 7 586.8 元才可以达到 10 年后存款 10 万元。

【例题 3-28】 教育储蓄(二)(参见"第 3 章/例题/例题 3-28.xlsx")。

如果教育储蓄的年利率是 6％,现已有存款 10 万元,孩子在上大学的四年中按月支取,那么每月可取多少钱?

图 3-35 教育储蓄(二)计算

在此例中,该笔资金是按月在月初支取的,故利率及存款时间均按月进行换算且参数 type 的值为 1。每月月初取款 C7＝(6％/12,4＊12,-100 000,,1),即每月可取 2 336.82 元。

注意:在财务函数中,pmt 参数与 rate、nper 参数存在着对应关系,如果 pmt 按月发生,rate 就是月实际利率,nper 是月份数,如果 pmt 按年发生,rate 就是实际年利率,nper 则为年数。

3.4.6 还贷本金函数 PPTM 和还贷利息函数 IPMT

PMT 函数常被用在等额还贷业务中,即用来计算每期应偿还的贷款金额。而 PPMT 函数和 IPMT 函数则可分别用来计算该类业务中每期还款金额中的本金和利息部分。

1. PPMT 与 IPMT 基本格式

(1) PPMT

功能:基于固定利率及等额分期付款方式,返回投资在某一给定期间内的本金偿还额。

语法:PPMT(rate,per,nper,pv,[fv],[type])。

参数:各参数说明请参见 FV 与 PV 函数。

(2) IPMT

功能:基于固定利率及等额分期付款方式,返回投资或贷款在某一给定期限内的利息偿还额。

语法：IPMT(rate,per,nper,pv,[fv],[type])。

参数：各参数说明请参见 FV 与 PV 函数。

例如，需要 10 个月付清的年利率为 8% 的 ￥10 000 贷款的月支额为：PMT(8%/12,10, 10 000) 计算结果为：￥−1 037.03。

2. PPMT 与 IPMT 应用实例

【例题 3‐29】 本金和利息计算(参见"第 3 章/例题/例题 3‐29.xlsx")。

一笔住房按揭 20 万元，期限 5 年，年利率为 6%，每月末应还本金和利息分别是多少？

	A	B	C	D	E
1					
2	描述	对应参数	值	现金流方向	
3	住房按揭金额	pv	￥200,000.00	现金流入	
4	月利率	rate	0.50%		
5	还款期数	nper	60		
6	每月还款	pmt	￥−3,866.56	现金流出	
7					
8	还款计划表				
9	期数	偿还本金	偿还利息	本息合计	借款余额
10	1	￥−2,866.56	￥−1,000.00	￥−3,866.56	￥197,133.44
11	2	￥−2,880.89	￥−985.67	￥−3,866.56	￥194,252.55
12	3	￥−2,895.30	￥−971.26	￥−3,866.56	￥191,357.25
13	4	￥−2,909.77	￥−956.79	￥−3,866.56	￥188,447.47
14	5	￥−2,924.32	￥−942.24	￥−3,866.56	￥185,523.15
15	6	￥−2,938.94	￥−927.62	￥−3,866.56	￥182,584.21
64					
65	55	￥−3,752.57	￥−113.99	￥−3,866.56	￥19,046.16
66	56	￥−3,771.33	￥−95.23	￥−3,866.56	￥15,274.83
67	57	￥−3,790.19	￥−76.37	￥−3,866.56	￥11,484.64
68	58	￥−3,809.14	￥−57.42	￥−3,866.56	￥7,675.51
69	59	￥−3,828.18	￥−38.38	￥−3,866.56	￥3,847.32
70	60	￥−3,847.32	￥−19.24	￥−3,866.56	(￥0.00)
71					

图 3‐36 本利和计算

本例中：月还款额 C6＝PMT(C4,C5,C3)；

每期偿还的本金 B10＝PPMT($C$4,$A10,$C$5,$C$3)；

每期偿还的利息 C10＝IPMT($C$4,$A10,$C$5,$C$3)。

3.5 综合实例分析

在企业管理中，企业员工的工资管理是其中重要一环，下面我们就来通过一个实例，详细说明如何综合利用所讲过的公式与函数，实现对企业员工的工资管理(参见"第 3 章/例题/综合实例分析.xlsx")。

对企业员工的工资进行管理是一项非常复杂烦琐的工作，它与员工的岗位、职务、工龄、业绩、考勤、公司的福利制度等诸多因素相关。因此，我们需事先建立与这些因素相关的数据表以获取所需数据。

在本例中先建立 5 张数据表，分别为：

① 员工基本工资记录表；

② 奖、罚款记录表；

③ 员工考勤表；

④ 员工福利待遇表；

⑤ 个人所得税对照表。

之后，在这 5 张表的基础上，建立员工的本月工资统计表，并以此为依据生成每个员工的工资单。

3.5.1 员工基本工资记录

在本实例中，我们首先要建立一个"员工基本工资记录表"，该表为进行进一步操作的基础，如图 3 - 37 所示。

编号	姓名	所属部门	职位	入公司日期	工龄	基本工资	岗位工资	工龄工资
RQ_0001	黄昕恺	财务部	总监	1996/4/7	23	4000	2600	2720
RQ_0002	陈佳栋	销售部	职员	2005/1/8	14	3300	1300	1640
RQ_0003	黄炫龙	行销企划部	职员	2004/2/9	15	4000	1400	1760
RQ_0004	王赣超	行销企划部	经理	1996/10/10	23	4000	2600	2720
RQ_0005	张颖先	财务部	职员	2004/12/11	15	4000	1400	1760
RQ_0006	栗立	销售部	职员	2006/2/1	13	3300	1300	1520
RQ_0007	罗梦龙	网络安全部	经理	2002/4/13	17	4700	3200	2000
RQ_0008	胡晓峰	服务部	经理	1995/4/14	24	4500	2600	2840
RQ_0009	金昌硕	销售部	经理	2005/5/1	14	3300	2600	1640
RQ_0010	谢正平	财务部	职员	1998/3/1	21	4000	1400	2480
RQ_0011	张哲	销售部	职员	2006/2/1	13	3300	1300	1520
RQ_0012	顾昊天	服务部	职员	2000/2/1	19	4500	1480	2240
RQ_0013	吴圣仁	人事部	经理	1998/3/1	21	4000	2600	2480
RQ_0014	刘洋	人事部	职员	2010/8/1	9	4000	1400	1040
RQ_0015	周文超	网络安全部	职员	2002/10/1	17	4700	1480	2000
RQ_0016	冯亦梁	销售部	职员	2004/6/1	15	3300	1300	1760
RQ_0017	秦超	服务部	职员	2004/6/1	15	4500	1480	1760
RQ_0018	郑辰	服务部	职员	1996/4/1	23	4500	1480	2720
RQ_0019	吴文铮	人事部	职员	1997/3/2	22	4000	1400	2600
RQ_0020	史佳颖	行销企划部	职员	2005/2/3	14	4000	1400	1640
RQ_0021	方琛菲	网络安全部	职员	2002/1/4	17	4700	1480	2000
RQ_0022	谭风明	销售部	职员	2006/10/5	13	3300	1300	1520
RQ_0023	赵中华	行销企划部	职员	2009/10/5	10	4000	1400	1160
RQ_0024	张伟	销售部	职员	2017/10/6	2	4000	1400	200

图 3 - 37 员工基本工资记录表

表中的数据除"工龄"与"工龄工资"外均为手工直接输入。通过这个表我们可以看到公司员工的工资主要由三部分组成，即基本工资、岗位工资和工龄工资。其中工龄工资与员工参加工作的时间有关，只要该员工参加工作的时间满两年，它的工龄工资就可从任职的第三年起每年增加 120 元。所以在 I3 中输入工龄工资的计算公式：

$$=IF(F3\leqslant 2,0,(F3-2)*120)$$

选定 I3 单元格,按住拖动柄向下拖动可得到其他员工的工龄工资。在计算工龄工资时需要知道员工的工龄,工龄数据可以通过员工入公司日期计算得出,即可在 F3 中输入公式

$$=YEAR(TODAY()-YEAR(E3))$$

选定 F3 并向下拖动进行公式复制,可得所有员工的工龄信息。

3.5.2 奖金及罚款记录表

除了基本工资以外,员工的工资还与其每月的工作状况有关,因此我们建立奖、罚款记录表,对于销售部的销售人员,其每月的奖金主要体现在其销售提成上,为鼓励销售人员的积极性,公司拟定销售业绩奖金标准:

- 销售额在 200 000 元以下,业绩奖金为销售额的 3%。
- 销售额在 200 001~500 000 元之间的,业绩奖金为销售额的 6%。
- 销售额在 500 000 元以上,业绩奖金为销售额的 9%。

因此我们可以根据每位销售员当月的总销售额,按销售业绩奖金标准计算该员工的销售业绩奖金提成。

在“奖、罚款记录”工作表中,设置销售业绩奖金标准规范表格,输入相关数据,并判断每位销售部员工的销售业绩奖金提成率,具体操作如下:

① 在 C4 单元格中输入公式:

$$=HLOOKUP(D4,\$B\$16:\$D\$18,3)$$

② 按 Enter 键,计算出销售人员“陈佳栋”当月的销售业绩奖金提成率。

③ 向下拖动 C3 单元格进行公式复制,得出其他销售人员的销售业绩奖金提成率。

④ 为计算出“陈佳栋”的销售提成金额可在 H4 中输入公式:

$$=D4*G4$$

⑤ 向下拖动 H4 单元格得出其他人员的销售提成金额。

公司每月特设一个本月最佳销售奖(1 000 元),以奖励销售业绩特别好的员工。该奖项的颁发条件为:

- 总销售额必须大于 250 000 元;
- 本月产品销售额为最高。

本月最佳销售奖的得主可以通过如下操作产生。

① 在 J4 中输入公式:

$$=IF(D4>250 000,IF(MAX(\$D\$4:\$D\$9)=\$D\$4:\$D\$9,"1000",""),"")$$

② 按“Enter”键结束公式输入;

③ 选定 J4 并向下拖动至 J9 进行公式复制,可得出本月的最佳销售奖得主为“栗立”,如图 3-38 所示。

奖、罚款记录表

编号	姓名	所属部门	奖励或扣款说明			提成率	提成或奖金额	扣款金额	最佳销售奖归属
			销售业绩	奖励说明	扣款说明				
RQ_0002	陈佳栋	销售部	450000			6.00%	36000		
RQ_0006	栗立	销售部	780000		浪费资源	9.00%	62400	100	1000
RQ_0009	金昌硕	销售部	100000			3.00%	8000		
RQ_0011	张哲	销售部	390000			6.00%	31200		
RQ_0016	冯亦梁	销售部	500000			9.00%	40000		
RQ_0022	谭风明	销售部	520000			9.00%	41600		
RQ_0003	黄炫龙	行销企划部		项目提前完成			500		
RQ_0007	罗梦龙	网络安全部		改进防毒方案			200		
RQ_0012	顾昊天	服务部		最佳服务态度			200		
RQ_0004	王赣超	行销企划部			工作失误			2000	
RQ_0014	刘洋	人事部			客户投诉			3000	

销售额	0	200001	500000
	200000	500000	
提成	3%	6%	9%

图 3－38　员工奖、罚款记录表

3.5.3　每月考勤表

公司实施考勤制度，每月建立考勤表，为严肃劳动纪律，制定了迟到扣款制度：

- 迟到半小时内（用“迟到 1”表示）罚款 100 元；
- 迟到半小时至 1 小时间（用“迟到 2”表示）罚款 300 元；
- 迟到 1 小时以上（用“迟到 3”表示）算旷工半天。

制定好的考勤表如图 3－39 所示。

本月考勤表

迟到扣款制度：迟到半小时内（用“迟到1”表示）罚款100元；迟到半小时~1小时间（用“迟到2”表示）罚款300元；迟到1小时以上（用“迟到3”表示）算旷工半天。

编号	姓名	所属部门	1日	2日	3日	4日	5日	6日	7日	8日	9日	10日	11日	12日	13日	14日	15日	16日	17日	18日	19日	20日	21日	22日	23日	24日	25日	26日	27日	28日	29日	30日
			一	二	三	四	五	六	日	一	二	三	四	五	六	日	一	二	三	四	五	六	日	一	二	三	四	五	六	日	一	二
RQ_00	黄昕恺	财务部																														
RQ_00	陈佳栋	销售部	事假	事假	事假																			迟到1								迟到1
RQ_00	黄炫龙	行销企划部															婚假	婚假	婚假									事假				
RQ_00	王赣超	行销企划部																							旷工							迟到1
RQ_00	张颖先	财务部																														
RQ_00	栗立	销售部	迟到2							病假	病假	病假	病假	病假			病假	病假	病假	病假	病假											
RQ_00	罗梦龙	网络安全部					事假																									
RQ_00	胡晓峰	服务部	年假	年假	年假	年假	年假					迟到2																事假				
RQ_00	金昌硕	销售部																														
RQ_00	谢正平	财务部																														
RQ_00	张哲	销售部	病假		迟到1							事假																				
RQ_00	顾昊天	服务部															迟到1				迟到3					迟到2						
RQ_00	吴圣仁	人事部				事假																										
RQ_00	刘洋	人事部										病假																				
RQ_00	周文超	网络安全部									迟到3																					
RQ_00	冯亦梁	销售部	病假																病假												事假	
RQ_00	秦超	服务部																														
RQ_00	郑辰	服务部			迟到2								旷工					迟到2														
RQ_00	吴文铮	人事部																													病假	病假
RQ_00	史佳颖	行销企划部					事假																			旷工						
RQ_00	方琛菲	网络安全部																														
RQ_00	谭风明	销售部	迟到1										病假													迟到1						
RQ_00	赵中华	行销企划部																	事假													

图 3－39　员工本月考勤表

在该表中，员工的“编号”“姓名”及“所在部门”的信息可通过引用“基本工资记录表”中的数据直接获取，具体操作如下：

"编号"获取，可通过在单元格 A5 中输入公式：

$$=基本工资记录表！A3$$

"姓名"获取，可通过在单元格 B5 中输入公式：

$$=基本工资记录表！B3$$

"所属部门"获取，可通过在单元格 C5 中输入公式：

$$=基本工资记录表！C3$$

其他的数据需根据具体情况手工输入。

3.5.4　本月考勤统计表

对每个月的考勤记录，公司要做一个统计，对请假或迟到的员工进行扣款，并对那些没有缺勤的员工进行奖励。具体的奖惩制度如下：

- 病假扣款为 50 元/天。
- 事假扣款为 100 元/天。
- 旷工扣款为 200 元/天。
- 其他假别不扣款。
- "迟到 1"扣款 100 元；"迟到 2"扣款 200 元；"迟到 3"扣款 400 元。
- 满勤的员工奖励 500 元。

制作考勤表建立的具体步骤如下：

① 使用 COUNTIF 函数统计出每名员工的请假次数和迟到次数，即可在 D7 单元格中输入公式：

$$=COUNTIF(考勤表！\ \$D5：\$AG5,D\$6)$$

即可计算出"考勤表"中计第一位员工"黄昕恺"的"病假"天数。

② 选定 D7 单元格并向右拖动至 L7，即可获取"黄昕恺"本月的"请假记录"和"迟到记录"。

③ 选定"黄昕恺"所有的"请假记录"和"迟到记录"，并向下拖动这些单元格即可得到其他人员的请假和迟到次数。

注意： 在这里大家要注意公式中绝对引用和相对引用的用法，试着自己分析一下公式中的绝对引用和相对引用是怎么运用的，这对大家以后进行实际操作是非常有帮助的。

在获得这些基础数据之后，我们就可以计算出每名员工的奖惩金额了，以"黄昕恺"的记录为例来计算其请假扣款、迟到扣款、扣款合计及满勤奖金。

请假扣款——在 M7 中按请假扣款制度输入公式：

$$=D7*50+E7*100+F7*200$$

迟到扣款——在 N7 中按迟到扣款制度输入公式：

$$=J7*100+K7*200+L7*400$$

扣款合计——在 O7 中输入公式：

$$=M7+N7$$

满勤奖金——若请假记录和迟到记录均为零,则该员工可获得满勤奖金,即在单元格 P7 中输入公式:

$$=IF(AND(D7:L7=0),500,0)$$

其他员工的奖惩金额以"黄昕恺"的记录为基准,向下拖动这些单元格即可获得相应数据。

在本数据表中还需计算本月的工作天数,可在本考勤表的左上角设有本月"工作日数"的统计,具体操作为在 B2 单元格中输入公式:

$$=NETWORKDAYS(考勤表!D3,考勤表!AG3)$$

在本工作表中,员工的"编号""姓名""所属部门"及"职位"信息,依然可能通过引用"基本工资记录表"中的数据获取,具体引用方法同第 3.5.3 节中的内容。

3.5.5　企业员工福利待遇管理

在企业员工工资管理系统中,企业福利待遇是凝聚员工最有效的手段之一,企业员工福利待遇一般包括住房补贴、伙食补贴、交通补贴和医疗补贴等,如果要计算每位员工应享受的福利待遇,可以通过 VLOOKUP 函数来实现。

根据本公司的规定,公司的福利待遇以职位来衡量,具体内容规定如表 3-2 所示。

表 3-2　福利待遇表

职　位	住房补贴/元	伙食补贴/元	交通补贴/元	医疗补贴/元
总　监	800	600	800	600
经　理	600	460	600	480
职　员	500	350	320	320

根据规定的福利待遇内容,我们可以按以下步骤建立企业员工福利待遇表,具体操作如下:

① 选定单元格 E3,并在 E3 单元格中输入公式:

$$=IF(D3="总监",800,IF(D3="经理",600,500))$$

计算该员工的住房补贴。

② 选定单元格 F3,并在 F3 单元格中输入公式:

$$=IF(D3="总监",600,IF(D3="经理",460,350))$$

计算该员工的伙食补贴。

③ 选定单元格 G3,并在 G3 单元格中输入公式:

$$=IF(D3="总监",800,IF(D3="经理",600,320))$$

计算该员工的交通补贴。

④ 选定单元格 H3,并在 H3 单元格中输入公式:

$$=IF(D3="总监",600,IF(D3="经理",480,320))$$

计算该员工的交通补贴。

⑤ 选定单元格 I3,并在 I3 单元格输入公式:

$$=SUM(E3：H3)$$

计算各员工的福利待遇总和。

选定 E3,F3,G3 、H3 和 I3 单元格并向下拖动直到第 25 行进行公式复制,即可计算出其他员工的各项福利待遇的值,结果如图 3－40 所示。

员工福利待遇表

编号	姓名	所属部门	职位	住房补贴	伙食补贴	交通补贴	医疗补贴	合计
RQ_0001	黄昕恺	财务部	总监	800	600	800	600	2800
RQ_0002	陈佳栋	销售部	职员	500	350	320	320	1490
RQ_0003	黄炫龙	行销企划部	职员	500	350	320	320	1490
RQ_0004	王赣超	行销企划部	经理	600	460	600	480	2140
RQ_0005	张颖先	财务部	职员	500	350	320	320	1490
RQ_0006	栗立	销售部	职员	500	350	320	320	1490
RQ_0007	罗梦龙	网络安全部	经理	600	460	600	480	2140
RQ_0008	胡晓峰	服务部	经理	600	460	600	480	2140
RQ_0009	金昌硕	销售部	经理	600	460	600	480	2140
RQ_0010	谢正平	财务部	职员	500	350	320	320	1490
RQ_0011	张哲	销售部	职员	500	350	320	320	1490
RQ_0012	顾昊天	服务部	职员	500	350	320	320	1490
RQ_0013	吴圣仁	人事部	经理	600	460	600	480	2140
RQ_0014	刘洋	人事部	职员	500	350	320	320	1490
RQ_0015	周文超	网络安全部	职员	500	350	320	320	1490
RQ_0016	冯亦梁	销售部	职员	500	350	320	320	1490
RQ_0017	秦超	服务部	职员	500	350	320	320	1490
RQ_0018	郑辰	服务部	职员	500	350	320	320	1490
RQ_0019	吴文铮	人事部	职员	500	350	320	320	1490
RQ_0020	史佳颖	行销企划部	职员	500	350	320	320	1490
RQ_0021	方琛菲	网络安全部	职员	500	350	320	320	1490
RQ_0022	谭凤明	销售部	职员	500	350	320	320	1490
RQ_0023	赵中华	行销企划部	职员	500	350	320	320	1490

图 3－40 员工福利待遇表

3.5.6 个人所得税

依法纳税是每个公民应尽的义务。员工的最终工资要扣除掉应缴的税金,而不同的收入扣除税金的比例也不相同,因此为了方便税金的计算,我们先来按政策制定一个个人所得税的扣除比例表。其中5 000 元是征税的起点,而后再根据应发的工资与起征点的差值的大小制定税率及速扣数,现国家所用的七级纳税级别如图3－41所示。

个人所得税

起征点	5000元		
应缴所得税	=应发合计－起征点		
税级	全月应缴所得税	税率	速扣数
1	不超过3000元部分	3%	0
2	超过3000～12000元部分	10%	210
3	超过12000～25000元部分	20%	1410
4	超过25000～35000元部分	25%	2660
5	超过35000～55000元部分	30%	4410
6	超过55000～80000元部分	35%	7160
7	超过80000元部分	45%	15160

应纳税所得额*适用税率－速算扣除数

图 3－41 个人所得税表

3.5.7 工资统计表

根据前面各表中的数据,我们可以对员工的实发工资作最后的计算工作:其中

实发工资＝应发工资－应扣合计

应发工资＝基本工资＋岗位工资＋工龄工资＋提成或奖金＋
最佳销售＋福利待遇＋满勤奖金

应扣合计＝请假迟到扣款＋个人所得税

统计结果如图 3－42 所示。

本月工资统计表

编号	姓名	所属部门	基本工资	岗位工资	工龄工资	提成或奖金	最佳销售	福利待遇	满勤奖金	应发工资	请假迟到扣款	个人所得税	应扣合计	实发工资
RQ_0001	黄昕恺	财务部	4000	2600	2720		0	2800	500	12620	0	552	552	12068
RQ_0002	陈佳栋	销售部	3300	1300	1640	36000		1490	0	43730	500	7209	7709	36021
RQ_0003	黄炫龙	行销企划部	4000	1400	1760	500		1490	0	9150	100	205	305	8845
RQ_0004	王赣超	行销企划部	4000	2600	2720	-2000		2140	0	9460	300	236	536	8924
RQ_0005	张颖先	财务部	4000	1400	1760		0	1490	500	9150	0	205	205	8945
RQ_0006	栗立	销售部	3300	1300	1520	6330	1000	1490	0	13940	700	684	1384	12556
RQ_0007	罗梦龙	网络安全部	4700	3200	2000	200		2140	0	12240	100	514	614	11626
RQ_0008	胡晓峰	服务部	4500	2600	2840		0	2140	0	12080	300	498	798	11282
RQ_0009	金昌硕	销售部	3300	2600	1640	8000		2140	500	18180	0	1226	1226	16954
RQ_0010	谢正平	财务部	4000	1400	2480			1490	500	9870	0	277	277	9593
RQ_0011	张哲	销售部	3300	1300	1520	31200		1490		38810	250	5792.5	6043	32768
RQ_0012	顾昊天	服务部	4500	1480	2240	200		1490	0	9910	700	281	981	8929
RQ_0013	吴圣仁	人事部	4000	2600	2480			2140	0	11220	100	412	512	10708
RQ_0014	刘洋	人事部	4000	1400	1040	-3000		1490	0	4930	50	0	50	4880
RQ_0015	周文超	网络安全部	4700	1480	2000			1490	0	9670	400	257	657	9013
RQ_0016	冯亦梁	销售部	3300	1300	1760	40000		1490	0	47850	200	8445	8645	39205
RQ_0017	秦超	服务部	4500	1480	1760		0	1490	500	9730	0	263	263	9467
RQ_0018	郑辰	服务部	4500	1480	2720		0	1490	0	10190	600	309	909	9281
RQ_0019	吴文锋	人事部	4000	1400	2600		0	1490	0	9490	100	239	339	9151
RQ_0020	史佳颖	行销企划部	4000	1400	1640		0	1490	0	8530	300	143	443	8087
RQ_0021	方琛菲	网络安全部	4700	1480	2000		0	1490	500	10170	0	307	307	9863
RQ_0022	谭凤明	销售部	3300	1300	1520	41600		1490	0	49210	250	8853	9103	40107
RQ_0023	赵中华	行销企划部	4000	1400	1160		0	1490	0	8050	100	95	195	7855

图 3－42　本月工资统计表

该数据表可通过以下操作来实现:

① 获取员工"编号",在 A4 单元格中输入公式:

＝基本工资记录表! A3

② 获取员工"姓名",在 B4 单元格中输入公式:

$$=基本工资记录表！B3$$

③ 获取"所属部门"，在 C4 单元格中输入公式：

$$=基本工资记录表！C3$$

④ 获取"基本工资"，在 D4 单元格中输入公式：

$$=基本工资记录表！G3$$

⑤ 获取"岗位工资"，在 E4 单元格中输入公式：

$$=基本工资记录表！H3$$

⑥ 获取"工龄工资"，在 F4 单元格中输入公式：

$$=基本工资记录表！I3$$

⑦ 获取"提成或奖金"，在 G4 单元格中输入公式：

$$=IF(ISERROR(VLOOKUP(A4，奖、罚款记录！\$A\$4：\$J\$38,8,FALSE)),"",$$
$$VLOOKUP(A4，奖、罚款记录！\$A\$4：\$J\$38,8))$$

在提取"提成或奖金"数据时，可以使用 VLOOKUP 函数，由于提成和奖金不是每个人都有，所以对于一些空值 Excel 在计算时容易报错，为了避免出现错误信息，可与 ISERROR 函数结合使用。

扩展学习：

ISERROR( )函数主要用于判断公式运行结果是否出错。常用在容易出现错误的公式中，比如 VLOOKUP 函数在搜索的区域中找不到搜索值时就会出现"♯N/A"的错误值：

$$=VLOOKUP("信息处理"，A：B,2,0)$$

当表中 A 列没有内容为"信息处理"的单元格时，公式就返回"♯N/A"的错误值。这时只要在公式中加入 ISERROR 函数进行判断就可以避免出现错误值而返回一个空值。公式如下：

$$=IF(ISERROR(VLOOKUP("信息处理"，A：B,2,0)),"",$$
$$VLOOKUP("信息处理"，A：B,2,0))$$

⑧ 获取"最佳销售"在 H4 单元格中输入公式：

$$=IF(C4="销售部"，VLOOKUP(A4，奖、罚款记录！\$A\$4：\$J\$14,10),0)$$

"最佳销售"只有销售部的人员才可以获得，所以在用 VLOOKUP 获取数据前先要判断该员工是否是销售部的人员。

⑨ 获取"福利待遇"在 I4 单元格中输入公式：

$$=VLOOKUP(A4，福利待遇表！\$A\$3：\$I\$25,9)$$

⑩ 获取"满勤奖金"在 J4 单元格中输入公式：

$$=VLOOKUP(A4，考勤扣款统计！\$A\$7：\$P\$50,16)$$

⑪ 获取"应发工资"在 K4 单元格中输入公式：

$$=SUM(D4：J4)$$

⑫ 获取"请假迟到扣款"在 L4 单元格中输入公式：

$$=\text{VLOOKUP}(A4,考勤扣款统计！\ \$A\$7：\$P\$50,15)$$

⑬ 获取"个人所得税"在 M4 单元格中输入公式：

$$=\text{ROUND}(\text{MAX}((K4-5000)*\{0.03;0.1;0.2;0.25;0.3;0.35;0.45\}-$$
$$\{0;210;1\,410;2\,660;4\,410;7\,160;15\,160\},0),2)$$

⑭ 获取"应扣合计"在 N4 单元格中输入公式：

$$=\text{SUM}(L4：M4)$$

⑮ 获取"实发工资"在 O4 单元格中输入公式：

$$=K4-N4$$

按照以上步骤就建立数据表中的第一条记录,在选中 D4：O4 后向下拖动进行公式填充即可得出其他员工的工资信息。

3.5.8　工资单

为了让员工更清楚地了解自己的工资情况,每月在发放工资时都要发给员工工资单,这些工资单我们同样可以用 VLOOKUP 函数生成,如图 3-43 所示。

本月工资单（瑞奇科技）

编号	RQ_0001		姓名	黄昕恺		部门	财务部		实发工资	12068

以下为工资明细：

基本工资	岗位工资	工龄工资	提成或奖金	最佳销售	福利待遇	满勤奖金	应发工资	请假迟到扣款	个人所得税	应扣合计	实发工资
4000.0	2600.0	2720.0	0.0		2800.0	500.0	12620.0	0.0	552.0	552.0	552.0

本月工资单（瑞奇科技）

编号	RQ_0002		姓名	陈佳栋		部门	销售部		实发工资	36021

以下为工资明细：

基本工资	岗位工资	工龄工资	提成或奖金	最佳销售	福利待遇	满勤奖金	应发工资	请假迟到扣款	个人所得税	应扣合计	实发工资
3300.0	1300.0	1640.0	36000.0		1490.0	0.0	43730.0	500.0	7209.0	7209.0	7709.0

本月工资单（瑞奇科技）

编号	RQ_0003		姓名	黄炫龙		部门	行销企划部		实发工资	8845

以下为工资明细：

基本工资	岗位工资	工龄工资	提成或奖金	满勤奖金		加班奖金	其他补贴	应发工资	请假扣款	个人所得税	其他扣款
4000.0	1400.0	1760.0	500.0		1490.0		9150.0	100.0	205.0	205.0	305.0

本月工资单（瑞奇科技）

编号	RQ0004		姓名	赵中华		部门	行销企划部		实发工资	7855

以下为工资明细：

基本工资	岗位工资	工龄工资	提成或奖金	满勤奖金		加班奖金	其他补贴	应发工资	请假扣款	个人所得税	其他扣款
4000.0	1400.0	1160.0	0.0		1490.0		8050.0	100.0	95.0	95.0	195.0

图 3-43　本月工资单

具体操作步骤如下：

① 在 B2 单元格中输入员工编号：

RQ_0001

② 根据员工编号在工资表中引用员工的"姓名"，在 E2 单元格中输入公式：

＝VLOOKUP(B2,工资表,2)

③ 根据员工编号在工资表中引用员工"部门"，在 I2 单元格中输入公式：

＝VLOOKUP(B2,工资表,3)

④ 根据员工编号在工资表中引用员工的"实发工资"，在 L2 单元格中输入公式：

＝VLOOKUP(B2,工资表,15)

⑤ 根据员工编号在工资表中引用员工"基本工资"，在 A5 单元格中输入公式：

＝VLOOKUP($B2,工资表,COLUMN(D1))

编号为 RQ_0001 的员工，他其他工资信息的获取与第 5 步相同，只不过改变所对应的列值即可。

其他员工的工资单生成方法同上。

本 章 小 结

在本章中首先讲述了数组公式，介绍了数组公式的基本特征及应用场合，然后以大量应用实例的方式讲解了一些在日常工作经常会用到的函数，如查找及引用函数、文本函数、财务函数等。最后通过一个综合实例对所讲过的一些函数做分析、总结，加深读者对这些函数的理解。

练 习

1. 打开"第 3 章/练习/员工年龄分布表.xlsx"，按如下要求进行操作：

	A	B	C	D	E	F	G
1	华宇公司员工年龄分布情况统计表						
2	员工姓名	出生日期	年龄		年龄段	数量	百分比
3	闵雅芳	1973/2/14	45		<30	0	0%
4	贾宜男	1976/3/28	41		30~39	1	7.69%
5	雷蕾	1968/5/22	49		40~49	8	61.54%
6	邹葵	1965/11/24	52		50~59	4	30.77%
7	叔娜	1976/8/12	41				
8	董秋勤	1978/5/24	39				
9	陈姗姗	1973/9/16	44		人数最多年龄段		40~49
10	汪晓庆	1967/12/4	50		年龄最大员工		王少飞
11	王少飞	1962/5/15	55		年龄最小员工		董秋勤
12	程国光	1974/3/28	43				
13	陈秋霞	1977/5/28	40				
14	洪璐	1962/3/18	55				
15	欧阳苹	1973/7/12	44				
16							

图 3-44 华宇公司员工年龄分布表

① 根据员工的出生日期，计算该员工的年龄；

② 统计各年龄段员工的数量；

③ 计算各年龄段员工的百分比；

④ 哪个年龄值人数最多；

⑤ 查询年龄最大和最小的员工。

2. 打开文件“第 3 章/练习/武将能力排行榜.xlsx”，如图 3－45 所示，按如下要求进行操作：

	A	B	C	D	E	F
1	武将能力排行榜					
2						
3	姓名	国家	武力	智力	武力排名	智力排名
4	关羽	蜀	93	88	3	5
5	张飞	蜀	96	60	2	1
6	赵云	蜀	97	90	1	6
7	司马懿	魏	90	80	5	3
8	黄忠	吴	83	82	7	4
9	周瑜	吴	88	95	6	7
10	夏侯惇	魏	92	70	4	2
11						
12	姓名	周瑜				
13	国家	吴				
14	武力	88				
15	智力	95				

图 3－45　武将能力排行榜

① 根据武力值，以降序的形式显示各武将的武力排名；

② 根据智力值，以升序的形式显示各武将的智力排名；

③ 查找姓名为“周瑜”的“国家”“武力”和“智力”。

3. 打开文件“第 3 章/练习/范亮失踪之谜.xlsx”，该文件中采用 VLOOKUP 函数对范亮同学对寝室号进行查找，但返回的却是一个错误值，试找出错误原因并进行改正。

	A	B	C	D	E	F
1				姓名	电话	寝室号
2	姓名	范亮		蔡筠	13681925478	6-302
3	寝室号	6-303		蔡诗园	13914530707	1-305
4				陈迪峰	13816877631	6-302
5				陈精业	13764223779	6-225
6				陈妮婕	13917985629	1-305
7				丁铀泉	13585570844	6-304
8				范亮	13816743229	6-303
9				冯成	13828466306	6-302

图 3－46　范亮失踪之谜

4. 打开文件“第 3 章/练习/价格查询.xlsx”，在该文件中采用 LOOKUP 函数对“香蕉”的价格进行查询，但返回的价格却是“乌龟”的价格，试分析出错的原因，并改正。

	A	B	C	D	E
1	价格查询				
2	类别	价格			
3	猩猩	15		查找香蕉的价格	
4	香蕉	3		香蕉	3
5	乌龟	25			
6	茶叶蛋	2			

图 3－47　价格查询

5. 打开文件“第 3 章/练习/点歌单.xlsx”，按如下要求进行操作：

	A	B	C	D
1	点歌单			
2	序号	歌名	歌手	字数
3	5	光荣	BOBO	2
4	1	青花瓷	周杰伦	3
5	7	爱转角	罗志祥	3
6	2	老人与海	海明威	4
7	3	我们的歌	王力宏	4
8	4	月亮之上	凤凰传奇	4
9	8	沧海一声笑	OVERMIND	5
10	6	有一种爱叫放手	阿木	7
11				
12				
13	歌手	周杰伦		
14	歌名	青花瓷		

图 3-48　点歌单

① 在 D 列对歌曲名的“字数”进行统计；

② 按“字数”对歌单进行排序；

③ 查询“周杰伦”演唱的歌曲。

6. 打开文件“第 3 章/练习/文本函数.xlsx”，如图 3-49 所示，以 A 列提供的姓名为基础，按 B、C、D 列所示进行变换。

	A	B	C	D
1				
2	侯宝林	侯宝林先生	侯先生	侯老板
3	刘宝瑞	刘宝瑞先生	刘先生	刘老板
4	贾宝玉	贾宝玉先生	贾先生	贾老板
5	李宝库	李宝库先生	李先生	李老板
6	郭宝昌	郭宝昌先生	郭先生	郭老板
7	欧阳奋强	欧阳奋强先生	欧先生	欧阳老板
8	独孤求败	独孤求败先生	独先生	独孤老板
9				

图 3-49　文本函数

7. 打开文件“第 3 章/练习/员工身份信息.xlsx”，如图 3-50 所示，根据员工身份信息表中的数据做如下操作：

	A	B	C	D	E	F	G	H	I	J	K
1	姓名	身份证号	出生日期	出生年份	出生月份	日期	星期	年龄	距离元旦天数	星座	
2	张雷	210411198504282942	1985-04-28	1985	4	28	1	33	248	金牛座	
3	张亚春	622723198602013412	1986-02-01	1986	2	1	7	32	334	水瓶座	
4	李恒钧	210304198504260488	1985-04-26	1985	4	26	6	33	250	金牛座	
5	张志军	210421198403162020	1984-03-16	1984	3	16	6	34	291	双鱼座	
6	张志新	210303198412082729	1984-12-08	1984	12	8	7	34	24	射手座	
7	张忠荣	210302198607160938	1986-07-16	1986	7	16	4	32	169	巨蟹座	
8	张仲礼	211003198407230111	1984-07-23	1984	7	23	2	34	162	狮子座	
9	张竹霞	21031119851130004x	1985-11-30	1985	11	30	7	33	32	射手座	
10	张子贵	210303198508131214	1985-08-13	1985	8	13	3	33	141	狮子座	
11	张宗敏	130133198310132134	1983-10-13	1983	10	13	5	35	80	天秤座	
12	张作芹	110304198503040045	1985-03-04	1985	3	4	2	33	303	双鱼座	
13	章莉	152123198510030631	1985-10-03	1985	10	3	5	33	90	天秤座	
14	赵标	211322198401012055	1984-01-01	1984	1	1	1	34	366	摩羯座	

图 3-50　员工身份信息

① 根据身份证号在 C 列显示出员工的出生日期；

② 根据 C 列的出生日期，分别在 D、E 和 F 列显示员工具体的出生的年份、月份及日期；

③ 在 G 列显示员工生日是星期几；

④ 计算员工的实际年龄；

⑤ 计算该员工生日距离元旦还有几天；

⑥ 计算该员工属于什么星座（试做）。

8. 打开文件"第 3 章/练习/销售数据表.xlsx"，如图 3-51 所示，试用 Index 函数查询销售员韩建珍第三季度的销售量。

	A	B	C	D	E
1	销售数据统计表				
2	销售员	第一季度	第二季度	第三季度	第四季度
3	李建平	63	87	69	78
4	杨杰辉	89	57	79	75
5	夏 勇	125	133	98	211
6	王 伟	110	89	90	121
7	韩建珍	98	136	113	88
8	李德华	95	87	118	132
9	李应全	86	90	109	123
10					
11	韩建珍第三季度的销售量：			113	

图 3-51　销售数据统计表

9. 打开文件"第 3 章/练习/产品基本信息表.xlsx"，如图 3-52 所示，试查询产品名称为"电源"，产品代码为"S01"的产品的定价（提示：由于本题中的查询要求有两个，可使用 MATCH 函数，INDEX 函数和 IF 函数实现）。

	A	B	C	D	E	F
1	产品基本信息表					
2	产品名称	编号	定价		查找产品名称	电源
3	开关	T03	36		查找代码	S01
4	开关	T02	38		定价	42
5	电源	S01	42			
6	电源	S04	45			
7	电表	M04	52			
8	电表	M03	60			

图 3-52　产品基本信息表

实　验

1. 打开文件"第 3 章/实验/实验 3-1.xlsx"，完成如下操作：

① 使用 rank 函数根据学生成绩进行从高到低的排名，写入 D2：D16；

② 在区域 H1：I4 中显示了排名与等级的关系，即：

第一名到第四名：A

第五名到第九名：B

第十名到第十四名：C

第十五名后：D

根据这一关系使用 LOOKUP 函数查询学生等级，写入 E2：E16。

2. 打开文件"第3章/实验/实验3-2.xlsx",完成如下操作：

	A	B	C	D	E	F	G	H	I	J	K
1	SU ID	姓名	成绩		等级	绩点	成绩	人数	比例		前五名成绩的平均分
2	02125038	王桢珍	75		A	4.0	100	3	5.88%		90.4
3	02120091	周宜相	70		A-	3.7	89.9	9	17.65%		
4	02125031	杨治宇	76		B+	3.3	85	2	3.92%		
5	02120016	张小雯	72		B	3.0	82	7	13.73%		
6	02125032	张全尊	79		B-	2.7	78	9	17.65%		
7	02125026	林亦夫	82		C+	2.3	75	5	9.80%		
8	02124908	许易坚	78		C	2.0	72	4	7.84%		
9	02125027	林佳玲	85		C-	1.7	68	5	9.80%		
10	02125039	陈怡雯	87		D	1.5	66	2	3.92%		
11	02123030	杨林宪	89		D-	1.0	64	2	3.92%		
12	02124912	李向承	70		E	0	59.99	3	5.88%		
13	02125034	陈贻宏	73								
14	02125019	刘吟秀	83								
15	02125014	许小为	76								

图 3-53 学生成绩表

① 使用 FREQUENCY，在 H2：H12 区域统计各分数段人数；

② 使用 COUNT 函数，在 I2：I12 创建各分数段频率分布，并设置成保留两位小数的百分比格式；

③ 使用 AVERAGE 和 LARGE 函数，并运用有关数组的知识，在 K2 单元格中求取前五名成绩的平均分。

3. 打开"第3章/实验/实验3-3.xlsx"，

① 根据操作比例表，读取奖金比例，写入奖金表 D2：D10；

② 并乘以销售额，计算出版奖金额，写入奖金表的 E2：E10；

③ 根据奖金表，将每个人的奖金，写入工资表的 E2：E10；

④ 通过求和操作，计算合计值，写入工资表的 G2：G10。

4. 实验与思考题：

① 打开文件"第3章/实验/实验3-4.xlsx"，利用数组公式统计 A1：F4 区域不重复数据的个数。

② 对于"第3章/实验/实验3-3.xlsx"，思考能否根据工资表通过公式自动生成工资条，如图 3-54 所示。

	A	B	C	D	E	F	G
1	姓名	基本工资	岗位工资	补贴	奖金	保险	合计
2	顾志刚	500	800	100	12600	-200	13800
3							
4	姓名	基本工资	岗位工资	补贴	奖金	保险	合计
5	孙霞	500	800		6450	-350	7450
6							
7	姓名	基本工资	岗位工资	补贴	奖金	保险	合计
8	吴英	400	800	100	2900	-300	3900
9							
10	姓名	基本工资	岗位工资	补贴	奖金	保险	合计
11	王刚	400	800	100	0	-280	1020
12							
13	姓名	基本工资	岗位工资	补贴	奖金	保险	合计
14	朱强	500	800	50	15500	-300	16550
15							
16	姓名	基本工资	岗位工资	补贴	奖金	保险	合计
17	张晓军	600	800	100	4037.5	-250	5287.5
18							
19	姓名	基本工资	岗位工资	补贴	奖金	保险	合计
20	吴晓丽	600	800	40	3500	-300	4640
21							
22	姓名	基本工资	岗位工资	补贴	奖金	保险	合计
23	王勇	400	800	50	10700	-280	11670
24							
25	姓名	基本工资	岗位工资	补贴	奖金	保险	合计
26	马爱华	500	800	50	4462	-300	5512
27							
28							

图 3-54 工资条

第4章

数据基本管理与分析

假如你是一名公司的老板,每到年末你最想知道什么? 最关心什么? 毫无疑问,最想知道的是公司今年的销售金额、整体收益,哪种产品为公司带来了最大利润,哪个团队表现得最为出色,哪些部门存在问题,目前利润的瓶颈在哪里。

而作为一名学生,每到期末考试结束后你最想知道什么? 可能是成绩、年级排名、是否可拿到奖学金等。而除了成绩以外,更为关键的是需要分析每门课程的学习情况,知道自己的优势和劣势,明确个人在下个学期要做哪些努力。

那么如何将一堆原始的数据进行处理,才能达到你的要求? 使用计算器处理如此繁多而无序的数据吗? Excel 除了可以对数据进行管理和提供各种计算功能以外,还提供排序、筛选、汇总、数据透视表进行多角度观察数据和一组数据分析工具进行各类分析,特别是假设分析工具,可以帮助用户对数据进行更深入的分析。

本章主要通过实例来讲解和展示 Excel 数据管理和分析功能,主要包括以下内容:数据的排序、筛选、分类汇总以及数据透视表、模拟运算表、方案管理器和规划求解。

4.1 数据排序和筛选

在实际工作中,经常需要在工作表中查找满足条件的数据,或者是按某个字段从大到小或从小到大查看,这里就需要使用数据筛选和排序功能来完成此操作。Excel 2016 提供排序功能可以将数据表中的内容按照特定的规则排序;使用筛选功能可以将满足条件的数据单独显示;使用合并计算和分类汇总功能可以对数据进行分类或汇总。

4.1.1 数据排序

对 Excel 数据进行排序是数据分析不可缺少的组成部分。在日常工作中,可能需要执行以下操作:会计人员要将工资表中的姓名列表按字母顺序排列;仓库管理员要按从高到低的顺序编制产品存货水平列表;设计人员要按颜色或图标进行排序等。对数据进行排序有助于快速直观地显示数据,有助于组织并查找所需数据,更好地理解数据,最终做出更有效的决策。

Excel 2016 能够对单元格颜色、字体颜色、单元格图标、单元格值等进行排序。事实上,排序命令将随着排序的数据,即排序的对象类型不同而变化,通常情况下排序规则如表4-1所示。

表4-1 排序规则

排序值(内容)	排序操作
数 字	升序:最小的负数到最大的正数进行排序 降序:与升序相反
日 期	升序:按最早的日期到最新的日期进行排序 降序:与升序相反
文 本	升序:汉字按照"汉语拼音"升序排序,西文按照字符顺序排序,如英文升序 排序:从 A 到 Z 排序
逻 辑 值	在升序时 FALSE 排在 TRUE 之前
空白单元格	空白单元格总是在最后

1. 简单排序

首先选择 Excel 中"数据"选项卡,其次选择要进行排序的数据表,将鼠标置于要进行排序列的某一个单元格中,单击功能菜单中的"排序和筛选"组中的" $\stackrel{A}{Z}\downarrow$ 或 $\stackrel{Z}{A}\downarrow$ "图标,如图4-1排序和筛选组所示,进行升序或者降序排列。

图4-1 排序和筛选组

除了从"数据"选项卡中选择排序功能以外,也可以在"开始"选项卡中选择"编辑"组中提供的排序功能(如图4-2所示)。选择要进行排序的数据表,将鼠标置于要进行排序数据列的某一个单元格中,然后单击工具栏中的"编辑"中的"排序和筛选"图标,根据要求选择升序或者降序菜单项,即可对数据进行排序。

图4-2 开始-编辑-排序和筛选

【例题4-1】 根据如图4-3所示的数据源表(参见"第4章/例题/例题4-1.xlsx"),按照总分进行降序排列。首先将鼠标移到"总分"这一列的任一单元格中,单击降序按钮 $\stackrel{Z}{A}\downarrow$,可以按总分从高到低显示数据,降序排列结果如图4-4降序排列结果所示。

图 4-3 数据源表

考号	姓名	语文	数学	英语	总分
70605	杨璐	131	143	144	418
70603	王雪	131	135	144	410
70609	韩林霖	127	139	142	408
70601	沙龙逸	123	148	136	407
70606	李鉴学	126	135	140	401
70604	韩雨萌	129	133	138	400
70602	刘帅	116	143	140	399
70616	康惠雯	114	142	139	395
70607	刘钰婷	115	139	135	389
70611	林世博	116	142	129	387
70621	张希	123	130	134	387
70612	苑宇飞	118	136	131	385
70608	徐冲	122	124	139	385
70623	卢一凡	121	123	139	383
70610	张瑞鑫	126	115	139	380
70633	范作鑫	121	127	131	379
70620	裴子翔	111	139	128	378
70625	武传禹	119	129	130	378
70619	任雪桐	124	108	144	376
70614	刘姗	124	128	122	374
70613	王柏坤	121	123	128	372
70668	赵永刚	116	131	122	369
70636	张馨月大	114	124	122	360
70667	张曦月	116	123	119	358

图 4-4 降序排列结果

2. 多条件排序

在打开的"例题/例题 4 - 1.xlsx"工作簿中，如果希望按照语文成绩由高到低进行排序，而语文成绩相等时，则以数学成绩由高到低的方式显示时，就可以使用多条件排序。步骤如下：

（1）在打开的"例题/例题 4 - 1.xlsx"工作簿中，选择表格数据区域中的任意一个单元格，单击"数据"选项卡下的"排序和筛选"组中的"排序"按钮 [图] （如图 4 - 5 所示）。

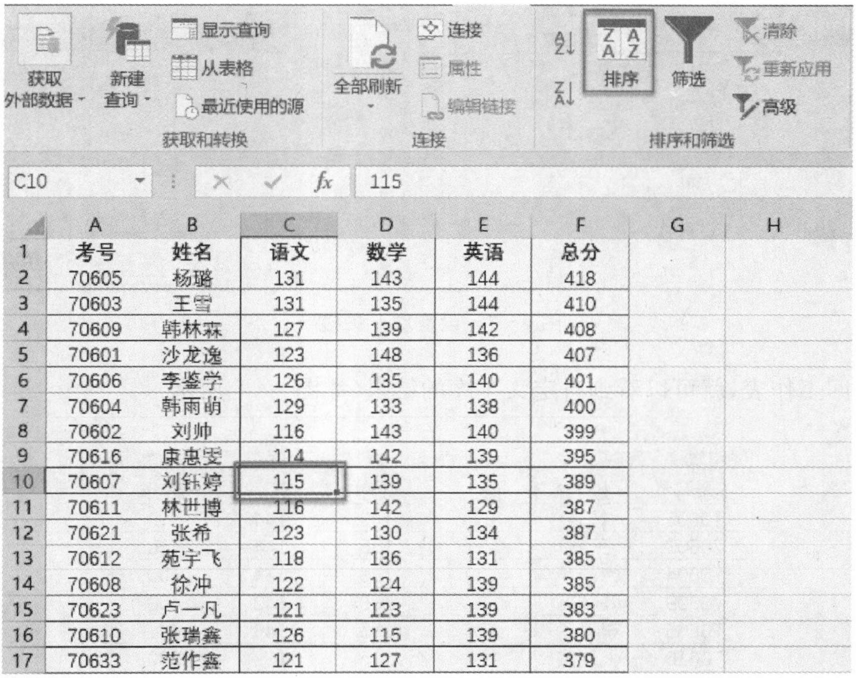

图 4 - 5　选择排序按钮

（2）打开"排序"对话框，单击"主要关键字"后的下拉按钮，选择"语文"选项，设置"排序依据"为"数值"，设置"次序"为"降序"，如图 4 - 6 所示。

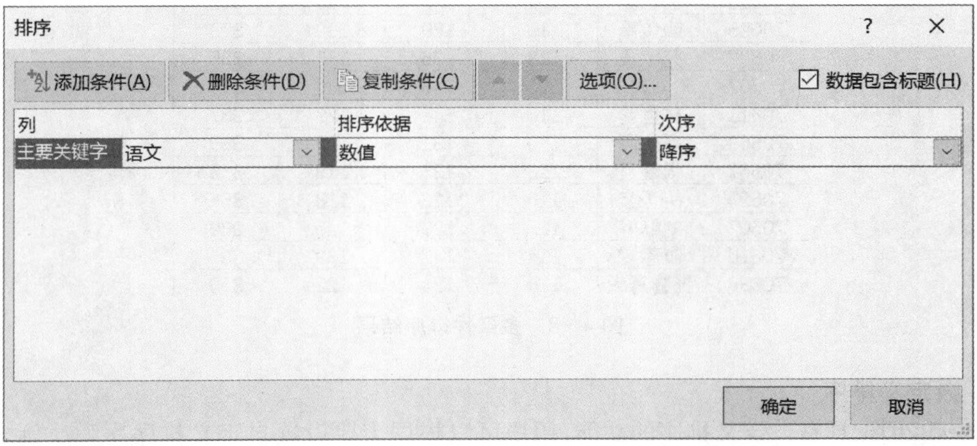

图 4 - 6　设置主要关键字

（3）单击"添加条件"按钮，增加排序条件，单击"次要关键字"下拉按钮，选择"数学"选项，设置"排序依据"为"数值"，设置"次序"为降序；单击"确定"按钮，如图4-7所示。

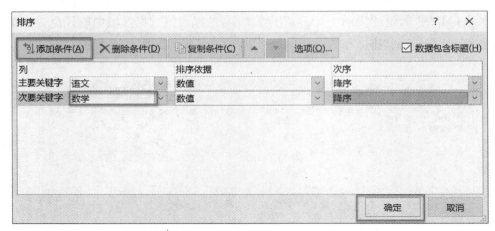

图4-7　设置次要关键字

（4）返回工作表，就可以看到自定义排序的结果（如图4-8所示）。

A	B	C	D	E	F
考号	姓名	语文	数学	英语	总分
70605	杨璐	131	143	144	418
70603	王雪	131	135	144	410
70604	韩雨萌	129	133	138	400
70609	韩林霖	127	139	142	408
70606	李鉴学	126	135	140	401
70610	张瑞鑫	126	115	139	380
70614	刘姗	124	128	122	374
70619	任雪桐	124	108	144	376
70601	沙龙逸	123	148	136	407
70621	张希	123	130	134	387
70608	徐冲	122	124	139	385
70633	范作鑫	121	127	131	379
70623	卢一凡	121	123	139	383
70613	王柏坤	121	123	128	372
70625	武传禹	119	129	130	378
70612	苑宇飞	118	136	131	385
70602	刘帅	116	143	140	399
70611	林世博	116	142	129	387
70668	赵永刚	116	131	122	369
70667	张曦月	116	123	119	358
70624	胡丁文	116	122	118	356
70607	刘钰婷	115	139	135	389
70616	康惠雯	114	142	139	395
70636	张馨月大	114	124	122	360

图4-8　多条件排序结果

3. 自定义排序

Excel 2016 具有自定义排序的功能，用户可以根据需要设置自定义排序序列。例如可以按照职位高低进行排序就可以使用自定义排序的方式。

【例题 4-2】 自定义排序数据源如图 4-9 所示(参见"第 4 章/例题/例题 4-2.xlsx"),按照职位高低进行排序。步骤如下:

① 选择表格数据区任一单元格,单击"数据"选项卡下的"排序和筛选"组中的"排序"按钮 ![排序] (如图 4-9 所示)。

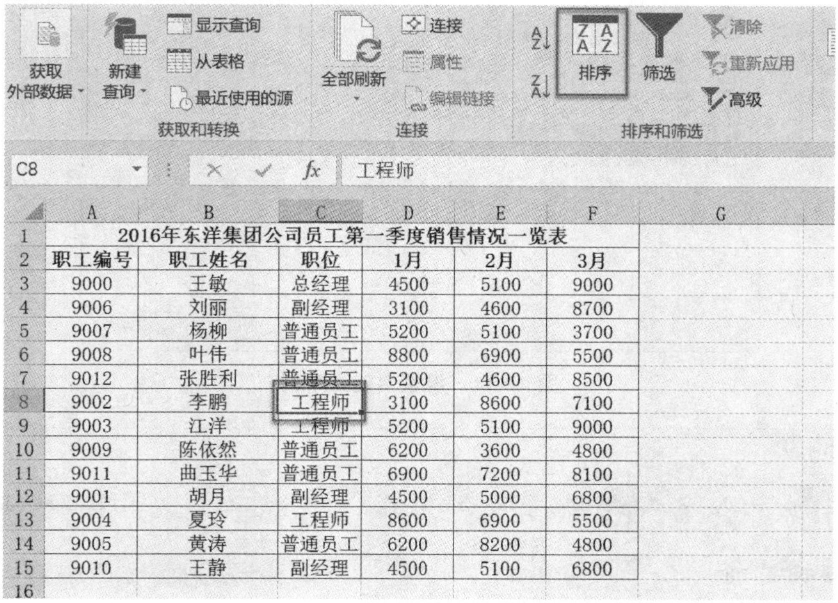

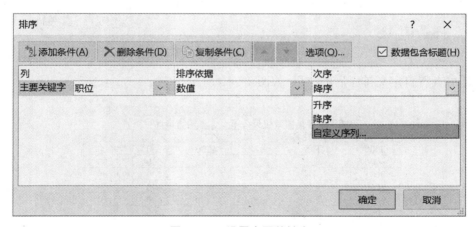

图 4-9 自定义排序数据源

② 在"排序"对话框中,"主要关键字"选择"职位","排序依据"设置为"数值","次序"设置为"自定义序列",如图 4-10 所示。

图 4-10 设置主要关键字

③ 在"自定义序列"对话框,如图 4-11 所示,在"输入序列"区,输入总经理、副经理、工程师、普通员工文本,单击"添加"按钮,将自定义序列添加到自定义序列列表区,单击"确定"按钮。

④ 返回至"排序"对话框,如图 4-12 所示,"次序"文本框就会显示新增的自定义序列,单击"确定",完成自定义排序操作。

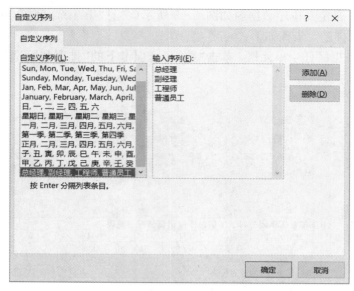

图 4 - 11　设置自定义序列

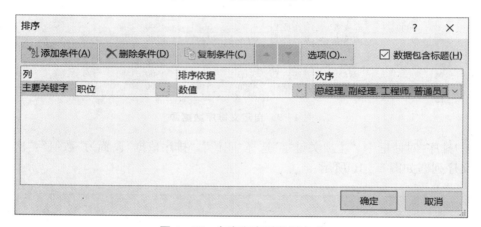

图 4 - 12　自定义序列设置完成

⑤ 即可查看自定义排序后的结果(如图 4 - 13 所示)。

职工编号	职工姓名	职位	1月	2月	3月
2016年东洋集团公司员工第一季度销售情况一览表					
9000	王敏	总经理	4500	5100	9000
9006	刘丽	副经理	3100	4600	8700
9001	胡月	副经理	4500	5000	6800
9010	王静	副经理	4500	5100	6800
9002	李鹏	工程师	3100	8600	7100
9003	江洋	工程师	5200	5100	9000
9004	夏玲	工程师	8600	6900	5500
9007	杨柳	普通员工	5200	5100	3700
9008	叶伟	普通员工	8800	6900	5500
9012	张胜利	普通员工	5200	4600	8500
9009	陈依然	普通员工	6200	3600	4800
9011	曲玉华	普通员工	6900	7200	8100
9005	黄涛	普通员工	6200	8200	4800

图 4 - 13　自定义排序结果

4.1.2 数据筛选

数据筛选就是从数据表中选出符合一定条件的记录。Excel 提供了自动筛选、高级筛选和使用切片器筛选三种方式。

1. 自动筛选

【例题 4－3】 自动筛选数据源如图 4－14 所示(参见“第 4 章/例题/例题 4－3.xlsx”)。

选择数据区域任一单元格,在“数据”选项卡,单击“排序和筛选”选项卡中“筛选”按钮,进入自动筛选状态,此时标题行的右侧出现一个下拉箭头(如图 4－14 所示)。

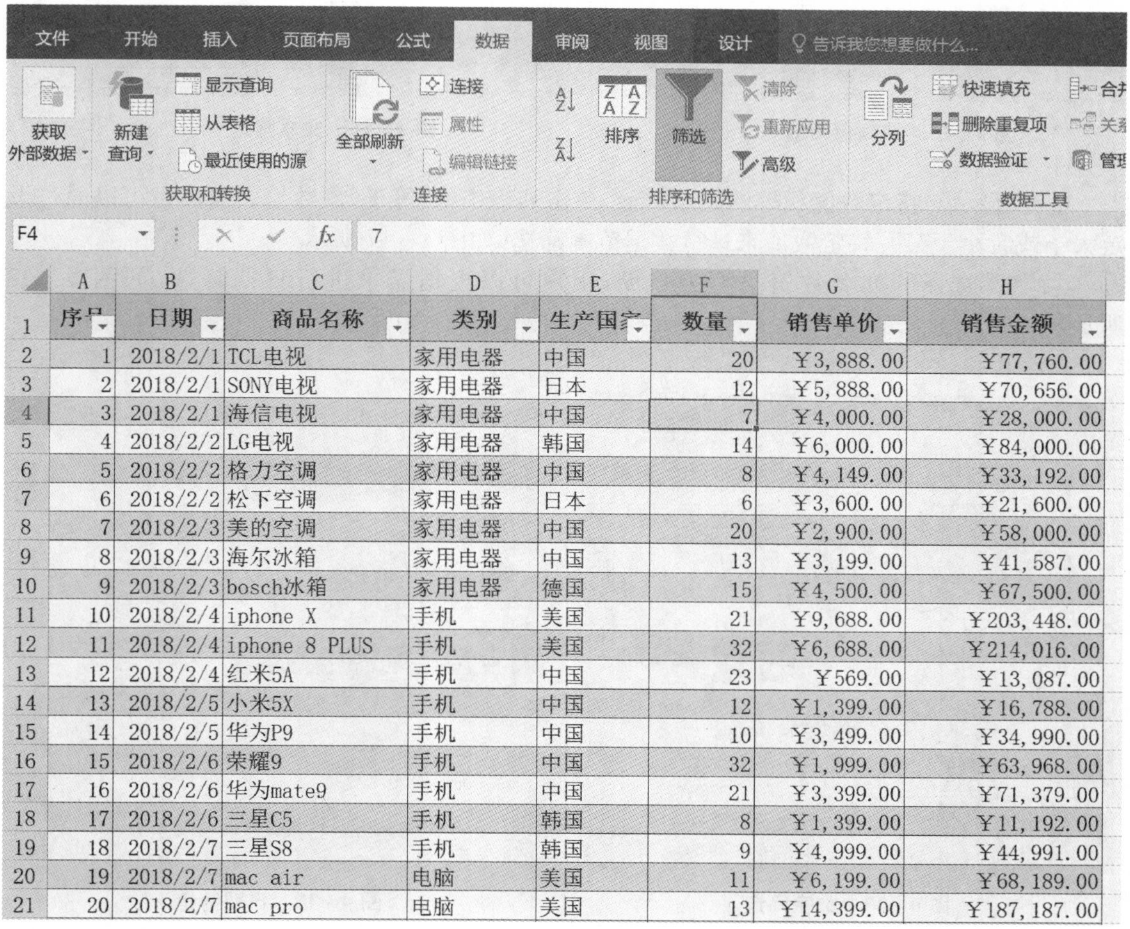

	A	B	C	D	E	F	G	H
1	序号	日期	商品名称	类别	生产国家	数量	销售单价	销售金额
2	1	2018/2/1	TCL电视	家用电器	中国	20	￥3,888.00	￥77,760.00
3	2	2018/2/1	SONY电视	家用电器	日本	12	￥5,888.00	￥70,656.00
4	3	2018/2/1	海信电视	家用电器	中国	7	￥4,000.00	￥28,000.00
5	4	2018/2/2	LG电视	家用电器	韩国	14	￥6,000.00	￥84,000.00
6	5	2018/2/2	格力空调	家用电器	中国	8	￥4,149.00	￥33,192.00
7	6	2018/2/2	松下空调	家用电器	日本	6	￥3,600.00	￥21,600.00
8	7	2018/2/3	美的空调	家用电器	中国	20	￥2,900.00	￥58,000.00
9	8	2018/2/3	海尔冰箱	家用电器	中国	13	￥3,199.00	￥41,587.00
10	9	2018/2/3	bosch冰箱	家用电器	德国	15	￥4,500.00	￥67,500.00
11	10	2018/2/4	iphone X	手机	美国	21	￥9,688.00	￥203,448.00
12	11	2018/2/4	iphone 8 PLUS	手机	美国	32	￥6,688.00	￥214,016.00
13	12	2018/2/4	红米5A	手机	中国	23	￥569.00	￥13,087.00
14	13	2018/2/5	小米5X	手机	中国	12	￥1,399.00	￥16,788.00
15	14	2018/2/5	华为P9	手机	中国	10	￥3,499.00	￥34,990.00
16	15	2018/2/6	荣耀9	手机	中国	32	￥1,999.00	￥63,968.00
17	16	2018/2/6	华为mate9	手机	中国	21	￥3,399.00	￥71,379.00
18	17	2018/2/6	三星C5	手机	韩国	8	￥1,399.00	￥11,192.00
19	18	2018/2/7	三星S8	手机	韩国	9	￥4,999.00	￥44,991.00
20	19	2018/2/7	mac air	电脑	美国	11	￥6,199.00	￥68,189.00
21	20	2018/2/7	mac pro	电脑	美国	13	￥14,399.00	￥187,187.00

图 4－14 自动筛选数据源

单击下拉按钮,弹出菜单,可按所需要的条件进行数据的筛选操作。

自动筛选弹出菜单说明:

① 如果该列单元格有不同的颜色,还可以根据单元格的颜色进行筛选(如图 4－15 所示)。

② 如果选择的列名数值类型为文本,用户可以根据需求进行文本内容的筛选(如图 4－16 所示)。

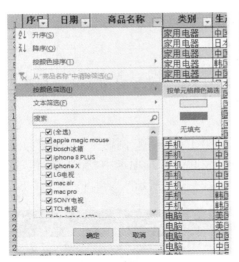

图 4-15　按颜色筛选　　　　　　　　　　　图 4-16　文本筛选

③ 仅显示与特定数值相等的记录(行),单击列表中的"等于"该数值。当然也可以通过设定大于或者小于某一特定数值来进行数据范围筛选(如图 4-17 所示)。

④ 如果选择的列名数值类型为日期,用户可以根据需求进行日期筛选(如图 4-18 所示)。

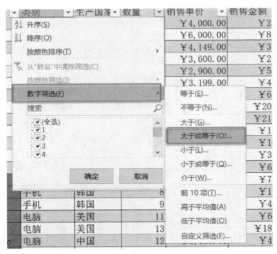

图 4-17　数字筛选

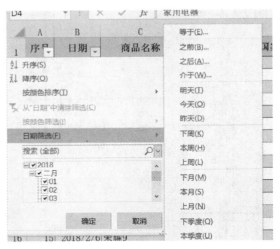

图 4-18　日期筛选

2. 创建自定义筛选

使用自定义筛选可以在同一列设置两个标准,同时再使用比较运算符。单击要筛选的数据列中的下拉箭头,然后单击"数字筛选|文本筛选|日期筛选",选择"自定义筛选"(如图 4-19 所示),弹出"自定义自动筛选方式"对话框(如图 4-20 所示)。

在弹出的"自定义自动筛选方式"对话框,比如筛选数量在 10~15 的记录,可以在第一个条件域选择"大于"操作符,输入数字 10,"与|或"操作选择"与",第二个条件域选择"小于",输入数字 15,单击"确定"按钮,筛选结果如图 4-21 所示。

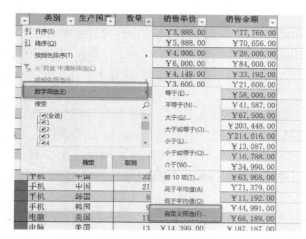

图 4-19 自定义筛选

图 4-20 自定义自动筛选方式

序号	日期	商品名称	类别	生产国产	数量	销售单价	销售金额
3	2018/2/1	SONY电视	家用电器	日本	12	¥5,888.00	¥70,656.00
5	2018/2/2	LG电视	家用电器	韩国	14	¥6,000.00	¥84,000.00
9	2018/2/3	海尔冰箱	家用电器	中国	13	¥3,199.00	¥41,587.00
14	13 2018/2/5	小米5X	手机	中国	12	¥1,399.00	¥16,788.00
20	19 2018/2/7	mac air	电脑	美国	11	¥6,199.00	¥68,189.00
21	20 2018/2/7	mac pro	电脑	美国	13	¥14,399.00	¥187,187.00
22	21 2018/2/7	thinkpad e470c	电脑	中国	12	¥3,988.00	¥47,856.00
24	23 2018/2/7	thinkpad new s2	电脑	中国	11	¥4,999.00	¥54,989.00
25	24 2018/2/8	华为matebook X	电脑	中国	13	¥7,188.00	¥93,444.00
33	32 2018/2/11	海信电视	家用电器	中国	11	¥4,000.00	¥44,000.00
34	33 2018/2/11	LG电视	家用电器	韩国	13	¥6,000.00	¥78,000.00
39	38 2018/2/12	bosch冰箱	家用电器	德国	11	¥4,500.00	¥49,500.00
40	39 2018/2/13	iphone X	手机	美国	13	¥9,299.00	¥120,887.00
41	40 2018/2/13	iphone 8 PLUS	手机	美国	12	¥6,500.00	¥78,000.00
43	42 2018/2/13	小米5X	手机	中国	11	¥1,399.00	¥15,389.00
44	43 2018/2/13	华为P9	手机	中国	13	¥3,000.00	¥39,000.00
49	48 2018/2/15	mac air	电脑	美国	11	¥6,199.00	¥68,189.00
50	49 2018/2/15	mac pro	电脑	美国	13	¥14,399.00	¥187,187.00
60	59 2018/2/19	TCL电视	家用电器	中国	14	¥3,888.00	¥54,432.00
65	64 2018/2/20	松下空调	家用电器	日本	13	¥3,600.00	¥46,800.00
70	69 2018/2/22	iphone 8 PLUS	手机	美国	14	¥6,688.00	¥93,632.00
77	76 2018/2/25	三星S8	手机	韩国	14	¥4,999.00	¥69,986.00
84	83 2018/2/27	华为matebook E	电脑	中国	12	¥7,088.00	¥85,056.00

图 4-21 自定义筛选结果

3. 取消筛选

如果需要对已经筛选的数据取消筛选，以便显示所有的数据，有两种方法可以取消筛选。

方法 1：单击"数据"选项卡"排序和筛选"组的"筛选"按钮，退出筛选操作；

方法 2：单击"数据"选项卡"排序和筛选"组的"清除"按钮，清除筛选结果（如图 4-22 所示）。

4. 高级筛选

如果对字段设置多个复杂的筛选条件，可以使用 Excel 的高级筛选功能。

在"数据"选项卡的"排序和筛选"组单击"高级"图标

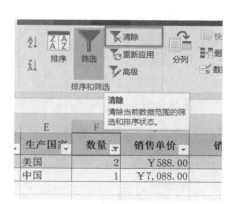

图 4-22 清除筛选结果

，进入"高级筛选"对话框（如图 4-23 所示）中，指定列表区域、条件区域，如果方式选择"将筛选结果复制到其他位置"选项，还可以指定复制到区域。如果需要记录不重复，可以勾选"选择不重复的记录"复选框。

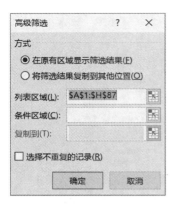

图 4-23　"高级筛选"对话框

条件区域是执行高级筛选的关键部分。它由条件标记和条件值构成。条件标记和数据清单的列标记相同，而且必须完全相同，因此建议从数据清单中直接复制过来；条件值则须根据筛选需要在条件标记下方构造，同行的条件值表示与关系，而异行的条件表示或关系。

构造高级筛选的条件区域需要注意：如果条件区域放在数据清单的下方，那么两者之间应至少有一个空白行；如果条件区域放在数据清单的上方，则数据清单和条件区域之间保持至少有一个空白行。下面通过几个例子详细讲解高级筛选的应用。

高级筛选步骤如下：

① 确定筛选区域，即如图 4-23 所示的"列表区域"，单击"列表区域"文本框右侧的 ，确定筛选的数据范围。

② 建立条件区域，用来指定筛选数据满足的条件，包括三种典型条件：单组条件、多组条件和公式条件。

（1）单组条件设置：设置单组筛选条件（与/或）

1）逻辑关系"与"：

条件输入在同一行中，则该行中的各条件是逻辑"与"的关系，例如我们要筛选出"类别"为"手机"且"数量大于 30"的数据，复制列名"类别"和"数量"，在列标题下面的单元格中填写内容："手机"和"＞30"（如图 4-24 所示），表示筛选同时满足"类别"为"手机"和"数量"大于 30 的数据。

A	B	C	D	E	F	G	H	I	J	K	L
序号	日期	商品名称	类别	生产国家	数量	销售单价	销售金额				
1	2018/2/1	TCL电视	家用电器	中国	20	￥3,888.00	￥77,760.00			类别	数量
2	2018/2/1	SONY电视	家用电器	日本	12	￥5,888.00	￥70,656.00			手机	＞30
3	2018/2/1	海信电视	家用电器	中国	7	￥4,000.00	￥28,000.00				
4	2018/2/2	LG电视	家用电器	韩国	14	￥6,000.00	￥84,000.00				
5	2018/2/2	格力空调	家用电器	中国	8	￥4,149.00	￥33,192.00				
6	2018/2/2	松下空调	家用电器	日本	6	￥3,600.00	￥21,600.00				
7	2018/2/3	美的空调	家用电器	中国	20	￥2,900.00	￥58,000.00				
8	2018/2/3	海尔冰箱	家用电器	中国	13	￥3,199.00	￥41,587.00				
9	2018/2/3	bosch冰箱	家用电器	德国	15	￥4,500.00	￥67,500.00				
10	2018/2/4	iphone X	手机	美国	21	￥9,688.00	￥203,448.00				
11	2018/2/4	iphone 8 PLUS	手机	美国	32	￥6,688.00	￥214,016.00				
12	2018/2/4	红米5A	手机	中国	23	￥569.00	￥13,087.00				
13	2018/2/5	小米5X	手机	中国	12	￥1,399.00	￥16,788.00				
14	2018/2/5	华为P9	手机	中国	10	￥3,499.00	￥34,990.00				

图 4-24　高级筛选——单组条件逻辑"与"

单组条件逻辑"与"的筛选结果如图 4-25 所示。

序号	日期	商品名称	类别	生产国家	数量	销售单价	销售金额
11	2018/2/4	iphone 8 PLUS	手机	美国	32	￥6,688.00	￥214,016.00
15	2018/2/6	荣耀9	手机	中国	32	￥1,999.00	￥63,968.00
46	2018/2/14	三星C5	手机	韩国	45	￥1,399.00	￥62,955.00
73	2018/2/24	荣耀9	手机	中国	32	￥1,999.00	￥63,968.00

图 4-25　单组条件——逻辑与筛选结果

2）逻辑关系"或"：

条件在输入不同行中，则表示筛选条件是逻辑"或"的关系，即只要满足其中任何一个条件的数据都会被筛选出来。例如筛选"类别"为"手机"或"数量大于 30"的数据，条件区域如图 4-26 所示设置。

91	序号	日期	商品名称	类别	生产国家	数量	销售单价	销售金额	类别	数量
92	10	2018/2/4	iphone X	手机	美国	21	￥9,688.00	￥203,448.00	手机	
93	11	2018/2/4	iphone 8 PLUS	手机	美国	32	￥6,688.00	￥214,016.00		>30
94	12	2018/2/4	红米5A	手机	中国	23	￥569.00	￥13,087.00		
95	13	2018/2/5	小米5X	手机	中国	12	￥1,399.00	￥16,788.00		
96	14	2018/2/5	华为P9	手机	中国	10	￥3,499.00	￥34,990.00		
97	15	2018/2/6	荣耀9	手机	中国	32	￥1,999.00	￥63,968.00		
98	16	2018/2/6	华为mate9	手机	中国	21	￥3,399.00	￥71,379.00		
99	17	2018/2/6	三星C5	手机	韩国	8	￥1,399.00	￥11,192.00		
100	18	2018/2/7	三星S8	手机	韩国	9	￥4,999.00	￥44,991.00		
101	27	2018/2/9	小米鼠标	鼠标	中国	45	￥93.00	￥4,185.00		
102	36	2018/2/12	美的空调	家用电器	中国	45	￥3,200.00	￥144,000.00		
103	39	2018/2/13	iphone X	手机	美国	13	￥9,299.00	￥120,887.00		
104	40	2018/2/13	iphone 8 PLUS	手机	美国	12	￥6,500.00	￥78,000.00		
105	41	2018/2/13	红米5A	手机	中国	5	￥569.00	￥2,845.00		
106	42	2018/2/13	小米5X	手机	中国	11	￥1,399.00	￥15,389.00		
107	43	2018/2/13	华为P9	手机	中国	13	￥3,000.00	￥39,000.00		
108	44	2018/2/14	荣耀9	手机	中国	9	￥1,999.00	￥17,991.00		
109	45	2018/2/14	华为mate9	手机	中国	7	￥3,399.00	￥23,793.00		
110	46	2018/2/14	三星C5	手机	韩国	45	￥1,399.00	￥62,955.00		
111	47	2018/2/15	三星S8	手机	韩国	9	￥4,999.00	￥44,991.00		
112	63	2018/2/20	格力空调	家用电器	中国	32	￥4,149.00	￥132,768.00		
113	68	2018/2/22	iphone X	手机	美国	9	￥9,688.00	￥87,192.00		
114	69	2018/2/22	iphone 8 PLUS	手机	美国	14	￥6,688.00	￥93,632.00		
115	70	2018/2/22	红米5A	手机	中国	8	￥569.00	￥4,552.00		

图 4-26　高级筛选——单组条件逻辑"或"

单组条件逻辑"或"的筛选结果如图4-27所示。

序号	日期	商品名称	类别	生产国家	数量	销售单价	销售金额
10	2018/2/4	iphone X	手机	美国	21	￥9,688.00	￥203,448.00
11	2018/2/4	iphone 8 PLUS	手机	美国	32	￥6,688.00	￥214,016.00
12	2018/2/4	红米5A	手机	中国	23	￥569.00	￥13,087.00
13	2018/2/5	小米5X	手机	中国	12	￥1,399.00	￥16,788.00
14	2018/2/5	华为P9	手机	中国	10	￥3,499.00	￥34,990.00
15	2018/2/6	荣耀9	手机	中国	32	￥1,999.00	￥63,968.00
16	2018/2/6	华为mate9	手机	中国	21	￥3,399.00	￥71,379.00
17	2018/2/6	三星C5	手机	韩国	8	￥1,399.00	￥11,192.00
18	2018/2/7	三星S8	手机	韩国	9	￥4,999.00	￥44,991.00
27	2018/2/9	小米鼠标	鼠标	中国	45	￥93.00	￥4,185.00
36	2018/2/12	美的空调	家用电器	中国	45	￥3,200.00	￥144,000.00
39	2018/2/13	iphone X	手机	美国	13	￥9,299.00	￥120,887.00
40	2018/2/13	iphone 8 PLUS	手机	美国	12	￥6,500.00	￥78,000.00
41	2018/2/13	红米5A	手机	中国	5	￥569.00	￥2,845.00
42	2018/2/13	小米5X	手机	中国	11	￥1,399.00	￥15,389.00
43	2018/2/13	华为P9	手机	中国	13	￥3,000.00	￥39,000.00
44	2018/2/14	荣耀9	手机	中国	9	￥1,999.00	￥17,991.00
45	2018/2/14	华为mate9	手机	中国	7	￥3,399.00	￥23,793.00

图 4-27　单组条件——逻辑或筛选结果

（2）多组条件设置

包含"与"和"或"多条件逻辑关系，既要满足"与"的关系同时又要满足"或"的关系，例如筛选出"类别"为"手机"且"数量大于30"或者"类别"为"电脑"且"数量小于10"的数据，条件区域可以如图4-28所示设置。

序号	日期	商品名称	类别	生产国家	数量	销售单价	销售金额		类别	数量
1	2018/2/1	TCL电视	家用电器	中国	20	￥3,888.00	￥77,760.00			
2	2018/2/1	SONY电视	家用电器	日本	12	￥5,888.00	￥70,656.00		手机	>30
3	2018/2/1	海信电视	家用电器	中国	7	￥4,000.00	￥28,000.00		电脑	<10
4	2018/2/2	LG电视	家用电器	韩国	14	￥6,000.00	￥84,000.00			
5	2018/2/2	格力空调	家用电器	中国	8	￥4,149.00	￥33,192.00			
6	2018/2/2	松下空调	家用电器	日本	6	￥3,600.00	￥21,600.00			
7	2018/2/3	美的空调	家用电器	中国	20	￥2,900.00	￥58,000.00			
8	2018/2/3	海尔冰箱	家用电器	中国	13	￥3,199.00	￥41,587.00			
9	2018/2/3	bosch冰箱	家用电器	德国	15	￥4,500.00	￥67,500.00			
10	2018/2/4	iphone X	手机	美国	21	￥9,688.00	￥203,448.00			
11	2018/2/4	iphone 8 PLUS	手机	美国	32	￥6,688.00	￥214,016.00			
12	2018/2/4	红米5A	手机	中国	23	￥569.00	￥13,087.00			
13	2018/2/5	小米5X	手机	中国	12	￥1,399.00	￥16,788.00			
14	2018/2/5	华为P9	手机	中国	10	￥3,499.00	￥34,990.00			

图 4-28　高级筛选——多组条件设置

多组筛选条件的筛选结果如图 4-29 所示,该结果满足条件"类别为手机且数量大于 30"或者"类别为电脑且数量小于 10"这样的组合条件。

序号	日期	商品名称	类别	生产国家	数量	销售单价	销售金额
11	2018/2/4	iphone 8 PLUS	手机	美国	32	￥6,688.00	￥214,016.00
15	2018/2/6	荣耀9	手机	中国	32	￥1,999.00	￥63,968.00
22	2018/2/6	thinkpad X1	电脑	中国	5	￥9,999.00	￥49,995.00
25	2018/2/8	华为matebook E	电脑	中国	9	￥7,088.00	￥63,792.00
46	2018/2/14	三星C5	手机	韩国	45	￥1,399.00	￥62,955.00
51	2018/2/16	thinkpad X1	电脑	中国	4	￥9,999.00	￥39,996.00
53	2018/2/17	华为matebook X	电脑	中国	8	￥7,188.00	￥57,504.00
54	2018/2/17	华为matebook E	电脑	中国	1	￥7,088.00	￥7,088.00
73	2018/2/24	荣耀9	手机	中国	32	￥1,999.00	￥63,968.00
77	2018/2/26	mac air	电脑	美国	8	￥6,199.00	￥49,592.00
78	2018/2/26	mac pro	电脑	美国	4	￥14,399.00	￥57,596.00
81	2018/2/27	thinkpad new s2	电脑	中国	4	￥4,999.00	￥19,996.00

图 4-29　多组条件筛选结果

（3）公式筛选

可以在条件区域直接输入公式函数进行数据筛选,例如我们需要筛选数据区域中大于数量平均值的数据,任选空白单元格（K4）输入公式"=F2>AVERAGE（$F$2：$F$87）",如图 4-30 所示。

图 4-30　公式筛选条件区域设置

单击"数据"选项卡"排序与筛选"组的高级按钮，弹出"高级筛选"对话框（如图 4-31 所示）,"列表区域"选择数据源,注意设置"条件区域"的需要把公式条件上方的空白单元格框选上。

图 4-31　高级筛选——公式条件

单击"确定"按钮之后,"大于平均数量值的数据"筛选结果如图 4-32 所示。

序号	日期	商品名称	类别	生产国家	数量	销售单价	销售金额	平均值
1	2018/2/1	TCL电视	家用电器	中国	20	￥3,888.00	￥77,760.00	TRUE
4	2018/2/2	LG电视	家用电器	韩国	14	￥6,000.00	￥84,000.00	
7	2018/2/3	美的空调	家用电器	中国	20	￥2,900.00	￥58,000.00	
9	2018/2/3	bosch冰箱	家用电器	德国	15	￥4,500.00	￥67,500.00	
10	2018/2/4	iphone X	手机	美国	21	￥9,688.00	￥203,448.00	
11	2018/2/4	iphone 8 PLUS	手机	美国	32	￥6,688.00	￥214,016.00	
12	2018/2/4	红米5A	手机	中国	23	￥569.00	￥13,087.00	
15	2018/2/6	荣耀9	手机	中国	32	￥1,999.00	￥63,968.00	
16	2018/2/6	华为mate9	手机	中国	21	￥3,399.00	￥71,379.00	
27	2018/2/9	小米鼠标	鼠标	中国	45	￥93.00	￥4,185.00	
30	2018/2/10	TCL电视	家用电器	中国	22	￥3,600.00	￥79,200.00	
36	2018/2/12	美的空调	家用电器	中国	45	￥3,200.00	￥144,000.00	
46	2018/2/14	三星C5	手机	韩国	45	￥1,399.00	￥62,955.00	
50	2018/2/16	thinkpad e470c	电脑	中国	27	￥3,988.00	￥107,676.00	
59	2018/2/19	TCL电视	家用电器	中国	14	￥3,888.00	￥54,432.00	
62	2018/2/20	LG电视	家用电器	韩国	25	￥6,000.00	￥150,000.00	
63	2018/2/20	格力空调	家用电器	中国	32	￥4,149.00	￥132,768.00	
66	2018/2/21	海尔冰箱	家用电器	中国	18	￥3,199.00	￥57,582.00	
69	2018/2/22	iphone 8 PLUS	手机	美国	14	￥6,688.00	￥93,632.00	
72	2018/2/23	华为P9	手机	中国	25	￥3,499.00	￥87,475.00	
73	2018/2/24	荣耀9	手机	中国	32	￥1,999.00	￥63,968.00	
76	2018/2/25	三星S8	手机	韩国	14	￥4,999.00	￥69,986.00	
79	2018/2/26	thinkpad e470c	电脑	中国	25	￥3,988.00	￥99,700.00	
80	2018/2/26	thinkpad X1	电脑	中国	32	￥9,999.00	￥319,968.00	
82	2018/2/27	华为matebook X	电脑	中国	21	￥7,188.00	￥150,948.00	
84	2018/2/27	罗技G502	鼠标	瑞士	23	￥399.00	￥9,177.00	

图 4-32　大于平均数量值的数据

4.1.3　数据分类汇总

当人们需要对数据表单中的数据按一定的类别进行归类统计,这就需要进行数据的分类汇总,并且在类设定完成后为进一步的操作提供了可能。分类汇总操作不但增加了表格的可读性,而且可以提供进一步的分析功能帮助用户更加快捷、方便地获得需要的数据并做出判断。

当插入自动分类汇总时,Excel 会分级显示数据清单,以便为每个分类显示和隐藏明细数据行。但是必须注意的是,要使用分类汇总,必须先将数据清单排序,以便将要进行分类汇总的行组合到一起,然后再进行相关计算分类汇总。Excel 可自动计算数据清单中的分类汇总和总计值。

Excel 使用 SUM(求和)、COUNT(计数)和 AVERAGE(均值)等函数进行分类汇总计算。在一个数据清单中可以一次使用多种计算来显示分类汇总。总计值来自明细数据,而不是分类汇总行中的数据。在编辑明细数据时,Excel 将自动重新计算相应的分类汇总和总计值。

【例题 4-4】　对某供应商供货情况作分类汇总(参见"第 4 章/例题/例题 4-4.xlsx")。
创建分类汇总的操作步骤如下:

① 打开"第 4 章/例题/例题 4-4.xlsx"中"数据源"工作表,我们将"数据源"工作表数据全部复制到新的一张工作表中,并重命名为"分类汇总"工作表。单击 D 列数据区域任一单元格,单击"数据"选项卡降序按钮 ，对数据进行降序排列,如图 4-33 所示。

② 在"数据"选项卡中,单击"分级显示"选项组中的"分类汇总"按钮 分类汇总 ，弹出"分类汇总"对话框(如图 4-34 所示)。

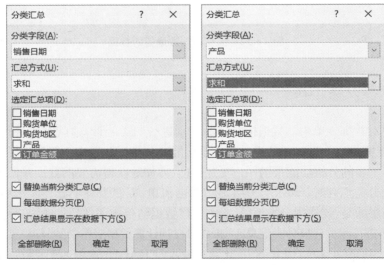

	A	B	C	D	E
1	销售日期	购货单位	购货地区	产品	订单金额
2	2017/2/5	第一百货	常州	圆珠笔	￥5,400.00
3	2017/6/1	晨光百货	南通	圆珠笔	￥7,600.00
4	2017/1/20	晨光百货	南通	圆珠笔	￥6,800.00
5	2017/4/14	第一百货	常州	移动硬盘	￥12,000.00
6	2017/2/13	美罗百货	无锡	移动电源	￥5,600.00
7	2017/3/21	晨光百货	南通	移动电源	￥6,500.00
8	2017/4/18	美罗百货	无锡	拖鞋	￥6,500.00
9	2017/2/25	东丽百货	上海	拖鞋	￥800.00
10	2017/6/29	天天百货	南京	拖鞋	￥6,500.00
11	2017/4/26	天天百货	南京	台灯	￥13,000.00
12	2017/6/17	第一百货	常州	台灯	￥10,000.00
13	2017/1/1	美丽百货	南京	水笔	￥10,000.00
14	2017/1/10	晨光百货	南通	水笔	￥4,000.00
15	2017/2/21	天天百货	南京	水笔	￥1,200.00
16	2017/3/29	大洋百货	苏州	水笔	￥4,500.00
17	2017/5/4	东丽百货	上海	鼠标	￥5,400.00
18	2017/6/9	大洋百货	苏州	鼠标	￥6,900.00
19	2017/6/25	美罗百货	无锡	鼠标	￥5,400.00
20	2017/1/30	大洋百货	苏州	手机壳	￥4,687.00
21	2017/3/5	大生百货	南通	手机壳	￥1,300.00

图 4-33 分类汇总数据源

图 4-34 "分类汇总"对话框　　图 4-35 分类汇总操作

③ 在"分类汇总"对话框中,如果对"产品"进行分类汇总的话,可以在"分类字段"下拉列表框选择"产品"字段,"汇总方式"下拉列表框选择"求和"选项,"选定汇总项"勾选"订单金额"复选框,并选中"替换当前分类汇总""每组数据分页""汇总结果显示在数据下方"复选框,如图4-35所示。

④ 单击"确定"按钮,进行分类汇总操作,进行分类汇总后的效果如图4-36所示或见"第4章/例题/例题4-4.xlsx"工作簿中"分类汇总"工作表。

⑤ 单击分类汇总数据表左侧的分级显示按钮,便可创建分类汇总报表,用户可以选择显示全部记录,或只显示每个产品的汇总结果(如图4-37所示)。

图 4‑36　分类汇总结果

图 4‑37　每种产品汇总结果

4.2　数据管理——数据透视表

数据透视表是一种交互式的表，能够快速统计大量数据。数据透视表可以对数据进行分类汇总和聚合，帮助用户分析和组织数据，还可以对记录数量较多、结构复杂的工作表进行筛选、排序、分组和有条件地设置格式，显示数据中的规律。

数据透视表的特点是动态地改变它们的版面布置，以便按照不同方式分析数据。每一次改变版面布置时，数据透视表会立即按照新的布置重新计算数据。另外，如果原始数据发生更改，则可以更新数据透视表。这样，用户可以灵活、快捷、准确地看到不同角度的数据，全方位地理解数据意义。

4.2.1 创建数据透视表

数据透视表采用可视化交互手段建立。用户首先打开工作表，执行数据透视表命令，根据提示选定待分析数据的数据源和报表类型、数据源区域、选择数据透视表的显示位置，完成版式设置，最后一张数据透视表便完成了。下面举例说明创建数据透视表的步骤。

【**例题 4 - 5**】 创建某供应商供货情况的数据透视表（参见"第 4 章/例题/例题 4 - 5.xlsx"）。步骤如下：

① 打开"例题/例题 4 - 5.xlsx"工作簿"数据源"工作表，我们将"数据源"工作表数据全部复制到新的一张工作表中，并重命名为"数据透视表"工作表。在"数据透视表"工作表中，单击"插入"选项卡"表格"选项组中的"数据透视表"按钮（如图 4 - 38 所示）。

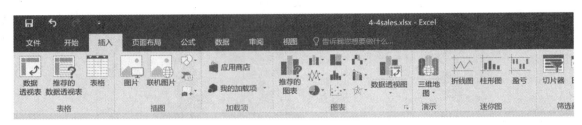

图 4 - 38 数据透视表按钮

② 弹出"创建数据透视表"对话框，在"请选择要分析的数据"单击选中"选择一个表或区域"选项，在"表/区域"文本框中设置数据透视表的数据源，单击其后的 ▦ 按钮，用鼠标拖曳

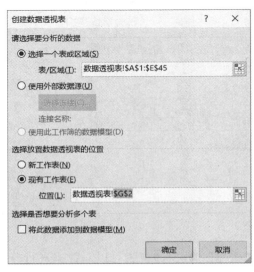

图 4 - 39 创建数据透视表

选择 A1：E45 单元格区域即可，在"选择放置数据透视表的位置"区域单击"现有工作表"，"位置"文本框单击其后的 ▦ 按钮设置位置（例如选择"数据透视表"工作表的 G2 位置）。如果在"选择放置数据透视表的位置"区域单击新工作表，表示创建新的工作表作为数据透视表（如图 4 - 39 所示）。

③ 弹出数据透视表的编辑页面和显示未设置字段的默认数据透视表，窗口右侧打开"数据透视表字段"列表任务窗口，列出了所有字段，如图 4 - 40 所示。

④ 在"数据透视表字段"列表中"选择要添加到报表的字段"选择"购货单位""产品""订单金额"，将"购货单位""产品"拖曳到"行"区域中，将"订单金额"拖曳到"Σ值"区域中，操作及创建后的数据透视表如图 4 - 41 所示。

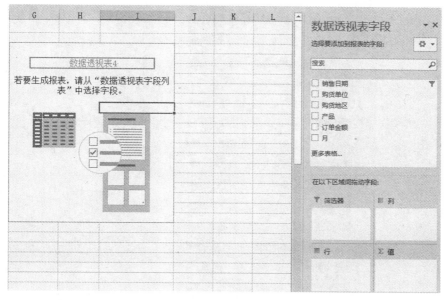

图 4 - 40 未添加字段的数据透视表

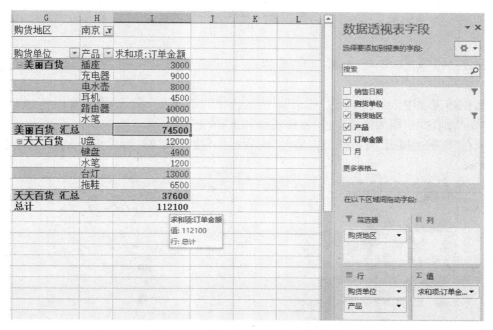

图 4 - 41 添加标签和报表字段设置

⑤ 如果更改数据透视表的布局,可以单击数据透视表,此时在"功能区"出现"数据透视表工具"的"分析"和"设计"选项卡,在"设计"选项卡"布局"选项组,有"分类汇总""总计""报表布局""空行"四个选项,单击下三角箭头可以设置透视表的布局,如图 4 - 42 所示。更改后的一种数据透视表表如图 4 - 43 所示。

图 4 - 42 数据透视表——布局

购货单位	产品	求和项:订单金额
晨光百货	电水壶	3600
	路由器	7200
	水笔	4000
	移动电源	6500
	圆珠笔	14400
晨光百货 汇总		35700
大生百货	电水壶	3400
	蓝牙音箱	15000
	内存	6000
	手机壳	1300
大生百货 汇总		25700
大洋百货	U盘	9800
	电池	7600
	内存	8200
	手机壳	9987
	鼠标	6900
	水笔	4500
大洋百货 汇总		46987
第一百货	U盘	8000
	路由器	9300
	内存	6000
	台灯	10000
	移动硬盘	12000
	圆珠笔	5400
第一百货 汇总		50700
东丽百货	电池	890
	耳机	7900
	鼠标	5400
	拖鞋	800
东丽百货 汇总		14990

图 4 - 43　数据透视表

4.2.2　修改数据透视表

在数据透视表中,还可以通过"筛选器"列表框中的字段进行筛选,例如在图 4 - 43 基础上增加以"购货地区"字段为筛选条件,操作步骤如下:

(1) 在"数据透视表字段"任务窗格将"购货地区"拖曳到"筛选器"中,完成的效果图如图 4 - 44 所示。

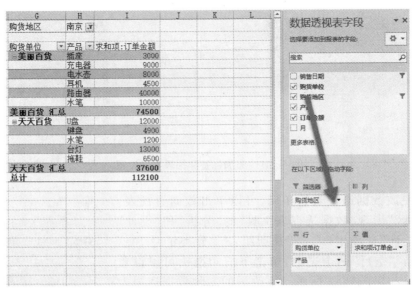

图 4 - 44　修改数据透视表

（2）如图4-45所示，单击数据透视表"购货地区"单元格的下拉箭头，弹出筛选窗口，可以选择需要筛选的数据项，如果需要"多选"，勾选"选择多项"复选框。

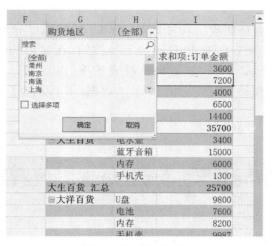

图4-45　筛选数据

4.2.3　添加和删除记录

数据透视表删除字段有两种方法：

（1）在"数据透视表字段"中"选择要添加到报表的字段"区域中，取消勾选要删除的字段，完成字段删除，如图4-46所示。

（2）在"筛选器|行|列|∑值"区域单击字段后面的下拉三角箭头，弹出菜单中单击"删除字段"选项完成删除，如图4-47所示。

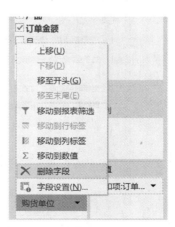

图4-46　删除字段——方法1　　图4-47　删除字段——方法2

4.2.4 设置数据透视表选项

选择数据透视表,会自动激活功能区的"分析"和"设计"选项卡,单击"分析"选项卡下的"数据透视表"组中"选项"按钮右侧的下拉按钮,在弹出的快捷下拉菜单中选择"选项"命令(如图4-48所示)。弹出"数据透视表选项"对话框(如图4-49所示),可以设置数据透视表的"布局和格式""汇总和筛选""数据"等,设置完成后,单击"确定"按钮完成设置。

图4-48 数据透视表选项

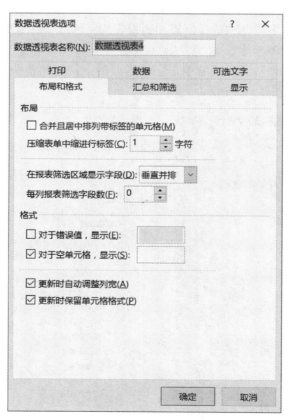

图4-49 "数据透视表选项"对话框

4.2.5　改变数据透视表的汇总方式

Excel 数据透视表默认的汇总方式是求和,用户可以根据需要改变透视表中的数据项汇总方式。步骤如下:

(1) 单击数据透视表右侧"Σ数值"列表中的"求和项:订单金额"右侧的下拉按钮,在弹出的下拉菜单中选择"值字段设置"选项(如图 4-50 所示)。

(2) 在弹出的"值字段设置"对话框(如图 4-51 所示)中,值汇总方式选择"平均值"选项,单击"确定"按钮完成设置。

注意:在"值字段设置"对话框中,还可以进行"自定义名称"的修改,"值显示方式"的修改,"数字格式"的设置(如图4-51所示)。

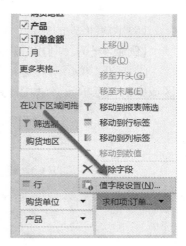

图 4-50　值字段设置

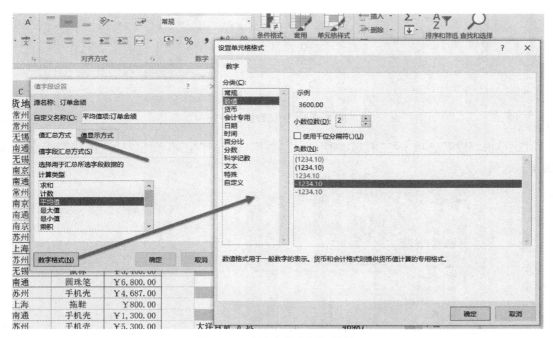

图 4-51　"值字段设置"对话框

4.2.6　通过数据透视表建立数据透视图

数据透视图与数据透视表的工作原理大致相同,不同之处仅在于它使用图形来显示。一旦工作簿中有了数据透视图,就可设计它的布局,并像对待数据透视表一样控制它所显示的数据。

创建数据透视图的操作步骤如下:

(1) 创建数据透视表。

(2) 选择要显示的项目。

(3) 插入图表。

（4）图表格式设置。

（5）图表格式的完善。

【例题 4 - 6】 利用"数据透视表"来进行数据透视图的建立。步骤如下：

① 打开"第 4 章/例题/例题 4 - 6.xlsx"工作簿中的"数据透视图"工作表，选择数据透视表区域中的任意单元格（如图 4 - 52 所示）。

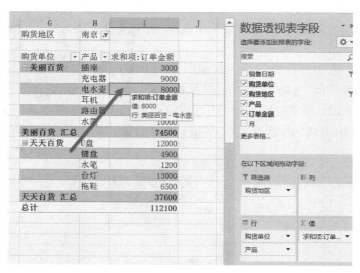

图 4 - 52　选择数据透视表

② 单击"分析"选项卡"工具"选项组中的"数据透视图"按钮，弹出"插入图表"对话框（如图 4 - 53 所示）。

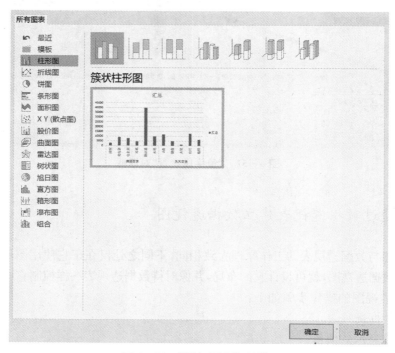

图 4 - 53　"插入图表"对话框

③ 在弹出的"插入图表"对话框,单击"确定"按钮,完成数据透视图的插入(如图4-54所示)。

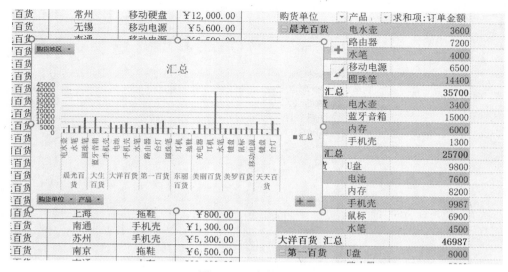

图 4-54 数据透视图

4.2.7 切片器

【**例题 4-7**】 使用切片器能够直观地筛选报表、数据透视表、数据透视图等数据。

(1)创建切片器。步骤如下:

① 打开"例题/例题4-7.xlsx"工作簿中的"切片器"工作表。选中数据透视表区域中任一单元格。单击"插入"选项卡中"切片器"选项组中的"切片器"按钮,如图4-55所示。

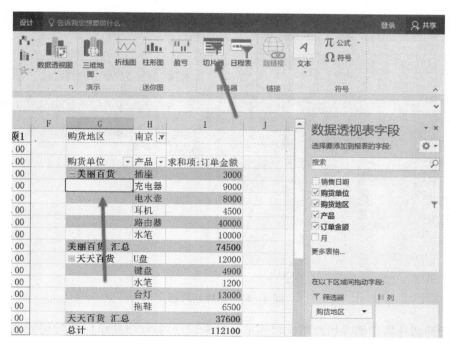

图 4-55 切片器

② 如图4-56所示,在弹出的"插入切片器"复选框,选择"购货单位"和"产品"复选框,单击"确定"按钮。此时就插入了"购货单位"和"产品"切片器。

图4-56 插入切片器

③ 在"购货单位"切片器选择"晨光百货"选项,就可以看到晨光百货的订单金额(如图4-57所示)。

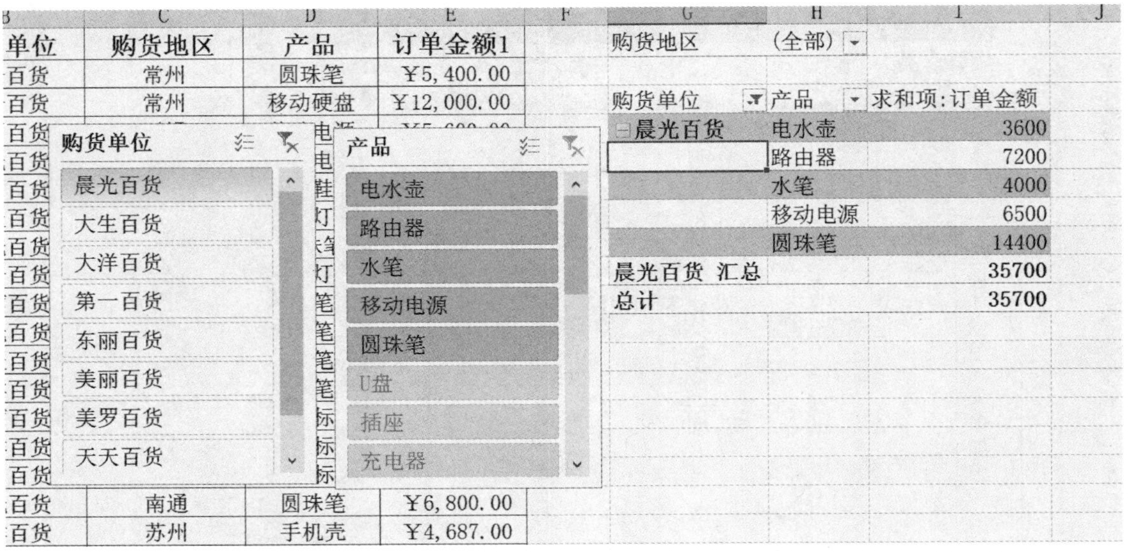

图4-57 选择切片器

(2) 删除切片器。删除切片器比较简单。右击切片器,弹出菜单后删除切片器即可(如图4-58所示)。

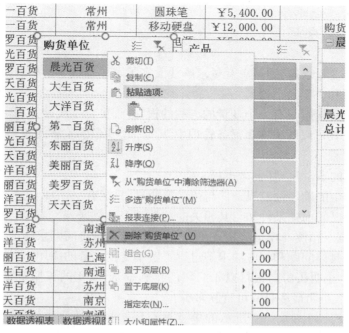

图 4-58　删除切片器

（3）隐藏切片器。如图 4-59 所示，当创建的切片器过多时，可以将暂时不使用的切片器隐藏起来，等需要的时候再显示出来。单击切片器，自动激活"选项"选项卡，在"选项"选项卡"排列"选项组中，单击"选择窗格"按钮。打开"选择窗格"，单击切片器后的  按钮，即可隐藏切片器。此时 按钮变成 —— 按钮。此时单击 —— 按钮，即可取消隐藏。单击"全部显示"和"全部隐藏"按钮可以实现全部显示切片器和全部隐藏切片器的功能。

图 4-59　显示/隐藏切片器

4.3　数据假设分析

在人们进行决策之前，常常会设想几种不同的情况，通过比较来选择采取较为合理的方案。因此假设分析是数据分析常用的一种方法。Excel 2016 在"数据"选项卡下的"预测"组中提供了模拟分析方法（如图 4-60 所示），模拟分析有单变量求解、模拟运算表和方案管理器三种方法，其共同特点是问题的求解都由两个部分组成：待求解目标模型和与模型相关的变量。模拟分析工具通过假设求解过程可以获得如下两种类型的结果：在指定假设目标结果的前提制约下，可以求得与目标相关变量的可行解；能够在指定变量值域范围的前提下，观察各变量对于模型所产生的影响。

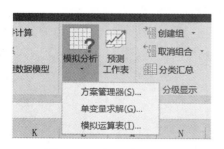

图 4-60　假设分析/模拟
　　　　　分析三种方法

4.3.1 单变量求解

本节将介绍单变量求解，通过单变量求解使大家了解建立数学模型的方法，在后两节里分别介绍模拟运算表和方案管理器。

单变量求解就是求解只有一个变量的方程的根，方程可以是线性方程，也可以是非线性方程。单变量求解工具可以解决许多财务管理中涉及一个变量的求解问题。

单变量求解过程：

(1) 建立正确的数学模型（表达式）；

(2) 确定模型中的确定性前提条件与待求解变量（只能有一个）；

(3) 建立包含已知前提条件和与其相关的数学模型的数据表；

(4) 应用"数据→预测→模拟分析→单变量求解"选项进行问题求解；

(5) 可以通过具体问题和相应的求解过程了解单变量求解的应用。

【例题 4 - 8】 小明买房向银行以 4.41% 的年利率贷 30 年的长期贷款，小明每月的偿还能力为 1 万元，那么小明最多总共可贷款多少？

打开 Excel，设计如图 4 - 61 所示的单变量求解数据的计算表格，在单元格 B4 中输入公式"＝PMT(B3/12,B5,－B6)"，单击"数据"选项卡中"预测"选项组中"模拟分析"下拉箭头"单变量求解"选项，弹出"单变量求解"对话框，如图 4 - 62 所示。在目标单元格输入"B4"，在目标值输入"1"，在可变单元格输入"$B$6"，然后单击"确定"按钮，即可得出计算结果，如图 4 - 63 所示。即小明最多总共可贷款 199.46 万元（参见"第 4 章/例题/例题4 - 8.xlsx"）。

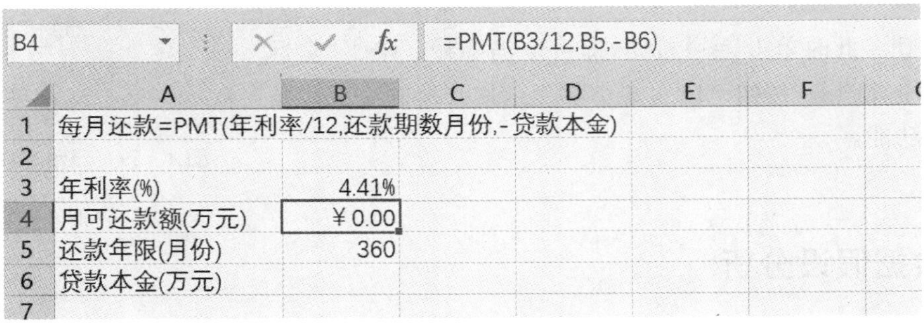

图 4 - 61 单变量求解数据

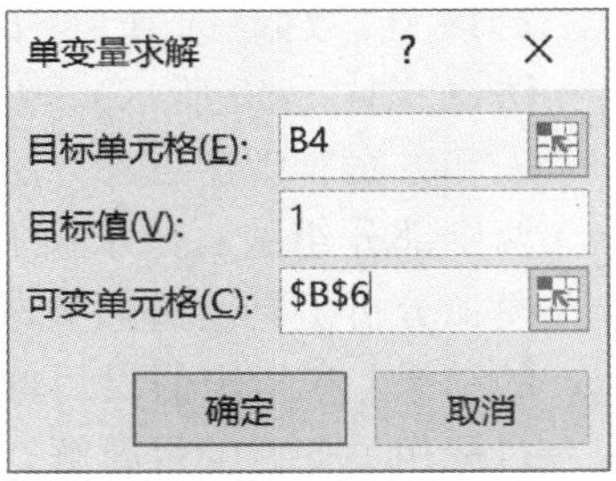

图 4 - 62 "单变量求解"对话框

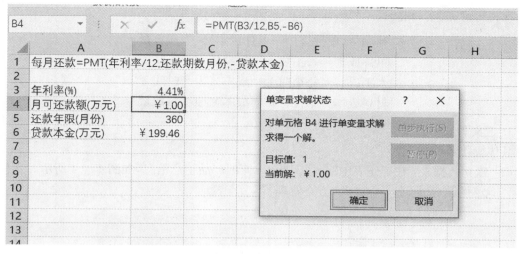

图 4-63 单变量求解结果

4.3.2 方案管理器

在企业的生产经营活动中,由于市场的不断变化,企业的生产销售受到各种因素的影响,企业需要估计并分析诸多因素对企业生产销售的影响。Excel 提供了称为方案的工具来解决上述问题,利用其提供的方案管理器,可以很方便地对多种方案(即多个假设条件)进行分析。

Excel 方案管理器使得自动模拟分析操作变得很容易。可以为任意多的变量存储不同的值组合(在方案管理器术语中称为可变单元格),并为每个组命名。然后可按名称选择一组值,Excel 将使用这些值来显示工作表。在方案管理器中可以同时管理多个方案,从而达到对多变量、多数据系列以及多方案的计算和管理。

【例题 4-9】 某生产型企业生产甲、乙、丙三种产品,每种产品生产需要不同的生产时间和原材料数量。表 4-2 列出了三种产品生产时间、原材料数量、售价、生产数量。管理者希望能够确定合适的每小时劳动成本和单位原材料成本,实现总利润最大化,他们有三个方案,如表 4-3 所示。

表 4-2 产品信息

	甲产品	乙产品	丙产品
生产时间/时	13	15	23
原材料数量/单位	6	10	15
售价/元	1 350	1 750	2 950
生产数量	36	20	16

表 4-3 三种生产方案

方案名称	每小时劳动成本	原材料成本
A 方案	40	68
B 方案	47	63
C 方案	35	60

现将售价、成本、利润关系列出如下：

利润=(单件售价-单件成本)×生产数量

单件成本=人工成本+材料成本

人工成本=每小时劳动成本×生产时间

材料成本=单位原材料成本×原材料数量

1. 定义和显示方案

具体操作步骤如下：

(1) 建立数据表：在工作表中输入“例题 4-9”的产品生产信息，如图 4-64 所示。文件参见“第 4 章/例题/例题 4-9.xlsx” “方案管理器”工作表。

C18

	A	B	C	D	E
1		甲	乙	丙	
2	生产时间(小时)	13	15	23	
3	原材料数量	6	10	15	
4	单件售价	1350	1750	2950	
5	生产数量	36	20	16	
6	单件产品生产成本	989	1335	2026	
7	单件利润	361	415	924	
8	每种产品总利润	12996	8300	14784	
9	总利润	36080			
10					
11					
12	每小时劳动成本（元）	47			
13	单位原材料成本（元）	63			
14					
15					

图 4-64　产品生产信息

(2) 根据计算模型，在上表中输入如下计算公式：

B6 单元格中输入“= $B$12 * B2+ $B$13 * B3”，选中 B6 拖动鼠标向右自动填充 C6,D6。

B7 单元格中输入“=B4-B6”，选中 B7 拖动鼠标向右自动填充 C7,D7。

B8 单元格中输入“=B7 * B5”，选中 B8 拖动鼠标向右自动填充 C8,D8。

B9 单元格输入“=B8+C8+D8”。

(3) 选择 B2～B13 单元格，单击“数据选项卡”，选择“预测”选项组，打开“模拟分析”下拉箭头，单击“方案管理器”。弹出“方案管理器”对话框，如图 4-65 所示。选择“添加”按钮，出现“编辑方案”对话框，如图 4-66 所示。

(4) 如图 4-66 所示，在“方案名”中输入“A 方案”，“可变单元格”中输入“B12,B13”，“备注”中显示方案创建者姓名和创建日期，也可以输入需要注意的事项，为防止他人修改方案，常在“保护”选项中选择“防止更改”，如果想隐藏方案，选择“隐藏”复选框，最后单击“确定”按钮进入“方案变量值”对话框，如图 4-67 所示。

(5) 在“方案变量值”对话框中，分别输入 A 方案的数据资料，$B$12：47，$B$13：63，单击“确定”按钮，返回“方案管理器”对话框，按照相同步骤继续添加 B 方案和 C 方案的数据资料。

(6) 完成操作，确定之后出现如图 4-68 所示的方案管理器。三种方案均出现在方案管理器中，单击“关闭”按钮即可。

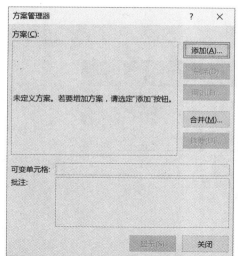

图 4-65 "方案管理器"对话框

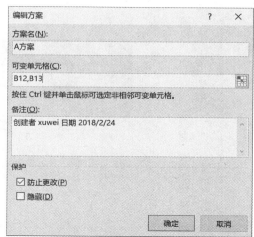

图 4-66 "编辑方案"对话框

图 4-67 "方案变量值"对话框

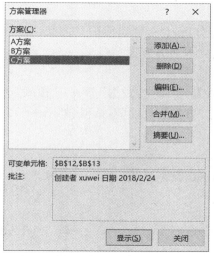

图 4-68 方案管理器

（7）显示方案报告：单击如图 4-68 所示的"摘要"按钮，出现"方案摘要"对话框，如图 4-69 所示。选择报表类型"方案摘要"，在"结果单元格"中输入"B9"。单击"确定"按钮，即可给出如图 4-70 所示的"方案摘要"计算结果。

图 4-69 "方案摘要"对话框

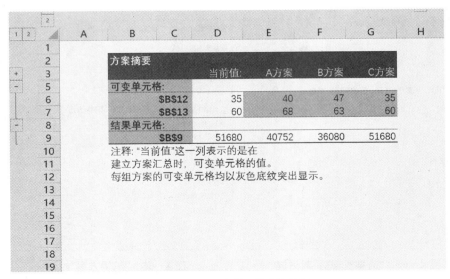

图 4-70 "方案摘要"计算结果

（8）经过分析，企业确定使用 C 方案。

2. 显示、修改合并方案

（1）显示方案

要想查看方案，单击"数据"选项卡"预测"选项组中的模拟分析下拉菜单，选择"方案管理器"选项，弹出"方案管理器"对话框（如图 4-71 所示）。

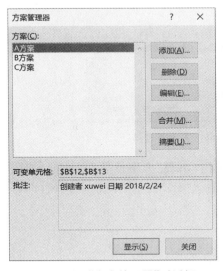

图 4-71 "方案管理器"对话框

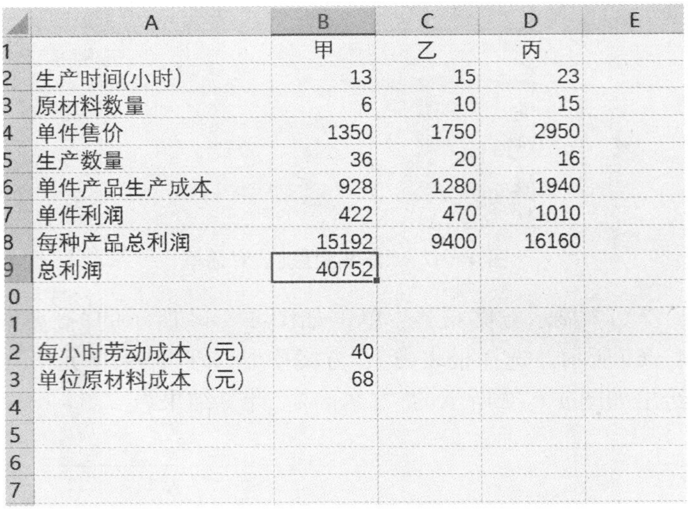

图 4-72 显示方案

在如图 4-71 所示的"方案管理器"对话框中，选择需要查看的方案，单击"显示"按钮，系统自动显示出该方案的执行结果，如图 4-72 所示。

（2）修改、删除或增加方案

对做好的方案进行修改，只需在如图 4-71 所示的"方案管理器"对话框中选中需要修改的方案，单击"编辑"按钮，系统弹出如图 4-73 所示的"编辑方案"对话框，进行相应的修改即可。单击"删除"按钮就可以删除某一个方案。

（3）合并方案

如果其他工作簿中有与本方案管理器中相同的方案，可以利用如图 4－71 所示的"方案管理器"对话框中"合并"功能，单击进入"合并方案"对话框，如图 4－74 所示。选择"工作簿"中"工作表"进行方案合并。

图 4－73 "编辑方案"对话框

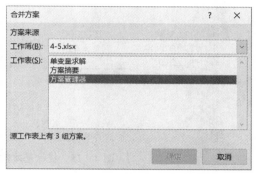

图 4－74 "合并方案"对话框

4.3.3　单双变量模拟运算表

所谓模拟运算表实际上是 Excel 工作表中的一个单元格区域，它可以显示一个计算公式中某些参数的值的变化对计算结果的影响。它可以将所有不同的计算结果以列表方式同时显示出来，因而便于查看、比较和分析。根据分析计算公式中参数的个数，模拟运算表又分为单变量模拟运算表和双变量模拟运算表。

模拟运算数据表，为用户提供了对指定数学模型的观察手段，支持用户观察当模型中 1～2 个变量在指定范围内变化时，对数学模型所产生的影响，假设分析中数据表的构成包括三个部分：

① 问题（模型）前提条件的描述（参与模型计算的数据量，主要指常量）。

② 模型涉及的变量及其取值范围（只能包括 1～2 个变量，只涉及一个变量称为单变量数据表，涉及两个变量的称为双变量数据表）。

③ 问题的数学模型（公式）。

下面结合实例就如何创建单双变量模拟运算表分析问题进行讲解。

1. 创建单变量模拟运算表

Excel 模拟运算表工具是一种只需一步操作就能计算出所有变化的模拟分析工具。它可以显示公式中某些值的变化对计算结果的影响，为同时求解某一运算中所有可能的变化值组合提供了捷径。并且模拟运算表还可以将所有不同的计算结果同时显示在工作表中，便于查看和比较。

【例题 4－10】　小明要买房，假设年利率为 4.41％，采取每月等额还款的方式，贷款数额是 100 万元，同时还款期限是 10 年、15 年、20 年、25 年、30 年，每月的还款额度各是多少？利用 Excel 的模拟运算表即可实现(文件见"第 4 章/例题/例题 4 - 10.xlsx")。

具体步骤如下:

① 建立一新工作簿,并选择一张工作表,将住房贷款有关的基本数据输入该工作表,如图 4 - 75 所示的贷款基本数据和 PMT 计算结果。

B7		▼	:	×	✓	*fx*	=PMT(B5/12,B6*12,-B4)		
▲	A	B		C		D	E	F	G
1		小明住房贷款							
2									
3									
4	贷款总额	1000000							
5	贷款年利率	4.41%							
6	还款年限	15		10		15	20	25	30
7	月还款额	￥7,604.02							
8									
9									
10									
11									

图 4 - 75 贷款基本数据和 PMT 计算结果

② 计算总付款期数。总付款期数是借款年限与每年付款期数的乘积(=借款年限×每年付款期数)。

③ 计算每期偿还金额。每期偿还金额属于年金问题,因此,计算每期偿还金额可使用 PMT 函数。

④ 在 B7 单元格输入公式"＝PMT(B5/12,B6 * 12,－B4)",计算的结果如图 4 - 75 所示。

图 4 - 76 "模拟运算表"对话框

⑤ 选取包括公式和需要进行模拟运算的单元格区域 B6:G7,单击"数据"选项卡,选择"预测"选项组,选择"模拟分析"下拉列表"模拟运算表",打开"模拟运算表"对话框,如图 4 - 76 所示。

⑥ 在如图 4 - 76 所示的"模拟运算表"对话框中"输入引用行的单元格"输入" $B $6",单击"确定"按钮,得到单变量模拟运算表,如图 4 - 77 所示。

D7		▼	:	×	✓	*fx*	{=TABLE(B6,)}		
▲	A	B	C	D	E	F	G		H
1		小明住房贷款							
2									
3									
4	贷款总额	1000000							
5	贷款年利率	4.41%							
6	还款年限	15	10	15	20	25	30		
7	月还款额	￥7,604.02	10320.51	7604.02	6278.02	5507.36	5013.52		
8									
9									
10									
11									

图 4 - 77 单变量模拟运算表

2. 创建双变量模拟运算表

双变量模拟运算表就是允许更改两个输入单元格,并考虑两个输入参数的变化对公式计算结果的影响。在财务管理中应用最多的是长期借款双变量分析模型,利用双变量模拟运算表在 PMT 函数中让"还款期数"和"贷款本金"两个参数同时为变量,然后计算各种情况下"贷款的每期(月)偿还额"。

【例题 4 – 11】 小明买房需要从银行贷款,假设年利率为 4.41%,采取每月等额还款的方式,贷款数额可以选择 50 万元、60 万元和 70 万元、80 万元、90 万元、100 万元,同时银行同意其还款期限有 10 年、15 年、20 年、25 年、30 年等选择,请用 Excel 2016 的双变量模拟运算表计算每种情况下的月还款额,帮助小明选择购房贷款方案(文件见"第 4 章/例题/例题 4 – 11.xlsx")。

双变量模拟运算表的操作步骤如下:

① 建立一新工作簿,并选择一张工作表,将住房贷款有关的基本数据输入该工作表,如图 4 – 78 所示的基本数据和 PMT 函数双变量数据表。

	A	B	C	D	E	F	G	H
1		小明住房贷款						
2								
3								
4	贷款总额	1000000						
5	贷款年利率	4.41%						
6	还款年限	15						
7	月还款额	¥ 7,604.02						
8								
9			贷款年限					
10		¥ 7,604.02	10	15	20	25	30	
11	贷款总额	500000	5160.256	3802.008	3139.008	2753.682	2506.759	
12		600000	6192.307	4562.41	3766.809	3304.419	3008.111	
13		700000	7224.358	5322.811	4394.611	3855.155	3509.462	
14		800000	8256.409	6083.213	5022.413	4405.891	4010.814	
15		900000	9288.461	6843.615	5650.214	4956.628	4512.166	
16		1000000	10320.51	7604.016	6278.016	5507.364	5013.518	
17								

图 4 – 78　基本数据和 PMT 函数双变量数据表

② 在 B10 单元格建立公式引用:"= PMT(B5/12, B6 * 12, −B4)",回车确认,即在 B10 单元格得到贷款为 100 万元且按 15 年还款期限的月供金额(如图 4 – 78 所示)。

③ 以 B10 为顶格,分别向右和向下输入贷款年限和贷款总额,选取区域 B10∶G16,建立模拟运算表。单击"数据"选项卡"预测"选项组"模拟分析"下拉箭头"模拟运算表",弹出模拟运算表对话框,如图 4 – 79 所示。

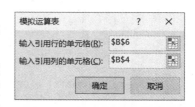

图 4 – 79　"模拟运算表"对话框

④ 如图 4 – 79 所示的"模拟运算表"对话框中,在"输入引用行的单元格"输入" $B$6",在"输入引用列的单元格"输入" $B$4",单击"确定"按钮,区域 B10∶G16 显示不同贷款额度和不同还款年限的月供还款额,如图 4 – 78 所示。

4.4　规划求解

规划求解是 Excel 的一个非常有用的工具,不仅可以解决运筹学、线性规划等问题,还可以用来求解线性方程组及非线性方程组。

"规划求解"是一组命令的组成部分(有时也称作假设分析/模拟分析工具)。借助"规划求解",可求得工作表上某个单元格中公式的最优值。"规划求解"将对直接或间接与目标单元格中的公式相关的一组单元格进行处理。"规划求解"将调整所指定的可变单元格中的值,从目标单元格公式中求得所指定的结果。用户可以应用"规划求解"中设置的限制条件,来限制"规划求解"可在模型中使用的值,而且约束条件可以引用影响目标单元格公式的其他单元格。

4.4.1　安装规划求解加载项

可以通过"数据|分析|规划求解"命令来访问规划求解功能。如果此命令不可用,则需要安装规划求解加载项。安装方法非常简单,步骤如下:

(1) 单击"文件|选项",弹出"Excel 选项"对话框,单击对话框左侧"加载项"选项,如图 4-80 所示。

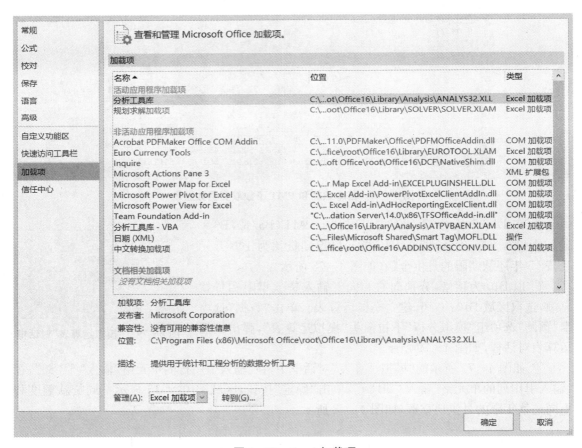

图 4-80　Excel 加载项

(2) 单击如图 4-80 所示中"管理"选择 Excel 加载项,单击"转到"按钮,弹出"加载宏"对话框,勾选"规划求解加载项"复选框,单击"确定"按钮,完成设置(如图 4-81 所示)。

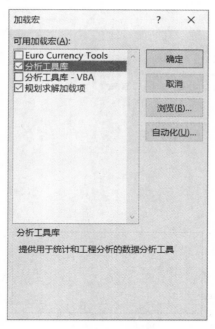

图4-81 加载宏

4.4.2 求解优化问题

首先使用一个简单例子来介绍规划求解,掌握其求解步骤。

【例题4-12】 东胜公司生产三种产品,分别是产品A、产品B和产品C,其单件产品利润和产品总利润见下图4-82:产品表(参见"第4章/例题/例题4-12.xlsx")。目前公司每天生产400件,公司规定产品A必须有50件满足已有的订单需求,同时产品B需要至少生产40件来满足预计订单需求,虽然产品C效益最大,但是目前市场对产品C需求有限,所以公司每天生产产品C不超过45件。在满足上述条件下,如何安排生产这三种产品的产量才能取得最大收益?

	A	B	C	D	E
1		数量	单件利润	产品利润	
2	产品A	30	23	690	
3	产品B	40	29	1160	
4	产品C	50	40	2000	
5	总计	120		3850	
6					
7					
8					
9					

图4-82 产品表

利用规划求解来解决这个问题步骤如下:

(1)建立工作表,如图4-82产品表所示。

(2)选择"数据"选项卡"分析"选项组"规划求解"按钮,弹出"规划求解参数"对话框,如图4-83所示。

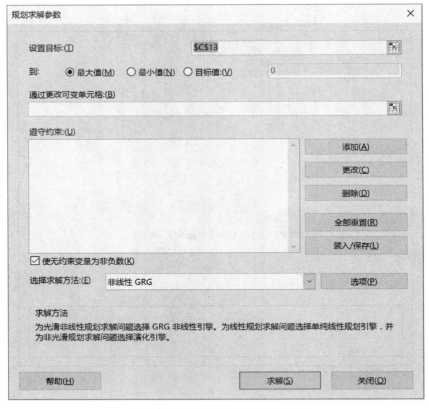

图 4 - 83 "规划求解参数"对话框

（3）如图 4 - 83 所示的"规划求解参数"对话框中，"设置目标"框中输入" CB"。注意：目标单元格必须包含公式。同时执行下列操作之一：

① 若要使目标单元格的值尽可能大，单击"最大值"。

② 若要使目标单元格的值尽可能小，单击"最小值"。

③ 若要使目标单元格为确定值，单击"目标值"，然后在框中键入数值。

因为目前求该单元格的最大值，所以在本例中选择"最大值"。

（4）在"通过更改可变单元格"字段中指定可变单元格（区域 $B$2：$B$4）。下一步单击"添加"按钮添加指定问题的约束条件，每添加一个约束条件，该约束条件就会出现在"遵守约束"列表中，当然通过"更改"和"删除"按钮可以对约束条件进行修改或删除操作。

（5）单击"添加"按钮，弹出"添加约束"对话框，有三部分组成：单元格引用、运算符和约束值（如图 4 - 84 所示）。

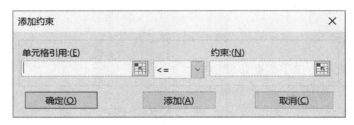

图 4 - 84 "添加约束"对话框

（6）如图4-85所示，设置第一个约束条件：公司每天生产400件。在"单元格引用"中输入"$B$5"，运算符选择"＝"，约束值输入"400"。单击"确定"按钮完成添加，单击"添加"按钮添加其余约束条件。

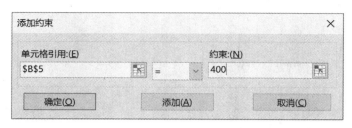

图4-85　添加约束

（7）单击"添加"按钮添加其余约束条件，在输入完最后一个约束条件后，单击"确定"按钮完成约束添加，返回"规划求解参数"对话框。

（8）在"规划求解参数"对话框，对于求解方法选择"单纯线性规划"。

（9）完成后的设置效果如图4-86所示。

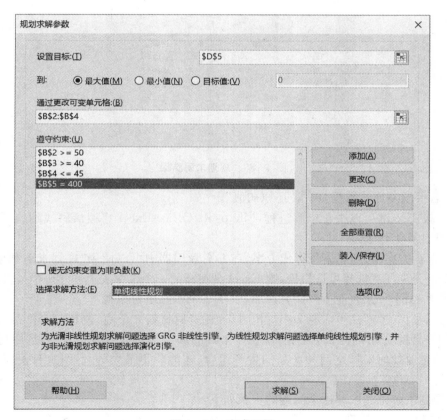

图4-86　完成设置

（10）单击"求解"按钮，执行求解过程。弹出"规划求解结果"对话框，如图4-87所示，若要在工作表中保存求解值，单击"规划求解结果"对话框"保留规划求解的解"。规划求解结果如图4-88所示。

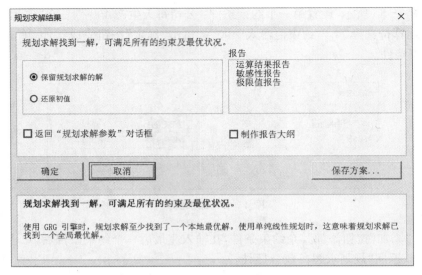

图 4－87 “规划求解结果”对话框

D5 =SUM(D2:D4)

	A	B	C	D	E
1		数量	单件利润	产品利润	
2	产品A	50	23	1150	
3	产品B	305	29	8845	
4	产品C	45	40	1800	
5	总计	400		11795	
6					
7					
8					
9					

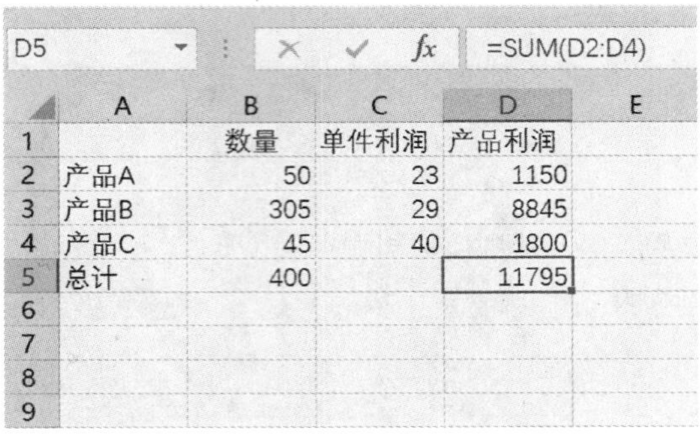

图 4－88 规划求解结果

（11）若要恢复原始数据，单击“还原初值”。

注意：按 Esc 键可以中止求解过程，Microsoft Office Excel 将按最后找到的可变单元格的数值重新计算工作表。

单击“保存方案”按钮将解保存成方案，在方案管理器中可以使用“规划求解结果”对话框的报告部分，允许任意选择可选报告，则 Excel 会在新的一个工作表上创建每个报告。

【例题 4－13】 某企业生产两种产品，生产一个产品甲可以赚 60 元，生产一个产品乙可以赚 80 元，制造一个产品甲需要 2 小时机时，且耗费原材料 3 千克；制造一个产品乙需要 3.5 小时机时，并且耗费原材料 2.5 千克，现在每个月的额定机时为 600 小时，额定原材料为 500 千克。请问企业如何安排这两种产品的生产组合，才能获得最大的利润（文件见“第 4 章/例题/例题 4－13.xlsx”）。

利用规划求解工具求解这个问题的步骤如下：

① 首先建立优化模型。设 x 和 y 分别表示甲产品和乙产品的生产量，则

目标函数：$\max\{利润\}=60x+80y$

约束条件：$\begin{cases}2x+3.5y\leqslant 600\\3x+2.5y\leqslant 500\\x\geqslant 0,\ y\geqslant 0,且为整数\end{cases}$

② 单元格 E2 和 E3 为可变单元格,分别存放甲、乙产品的生产量。

③ 单元格 B10 为目标单元格(总利润),计算公式为"=B2＊E2+B3＊E3"。

④ 在单元格 B8 中输入产品消耗工时合计计算公式"=C2＊E2+C3＊E3"。在单元格 B9 中输入产品消耗材料合计计算公式"=D2＊E2+D3＊E3"。

⑤ 单击"数据"选项卡中"分析"选项组选择"规划求解"项,则弹出"规划求解参数"对话框,如图 4-89 所示。

⑥ 在"规划求解参数"对话框中,"设置目标"中输入" $B$10";"到"选"最大值";"通过更改可变单元格"中输入" $E$2: $E$3";在"遵守约束"中添加以下的约束条件:" $E$2: $E$3＝整数"" $B$8≤ $B$6"" $B$9≤ $B$7"(如图 4-89 所示)。

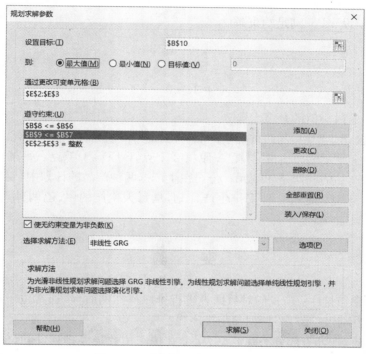

图 4-89 "规划求解参数"对话框

⑦ 在建立好所有的规划求解参数后,单击"求解",则求解结果显示在工作表上(如图 4-90 所示)。

	A	B	C	D	E	F
1		利润/件	机时/件	原料/件	生产量	
2	产品甲	60	2	3	45	
3	产品乙	80	3.5	2.5	145	
4						
5						
6	额定机时	600				
7	额定原材料	500				
8	实际使用机时	597.5				
9	实际使用原材料	497.5				
10	总利润	14300				
11						
12						
13						
14						

图 4-90 规划求解结果

本 章 小 结

Excel在数据计算、管理和分析等方面具有强大的功能。通过对数据的排序、筛选、分类汇总、透视等数据管理功能,再到单变量求解、模拟运算、方案分析、规划求解等数据运算和分析功能,体现了其强大的实用性和可操作性。

练　　习

1. 数据排序:文本排序。将"第4章/练习/江苏省部分医院汇总表.xlsx"按医院名称进行文本排序。
2. 线性规划求解:设 x,y 满足约束条件

$$\begin{cases} 2x+3y \leqslant 3 \\ 2x-3y+3 \geqslant 0 \\ y+3 \geqslant 0 \end{cases}$$

则 $z=2x+y$ 的最小值的是多少?
3. 利润分析:某公司生产甲、乙两种桶装产品。已知生产甲产品1桶需要耗A原料1千克,B原料2千克;生产乙产品1桶需要耗A原料2千克,B原料1千克。每桶甲产品的利润是300元,每桶乙产品的利润是400元。公司在生产这两种产品的计划中,要求每天消耗A、B原料不超过12千克。通过合理安排生产计划,从每天生产的甲、乙两种产品中,公司共可获得的最大利润是多少?

实　　验

1. 如何让序号不参与排序:当我们对数据表进行排序操作的时候,通常位于第一列的序号也被打乱了,如何不让这个"序号"列参与排序呢?
2. 将"第4章/实验/江苏省部分医院汇总表.xlsx"按床位数降序排列,同时保持序号列(第一列)不参与排序。
3. 请用高级筛选功能筛选出"第4章/实验/江苏省部分医院汇总表.xlsx"中"床位数"大于等于800,且"日门诊量"小于等于2 000的数据。
4. 产品销售统计分析。
(1)建立数据表(如表4-4所示)。

表4-4　产品销售统计表

销售日期	销售员	门店	产品名	销售额(元)
2018/2/1	寿　加	清河店	笔记本	21 600
2018/2/2	寿　加	沪宜店	VR眼镜	9 000
2018/2/2	胡　玉	沪宜店	平板电脑	16 000
2018/2/3	王子熙	菊园店	笔记本	30 000
2018/2/3	颜　彤	菊园店	数码相机	14 000
2018/2/4	颜　彤	菊园店	VR眼镜	24 000

续　表

销售日期	销售员	门　店	产品名	销售额(元)
2018/2/6	胡　玉	沪宜店	相　机	18 000
2018/2/6	王子熙	菊园店	笔记本	23 000
2018/2/9	寿　加	清河店	冰　箱	30 000
2018/2/9	胡　玉	沪宜店	冰　箱	50 000
2018/2/9	王子熙	菊园店	冰　箱	34 000
2018/2/11	王子熙	清河店	VR 眼镜	12 000
2018/2/11	王子熙	菊园店	空　调	28 000
2018/2/16	颜　彤	沪宜店	空　调	12 000
2018/2/16	胡　玉	菊园店	空　调	16 000

(2) 生成如图 4 - 91 所示的数据透视表。

销售日期	(全部)				
求和项:销售额（元）		门店			
销售员	产品名	沪宜店	菊园店	清河店	总计
⊟胡玉	冰箱	50000			50000
	空调		16000		16000
	平板电脑	16000			16000
	相机	18000			18000
胡玉 汇总		**84000**	**16000**		**100000**
⊟寿加	VR眼镜	9000			9000
	笔记本			21600	21600
	冰箱			30000	30000
寿加 汇总		**9000**		**51600**	**60600**
⊟王子熙	VR眼镜			12000	12000
	笔记本		53000		53000
	冰箱		34000		34000
	空调		28000		28000
王子熙 汇总			**115000**	**12000**	**127000**
⊟颜彤	VR眼镜		24000		24000
	空调	12000			12000
	数码相机		14000		14000
颜彤 汇总		**12000**	**38000**		**50000**
总计		**105000**	**169000**	**63600**	**337600**

图 4 - 91　数据透视表

(3) 生成如图 4 - 92 所示的数据透视图。

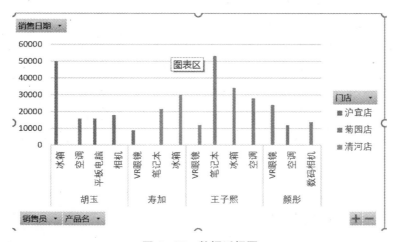

图 4 - 92　数据透视图

5. 规划求解：某农户计划种植黄瓜和韭菜，种植面积不超过 50 亩，投入资金不超过 54 万元，假设种植黄瓜和韭菜的产量、成本和售价如表 4-5 所示。

表 4-5 黄瓜和韭菜的产量、成本、售价信息表

蔬菜品种	年产量（吨/亩）	年种植成本（万元/亩）	售价（万元/吨）
黄　瓜	4	1.2	0.55
韭　菜	6	0.9	0.3

为使一年的种植总利润（总利润＝总销售收入－总种植成本）最大，那么如何安排黄瓜和韭菜的种植面积。

6. 购车分析：某人贷款买车，车价 30 万元，首付 20％，规定年利率为 4.41％，12 个月还清。计算购车人的月还款额和总还款额的影响。

（1）采用手动分析法建立数学模型；

（2）采用数据表分析当利率变化时对还款额的影响；

（3）采用数据表分析当利率变化和首付变化时对月还款额的影响。

第5章

Excel 图 表

企业中数据的统计信息错综复杂、千变万化，为了更好地展示这些数据及数据之间内在的关系，需要对这些数据进行抽象化分析研究。一位台湾专业人士曾说过："给我十页纸的报告，必须有九页是数据和图表分析，还有一页是封面。"在今天的职场，尤其是在商业沟通中，利用图表可以迅速传达信息，直接专注重点，更明确地显示各元素相互关系，可以使信息的表达更加鲜明生动。特别是在读图时代的今天，数据图表能够以直观形象揭示数据的特点和内在规律，在较小的空间里承载较多的信息，因此有"一图抵万言"的说法。所谓"文不如表，表不如图"，也是指能用表格反映的就不要用文字，能用图反映的就不要用表格。在商业环境中，通常会有很多数据和表格，如何能够在复杂繁多的内容中提炼出需要表达的信息和进行决策的依据是困扰很多人的问题！而 Excel 强大的图表功能却可以轻而易举地解决这些问题，让事实以最清晰的方式表现出来。如图 5-1 所示，通过"个人住房商业贷款数据表"中密密麻麻的数据很难分析还款总额和利息随着还款年限的变化情况，而通过右方的三维堆积柱形图制作的"个人住房贷款-还款还息图"，可以直观地显示还款总额和利息随着贷款年限的增长趋势。

个人住房商业贷款1-15年还款金额表			
贷款金额：10000元			单位：元
贷款期限（年）	年利率（%）	还款总额	利息负担总和	月均还款额
1	4.77	10447	447	一次还本付息
2	4.77	10504.32	504.32	437.68
3	4.77	10752.48	752.48	298.68
4	4.77	11004	1004	229.25
5	4.77	11259.6	1259.6	187.66
6	5.04	11608.56	1608.56	161.23
7	5.04	11888.52	1888.52	141.53
8	5.04	12171.84	2171.84	126.79
9	5.04	12459.96	2459.96	115.37
10	5.04	12751.2	2751.2	106.26
11	5.04	13046.88	3046.88	98.84
12	5.04	13347.36	3347.36	92.69
13	5.04	13651.56	3651.56	87.51
14	5.04	13959.12	3959.12	83.09
15	5.04	14272.2	4272.2	79.29

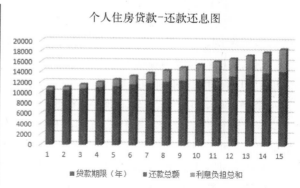

图 5-1 用图表表达清晰信息

在我们平时的工作和学习中，见到的大都是比较普通、缺乏新意、千篇一律的 Excel 图表和报告。本章将基于 Office Excel 的使用，分析符合现代商业需求的专业图表的特点，选择适合不同商业场合的表格类型，以及学习制作一份精美图表的技巧。

本章将首先介绍 Excel 工作表的基础知识，包括如何创建、设计、布局、编辑图表，并将重点介绍制作复杂图表的一系列技巧,这些技巧将帮助读者在工作和学习中充分利用 Excel 强大的图表功能,以创建专业有效的图表。此外,读者还将学习各种不同类型图表的特点以及它们适用的场合,并且会了解到几种类似图表之间的细微差异和典型的误解与误用,从而更加快速地进行图表的选择和使用。在本章的最后,读者还将了解到如何在 Excel 中创建、编辑、使用 SmartArt 元素。

5.1 图表基础知识

图表是一种将数据直观、形象地"可视化"的工具,一张图表中通常包含的元素如图 5-2 所示。

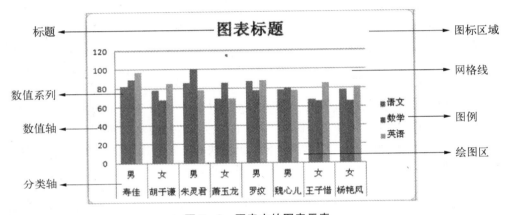

图 5-2 图表中的图表元素

(1) 图表标题:Excel 默认使用系列名称作为图表标题,但也可以修改为一个具有描述性的标题。

(2) 绘图区:包含数据系列图形的区域。

(3) 图例:指明图表中的图形代表哪个数据系列。请注意,当只有一个数据系列时,Excel 也会显示图例,这样显然是多余的,所以有一些图例并不是必需的。

(4) 坐标轴:包含横坐标轴(分类轴)和纵坐标轴(数值轴),一般也称为 X 轴和 Y 轴。坐标轴上包括刻度线和刻度线标签。某些复杂的图表会使用到次坐标轴,这样一个图表就可以有四个坐标轴,即主 X、Y 轴和次 X、Y 轴。

(5) 网格线:包括水平和垂直的网格线,分别对应于 X 轴和 Y 轴的刻度线。一般使用水平的网格线作为比较数值大小的参考线。

(6) 数据系列:根据数据源绘制的图表,用来形象化地反映数据,是图表的核心。

本章会介绍如何合理使用这些图表元素来构成一幅图表,从而更加清晰地反映数据的含义。

5.1.1 创建图表

在介绍 Excel 图表强大的功能之前,先用简短的篇幅介绍如何能够迅速创建一个图表,整个过程大体可以分为三个步骤。下面根据一个实例阐述图表的创建过程。

【例题 5－1】 打开示例“学生成绩一览表”(参见“第 5 章/例题/例题 5－1.xlsx”)，然后按照下面的步骤进行操作，以显示每个学生的三门成绩和总成绩。

① 选择数据。选中图表中的数据，要包括字段名所在的行，如图 5－3 所示。

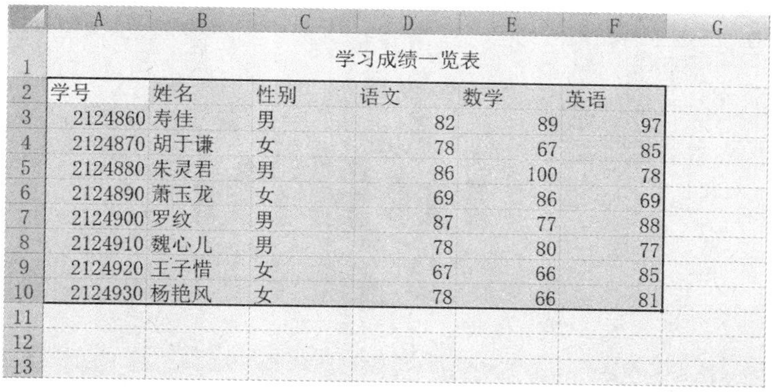

	A	B	C	D	E	F	G
1	学习成绩一览表						
2	学号	姓名	性别	语文	数学	英语	
3	2124860	寿佳	男	82	89	97	
4	2124870	胡于谦	女	78	67	85	
5	2124880	朱灵君	男	86	100	78	
6	2124890	萧玉龙	女	69	86	69	
7	2124900	罗纹	男	87	77	88	
8	2124910	魏心儿	男	78	80	77	
9	2124920	王子惜	女	67	66	85	
10	2124930	杨艳风	女	78	66	81	
11							
12							
13							

图 5－3　选择数据

② 选择图表类型。在 Excel 功能区“插入”选项卡的“图表”组中，选择要使用的图表类型“柱形图”下拉列表中的“三维堆积柱形图”。此图形既能反映每个学生各门成绩的多少，更能在总分上很直观地进行比较，如图 5－4 所示。

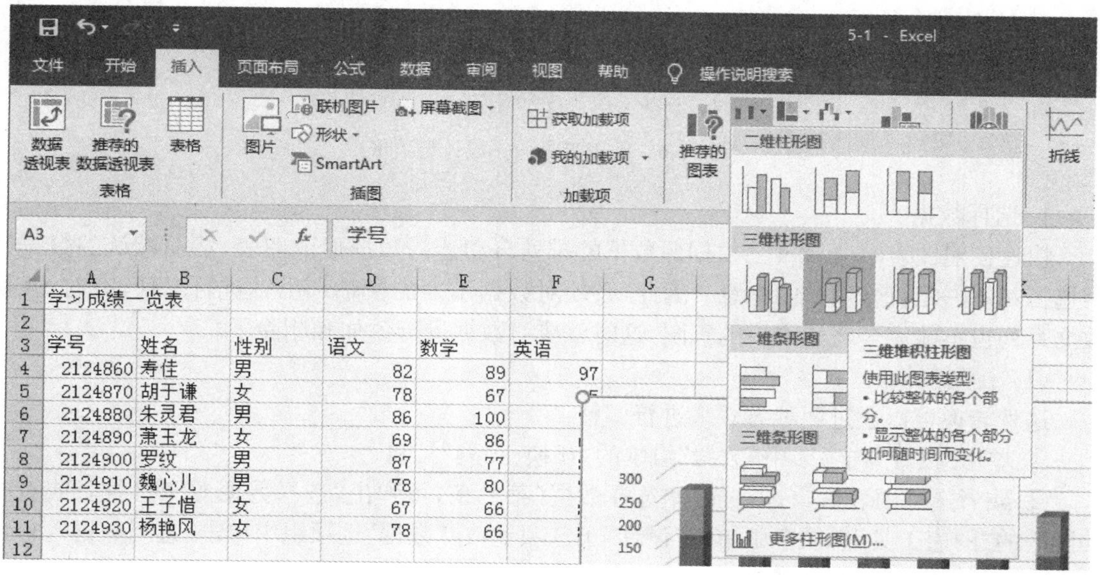

图 5－4　选择图表类型

选择“三维堆积柱形图”图标后出现如图 5－5 所示图表。图表创建完成后，将在标题栏出现“图表工具”选项卡，该选项卡可对图表的设计和格式分别进行设置。

5.1.2　设计图表

图表被快速创建，通常会按照设计者的需求对图表进行进一步详细的设计，当选中图表，

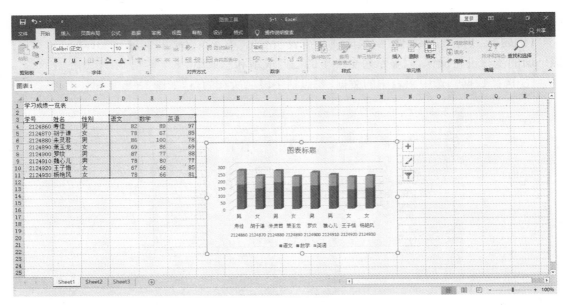

图 5-5 显示效果

再增加与图表工具相关的选项卡:设计和格式。其中使用最为频繁的是设计选项卡,如图5-6所示。下面逐一介绍其主要功能。

图 5-6 图表工具——设计选项卡

1. 选择数据

快速创建图表时,Excel 会根据源数据的排列自动选择数据形成图表,然而默认的数据系列选择并不一定符合用户的本意。因此,必须对数据系列的横轴和纵轴进行互换,有时,互换数据系列也不能完全表达用户的意图,这时就要对数据进行添加和删除了。

(1) 行列互换

这种转换可以通过两种方式来进行调整:

① 单击"设计"选项卡中"数据"组中的"切换行/列"按钮。

② 或者选择图表后,右击,选择"选择数据"菜单条,可弹出"选择数据源"对话框;或者在功能区的"图表工具"选项卡中单击"设计"子选项卡,在"数据"选项组中单击"选择数据",也可弹出"选择数据源"对话框,单击"切换行/列"按钮,如图 5-7 所示。

(2) 选择数据源

在制作图表的过程中,经常会由于遗漏部分数据或者数据过于庞杂而导致图表无法系统地进行显示和分析。例如当选择的单元格区域不连续,或者需要向工作表中添加新记录时,用户可以向图表中添加需要的列或记录内容。

选中图表,右击执行"选择数据"命令,可弹出"选择数据源"对话框;或者在功能区的"图表工具"选项卡中单击"设计"子选项卡,在"数据"选项组中单击"选择数据",也可弹出"选择数据源"对话框,如图 5-8 所示。

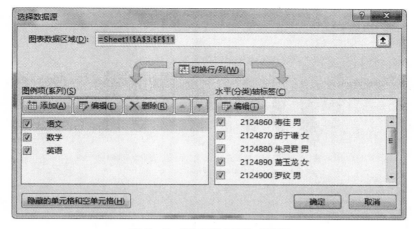

图 5-7 "选择数据源"对话框

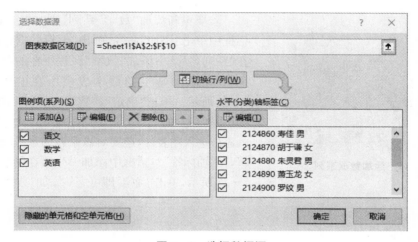

图 5-8 选择数据源

在此对话框中,"图表数据区域"对话框表示选择需要创建图表的数据区域。在该对话框中,还可以单击"添加""编辑""删除"等按钮对图表汇总的数据进行操作。例如删除"数学"系列,在"选择数据源"对话框中单击"删除"命令,如图 5-9 所示,则在图表中将不显示该系列,如图 5-10 所示。

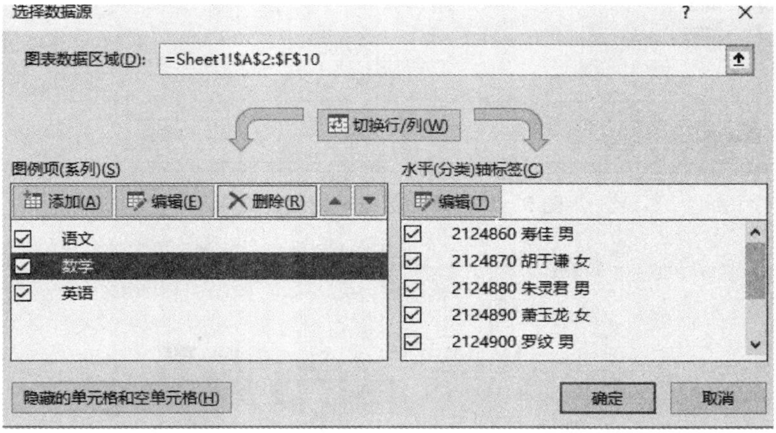

图 5-9 删除"数学"系列

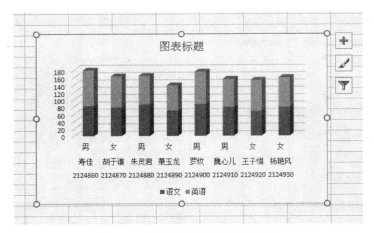

图 5 - 10　删除数据系列后的效果

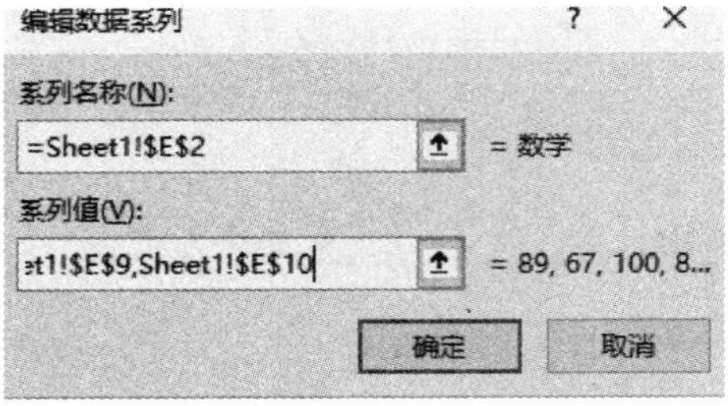

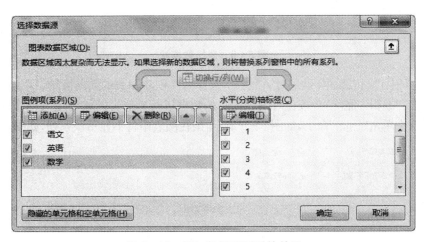

图 5 - 11　添加数据系列

　　若要重新添加"数学"系列,则在"选择数据源"对话框中单击"添加"命令,弹出"编辑数据系列"对话框,在"系列名称"中添加"数学"课程所在的单元格,在"系列值"中添加学生的数学成绩所在的单元格,如图5 - 11所示。单击"确定","数学"系列即被添加到图例项(系列)中,如图 5 - 12 所示。注意,除了将"数学"系列添加进入图表外,还要对该系列的水平轴标签进行编辑,在"轴标签"对话框中添加学生所在的单元格。如图5 - 13所示,单击"确定"即可完整添加"数据系列"。

图 5 - 12　添加数据系列后的效果

图 5 - 13　编辑水平轴标签

除了命令修改数据系列之外，还可以通过以下几种方式向图表追加数据系列：

① 鼠标拖放法。选中待加入的数据区域，鼠标置于边框，出现十字箭头时，按下鼠标将其拖放到图表上释放即可。

② 复制粘贴法。其实质与前一方法是一样的，只是换用键盘操作。先选中待加入的数据区域，按 Ctrl＋C 键复制，选中图表，按 Ctrl＋V 键粘贴，后续操作同上。

③ 框线扩展法。当选中图表时，其数据源区域周围会出现紫、绿、蓝的不同框线。如果待加入数据与已有数据是连续的，可以拽住蓝色框线的右下角，出现双向箭头时，将蓝框区域拉大到包含待加入数据即可。此方法仅适用于待加入数据与已有数据是相邻连续的情况。

2. 组合图表类型

由于快速生成的图表的样式非常单一，因此可以用其他方式使图表更为丰富美观。通过组合图表，可以用不同的图表类型反映不同的数据系列，而 Excel 图表中的每一个数据系列，都可以单独设置其图表类型。这样，我们就可以制作出多种图表类型混杂的组合图表。操作时，只需要在基础类型上，选中需要修改图表类型的数据系列，单击鼠标右键，选择"图表类型"，在对话框中选择所需的合适的图表类型，则该系列即会变成指定的图标类型。

下面将"例题 5-1"图 5-3 中"英语"系列的柱形更改为折线。

首先要选中准备改变类型的图表中的系列，然后可以通过以下几种方式更变图表类型：

① 选择"插入"选项卡中"图表"组中的"折线图"，如图 5-14 所示。

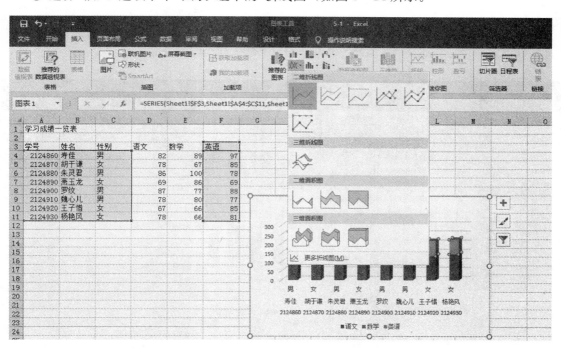

图 5-14　更改图表类型方式一

② 通过图表区域选中数据系列后，右击"更改系列图表类型"，如图 5-15 所示。

③ 选择"设计"选项卡，单击"更改图表类型"按钮，弹出"更改图表类型"对话框，选择"组合"中的自定义组合，并将英语一栏更改为折线图，如图 5-16 所示。

请注意，并非所有的图表类型都能够用于创建组合图表，二维图表类型就无法和三维图表类型组合使用。

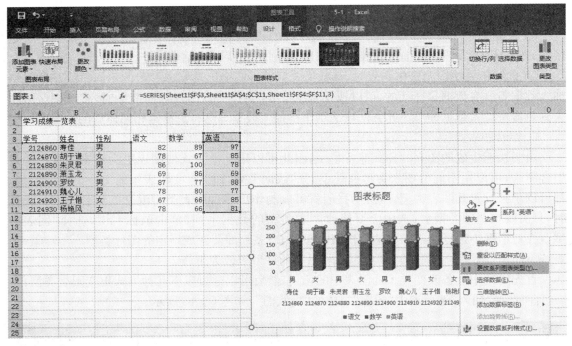

图 5-15　更改图表类型方式二

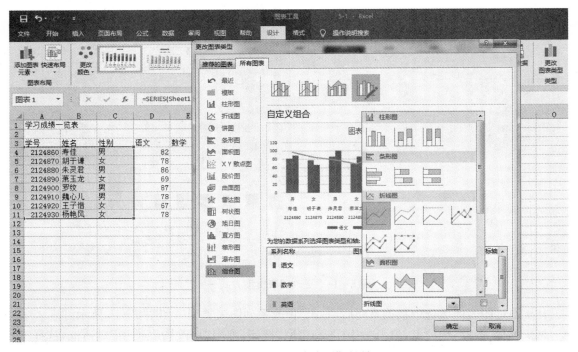

图 5-16　"更改图表类型"对话框

3. 应用图表布局

除了对图表主体部分进行设计之外，还必须对图表、横纵轴、图例、标题以及源数据表等内容的位置进行设置，我们称之为"图表布局"设计。Excel 提供了多种布局样式。在"图表工具"的"设计"选项卡中的"图表布局"选项组中，共有 10 种快速图表布局可以进行选择，如图 5-17 所示。除了给出的这个样式，用户还可以自由地定义图表布局，参见本章 5.1.3 节。

4. 应用图表样式

与 Excel 2003 不同，Excel 2007、Excel 2010 和 Excel 2016 在"图表工具"的"设计"选项卡中提供的"图表样式"选项卡中，共有多种图表样式可供选择，如图 5-18 所示。同时，Excel 2016 中增加了"更改颜色"的选择，如图 5-19 所示，设计者可以自由选择彩色组合或者单色组合以快速创建特色图表。

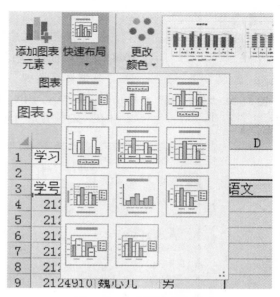

图 5-17 应用图表布局

图 5-18 图表样式

5. 调整图表位置

图表创建完毕后，还可以根据需求调整图表位置。选择要移动的图表，使图表处于激活状态，将光标置于图表区域上，当光标变为"四向"箭头时，拖动图表至合适位置即可在该工作表中移动图表。

如果要将图表移动到其他工作表中，只需选择插入的图表，并在"设计"选项卡中单击"位置"组中的"移动图表"按钮，在弹出的"移动图表"对话框中选择图表的位为新工作表。此外，也可以右击图表，执行"移动图表"命令，在弹出的"移动图表"对话框中选择"对象位于"单选按钮，并在其下拉列表中选择所需选项即可。

5.1.3 图表布局

在上面的第 5.1.2 节中，通过菜单功能键，可以快速设置图表布局，但是如果默认的选项没有合适的选择时，设计者就要根据自身的需求自定义图表布局了。与 Excel 2010 不同，在 Excel 2016 中删除了图表布局选项卡，所以这个操作主要通过"设计"选项卡中，"图表布局"选项组下的"添加图表元素"来实现，如图

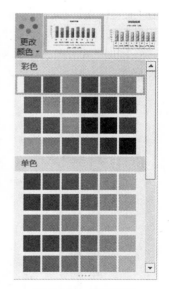

图 5-19 更改颜色

图 5‑20 "图表布局"选项组

5‑20 所示。在此功能区中,用户可以根据需要添加和删除元素。

1. 标题

在"添加图表元素"选项中,单击"图表标题"进行类型选择,如图 5‑21 所示。而且,用户也可以双击"图表标题"文本框中修改标题文本。"其他标题选项"允许用户进行更加丰富的图表标题的格式设置,包括"标题选项"中的"填充与线条""效果和大小与属性",以及"文本选项"中的"文本填充与轮廓""文字效果和文本框"。

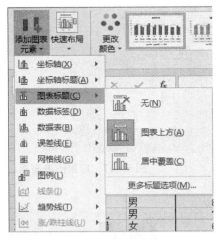

图 5‑21 标题位置

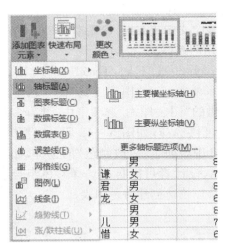

图 5‑22 轴标题

2. 坐标轴标签

在"添加图表元素"选项中,可以对"轴标题"和"坐标轴"进行设置。单击"轴标题",可以分别在"主要横坐标轴"标题和"主要纵坐标轴"标题下选择需要添加的内容,如图 5‑22 所示;单击"坐标轴"可以分别在"主要横坐标轴"和"主要纵坐标轴"下选择需要添加的内容,如图 5‑23 所示。

同时,单击图表中的横坐标或纵坐标,这时相应坐标轴的格式设置框会出现在屏幕右侧,如图 5‑24 所示。在一些场合,这个设置框也非常重要,现分别举两个小例子。

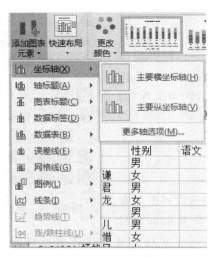

图 5‑23 坐标轴

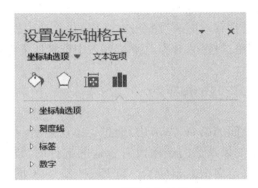

图 5‑24 设置坐标轴格式

（1）采用对数刻度

在 Excel 图表中，如果两个数据系列的值之间差距大，那么在图表中就很难将数据小的值显示出来，如果采用对数刻度可以拉近数据之间的值，避免此情况的发生。

【例题 5－2】 打开"数据悬殊对比"（参见"第 5 章/例题/例题 5－2.xlsx"），可见如图 5－25 所示的图表。

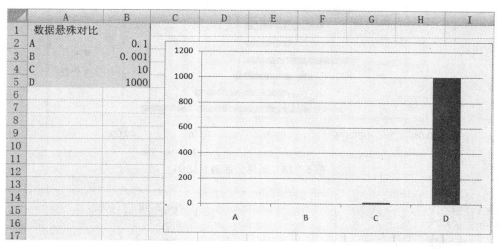

图 5－25　数据悬殊对比（未使用对数前）

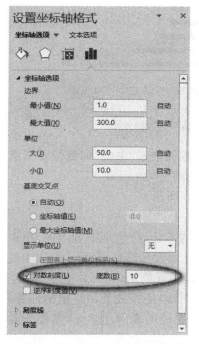

图 5－26　采用对数进行填充

图 5－25 为比较悬殊的四个数字代表的一个系列形成的柱形图，由于纵轴的数字表示，无法从图中显示 A、B、C 柱形所代表的数值，这时可以对垂直轴的坐标轴格式进行设置，缩小数据系列之间的距离。首先单击纵坐标，在右侧"设置坐标轴格式"的"坐标轴选项"中，选择对数刻度"10"，如图 5－26 所示。采用对数显示后的柱形图更具有可比性，如图 5－27 所示。

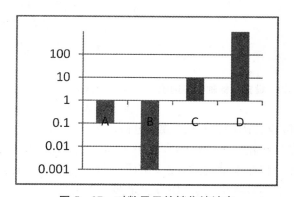

图 5－27　对数显示的销售统计表

（2）改变分类轴标签位置

创建图表时，分类轴的刻度线标签通常会显示在轴旁，但在创建图表的过程中，可能会出现标签位于轴旁、圈内的情况。

【例题 5－3】 打开例题"居民生活消费比例"(参见"第 5 章/例题/例题 5－3.xlsx"),自动创建条形图后可得如图 5－28 所示的图形。可以通过下面的设置,将坐标轴位置进行调整。

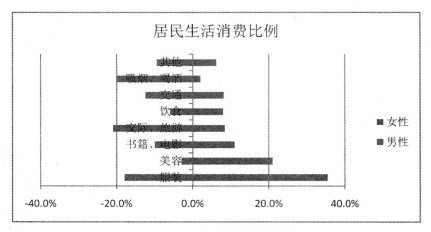

图 5－28　居民生活消费比例

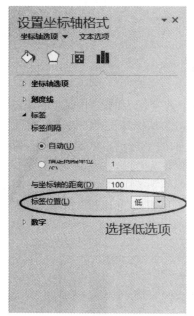

图 5－29　设置坐标轴标签选项

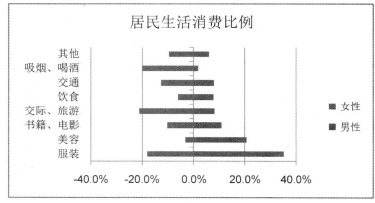

图 5－30　坐标轴调整后的效果

单击纵坐标,打开"设置坐标轴格式"中的"标签位置",选择坐标轴标签的位置为"低",如图 5－29 所示。

设置之后的效果如图 5－30 所示。

3. 图例

在图表中有一个不可或缺的部分,那就是图表图例,用来显示图表中的不同颜色、线条分别表示哪些系列。在功能区中,可以设置图例显示的位置,包括在图表上侧、下侧、左侧、右侧等方位。

在一些较高级的作图方法中,经常会往图表中加入辅助系列,以便完成某一特定的任务,这一部分将在本章的第 5.2.2 节中进行介绍。在添加辅助系列完成图表创建之后,需要删除图例中的不必要项,其操作方法是两次单击鼠标,注意不是双击。第一次单击鼠标选中图例,稍等,再单击鼠标选中要删除的图例项,按 Del 键,即可删除该图例项。并且,图例中的每一个图例项都是可以单独被选中进行格式化的。

4. 数据标签

在图表设计阶段,数据标签经常被默认隐藏,但是在有些场合,标签的作用会比图例更加重要,可以通过替代操作,更清楚明确地表达图表的意图,也使图表中的重要内容更为醒目。

【例题5-4】 图5-31是根据"某公司2009年费用支出表"的工作表制作的图表(参见"第5章/例题/例题5-4.xlsx")。显然在这个初始的图表中,信息表达得模糊不充分,因此,可以通过隐藏图例操作将工作表中的图例删除,如图5-32所示。另外,单击"数据标签"菜单中的"其他数据标签选项",如图5-33所示。在右侧的"设置数据标签格式"窗口中单击"标签选项",在"标签包括"区域中选择"类别名称""百分比"和"显示引导线"的复选框,如图5-34所示。最后呈现出的效果,如图5-35所示。

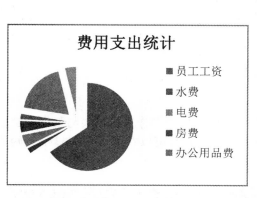

图5-31 费用支出原始图表

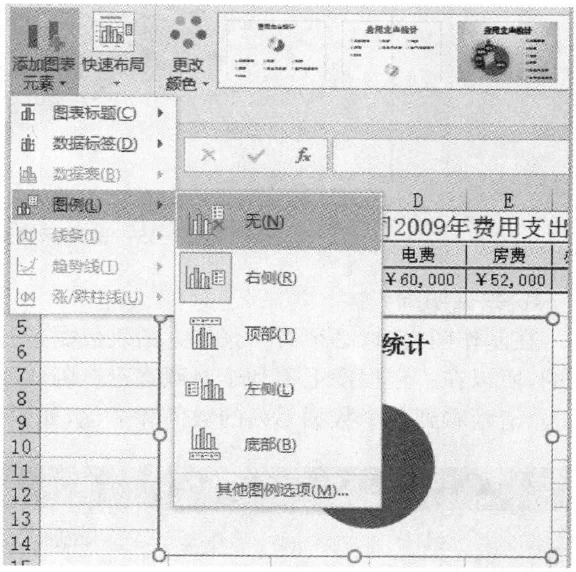

图5-32 图例菜单

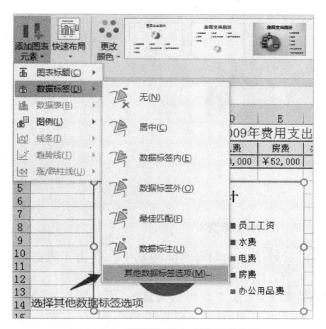

图5-33 设置"其他数据标签选项"

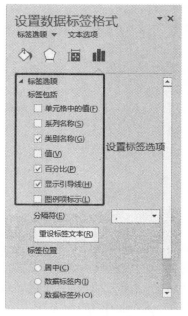

图5-34 设置"标签选项"选项

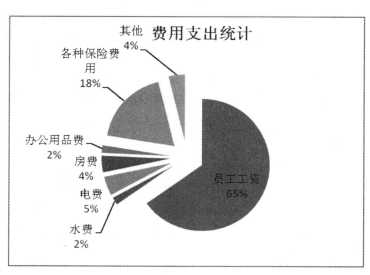

图 5 - 35　设置标签选项之后的效果

5. 数据明细

在制作图表时,必须有一张作为图表数据来源的工作表,由于制作后的图表与工作表是分开的,所以在一定程度上不利于对照查看。因此,在图表布局中,可以在图表下部显示原始数据表,清晰看到各个数据系列的数值和变化,如图 5 - 36 所示。

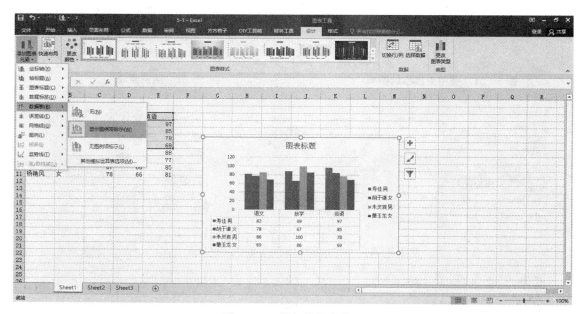

图 5 - 36　添加数据表选项

由于设置后的图表有数据表的存在,导致了下面两种情况的发生:① 由于数据表中附带图例项的表示显示,图例失去存在的价值。② 分类轴标题主要用于显示内容(X 轴)的标题或者名称,但数据表的存在导致它位置靠下,无法直观传达其意图,同时数据表的存在足以明了其 X 轴的内容。基于以上两点,在显示工作表的同时可以将图例、分类轴标题进行删除或隐藏。

6. 其他图表元素

在图表布局设置部分,还包括对网格线和坐标轴的设置,这些设置都可以在功能区中相应位置进行操作。

(1) 设置坐标轴最小刻度

在制作图表时,数值轴的最大值和最小值是根据数据表中的数据自动生成的,通常最小值都为零,这种图表在一定程度不利于数据值的对比。

【例题 5 - 5】 图 5 - 37 为 2010 年 VB 类图书的销售情况表(参见"第 5 章/例题/例题 5 - 5. xlsx")。默认情况下,Excel 会根据数据的大小自动确定图表中垂直(数值)坐标轴的最大和最小刻度值,也可以自定义刻度。因此,为了更加明显地显示月份之间销售情况的差异,可以通过"设置坐标轴格式"窗口中的"坐标轴选项"选项卡,根据实际需要设置坐标轴的最小值为"300",调整后的图表更加容易进行月度和种类间的比较。

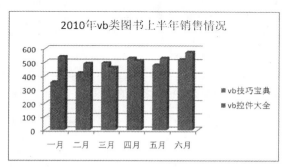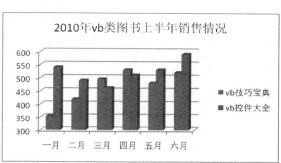

图 5 - 37　设置坐标轴最小值操作效果显示

注意,当在图表中绘制的数值涵盖范围非常大时,也可以将垂直(值)轴更改为对数刻度(参见本章例题 5 - 2)。

(2) 添加次坐标轴

如果两个数据系列的反差很大会导致其中的一个数据系列不能很好地显示,可以通过添加次坐标轴的方法让主、次坐标轴上的刻度各自反映相关数据系列的值。

【例题 5 - 6】 图 5 - 38 为"上半年产品销售统计表"(参见"第 5 章/例题/例题 5 - 6. xlsx")。由于两组数据系列的反差比较大,因此可以通过添加次坐标轴来调整。

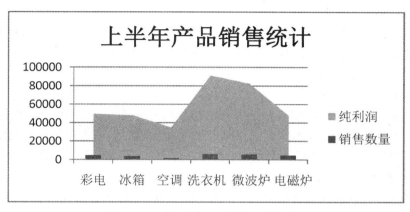

图 5 - 38　未添加次坐标轴之前的效果

图 5-39 添加次坐标轴

具体操作如下：用鼠标右键单击数据系列"纯利润"，在弹出的快捷菜单中选择"设置数据系列格式"命令，在右侧的"设置数据系列格式"框中选择"系列选项"命令，在"系列绘制在"区域中选择"次坐标轴"单选按钮，如图 5-39 所示。单击"关闭"按钮，次坐标轴添加完成，如图 5-40 所示。

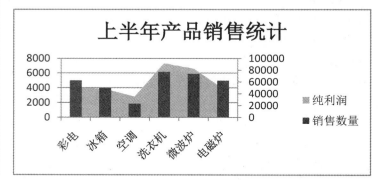

图 5-40 添加次坐标轴之后的效果

5.1.4 图表格式

一个图表主要由图表区、图表标题、图例、绘图区和图表系列构成，如果要让图表更加完美，就必须对图表进行格式化操作。格式化图表主要指对图表中各元素进行格式化设置，如填充、边框样式、边框颜色、阴影、三维旋转等。大体上，操作分为两类：一是对图表进行格式化，二是对图表中的文本进行格式化操作。

1. 图表区格式化

图表区是整个图表及全部图表元素，设置图表区的格式主要包含对图表区的背景进行填充、对图表区的边框进行设置，以及三维格式的设置。

填充图表区颜色：右击图表区域，执行"设置图表区域格式"命令，在弹出的对话框中进行设置。或者选中图表，在"图表布局/格式"选项卡的"当前所选内容"组中，单击"设置所选内容格式"按钮，打开如图 5-41 所示的对话框。

在"填充"栏中，包含六个单选按钮："无填充""纯色填充""渐变填充""图片或纹理填充""图案填充"和"自动"。此外，还可以设置"边框颜色""边框样式""阴影"等。还可以设置"三维格式"，如图 5-42 所示。

2. 绘图区格式化

绘图区指通过轴来界定的区域，包括所有数据系列的图表区。绘图区也可以像图表区一样设置填充颜色、边框颜色及阴影效果。只需单击图表的绘图区域，右击执行"设置绘图区格式"命令，如图 5-43 所示。在弹出的"设置绘图区格式"对话框中进行格式设置，如图 5-44 所示。

3. 格式化图表元素

使用功能区还可以对图表的轮廓、填充及效果等参数进行快速便捷的设置，而且还可以使用预定的图表样式。

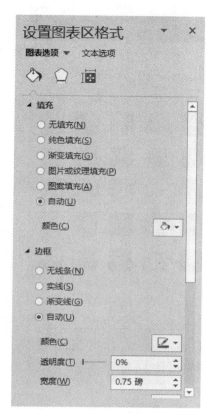

图 5－41　设置图表区域格式

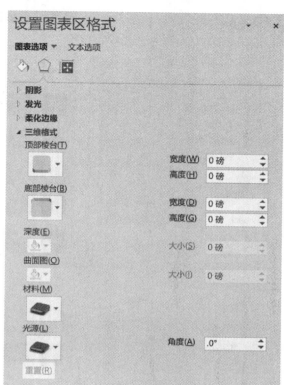

图 5－42　设置三维格式

	A	B	C	D	E
	居民生活消费比例调查				
	消费组成	男性	女性		
	服装	−18.0%	35.4%		
	美容	−18.0%	20.9%		
	书籍、电影	−10.0%	11.0%		
	交际、旅游	−21.0%	8.4%		
	饮食	−6.0%	8.0%		
	交通	−12.5%	8.1%		
	吸烟、喝酒	−20.0%	2.0%		
	其他	−9.5%	6.20%		

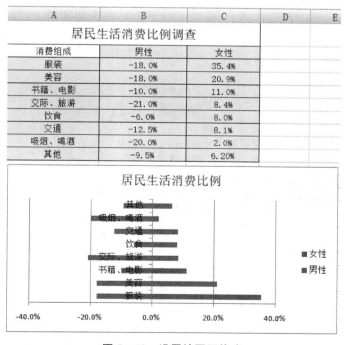

图 5－43　设置绘图区格式

| 图 5-44 绘图区格式设置框 | 图 5-45 预置样式菜单 |

首先,选中需要格式化的图表元素,在"图表工具"→"格式"选项卡的"形状样式"组中,单击预置样式框右侧的"展开"按钮,打开如图 5-45 所示的下拉面板,显示出所有预置样式。如果对预置样式不满意,或对图表的填充、轮廓或效果需要进行特殊的设置,可在"图表工具"→"格式"选项卡的"形状样式"组中,分别单击"形状填充""形状轮廓""形状效果"按钮,分别打开对应的下拉面板,如图 5-46 所示。

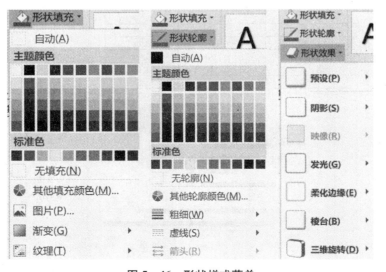

图 5-46 形状样式菜单

下面仍然对上面的"费用支出"表中的例子进行美化(见本章例题5-4)。在 Excel 图表中，不同的数据系列以不同的颜色进行显示，并且是单色调显示，既不美观，也没有立体感，如图5-47所示。本例中将对表中数据系列进行格式化，并将对"员工工资"所占比例进行突出显示。

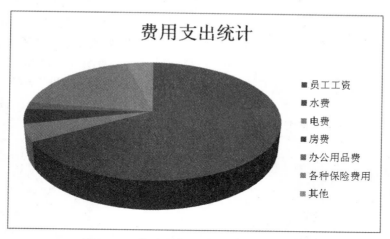

图5-47 快速生成的"费用支出统计"图表

首先通过"图表工具"→"设计"选项卡，在"图表布局"中选择"添加图表元素"单击"数据标签"图标，在"其他数据标签选项"中设置"标签包括""类别名称""百分比"，并且"分隔符"下拉按钮为"空格"，如图5-48所示。

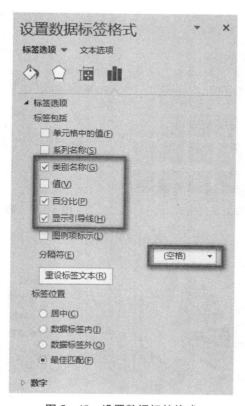

图5-48 设置数据标签格式

图 5-49　数据系列格式

接着，选中图表区域中的"员工工资"，右键单击，在弹出的快捷菜单中选择"设置数据点格式"命令。打开"设置数据点格式"对话框，选择"系列选项"，将"点分离"设置为 45%，如图 5-49 所示。选择"填充"选项，在窗格中选择"渐变填充"，在列表中选择"顶部聚光灯"→"个性色 5"渐变色，如图 5-50 所示。选择"阴影"选项，在窗格中选择"预设"下的"内部"第一个阴影样式，如图 5-51 所示。最后呈现如图 5-52 的效果。

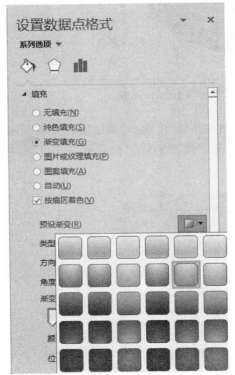

图 5-50　数据系列格式

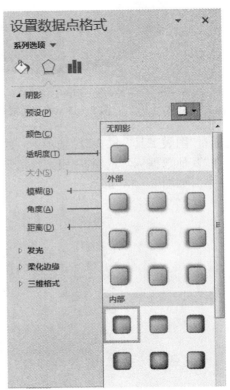

图 5-51　数据系列格式

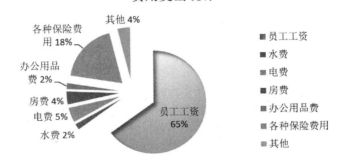

图 5-52　美化后的图表效果

4. 格式化文字

图表中的文字也可以通过两种方式进行设置，一是通过"开始"选项卡中的"字体"分类面板进行设置，二是通过"格式"选项卡的"艺术字样式"分类面板进行设置。

首先选中图表中需要格式化的文本，在"艺术字样式"组中，单击预置样式框右侧的按钮，打开如图5-53所示的下拉面板，显示出所有的预置样式。同时，如果对预置样式不满意，也可以单击"图表工具"菜单下"格式"选项卡下的"形状填充""形状颜色""形状效果"等按钮，对文本进行自定义设置，如图5-54所示。

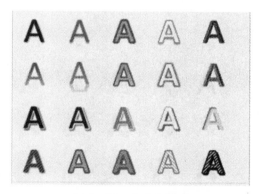

图 5-53 艺术字样式

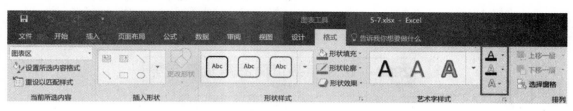

图 5-54 "格式"选项卡中的格式命令

图表标题是所有图表元素中最能方便、快捷地表达图表信息的一种元素，亮化图表标题可以快速方便地美化图表。下面举一个美化图表标题的例子。

【例题5-7】 对某市2003—2010年商品房价走势的图表标题进行美化（如图5-55所示，参见"第5章/例题/例题5-7.xlsx"）。首先，选中图表标题后，可以单击"图表工具"按钮，选择"格式"选项卡，在"艺术字样式"组中单击样式后的下拉按钮，在弹出的样式中选择一种样式，如图5-56所示。同样，可以在"形状样式"组中选择一种样式，并且在"形状样式"组中"形状效果"的下拉按钮中选择"棱台"命令，如图5-57所示。格式化后的图表效果如图5-58所示。

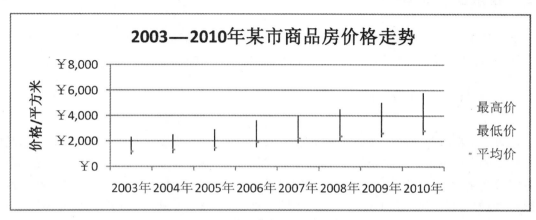

图 5-55 未美化图表标题前的效果

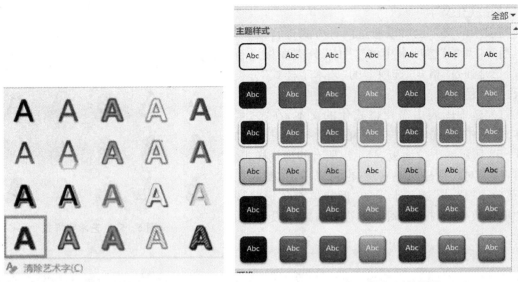

图 5 - 56　添加艺术字样式　　　　　　　图 5 - 57　添加形状样式

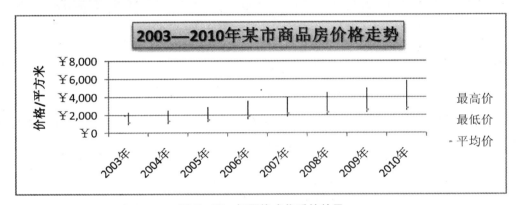

图 5 - 58　标题格式化后的效果

5.2　复杂图表的设计

上一节主要对图表的基本功能做了介绍,后面将集中分析一些复杂图表的设计与制作,突出介绍一些在制作图表过程中的技巧。

5.2.1　趋势线的使用

趋势线是指以图形的方式表示数据系列的趋势,例如,趋势线可以简单地理解成一个品牌在几个季度中市场占有率的变化曲线,使用它我们可以很直观地看出某种牌子的产品其市场占有率的变化,还可以通过这个趋势线来预测下一步的市场变化情况。趋势线用于问题预测研究,又称为回归分析。在 Excel 中可以为图表添加趋势线,并通过"图表工具/布局"选项卡的"分析"组中的命令来更改图表中显示的趋势线的格式。

【**例题5-8**】 图5-59是某公司2004—2009年在不同城市的图书销售情况（参见"第5章/例题/例题5-8.xlsx"），本例将对某公司"2004—2009年图书销售统计"图表添加趋势线，同时预测2010年广州图书的销售趋势。

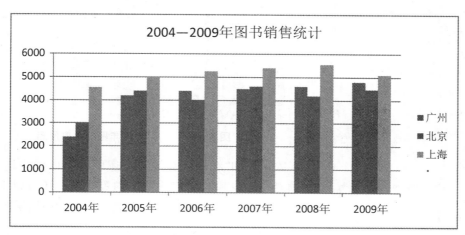

图5-59 某公司在三个城市的图书销售统计

　　首先打开某公司"2004—2009年图书销售统计"表，如图5-59所示，选中图表数据系列"广州"，单击"图表工具"按钮，选择"设计"选项卡，在"添加图表元素"组中单击"趋势线"按钮如图5-60所示，单击"线性"选项即弹出对话框，如图5-61所示，选择需要添加趋势线的系列，如"广州"，则该趋势线即被添加。

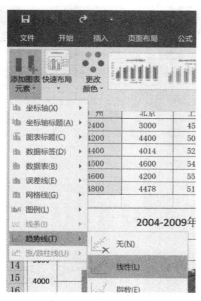

图5-60 添加"线性趋势线"菜单

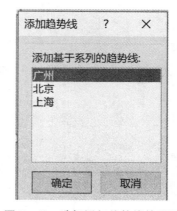

图5-61 选择添加趋势线的系列

　　添加完毕后，还可以单击鼠标右键，在弹出的快捷菜单中选择"设置趋势线格式"命令，对该趋势线进行格式设置，并预测未来走向，打开"设置趋势线格式"窗口，在"趋势预测"区域中将前推周期设置为"1"，选择"显示公式"复选框，如图5-62所示，添加趋势线并进行格式设置后的图表效果如图5-63所示。

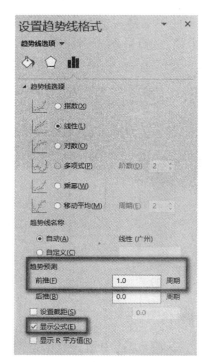

图 5-62　设置趋势线格式

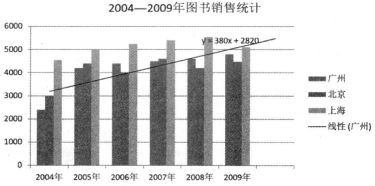

图 5-63　广州 2010 年图书销售预测

除了添加"线性趋势线"外,还可以添加指数趋势线、线性预测趋势线和双周期移动平均等线型。还可以根据分析需求添加折线、涨跌柱线和误差线。现分别举例说明。

1. 折线

选中带有趋势线的图表 5-3,在"图表工具/设计"选项卡的"添加图表元素"组中,单击"线条"按钮,根据需要选择不同折线即可,例如"高低点连线"和"垂直线"。

高低点连线,可用于在所有系列上连接类别的最大值和最小值,可用于折线图,如图 5-64 所示,即为学习成绩折线图表添加的高低点连线。

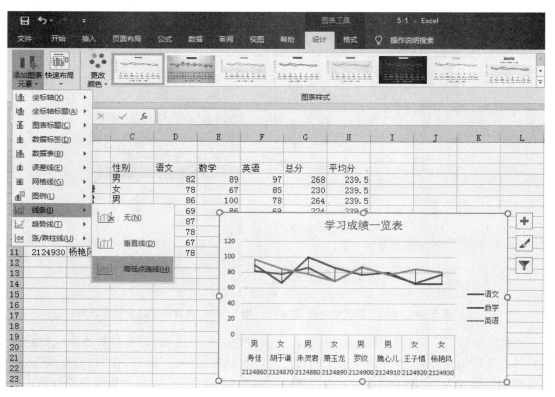

图 5-64　高低点连线

垂直线是从数据点向类别轴(X轴)延伸的线型,可以用于面积图和折线图。有时用折线图反映时间间隔的变化趋势,但相对数据的显示不是特别清晰,可以考虑为图表添加垂直线,使各个系列对应的数值一目了然。图5-65是某个班的学习成绩一览表,通过垂直线的设置,每个同学每门科目的得分情况一目了然。

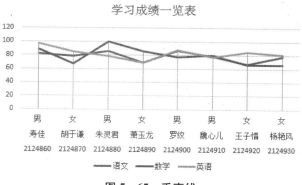

图5-65 垂直线

2. 涨/跌柱线

涨/跌柱线是在类别的最高值和最低值之间延伸的条形。涨柱线为白色,跌柱线为黑色,它们可用于折线图。在进行添加时,首先选中需要显示或隐藏涨/跌柱线的图表,在"图表工具/设计"选项卡的"添加图表元素"组中,单击"涨/跌柱线"按钮,单击"涨/跌柱线"菜单,即显示如图5-66所示的图表。单击"涨/跌柱线选项",可以打开"设置涨跌线格式"对话框进行填充、边框颜色格式等的设置,如图5-67所示。

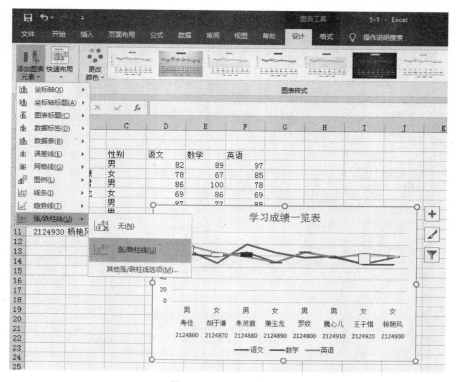

图5-66 添加涨跌线

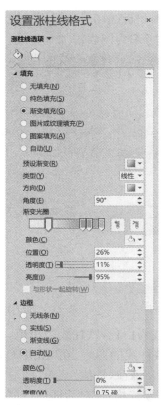

图 5-67 涨跌线格式设置

3. 误差线

误差线通常用在统计或科学计数法数据中,用于显示相对序列中的每个数据标记的潜在误差或不确定度。在 Excel 中,误差线经常用于反映数据中不确定因素"加或减"信息,一般适用于面积图、条形图、柱形图、折线图和 XY 散点图。

在进行误差线添加时,首先选中需要添加和删除误差线的图表,在"图表工具/设计"选项卡的"添加图表元素"组中,单击"误差线"菜单,选择需要创建的误差线即可,如图 5-68 所示。单击"其他误差线选项"命令,可以对误差线格式进行设置,如图 5-69 所示。设置误差量,可以根据需要选择一个合适的值。一般有如下几种值的选择:

① 固定值:指定常数作为误差量。

② 百分比:每一个数据都使用指定的百分比计算。

③ 标准偏差:以给出的数值计算标准差,然后乘上指定的数字,得出误差量。

④ 标准误差:以给出的数值计算标准差,并当作误差量使用。

⑤ 自定义:以自定义的数值作为误差量使用。

例如,要对"2004—2009 年图书销售统计"中的广州添加误差线(参见"第 5 章/例题/例题 5-8.xlsx")。首先,选中图表,单击"图表工具"按钮,选择"设计"选项卡,在"添加图表元素"组中单击"误差线"图标,在弹出的下拉菜单中选择"其他误差线选项"选项,打开"添加误差线"窗口,在列表中添加"广州"数据系列。进入"设置误差线格式"窗口,通过选择"垂直误差线"选项卡来设置误差线的显示方式及误差量,如图 5-70 所示。

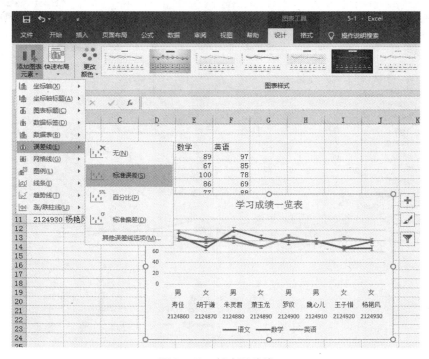

图 5-68 创建误差线

图 5 - 69　误差线格式设置　　　图 5 - 70　设置误差量

5.2.2　利用辅助系列绘制参考线

利用辅助系列作图是一种较为高级的思路和技巧,顾名思义是用辅助的数据系列来完成一些特定的任务,或者实现一些 Excel 图表本身并不支持的效果。经营分析中经常需要给图表绘制一条或多条参考线,如平均线、预算线、预警线、控制线等。如果手工绘制,难以准确对齐不说,麻烦的是一旦数据发生变化就需要手工调整。这时候,可以考虑用辅助系列绘制,既精确又智能。

【例题 5 - 9】　图 5 - 71 示意了使用折线图绘制平均线的方法(参见"第 5 章/例题/例题

图 5 - 71　添加水平平均线

5-9.xlsx")。图 5-72 中 G 列中的平均分有函数自动计算得到,将总分和平均分加入柱形图表后,选中图表中的平均分柱状图,右击选择"更改图表类型",在"组合"中选择"折线图"即可得到平均分的参考线。

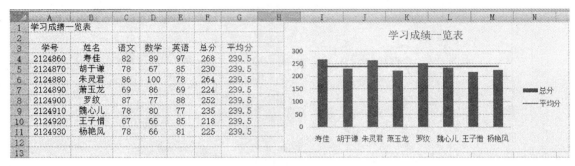

图 5-72　绘制平均线

在实际工作中,可能需要绘制多条参考线,其制作原理都与平均线的制作雷同。需要提醒的是,如果要对条形图绘制一条垂直的参考线,情况会复杂一些,因为 Excel 的组合折线图总是水平的而不会垂直。这时可以考虑加入两组数据系列 XY,作为辅助数据,加入图表作散点图,就可以绘制一条垂直的参考线。

5.2.3　将数据分离为多个系列

【例题 5-10】　为了进行图表格式化,有时候会将一个数据系列分离为多个数据系列,对每个数据系列单独进行格式化,做出类似于条件格式的效果(参见"第 5 章/例题/例题 5-10.xlsx")。

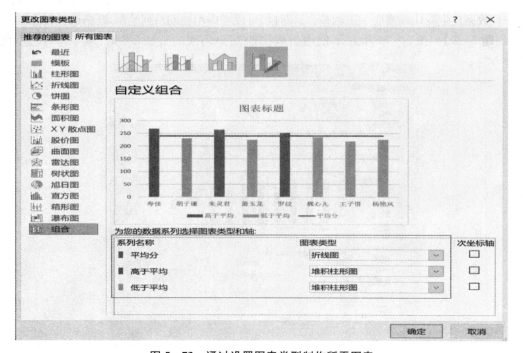

图 5-73　通过设置图表类型制作所需图表

首先,使用 IF 函数将 G 列的源数据分离为高于平均值的 I 列和低于平均值的 J 列,然后用 I 列和 J 列数据做堆积柱形图,并分别着色,如图 5-73 所示,就实现了图表的自动条件格式化(如图 5-74 所示)。

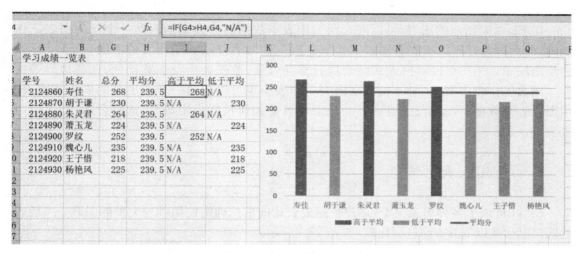

图 5-74　通过数据分离制作具备条件格式特性的图表

5.2.4　作图前先将数据排序

很多时候原始数据可能并不符合作图的要求,例如在使用条形图、柱形图、饼图进行分类对比时,除分类名称有特殊顺序要求的情况外,一般可先将数据进行降序或升序的排列,做出的图表也将呈现排序的效果,便于阅读和比较。

【例题 5-11】　如图 5-75 所示(参见"例题/例题 5-11.xlsx"),根据 A3:B11 区域中的数据,首先制作一个辅助数据系列,在原始数据后面加上一个不影响比较的小数,目的是为了区别原数据中值相同的行。然后对该辅助系列进行降序排列,根据排列后的结果制作条形图,这样得到的图表就按照数据量的大小进行排序显示了。

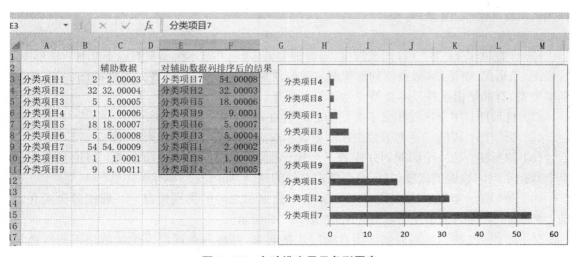

图 5-75　自动排序显示条形图表

5.3 图表的基本类型及其选择

在 Excel 中创建的图表,可以嵌入到工作表中数据的旁边或插入到一个新的图表工作表中,分别称为嵌入式图表和图表工作表。嵌入式图表浮动在工作表的上面,位于工作表的绘图层中。用户可以对嵌入式图表执行移动位置、改变大小及长宽比例、调整边界等操作。图表工作表占据整个工作表,在图表工作表中也可以包含一个或更多的嵌入式图表。用图表表现数据、传递信息,很重要的一个环节是如何根据应用场景,选择合适、有效的图表类型。

5.3.1 图表表达信息

Excel 提供了多种图表类型,用户根据要表达的信息确定使用哪种类型的图表。一般表达的信息会从以下五方面进行比较,如表 5-1 所示。

表 5-1 图表表达信息类型

比　较　类　型		举　　　　例
成　　分	各个部分占整体百分比的大小	5 月份,甲产品占销售总量的最大份额
排　　序	不同元素的序列(并列,高于或低于其他元素)	5 月份,甲产品的销售超过乙产品和丙产品
时间序列	一定时间内的变化(变化趋势,上升、下降或保持稳定)	销售自一月份以来稳步上升
频率分布	在渐进数列中的数量分布	5 月份,大多数销售集中在 1 000 元和 2 000 元之间
关 联 性	两种可变因素之间的关系	5 月份的销售业绩显示销售与销售人员的经验并没有联系

5.3.2 常见图表类型

Excel 提供了 11 类 73 种图表类型,尽管种类繁多,但其基本类型只有以下几种:柱形图、折线图、条形图、饼形图、散点图和面积图。我们所见到的林林总总、各式各样的图表,有的是基本类型,有的是由这些基本类型变化或组合而来。

(1) 柱形图:用于比较相交于类型轴上的数值大小,如图 5-76 所示。

(2) 折线图:将同一系列的数据在图中表示成点并用直线连接起来,如图 5-77 所示。

(3) 饼形图:把一个圆面划分成若干个扇形面,每个扇面代表一项数值。饼图只适合于单个数据系列间数据的比较,显示每个值占总值的比例,如图 5-78 所示。

(4) 条形图:类似于柱形图,主要强调各个数据项之间的类别情况。一般把分类项在竖轴上标出,把数据的大小在横轴上标出,如图 5-79 所示。

(5) 面积图:将每一系列数据用直线段连接起来,并将每条线以下的区域用不同颜色填充,如图 5-80 所示。

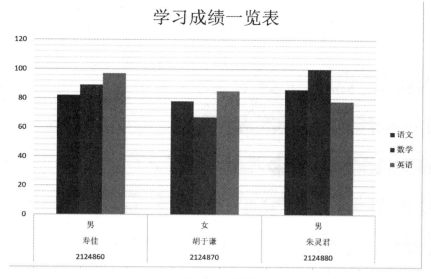

图 5 - 76　柱形图

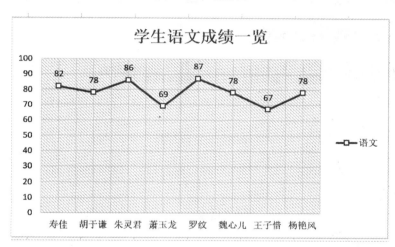

图 5 - 77　折线图

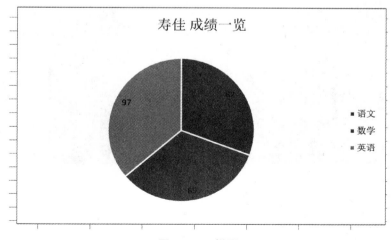

图 5 - 78　饼图

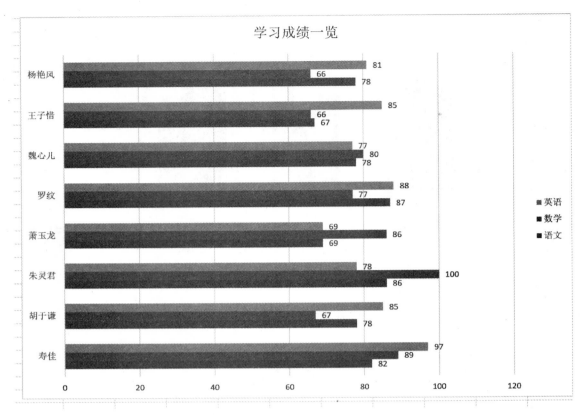

图 5-79 条形图

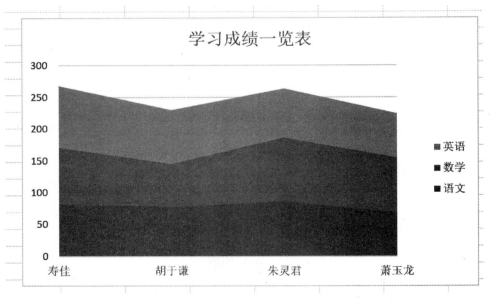

图 5-80 面积图

(6) 散点图：也称为 XY 图，用于比较成对的数值，如图 5-81 所示。

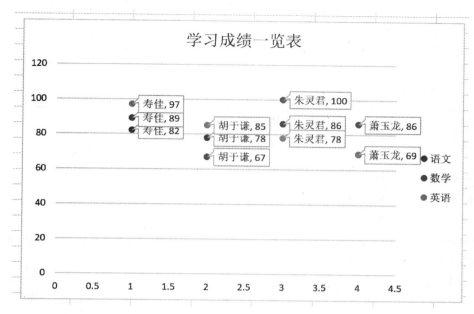

图 5-81 散点图

此外，在"其他图表"下拉按钮下，包含诸如股价图、曲面图、圆环图及气泡图等图表类型。有些类型的使用率很低，主要掌握基本类型就可完成大部分图表的制作。

5.3.3 选择合适图表表达特定的信息

选择什么样的图表类型，主要是根据作者希望图表所表达的数据关系。国外专家 Andrew Abela 曾将图表展示的关系划分为比较、分布、构成和联系四类，而不同的数据类型适合选用不同的图表。本书参考该分类，重新组织，如表 5-2 所示。

表 5-2 图表类型的选择

图表类型 ＼ 比较类型	成　分	排　　序	时间序列	频率分布	关　联　性
饼形图	●				
条形图		●			●
柱形图			●	●	

比较类型 图表类型	成　分	排　序	时间序列	频率分布	关 联 性
折线图			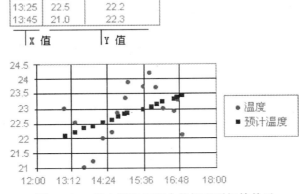		
散点图					

下面,针对比较容易混淆的图表类型做简单的区分。

1. 散点图与折线图

工作中作曲线的时候经常用到 X - Y 二维函数曲线,似乎散点图和折线图都可以达到目标。但实际上,这两种图表类型的内涵是不同的,使用的场合也有所不同。

散点图显示若干数据系列中各数值之间的关系,或者将两组数绘制为 XY 坐标的一个系列。散点图有两个数值轴,沿水平轴(X轴)方向显示一组数值数据,沿垂直轴(Y轴)方向显示另一组数值数据。散点图将这些数值合并到单一数据点并以不均匀间隔或簇显示它们。因此,散点图通常用于显示和比较数值,例如科学数据、统计数据和工程数据,如图 5 - 82 所示,即表示不同时间点温度与预计温度的差异。

时间	温度	预计温度
13:01	23.0	22.1
13:25	22.5	22.2
13:45	21.0	22.3

X 值　　　　Y 值

图 5 - 82　散点图表示两个数据系列间的关系

而折线图可以显示随单位(如:单位时间)而变化的连续数据,因此非常适用于显示在相等时间间隔下数据的趋势。在折线图中,类别数据沿水平轴均匀分布,所有值数据沿垂直轴均匀分布。如图 5 - 83 所示,可以观察每天数据量的变化。

2. 柱形图与条形图

柱形图和条形图是在商业中最常用的图表类型,图表为每个数据点显示一个从数值轴上的零点延伸到数据点的被填充的条。大多数人并不在意柱形图和条形图之间的区别。毕竟,它们基本上是相同的,只是伸展的方法不同。图形组件使用术语"柱"来描述沿屏幕的上下方向扩展的垂直列,使用术语"条"来描述横跨屏幕延伸的水平条。

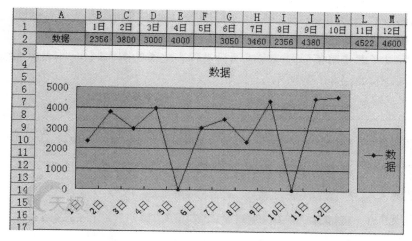

图 5‑83　折线图表示每天数据量的变化

但这两种图形还是有一定差异的，条形图主要是用于观测进程，横坐标可以表达一定的信息，而柱形图只用于观测数据大小。

有时，我们可以使用设计恰当的条形图使得两个项目之间的相对关系一目了然。

【例题 5‑12】　从图 5‑84 中可以看到几种产品的折扣和销量，为了表达信息"产品的销售量与折扣并没有关系"，可以考虑用条形图来实现（参见"第 5 章/例题/例题 5‑12.xlsx"）。

	A	B	C	D	E	F
1	产品	折扣	销量		折扣	
2	彩电	5%	2000		5%	
3	冰箱	10%	1000		10%	
4	洗衣机	20%	5000		20%	
5	电脑	30%	4000		30%	
6	微波炉	40%	500		40%	
7	DVD播放机	50%	2000		50%	
8						

图 5‑84　折扣产品销量统计表

首先，准备数据，在图 5‑84 中，在单元格 E2 中输入公式"＝－B2"，并下拉至单元格"E7"。选择单元格区域"E2：E7"，在单元格格式对话框中自定义数字格式为："0％;0％"，从而将负值显示为正值。选择单元格区域"A1：A7"和"E1：E7"，单击"插入"→"条形图"→"二维簇状条形图"，生成如图 5‑85 所示左侧图表。接着，选择单元格区域"A1：A7"和"C1：

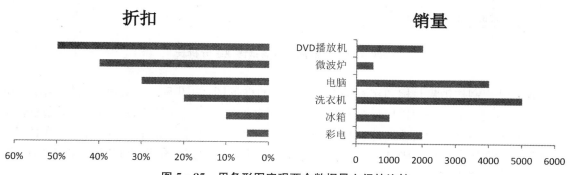

图 5‑85　用条形图实现两个数据量之间的比较

C7",单击"插入"→"条形图"→"二维簇状条形图",生成如图 5-85 所示右侧图表。调整图表位置和格式,最终达到如图 5-85 所示的效果。

此外,还可以考虑使用条形图来完成项目进程表之类的图表制作,在表示连续的数值时经常考虑使用条形图,如图 5-86 所示。

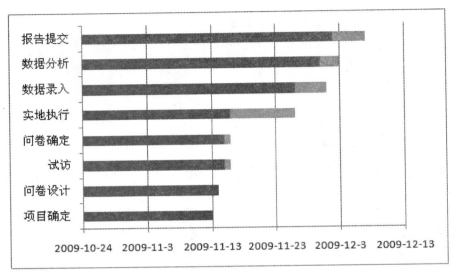

图 5-86 条形图进程类图表

3. 柱形图与堆积柱形图

与柱形图不同,堆积柱形图显示单个项目与整体之间的关系,它比较各个类别的每个数值所占总数值的大小。堆积柱形图以二维垂直堆积矩形显示数值。

【例题 5-13】 图 5-87 是 LG 液晶显示器销售业绩分析表,显示每季度的销售目标和实际销售额(参见"第 5 章/例题/例题 5-13.xlsx")。

销售项目	第一季度	第二季度	第三季度	第四季度	年度总计
销售目标	¥200,000	¥250,000	¥210,000	¥170,000	¥830,000
实际销售	¥250,000	¥190,000	¥150,000	¥280,000	¥870,000
达成比率	125%	76%	71%	165%	105%

图 5-87 LG 液晶显示器销售业绩分析表

根据此表制作销售目标和实际销售两个系列的柱形图,如图 5-88 所示。从柱形图中可以很清晰地比较每个季度销售目标和实际销售之间的差异,但是这种比较相对孤立,无法显示单个项目与整体之间的关系。这种缺陷,可以通过堆积图来弥补,如图 5-89 所示。在此"三维堆积柱形图"中,可以清晰地分析每个季度内部销售目标和实际销售的同时,更能看到单个季度在整个年度中的位置。

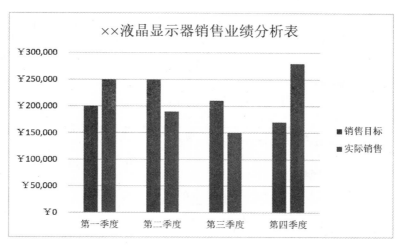

图 5‑88　柱形图显示每个季度销售业绩情况

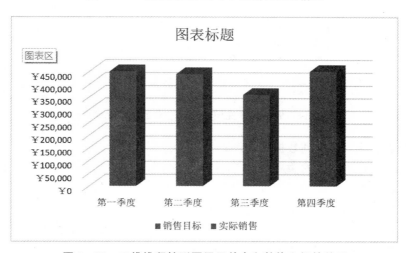

图 5‑89　三维堆积柱形图显示单个和整体之间的关系

5.3.4　制作图表的一般步骤

一个完整的从数据到图表的过程应该包括的步骤如图 5‑90 所示。

图 5‑90　制作图表的一般过程

  首先,我们要对数据进行分析,得出自己的结论,明确需要表达的信息和主题。然后根据这个信息的数据关系,决定选择何种图表类型,以及要对图表类型作何种特别处理。最后才是动手制作图表,并对图表进行美化、检查,直至确认完成。

正所谓"横看成岭侧成峰,远近高低各不同",同样的一份数据,因为不同的立场和价值判断,不同人所发现的信息、得出的观点很可能不一样,那么所选用的图表类型也可能不一样。

在制作时还要注意考虑如下因素(如图 5-91 所示):

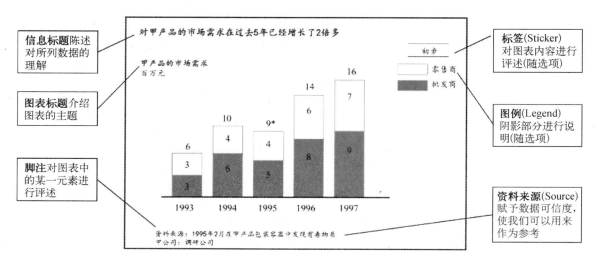

图 5-91　一个完整的图表包含的各种元素

① 信息标题:陈述对所列数据的理解;

② 图表标题:介绍图表的主题;

③ 脚注:对图表中的某一元素进行评述;

④ 数据标签:对图表内容进行评述;

⑤ 图例:对阴影部分进行说明;

⑥ 资料来源:赋予数据可信度和图表的严谨性。

【例题 5-14】　如图 5-92 所示,为"女性塑身进度表"(参见"第 5 章/例题/例题 5-14.xlsx"),按照日期的变化,表中记录了体重和身体质量指数(Body Mass Index,BMI)等指标的变化。其中"估计瘦身重""估计脂肪重量"和"估计体重指数(BMI)"等均可根据前面的各项指标计算得出。根据此进度表,可制作一个关于体重与 BMI 之间关系的图表。

女性塑身进度图表

身高(m):　1.65

日期	体重(kg)	胸围(cm)	腰围(cm)	臀围(cm)	腕围(cm)	前臂围(cm)	估计瘦体重(kg)	估计脂肪重量(kg)	估计体重指数(BMI)
08/2/1	61.5	81.0	77.5	100.0	17.1	27.2	48.0	13.5	22.6
08/2/8	61.5	81.0	77.5	100.0	17.1	27.2	48.0	13.5	22.6
08/2/15	61.0	81.0	77.5	99.0	17.0	27.1	47.8	13.2	22.4
08/2/22	61.0	81.0	70.0	99.0	17.0	27.1	47.8	13.2	22.4
08/2/29	60.5	81.0	70.0	98.0	16.9	27.0	47.5	13.0	22.2

图 5-92　女性塑身进度表

根据图表绘制的一般过程，首先，获得数据（如图5-92所示），确定要表达的信息和比较的种类（分析体重与BMI指标之间的对应关系），然后就是选择图表类型了。由于是比较两种数据随时间变化的情况，因此，可考虑使用带次要坐标轴的柱形图。

首先，选中"A6：B11"与"J6：J11"区域，插入二维柱形图。选中"估计体重指数"系列，单击右键后选择"设置数据系列格式"菜单，在弹出的"系列选项"对话框中选择"系列绘制"在"次坐标轴"。接着，再次选中"估计体重指数"系列，单击右键后选择"更改图表类型"菜单，在弹出的类型列表中选择"带数据标记的折线图"，如图5-93所示。

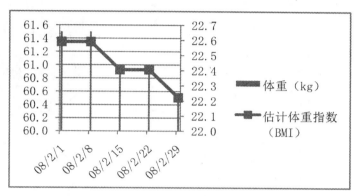

图 5-93　设置图表

然后要对该图表进行格式设置。首先在图表上方添加标题"体重- BMI"。接着，分别设置主要纵坐标轴和次要纵坐标轴的标题为"体重"和"BMI"。然后，为了清晰的显示，调整主要纵坐标轴的"主要坐标轴刻度"为固定值"0.5"，横坐标轴的"主要坐标轴刻度"为固定值"7"天。接着，调整图例位置为"图表下方"。最后，设置图表区格式，填充渐变背景色，如图5-94所示。

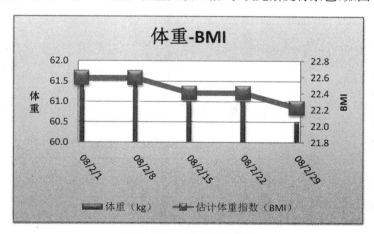

图 5-94　编辑图表格式

5.4　使用 SmartArt

SmartArt 图形用于在文档中演示流程、层次结构、循环或者关系，包括水平列表、垂直列表、组织结构图及射线图与维恩图。

5.4.1 SmartArt 图形的各类型说明

Excel 提供了 7 个大类 100 多种 SmartArt 图形布局形式,通过点击"插入"选项卡中"插图"组中的"SmartArt"按钮,可弹出如图 5-95 所示的图片。不同类型图形特点介绍如表 5-3 所示。

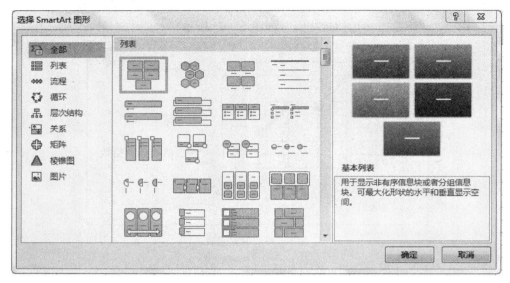

图 5-95　SmartArt 选项卡的使用

表 5-3　不同类型图形特点介绍

类　　型	说　　　　　明
列　　表	显示无序信息
流　　程	在流程或时间线中显示步骤
循　　环	显示连续的流程
层次结构	显示决策树
关　　系	对连接进行图解
矩　　形	显示各部分与整体的关系
棱　锥　图	显示与顶部或底部最大一部分之间的比例关系

5.4.2 创建 SmartArt 图形

在创建 SmartArt 图形之前,应首先清楚需要通过 SmartArt 图形表达什么信息以及是否希望信息以某种特定方式显示。例如要插入一个组织结构图,首先在"插入"选项卡的"插图"组中单击"SmartArt"按钮,打开"选择 SmartArt 图形"对话框。在此对话框中选择"层次结构"分类,在右侧单击选择"组织结构图"布局项,如图 5-96 所示。

单击确定,即在工作表中插入如图 5-97 所示的 SmartArt 图形。

在左侧的"文本"窗格,可以通过添加和编辑内容,在右侧的 SmartArt 图形中自动更新文本。点击"SmartArt 工具/设计"中的"创建图形"组中的"添加形状"按钮,如图 5-98 所示,可

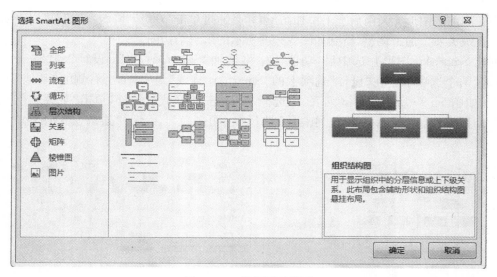

图 5‑96　选择图形类型

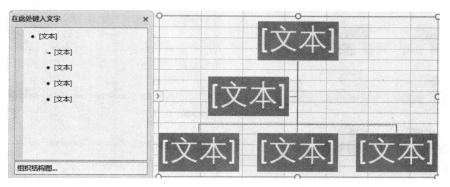

图 5‑97　插入图形

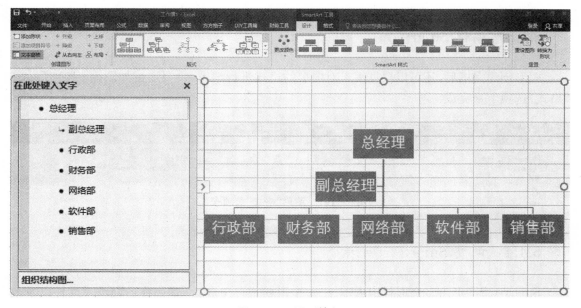

图 5‑98　图形输入

以分别在当前的图形元素前后上下添加图形,并且通过单击"升级""降级"按钮,可以表明层级间的上下级关系。通过调整,得到如图5-98所示的组织结构图。

创建SmartArt图形并选中后,功能区中将增加"SmartArt工具/设计"和"SmartArt工具/格式"两个选项卡。在"设计"选项卡的"SmartArt样式"组中,单击右侧的"其他"下拉按钮,打开如图5-99所示的样式列表,可选择二维或三维样式。此外,单击"更改颜色"按钮,可打开如图5-100所示的颜色列表,可选择"主题颜色""彩色""强调文字颜色"等各种颜色。

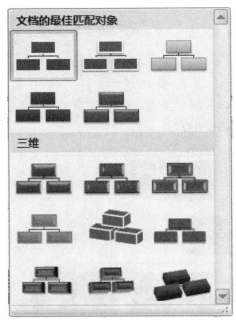

图5-99 图形样式选择　　　　　　图5-100 图形颜色选择

5.4.3 编辑 SmartArt

图形创建完毕后,还可以根据需求对图形的格式进行编辑,主要通过如图5-101所示的"格式"选项卡来完成。

图5-101 图形"格式"选项卡

5.4.4 调整 SmartArt 元素

SmartArt图形由多个形状组成,对于每个形状都可单独操作,如移动、旋转、翻转以及改变SmartArt图形等。

1. 更改形状

在 SmartArt 图形中选中需要替换的形状,在"格式"选项卡的"形状组"中单击"更改形状按钮",打开形状面板,从中选择需要的形状即可。

2. 旋转和翻转 SmartArt 图形

除了可以通过拖动形状的旋转手柄进行旋转操作外,还可以通过点击"格式"选项卡的"排列"组中的"旋转"和"翻转"命令来改变图形方向,如图 5 - 102 所示。

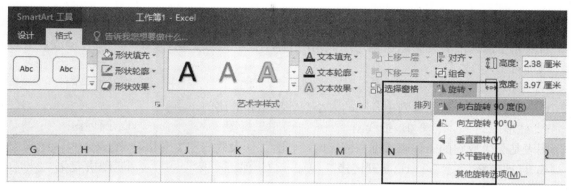

图 5 - 102　图形旋转

5.4.5　设置 SmartArt 图形格式

在"SmartArt 工具"选项卡上,有三个用于快速更改 SmartArt 图形外观的库,即"SmartArt 样式""形状样式"与"艺术字样式"。

1. 形状样式和艺术字样式

样式包括形状填充、边距、阴影、线条样式、渐变和三维透视,并且应用于整个 SmartArt 图形。这一选项卡的使用类似于工作表"格式"选项卡中的"形状样式"组和"艺术字样式"组。

2. SmartArt 样式

打开工作表"设计"选项卡中的"SmartArt 样式"组,可对图形元素进行设计。

<h2 align="center">本 章 小 结</h2>

本章首先介绍 Excel 图表的基础知识和基本创建步骤,接着利用一些复杂图表的设计来阐述在商业环境中如何更加快捷方便地创建和编辑图表。此外,对比分析不同类型图表的特点和使用的场合,学习如何根据表达信息的不同来选择和制作图表。在本章最后,还介绍了 Office 软件中的通用件 SmartArt。学习完本章后,读者应该对图表类型有更深层次的认识,能够利用不同的图表恰如其分的表达特定的信息,并且创建和编辑符合商业环境的专业性图表。

<h2 align="center">练 习</h2>

一、填空题

1. 基于默认图表类型迅速创建图表所生成的图表类型为_____图表。

2. 对于大多数二维图表,可以更改整个图表的图表类型以赋予其完全不同的外观,也可以为任何单个数据系列选择另一种图表类型,使图表转换为_____。

3. 数据系列是在图表中绘制的相关数据点,这些数据源自数据表的_____或_____。

4. 图表通常有两个用于对数据进行_____和_____的_____轴和_____轴(也称分类轴或 X 轴)。三维图表还有第三个坐标轴,即竖坐标轴(也称系列轴或 Z 轴),以便能够根据图表的深度绘制数据。

二、选择题

1. 若要基于默认图表类型迅速创建图表,在选择了图表的数据后,按( )组合键或( )键即可。

A. Alt+F12　　　　　B. F12　　　　　C. F11　　　　　D. Alt+F1

2. ( )显示一个数据系列中各项的大小与各项总和的比例。

A. 柱形图　　　　　B. 折线图　　　　　C. 饼图　　　　　D. 圆环图

3. 图表是与生成它的工作表数据相链接的,因此,工作表数据发生变化时,图表会( )。

A. 自动更新　　　　B. 断开链接　　　　C. 保持不变　　　　D. 随机变化

三、简答题

1. 在 Excel 2016 中,有哪几类图表?各图表的主要功能有哪些?

2. 在生成了一个"三维圆柱图"后,如果想更改为"分离形饼图",应如何操作?

四、习题

1. 打开"第 5 章/练习/个人住房商业贷款数据表.xlsx",利用三维堆积柱形图制作一个"个人住房贷款-还款还息图"(如图 5-103 所示),帮助个人贷款购房群体分析随着贷款年限的不同,还款总额和利息的增长趋势。

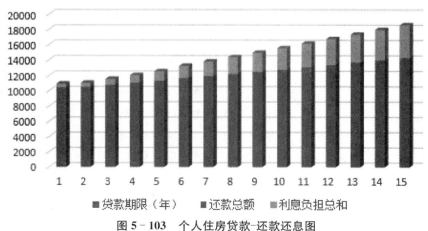

图 5-103　个人住房贷款-还款还息图

2. 打开"第 5 章/练习/2009 年图书销售数据统计.xlsx"工作表制作一个图书销售统计图(如图 5-104 所示),以百分比堆积图的形式分析各系列丛书在当月所占的销售百分比。

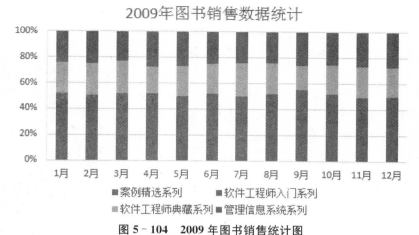

图 5 - 104   2009 年图书销售统计图

3. 根据某公司对女性进行的消费调查表(参见"第 5 章/练习/当代女性消费调查表"),制作一个条形图表来分析各种消费,如图 5 - 105 所示。

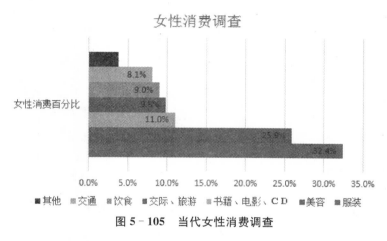

图 5 - 105   当代女性消费调查

4. 根据某公司各部门的人员统计表(参见"第 5 章/练习/人员统计表"),制作一个饼图(如图 5 - 106 所示),来表示各个部门占公司员工总数的百分比。

图 5 - 106   各部门人员比例图

5. 根据 2007—2009 年三个直辖市的区域销售统计表(参见"第 5 章/练习/图书销售统计表.xlsx"),制作一个圆环图,分别表示各个年度三地销售的比例情况,如图 5－107 所示。

6. 根据"世界人口自然变化数据表"(参见"第 5 章/练习/世界人口自然变化数据表.xlsx"),利用"带数据标记的折线图"图表类型创建世界人口自然变化统计图(如图 5－108 所示),从表中反映各个国家出生率、死亡率及自然增长率的变化趋势。

7. 根据"1996—2005 年城乡人口统计表"(参见"第 5 章/练习/城乡人口统计表.xlsx"),利用面积图的阴影部分比较两项数据的差距,如图 5－109 所示。

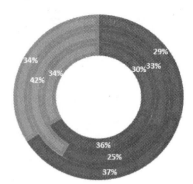

区域销售额统计
■深圳 ■上海 ■北京

图 5－107　区域销售额统计图

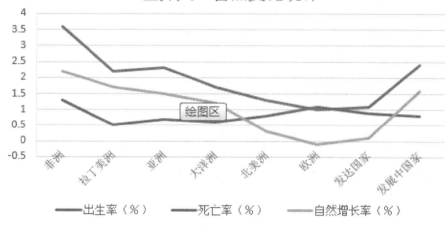

图 5－108　世界人口自然变化统计图

图 5－109　1996—2006 年城乡人口对比图

8. 根据 2000—2007 年某城市固定人口和流动人口的数量（参见"第 5 章/练习/M 城市人口统计表.xlsx"），制作"城市人口统计图"（如图 5-110 所示），其中固定人口用柱形图表示，流动人口用折线图表示，并建立次坐标轴。

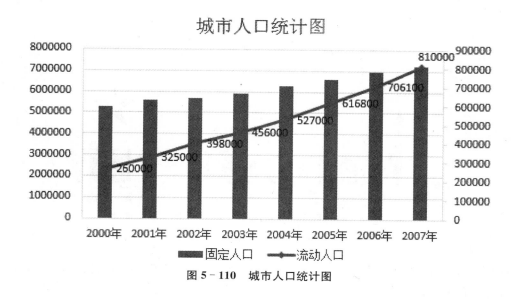

图 5-110　城市人口统计图

实　验

1. 在 A1 单元格填入 x，B1 单元格填入 y＝log(x)．在 A2：A20 区域中，从 0.1 开始，以 2 倍比例，依次生成对应的数据；在 B2：B20 区域中，根据左侧对应的单元格利用 log(x) 来计算单元格的值。生成曲线图，如图 5-111 所示。

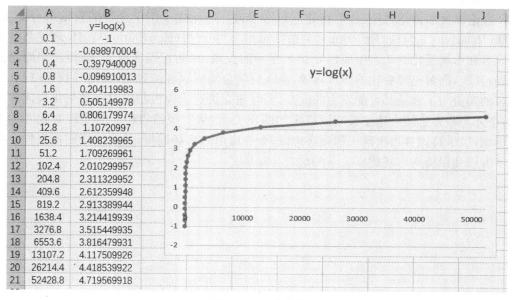

图 5-111　曲线图

2. 打开文件"第 5 章/实验/销售业绩分布表.xlsx",完成如下操作并保存。

参照样张,如图 5-112 所示,作如下操作:

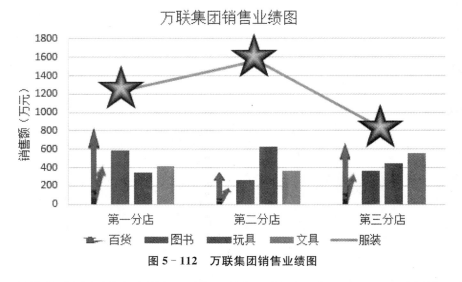

图 5-112　万联集团销售业绩图

① 建立簇状柱形图,图表标题均"万联集团销售业绩图"(字型号:12),图例放置在图表底部,Y 轴上的标题为"销售额(万元)"(字型号:9.5)。

② 将服装系列转换成折线图。

③ 将服装系列转变为星星图片,百货系列图形转变为向上箭头图片。

3. 打开"第 5 章/实验/玩具熊销售表.xlsx",分别按照下面的分析角度,选择合适的图表进行绘制。

① 客户在一定时间内市场份额的变化;

② 反映出人数与销售量的关系(课后思考题)。

4. 根据下面的描述,创建概念性图表"4R 关系图"。

"4R 理论以关系营销为核心,重在建立顾客忠诚。它阐述了四个全新的营销组合要素,即关联(Relativity)、反应(Reaction)、关系(Relation)和回报(Retribution)。4R 理论强调企业与顾客在市场变化的动态中应建立长久互动的关系,以防止顾客流失,赢得长期而稳定的市场;其次,面对迅速变化的顾客需求,企业应学会倾听顾客的意见,及时寻找、发现和挖掘顾客的渴望与不满及其可能发生的演变,同时建立快速反应机制以对市场变化快速作出反应;企业与顾客之间应建立长期而稳定的朋友关系,从实现销售转变为实现对顾客的责任与承诺,以维持顾客再次购买和顾客忠诚;企业应追求市场回报,并将市场回报当作企业进一步发展和保持与市场建立关系的动力与源泉。"

第6章 提升 Excel 数据分析能力

信息技术发展使人们有可能收集和存储大量的信息。人们知道信息中蕴含着大量的财富,丰富数据中潜藏着许多商业机会,于是都不遗余力地把可能有用的数据都保留下来。在美国,商店的衣服售价会根据前期的数据分析在不同地区对不同尺寸的衣服打不同的折,每次寄给客户的优惠券面额和频率也会根据其在店里消费额不同而每月变化。NBA 官网不仅提供详细的数据而且提供了一个 hotzone 工具,这个工具可以很直观地找到每个球员最擅长的得分位置。因此人们很容易发现在隐藏于浩如烟海的数据背后的有趣事实和有用规律:人们发现"20 年来所有年度防守球员退役时都有枚总冠军戒指、在比赛的最后关键时刻(即最后 5 分钟双方分差小于 5 分时),Tracy McGrady 有 80% 的得分靠单打得来,姚明有高达 60% 的得分依赖助攻。"

然而,面对纷繁的数据,大部分人却往往感到束手无策,不知道如何进行整理,如何进行分析,就像面对一个巨大的金矿,手中却没有合适的工具去挖掘。当然现在也有许多信息分析专业人员,不断研究数据挖掘方法和开发一些数据分析的专门软件。但是专业的定制存在着费用大、周期长、灵活性不够等诸多问题,身边有一个得心应手的工具能够帮助人们随时进行数据的有效分析,从数据中发现规律,并且根据数据进行有效的决策,是许多人梦寐以求的事情。

其实,目前的 Excel 2016 版本就是这样的一个工具,它能帮助人们完成数据分析工作。例如,人们在进行商业营销时,可以利用 Excel 进行调查数据、二手数据和网上数据等不同来源数据的整理,进行客户偏好和忠诚度的分析以及各种促销手段的选择;企业的管理人员可以进行公司仓库物资的统计和分析,对未来企业采购成本和销量趋势做预测;金融人员可以进行市场随机模拟,对投资决策风险进行分析;对于工程技术人员,可以利用 Excel 进行工程量的计算,绘制工程进度图;对于科学家而言,利用 Excel 进行相关性分析,帮助发现一些客观规律……越来越多的人开始喜欢使用这个身边唾手可得的软件,而放弃安装一些需要重新学习和适应的新软件。

对于已经有一定 Excel 基础的读者而言,也许已经了解了 Excel 用于数据分析的一些基本工具,本章中我们将了解如何更灵活贴切地使用这些工具,并介绍功能更加强大的工具,让它们一个个从看似普通的工具变成秘密武器,成为能够挖出金子的铲子!

这一章在介绍数据分析基本方法的基础上,围绕案例介绍如何从外部数据源获取数据,如何进行时序数据预测,如何进行数据决策分析以及如何用三维地图做数据呈现和分析。由于数据分析涉及的内容很多,鉴于篇幅的限制不能非常完整的阐述,读者如果需要深入了解,还可以查看相关的参考资料。操作细节可以查看 Excel 的帮助文件,统计知识可以查看统计学的书籍,而关于 Excel 2016 最新特性的使用可以从微软的官方网站找到详细的说明和最新的案例。参见"第 6 章/参考"目录下的相关文件。

6.1 数据分析基本方法

数据分析一般分为三个步骤:第一步是原始资料的整理,第二步是数据中蕴含的规律分析和数据模型的建立,第三步是分析和决策结果的呈现。下面就这三个方面进行阐述。

6.1.1 进行有效的数据整理

数据整理是对调查、观察、实验等研究活动中所搜集到的资料进行检验、归类编码和数字编码的过程,是数据分析的基础。

Excel 的数据放置在工作簿中,据说这个创意源自奶牛场的记账簿,而工作簿是由工作表组成的,因此把数据合理地在工作表中编排是至关重要的。工作表中很多单元格可以使用,所以你不必担心数据不够放,在 Excel 2016 中,数据系列中的数据点数目仅受可用内存限制。

为了方便统计分析,在进行数据整理时,要注意以下几点:

1. 为不同类型的数据设计不同的工作表

进行数据整理时,不要把所有的信息都放在一张工作表上。不同类型的数据有一个表,每种类型的分析有另一个工作表。在一个复杂的问题中,可能需要很多表,每一个都有特定的任务。如图 6-1 所示,把客户基本资料和客户的销售情况分开来描述。可以想象,如果我们

序号	企业名称	城市	法人代表	联系人	电话	企业邮箱
	客户资料清单					
1	国美电器成都万年场店	成都	张敏	吴兰	1352416247	wl@163.com
2	国美电器成都成仁路店	成都	邓小娟	邓小娟	1352416248	dxj@163.com
3	国美电器成都双桥店	成都	王志萍	王志萍	1352416249	wzp@163.com
4	永乐电器南京大桥南路	南京	黄丽	黄丽	1352416250	hl@163.com
5	永乐电器南京长虹店	南京	谭军	谭军	1352416251	tj@163.com
6	永乐电器南京百花店	南京	陈贤	陈贤	1352416252	cx@163.com
7	家乐福上海南方店	上海	刘亚美	郭东	1352416253	gd@163.com
8	家乐福上海武陵店	上海	杨丽娟	张萍	1352416254	zp@163.com
9	家乐福上海万里店	上海	曾善琴	汪洋	1352416255	wy@163.com
10	家乐福上海金桥店	上海	邢鹏	邢鹏	1352416256	xp@163.com
11	家乐福上海古北店	上海	张娟娟	张娟娟	1352416257	zjj@163.com
12	华联天府南通王府店	南通	蔡建军	曾丽萍	1352416258	zlp@163.com
13	华联天府北京五通店	北京	刘建根	赵科	1352416259	zk@163.com
14	华联天府贵州海昌店	贵州	毛健	马光明	1352416260	mgm@163.com
15	好又多南通王府店	南通	钟黎明	钟黎明	1352416261	zlm@163.com
16	好又多云南张界店	云南	郑军	郑军	1352416262	zj@163.com
17	好又多云南恒远店	云南	李兴明	张艳	1352416263	zv@163.com

图 6-1 数据分表描述

把这两张表合并成一张,就会出现许多重复的数据,这会对以后的观察和分析带来很大的麻烦。

当然,在表格的设计上还要考虑方便分析和方便日后拓展,所以,可以考虑适当数据冗余,但是必须注意数据表间的关联不要太多,还是要基本独立。这样当用户需要添加新功能时,原有数据库表只需做少量修改即可。

2. 数据应该按行存放

通常人们总是把最丰富的数据按行存放而不是按列存放,采用这种方式主要是基于数据的可读性。在 Excel 中我们将列单元格区域与变量(某一内容)相联系,在列的第一行单元格输入变量名称(该内容标题),再在下面输入该变量的值(具体内容的值)(同时注意不要出现空行,因为这会对后面的分析产生影响)。

如图 6-2 所示,当数据按行存放以后,在屏幕上查看工作表更容易,同时也使工作表更容易与打印纸匹配。应让工作表更长,而不是更宽,这样就可以使用"Pg Up"和"Pg Dn"键来进行屏幕导航。

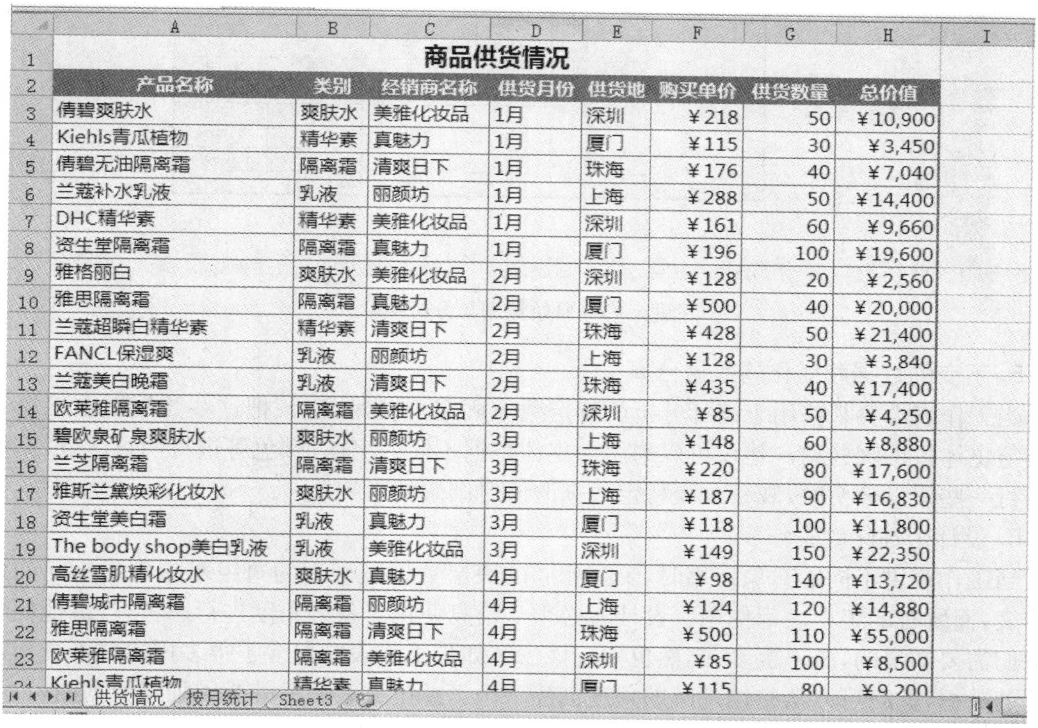

	A	B	C	D	E	F	G	H	I
1			商品供货情况						
2	产品名称	类别	经销商名称	供货月份	供货地	购买单价	供货数量	总价值	
3	倩碧爽肤水	爽肤水	美雅化妆品	1月	深圳	￥218	50	￥10,900	
4	Kiehls青瓜植物	精华素	真魅力	1月	厦门	￥115	30	￥3,450	
5	倩碧无油隔离霜	隔离霜	清爽日下	1月	珠海	￥176	40	￥7,040	
6	兰蔻补水乳液	乳液	丽颜坊	1月	上海	￥288	50	￥14,400	
7	DHC精华素	精华素	美雅化妆品	1月	深圳	￥161	60	￥9,660	
8	资生堂隔离霜	隔离霜	真魅力	1月	厦门	￥196	100	￥19,600	
9	雅格丽白	爽肤水	美雅化妆品	2月	深圳	￥128	20	￥2,560	
10	雅思隔离霜	隔离霜	真魅力	2月	厦门	￥500	40	￥20,000	
11	兰蔻超瞬白精华素	精华素	清爽日下	2月	珠海	￥428	50	￥21,400	
12	FANCL保湿爽	乳液	丽颜坊	2月	上海	￥128	30	￥3,840	
13	兰蔻美白晚霜	乳液	清爽日下	2月	珠海	￥435	40	￥17,400	
14	欧莱雅隔离霜	隔离霜	美雅化妆品	2月	深圳	￥85	50	￥4,250	
15	碧欧泉矿泉爽肤水	爽肤水	丽颜坊	3月	上海	￥148	60	￥8,880	
16	兰芝隔离霜	隔离霜	清爽日下	3月	珠海	￥220	80	￥17,600	
17	雅斯兰黛焕彩化妆水	爽肤水	丽颜坊	3月	上海	￥187	90	￥16,830	
18	资生堂美白霜	乳液	真魅力	3月	厦门	￥118	100	￥11,800	
19	The body shop美白乳液	乳液	美雅化妆品	3月	深圳	￥149	150	￥22,350	
20	高丝雪肌精化妆水	爽肤水	真魅力	4月	厦门	￥98	140	￥13,720	
21	倩碧城市隔离霜	隔离霜	丽颜坊	4月	上海	￥124	120	￥14,880	
22	雅思雅隔离霜	隔离霜	清爽日下	4月	珠海	￥500	110	￥55,000	
23	欧莱雅隔离霜	隔离霜	美雅化妆品	4月	深圳	￥85	100	￥8,500	
24	Kiehls青瓜植物	精华素	真魅力	4月	厦门	￥115	80	￥9,200	

供货情况 / 按月统计 / Sheet3

图 6-2 数据按行存放

3. 数据表设计尽量与源数据格式一致

当数据是从其他工作表或数据库中获取时,为了方便日后的工作,可以使用导入数据的结构作为工作表设计的基础,或者也可以把导入数据放在一个没人看得到的单独表中,然后只提取有关的信息来建立一个格式完美的表。

4. 原始数据与结果的分离

在进行数据表设计时要注意将包含所有原始数据的工作表和包含分析结果的工作表分开。工作表的分离可以增加工作表中结果的再利用机会,并减少生成结果时不小心改变数值的机会。如果在一个工作表中同时显示原始数据和结果，也要通过空行或空列等方式进行分割(如图 6－3 所示)，把成绩和成绩分析的结果按照两张工作表来显示。

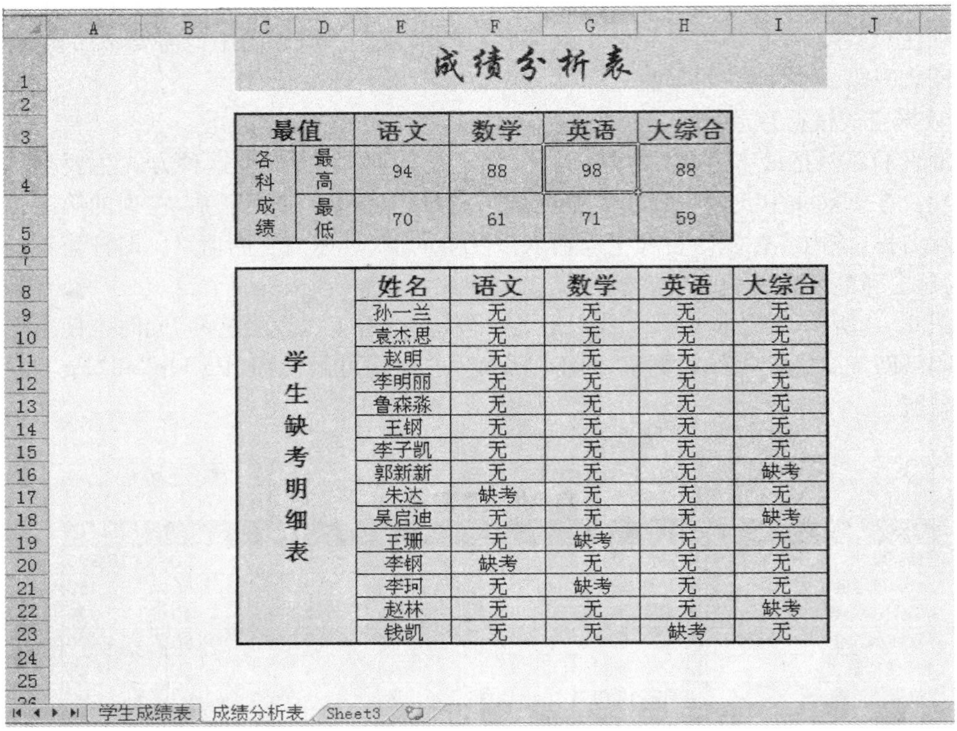

成绩分析表

最值		语文	数学	英语	大综合
各科成绩	最高	94	88	98	88
	最低	70	61	71	59

学生缺考明细表	姓名	语文	数学	英语	大综合
	孙一兰	无	无	无	无
	袁杰思	无	无	无	无
	赵明	无	无	无	无
	李明丽	无	无	无	无
	鲁森淼	无	无	无	无
	王钢	无	无	无	无
	李子凯	无	无	无	无
	郭新新	无	无	无	缺考
	朱达	缺考	无	无	无
	吴启迪	无	无	无	缺考
	王珊	无	缺考	无	无
	李钢	缺考	无	无	无
	李珂	无	缺考	无	无
	赵林	无	无	无	缺考
	钱凯	无	无	缺考	无

图 6－3　原始数据与分析结果

5. 不变的数据和变化的数据分离

当工作表需要某些用于统计分析的特定数值固定不变时，应该把这些数据置在工作表的顶端与主体数据表分离。建议可以采用与主体数据不同的字体、颜色等进行明显区分，方便用户进行一些假设分析时，观察改变特定数据的值对结果的影响。

6. 设计个性化的工作表

当工作表供不同的对象使用时，要在相同的底层数据基础上为每组对象创建不同的汇总工作表，而所有的工作表都使用。设计者必须从信息使用对象的角度进行思考，告诉他们什么是他们需要知道的，既不要多，当然也不应该少。如果工作表中包含了很多用户并不真正需要看到的数据，这时可以从整体理解的角度创建一个汇总工作表。另外为了加强数据的可读性，还可以使用“新建批注”功能，在需要少量说明的地方添加注释。

7. 打印工作表的设计

当数据比较复杂时，要注意把用于数据分析的工作表和实际打印的工作表区别设计，确保数据展示的合理性。如果要设计打印工作表，就需要考虑表和数据应该如何在规定的页面中呈现出来。需要注意的是，如果表格字段很多需要两页纸宽度打印，就应该在“页面设置”中采用“横向”模式。如果数据记录过多，在每页顶部重复打印标题行，或在每页左侧重复打印标题列都是必要的(可以通过页眉设置解决这个问题)。另外，如果打印的是一份决策报告，那么需要对数据进行精炼，或者创建更少更容易理解的数据块，以便集中显示所要体现的内容，有时候还可以从不同角度创建汇总页。

6.1.2　使用分析工具库发现数据规律

那么 Excel 中究竟有哪些"武器"可以帮助我们在数据中发掘新价值呢？其实有许多"武器"我们已经在前面几章都已经学习过，包括统计函数、分类汇总功能、排序和筛选功能、趋势线、假设分析中的模拟运算表、单变量求解、方案管理器以及规划求解等，它们都可以帮助人们进行有效的数据分析，发现数据中存在的一些规律。当然我们还有一些秘密武器没有介绍过，在这里将向大家简单介绍两个功能超级强大的秘密武器之一——分析工具库。

当在 Excel 选项的加载项选择"分析工具库"后（加载过程同"规划求解"，参见第 4 章），在数据一栏中就会出现一个新的图标"数据分析"。点击"数据分析"，可以选择所要使用的工具，然后单击"确定"，如图 6 - 4 所示。

图 6 - 4　"数据分析"图标

分析工具库中包含了在统计学和数理统计上许多经典的方法，包括方差分析、回归分析、相关系数、描述统计、指数平滑、F -检验、双样本方差、傅立叶分析、直方图、移动平均、随机数发生器、排位与百分比排位、回归分析、抽样分析、t -检验和 z -检验。下面就对这些方法的使用作一个简单介绍，由于这些方法需要具有一定的统计学知识，有兴趣的读者可以阅读相关的书籍。

1. 方差分析

一个复杂的事物，其中往往有许多因素互相制约又互相依存。方差分析的目的是通过数据分析找出对该事物有显著影响的因素、各因素之间的交互作用，以及显著影响因素的最佳水平等。方差分析工具包括单因素方差分析、可重复双因素方差分析和无重复双因素方差分析。

单因素方差分析是用来研究一个因素的不同水平是否对结果产生了显著影响。当人们分析不同抗生素是否给治疗效果带来影响的时候，抗生素就是一个因素，而治疗效果即为结果。图 6 - 5 显示了"单因素方差分析"对话框，α 代表检验的统计置信水平。

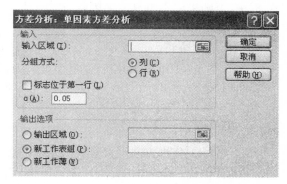

其中：

（1）输入区域：指输入待分析数据区域的单元格引用。引用必须由两个或两个以上按列或行排列的相邻数据区域组成。

图 6 - 5　"单因素方差分析"对话框

（2）分组方式：指示数据源区域中的数据是按行还是按列排列。

（3）标志位于第一行：如果数据源区域的第一行中包含标志项，请选中"标志位于第一行"复选框。如果数据源区域中没有标志项，则该复选框将被清除。Excel 将在输出表中生成适当的数据标志。

(4) α(A)：指计算 F 统计的临界值的置信度。α 置信度是指研究过程中的样本数据偶尔会导致拒绝一个实际为真的假设的概率。

(5) 输出区域：用户选择计算结果的存放位置。

表 6-1 是对"第 6 章/参考/分析工具库.xls"中青霉素、四环素、链霉素、红霉素和氯霉素四组实验结果的单变量方差分析的计算结果。

表 6-1　单变量方差分析计算结果

差 异 源	SS	df	MS	F	P - value	F crit
组 间	1 480.823	4	370.205 8	40.884 88	6.74E-08	3.055 568
组 内	135.822 5	15	9.054 833			
总 计	1 616.646	19				

表 6-1 中，SS 表示离均差平方和，代表数据的总变异；MS 表示平均的离均差平方和；df 表示组间和组内的自由度；F 表示组间均方与组内均方的比例；P - value 表示在相应 F 值下的概率值；F crit 是在相应显著水平下的 F 临界值，在统计分析上可以通过 P - value 的大小来判断组间的差异显著性。通常情况下，当 P≥0.01 有极显著差异，当 P<0.05 时没有显著差异，介于两者之间时有显著差异。也可通过 F 值来判断差异显著性，当 F≥F crit 时，有显著（或极显著）差异。表 6-1 结果表明，各个因素的变化会对结果产生极大的影响。因此，可以看出，不同的抗生素对治疗结果有明显不同的影响。

双因素方差分析则用来研究两个因素是否对观测结果产生显著影响。它不仅能够分析多个因素对观测变量的独立影响，更能够分析多个控制因素的交互作用能否对观测变量的分布产生显著影响，进而最终找到利于观测变量的最优组合。例如分析不同品种、不同施肥量对农作物产量的影响时，可将农作物产量作为观测结果，品种和施肥量作为控制因素，以便明确不同品种、不同施肥量是如何影响农作物产量的，并进一步研究哪种品种与哪种水平的施肥量是提高农作物产量的最优组合。当要进行有交互作用的双因素分析时，采用可重复多因素方差分析法，否则采用不重复的多因素方差分析法。由于篇幅限制，这里不再举例，参见"第 6 章/参考/分析工具库.xls"。

2. 协方差分析

当研究问题中的某些控制变量很难人为控制时，单因素和多因素的方差分析就不是很合适，这时候可以考虑使用协方差分析。如在研究农作物产量问题时，如果不仅考察不同施肥量、品种对农作物产量的影响，还要考虑不同地块等因素的影响，而进行方差分析显然是不全面的。因此，协方差分析将那些人为很难控制的因素作为协变量，并在排除协变量对观测结果影响的条件下，分析控制因素对观测结果的影响，从而更加准确地对控制因素进行评价。"协方差"工具生成一个与"相关系数"工具结果相类似的矩阵。与"相关系数"一样，协方差是测量两个变量之间的偏差程度，协方差值是它们中每对数据点的偏差乘积的平均数。因为"协方差"工具不生成公式，可以使用 COVAR 函数计算协方差矩阵。

3. 相关系数

与协方差一样，相关系数是描述两个测量值变量之间关系的指标。与协方差的不同之处在于，相关系数是成比例的，因此，它的值与这两个测量值变量的表示单位无关。相关系数是个被广泛使用的统计量,用以度量两个变量间相互的直线关系,并判断其密切程度。图 6-6 中指定输入区域可以包括任意数目的由行或者列组成的变量。输出结果由一个相关系数矩阵组成,该矩阵显示了每个变量对应于其对应变量的相关系数。相关系数的变化范围从 -1.0 (一个完全的负相关系数)到 +1.0(一个完全的正相关系数)。相关系数为 0,说明两个变量不相关,绝对值越靠近 1 则相关性越大。参见"第 6 章/参考/分析工具库.xls"中的"相关系数"表,其中,X1 与 Y 的相关性最大。

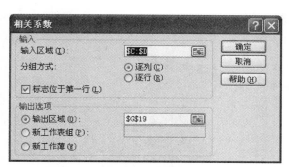

图 6-6 "相关系数"对话框

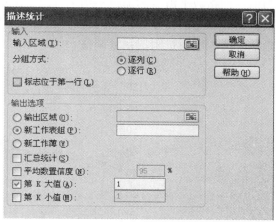

图 6-7 "描述统计"工具

4. 描述统计

"描述统计"工具用于产生常用的标准统计量进行数据描述,包括平均值、标准误差、中位数、众数、标准差、方差、峰度、偏度、区域、最小值、最大值等内容。描述统计使用的对话框如图 6-7 所示。"第 K 大值"选项和"第 K 小值"选项显示对应于指定排位的数值。例如,选取"第 K 大值"并指定其值为 2,那么输出则会显示输入区域中第二大的数值。标准输出已经包括了最大值和最小值。

因为这一工具的输出量由数值组成,所以只可以在确定数据不发生变化时才能使用这一程序,否则就需要重新执行该程序,当然也能够通过使用公式来产生所有的统计量。

5. 移动平均预测

"移动平均"是一种预测方法。这种方法认为时间序列数据变化通常具有稳定性或规则性,所以,可被合理地顺势推延;认为最近的过去变化方式,在某种程度上会持续到未来。每一个新的预测值是根据过去若干个旧的观测值加权平均值修正得到的。"移动平均"法尤其适合与图表前后数据相关联的情况。Excel 通过计算指定数目数值的移动平均来执行平滑操作。许多情况下,移动平均有助于摆脱数据误差的影响,观察变化趋势。

图 6-8 显示了"移动平均"对话框,当然也可以指定需要 Excel 为每个平均值所使用的数值的数量。如果选中"标准误差"复选框,Excel 计算标准误差并在移动平均数公式旁边放置这些计算的公式。标准误差值表示确切

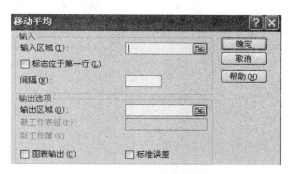

图 6-8 "移动平均"工具

值和计算所得移动平均数间的可变程度。当关闭这一对话框时，Excel 创建引用所指定的输入区域的公式。

6. 指数平滑预测

"指数平滑"是一种基于先前的数据点和先前预测的数据点的预测数据技术，是在移动平均法基础上发展起来的一种时间序列分析预测法。它是通过计算指数平滑值，配合一定的时间序列预测模型对现象的未来进行预测。其原理是任一期的指数平滑值都是本期实际观察值与前一期指数平滑值的加权平均。可以指定从 0 到 1 的阻尼系数（也称平滑系数），它决定先前数据点和先前预测数据点的相对权数；也可以计算标准误差并画出图表（如图 6-9 所示），指数平滑程度通过阻尼系数调整。

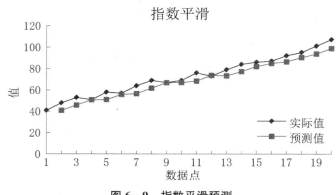

图 6-9　指数平滑预测

7. 假设检验

用样本指标估计总体指标，其结论有的完全可靠，有的只有不同程度的可靠性，需要进一步加以检验和证实。通过检验，对样本指标与假设的总体指标之间是否存在差别，判断是否拒绝原假设。进行检验的目的是分析样本指标和总体指标之间是否存在显著差异，样本计算结果是否可以作为总体指标。因此，假设检验又称为显著性检验。

假设检验主要在样本数据中某一随机变量服从某种概率分布的假设下，分析样本概率分布，确定是否应当拒绝原假设选择的一种检验方法。Excel 分析工具库包括 F-检验、t-检验和 z-检验。

"F-检验（双样本方差检验）"是常用的统计检验，它可以比较两个总体方差，分析两个样本总体的方差是否相等。表 6-2 显示了 F-检验双样本方差分析的结果。

表 6-2　F-检验双样本方差分析结果

	标 准 方 法	改 进 方 法
平　　均	86.23	89.43
方　　差	3.324 556	2.224 556
观 测 值	10	10
df	9	9
F	1.494 481	
$P(F \leqslant f)$单尾	0.279 511	
F 单尾临界	3.178 893	

分析结果中提供了 P 值判断和 F 值判定。如果 P 值小于 0.05 或 F 计算值大于临界值，则说明两个样本的方差存在显著差异，反之则认为两个样本的方差差异不具备统计显著性。表 6-2 说明这两个样本不存在统计学上的显著差异。

"t-检验"用于判断两个小样本均值是否在统计上存在重要的差异。分析工具库可以执行下列 3 种 t-检验类型：平均值的成对二样本分析、双样本等方差假设和双样本异方差假设。"双样本等方差假设"就是用 F 检验两个样本的方差是否仅有偶然因素引起的不一致，不一致就是"双样本异方差假设"了，"平均值的成对二样本分析"是检验两个样本的平均值是否在正态分布下一致，但是首先要用 F 检验两个样本的方差是否一致，然后选择相应的方法。相比"t-检验"用于小样本，"z-检验"一般用于大样本（即样本容量大于 30）平均值差异性检验的方法。它是用标准正态分布的理论来推断差异发生的概率，从而比较两个平均数的差异是否显著。

8. 傅立叶分析

傅立叶分析方法是分析周期性非正弦信号的一种数学方法，用于分析时域信号的直流分量、基频分量和谐波分量，找出其时域变化规律。傅立叶分析工具对数据区域中离散数据执行快速傅立叶转换。使用傅立叶分析工具必须注意输入的数据个数必须是 2 的乘幂，包括 1、2、4、8、16、32、64、128、256、512 或 1 024 数据点。尽管傅立叶转换后结果依旧为数据，但是因为数值复杂，这些单元格被定义为文本方式，而不是数值。

9. 直方图工具

直方图工具对制作数据分布和直方图表非常有用。它接受一个输入区域和一个接收区域，接收区域就是希望直方图工具度量输入数据的间隔。在"第 6 章/参考/分析工具库.xlsx"的"直方图"表中指的是 C58：C62 的组距。如果忽略接收区域，则创建一个介于数据最小值和最大值之间的十个区间的均匀分布区域。直方图按照在每个接收区域中出现的频率排序，直方图的计算结果包括统计数据区和图形区，如图 6-10 所示。

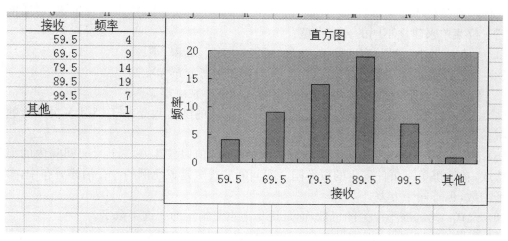

图 6-10　直方图统计结果

在"直方图"对话框中有一个选项称为柏拉图。它是条形图的一种形式，通过将图 6-11(a)与图 6-11(b)作比较，大家可以清楚地看到柏拉图的特征。它将各区间段按照大小顺序进行排列，更容易看出它们不同的重要程度。需要注意的是，如果选择了"柏拉图"选项，接收区域必须包含数值而不能包含公式。如果公式出现在接收区域，Excel 就无法正确地排序，工作表将显示错误的数值。另外,如果改变了任何输入数据,都需要重新执行直方图计算,更新结果。

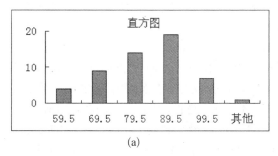
(a)

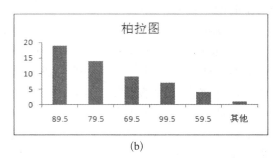
(b)

图 6‑11 柏拉图与普通直方图

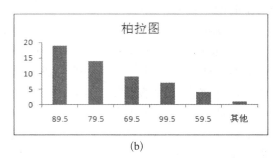

图 6‑12 "随机数发生器"对话框

10. 随机数发生器工具

尽管 Excel 中包含有内置的函数来计算随机数,但"随机数发生器"工具要灵活得多,这是因为可以指定随机数的分布类型。图 6‑12 显示了"随机数发生器"对话框。对话框中"参数"栏的变化取决于选择的分布类型。

"变量个数"是指所需的列的数量,"随机数个数"是指所需的行的数量。例如,要将 200 个随机数安排成 20 行 10 列,那么就需要在相应的文本框中各自指定 10 和 20。"随机数基数"输入框可以指定一个随机数发生运算法则中所使用的开始值。通常,使该输入框保持空白。如果想要产生同样的随机数序列,那么可以指定基数处于 1~32 767 之间(只能是整数值)。可以使用"随机数发生器"对话框中的"分布"下拉菜单来建立不同的分布类型:

(1)均匀:每个随机数有同样被选择的可能,指定上限和下限。

(2)正态:随机数符合正态分布,指定平均数和正态分布标准偏差。

(3)伯努利:随机数为 0 或者 1,由指定的成功概率来决定。

(4)二项式:假定指定了成功的概率,此分布返回的随机数是基于经过多次试验的伯努利分布。

(5)泊松:此选项产生服从泊松分布的数值,此数值以发生在一个时间间隔内的离散事件为特点,在这里单一事件发生的概率同时间间隔的长短是成比例的。在泊松分布中,参数等同于平均数,也等同于方差。

(6)模式:此选项不产生随机数,而是逐步地重复指定的一连串数字。

(7)离散:此选项可指定所选择特定值的概率,要求一个两列的输入区域,第一列存储数值,第二列存储所选择的每个数值的概率,第二列中概率的和必须是 100%。

11. 排位与百分比排位工具

排位与百分比排位将创建一个表格,显示区域中每个数值的序数和百分比排位。当然也可以用 Excel 的内部函数:RANK 函数、PERCENTILE 函数或 PERCENTRANK 函数进行排位和百分比排位。

12. 回归分析

回归分析能够决定一个区域中的数据(因变量)随着一个或者更多其他区域数据(自变量)的函数值变化的程度,把这种关系用数学方式表达。它既可以用来分析一系列表面上无关的数据是否存在一定的关系,创建数据的数学模型;还可以用于来分析趋势,预测未来,建立预测模型。Excel 中回归工具可以执行简单和多重线性回归,并自动计算和标准化余项。

13. 抽样

"抽样"工具用于从输入值区域产生一个随机样品,特别在数据样本过大时可以产生子集进行分析。"抽样方法"栏中有两个选项:周期与随机。如果选择周期样本,Excel 将从输入区域中每隔 n 个数值选择一个样本,n 等于指定的周期。对于随机样本,只需指定需要 Excel 选择样品的大小,每个变量被选中的概率都是一样的。

6.1.3 数据查询与三维地图

Excel 2016 与前面几个版本相比多了数据查询和三维地图两个模块,在 Excel 2013 中安装 Power Query 和 Power Map 两个插件可以获取数据查询和三维地图的功能。在 Excel 2016 中这两个模块已经与 Excel 集成在一起安装,Power Query 模块取名"获取与转换",Power Map 模块取名"三维地图"。"获取与转换"模块大大增强了 Excel 从外部获取数据的能力,"三维地图"模块大大增强了 Excel 对时间和空间数据的展示能力。下面分别对两个模块的主要功能作简单介绍。

1."获取与转换"模块

"获取与转换"模块实现数据获取的方式是与外部数据源做连接建立查询,目前 Excel 支持建立连接的外部文件类型有:xlsx,csv,xml,txt,文件夹;支持建立连接的数据库有:SQL Server,Access,SQL Server Analysis Services,Oracle,IBM DB2,MySQL,PostgreSQL,Sybase,Teradata;支持建立连接的外部云存储有:Azure SQL,Azure HDInsight,Azure Blob,Azure 表;支持建立连接的其他数据源有:Web,SharePoint List,OData,Hadoop,Active Directory,Dynamics365,Microsoft Exchange,Facebook,Salesforece 对象,Salesforece 报表,ODBC (图 6-13)。可以说 Excel 2016 对常用的外部数据存储形式都支持,这使得 Excel 能连通一切数据,大大扩展了 Excel 应用场景。

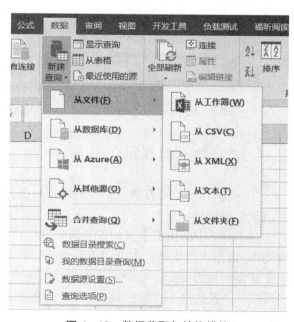

图 6-13 数据获取与转换模块

为了方便对获取信息的处理,Excel 2016 还增加了一个查询编辑器,如图 6-14 所示。此查询编辑器可以对查询结果的行和列做各种添加、修改、删除、拆分、合并、分组和透视等操作。点击"关闭并上载",查询编辑器内的数据就可以插入到当前的工作簿中。"获取与转换"模块

图 6‑14　查询编辑器

使我们从 Excel 以外获取和操作数据变得非常容易。

2．"三维地图"模块

"三维地图"模块的主要作用是做包含空间维度数据的展示，在此模块出现之前，我们没有办法将 Excel 中的数据与地图关联起来。此次在 Excel 出现的地图也不仅仅是一个静态的地图模型，而是一个与微软的地球大数据关联的，我们可以使用经纬度、城市名、省份名、邮政编码等多种方式来标注地图上的位置的地图模型。同时，我们可以将地图放大很多倍，能够看到地图上非常详细的地理信息，可以在地图上搜索地点或景点的名字，搜索方式像在线的搜索引擎一样。"三维地图"模块的另一大特色是丰富的表现方式，可以在地图上用柱形图、气泡图、热度图、区域图来展示数据，图 6‑15 是以区域图的方式来展示销售数据（参见"第六章/例题/例题 6‑1.xlsx"）。除图表类型多样外，Excel 2016 还可以为数据展示创建动画，例如 Excel 可以为多个场景之间的过渡创建动画，可以根据每个场景中的时间数据为数据的产生过程创建动画。此外，地图还可以二维和三维之间随意切换，这些丰富的展示功能使 Excel 对时空数据的展示能力大大增强。

图 6‑15　三维地图效果

6.1.4　结果的可视化

"一幅画胜过千言万语"，当人们进行数据分析以后，更希望通过适当的图表和动画来明确和凸显分析结论。

在 Excel 中提供了丰富的各类图表进行数据内涵的渲染，理解图形所表达的含义，准确选择图形，恰当表达主题。本书的第 5 章已经有所描述，这里不再复述。其中，初学者特别容易发生错误的地方是：

（1）当表达两个变量之间关系，如销售量与居民工资有什么样的联系时，应当使用散点图，而不是常用的曲线图或其他类型。

（2）表达构成关系和分布关系的图形选择是完全不同的。例如，要反映学生不同成绩段的分数的组成情况，由于这些数据是序的，每个分数段并不平等，因此应当选用分布关系图，例如直方图，而不是选择反映组分关系的饼图。另外在一些图表细节选择上也要谨慎。

Excel 不仅提供了许多种图表,还提供许多布局和格式为用户进行图形化的个性展示,但是许多人在使用这些图表时并没有充分重视图表的布局和格式。本书第 5 章已经对图表的布局和格式有所阐述,下面介绍两个复合图表的制作技巧。

1. 制作粗边的面积图

在各类商业杂志上经常可以见到如图 6 - 16 所示的图表类型。它是个面积图,但它的上边非常粗,趋势印象非常突出,其实是个曲线图。如果仅将面积图的边框设置粗线型,面积图的四周都会出现粗线,这显然不是想要的效果。制作粗边的面积图具体做法是将同一数据源两次加入图表,制作面积图+曲线图。

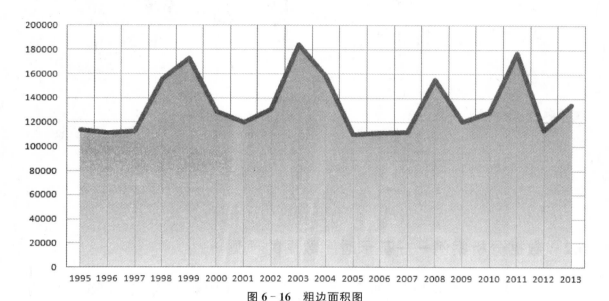

图 6 - 16　粗边面积图

制作步骤:第一,先使用数据源作面积图;第二,再次将数据加入图表,修改图表类型为折线;第三,进行细致的取色和样式选择。在参考资料"第 6 章/参考/复合图表.xlsx"中可以看到"粗边面积图"的制作实例。

2. 个性化饼图制作

图 6 - 17 是一个造型别致的饼图,那么怎么完成呢? 同样的原理,将同一数据源两次加入图表,注意分别设不同的主次坐标轴,形成上下两个饼图。下一层的饼图,保持原有的无框且填色处理;上一层的饼图设定白色框线,无填充色,在数据系列中进行设定饼图分离程度,如 10%,然后鼠标选中其中的单个扇区,逐一拖到合适的位置即可。在参考资料"第 6 章/参考/复合图表.xlsx"中可以看到"个性化饼图"的制作实例。

图 6 - 17　个性化饼图

当然数据可视化展示,还有更加好的方式,不一定是只用 Excel 来解决,http://www.s-v.de/dataviz2007/展示了可口可乐公司一个数据可视化的示例,如图 6 - 18 所示,有兴趣的读者可以欣赏一下,拓宽一下思路。

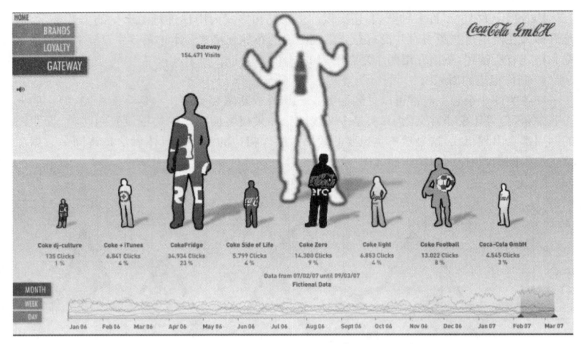

图 6-18 可口可乐数据分析展示

6.2 数据分析案例——基于时序数据的预测

人们总是想预知未来,因为预知了未来,我们才有可能提前做好准备,做出正确的动作,因此预测是数据分析的一个重要任务。预测时我们主要运用历史数据对未来的值进行预测,它主要分为两类:一类是时序预测,另一类是因果模型。时序预测法是根据过去和现在的变量值预测未来值。例如:纽约证券交易所某只股票的每日收盘价格构成一个时间序列,时序预测法就可以用来预测未来几日的走势。而因果预测法主要研究与预测变量相关的一些决定因素。在本节我们主要介绍如何使用 Excel 工具进行时序预测。

在 Excel 中常用的预测模型有:移动平均法、指数平滑法、线性趋势法、二次趋势法、指数趋势法、自回归和用于季节性数据的最小二乘法等模型。那么这些方法应该如何选择和使用呢?

在进行时序分析时,第一步就是要绘制数据图,观察一段时间内所形成的图形特征。首先,必须确定序列内是否有长时期的上升或下降(即趋势),如果没有明显的长期上升或下降趋势,那么可以运用移动平均法或指数平滑法来平滑序列,并给出一个长期的整体印象。否则需要其他预测方法。

6.2.1 移动平均法

移动平均法是对于一个选定的长度为 L 的时期,计算 L 个观测值的均值后组成一个序列,即第 n 年的预测值可以通过计算前 L 年的实际值的平均值获得,见式(6.1)。

$$F(n) = \frac{A(n-1) + A(n-2) + \cdots + A(n-L)}{L} \tag{6.1}$$

式中，$F(n)$ 为第 n 年预测值，$A(n)$ 为第 n 年的实际值。

例如，图 6-19 展示的是某公司从 1982 年到 2005 年的收益情况（参见"第 6 章/例题/例题6-2.xlsx"）。

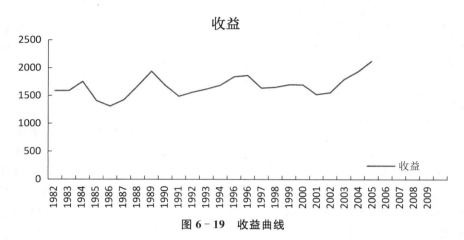

图 6-19 收益曲线

在 Excel 中我们可以使用图表工具→布局→趋势线→选择趋势线的类型为"移动平均"，就可以完成移动平均法的预测。图 6-20 中显示了分别为以 3 年和 7 年为周期的趋势预测线，如果需要了解准确的数值，则可以在图表布局中选择带有数值的图表类型，可以看到具体的预测数据。

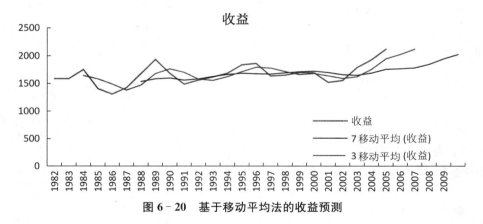

图 6-20 基于移动平均法的收益预测

从图 6-20 中可以看出，采用周期比较长的 7 年移动平均线会比周期为 3 年的移动平均线平滑许多，但是当周期长的时候，我们需要的数据会更多，这样就会在序列的首尾失去许多值，会使整体的序列形象展示出现一定困难，因此一般选择不会超过 7 年，最常用的周期是 3 年、5 年和 7 年。

6.2.2 指数平滑法

指数平滑也是一种分析数据是否具有长期趋势的方法，这个方法的特点是包含了一列的指数权重（即 Excel 中的阻尼系数）的移动平均，最近的一个值权重比较高，之前的权重较之略小，依次递减，第一值权重最小。每一个值都是在过去所有值的基础上得到，这是指数平滑法不同于移动平均法的一个特点。

图 6‑21　"指数平滑"对话框

指数平滑法是在分析工具库中，选择数据→数据分析→指数平滑方法，即可看到图 6‑21 所示的窗口。

输入区域选择你的销售收入数据所在的行或列，阻尼系数选择 0～1 之间，如果是想要通过其去掉循环和不规则波动进行序列平滑，那么应该选一个较小的阻尼系数；如果主要目的是预测，那么需要选一个较大的阻尼系数（接近 0.5）。阻尼系数小时，整个序列的长期趋势比较明显，而阻尼系数大时，可以更加准确地预测未来短期方向。介于 0.2～0.3 的值是合理的平滑常数，这些值表明应将当前预测调整 20%～30% 以修正前期预测误差。常数越大响应越快，但是预测变得不稳定。常数较小将导致预测值的滞后。如果需要具体的预测数据，只要在输出区域的最后一个数的单元格拖动填充柄，得出的数就是下期的预测数。

6.2.3　自回归模型

指数平均和移动平均都反映了时间序列中的值与之前的值高度相关，但是这两种方法比较简单，不能更好地反映这些值的相互关系，因此自回归模型是用来预测含有自相关的时间序列的一种方法。一阶自相关指一个时间序列中连续值之间的相关关系，二阶自相关是指两个时期的值之间的相关关系，p 阶自相关是指 p 个时期的值之间的相关关系，见式（6.2）。

$$Y_i = A_0 + A_1 Y_{i-1} + A_2 Y_{i-2} + \cdots + A_p Y_{i-p} + \delta_i \qquad (6.2)$$

式中，Y_i 为时间序列 i 的观测值，A_0，A_1，A_2，$\cdots$，A_p 为最小二乘回归分析所要估计的自回归参数，δ_i 为非自相关的随机误差部分。

为了完成自回归模型，我们需要根据原始数据（参见"第 6 章/例题/例题 6‑4.xlsx"）构造一个包含 p 个"滞后预测"变量的序列，这样就可使第一个变量滞后一个时期，第二个变量滞后两个时期，依次类推直到最后一个变量滞后 p 个时期，如图 6‑22 所示。

如果需要显示"数据分析"对话框，请在"分析工具"下点击"回归"工具，然后点击"确定"，出现如图 6‑23 所示对话框。

	A	B	C	D	E
1	年份	实际收益	滞后1	滞后2	滞后3
2	1984	591	#N/A	#N/A	#N/A
3	1985	620	591	#N/A	#N/A
4	1986	699	620	591	#N/A
5	1987	781	699	620	591
6	1988	891	781	699	620
7	1989	993	891	781	699
8	1990	1111	993	891	781
9	1991	1149	1111	993	891
10	1992	1301	1149	1111	993
11	1993	1440	1301	1149	1111
12	1994	1661	1440	1301	1149
13	1995	1770	1661	1440	1301
14	1996	1851	1770	1661	1440
15	1997	1954	1851	1770	1661
16	1998	2023	1954	1851	1770
17	1999	2079	2023	1954	1851
18	2000	2146	2079	2023	1954
19	2001	2430	2146	2079	2023
20	2002	2746	2430	2146	2079
21	2003	3069	2746	2430	2146
22	2004	3649	3069	2746	2430
23	2005	4159	3649	3069	2746

图 6‑22　滞后数据序列构建

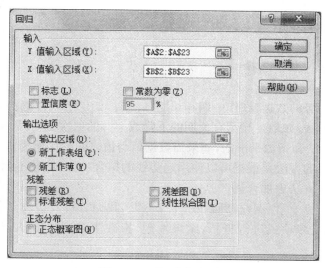

图 6-23 "回归"对话框

在所选工具对应的对话框中输入适当的数据并点击相应选项,然后点击"确定",得到自回归模型和相关分析结果,如图 6-24 所示。

	A	B	C	D	E	F	G	H	I
1	SUMMARY OUTPUT								
2									
3		回归统计							
4	Multiple R	0.996304442							
5	R Square	0.992622542							
6	Adjusted R Squ	0.99114705							
7	标准误差	61.02923635							
8	观测值	19							
9									
10	方差分析								
11		df	SS	MS	F	gnificance F			
12	回归分析	3	7516999	2505666	672.7402	3.3E-16			
13	残差	15	55868.52	3724.568					
14	总计	18	7572868						
15									
16		Coefficients	标准误差	t Stat	P-value	Lower 95%	Upper 95%	下限 95.0%	上限 95.0%
17	Intercept	-16.6186734	37.33205	-0.44516	0.662562	-96.1901	62.95271	-96.1901	62.95271
18	X Variable 1	-0.12163448	0.17263	-0.70459	0.491858	-0.48959	0.246319	-0.48959	0.246319
19	X Variable 2	-0.167146244	0.32314	-0.51726	0.61252	-0.8559	0.52161	-0.8559	0.52161
20	X Variable 3	1.260563198	0.197005	6.398627	1.2E-05	0.840656	1.68047	0.840656	1.68047
21									
22									

图 6-24 自回归模计算结果

Y 值输入区域:在此输入对因变量数据区域的引用,这里是年收益。

X 值输入区域:在此输入对自变量数据区域的引用,这里是对应 Y 的前三年的实际值。

标志:如果数据源区域的第一行或第一列中包含标志项,请选中此复选框。如果数据源区域中没有标志项,请清除此复选框,Excel 将在输出表中生成适当的数据标志。

由于输出内容比较多,输出区域一般均选为新工作表,输出内容包括方差分析表、系数、估计值的标准误差、R^2 值、观察值个数以及系数的标准误差。

根据结果表格各自变量的系数和截距便得到拟合的自回归方程,见式(6.3):

$$\overline{Y}_i = -16.618\,7 - 0.121\,6Y_{i-1} - 0.167\,1Y_{i-2} + 1.260\,6Y_{i-3} \tag{6.3}$$

6.2.4　预测模型的选择

对于具有明显趋势的数据,在作中期和长期预测时,如果是线性趋势,最常用的方法是线性趋势线和指数平滑法;如果是显示有长期的下降或上升的二次变动,最常用的确定趋势的方法也有两种:多项式法和指数平滑法,如果当数据值与值之间的比例为常数时,指数趋势模型非常合适。比较简单的方法是根据可以使用趋势线的拟合功能,比较不同线形下的 R 的平方值,其值越大,表示该方法更加合适。

根据数据(参见"第 6 章/例题/例题 6 - 3.xlsx"),我们分析收益与年份的关系时,分别采用了线性、指数和二次多项式进行分析,结果发现,指数法 R 的值最大,说明效果最好,如图 6 - 25 所示。

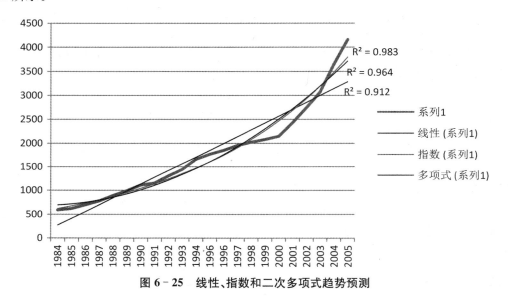

图 6 - 25　线性、指数和二次多项式趋势预测

到目前为止,我们已经介绍了很多个预测模型,那么在实际进行模型选择时,我们通常除了可以根据模型拟合的效果进行选择以外,在多个模型均可适用时,应采用计算最为简单的模型作为最后预测用模型。

季节性数据预测与年度数据预测相比还存在着季节和循环两个部分,其模型的建立因此更为复杂一些,有兴趣的读者可以结合统计学的一些趋势模型进行分析,这里不再叙述。

6.3　数据分析案例——基于数据差异的决策分析

在日常工作中我们经常需要进行决策,例如在第 4 章我们学习了利用单变量运算和规划求解等手段进行一些优化决策工作,本节中我们将讲述利用方差分析工具进行数据差异性分析来进行决策工作。

例如,某企业制造帐篷,需要采购布料,布料的强度是保证帐篷质量的重要环节,那么就需要判定不同的供应商提供的布料强度是否相同,来决定向哪一个或哪几个供应商要货。

对于这类决策问题,通常是采用试验设计、单因素方差分析和多因素方差分析等多个步骤完成。现在就上面的问题介绍一下试验设计法和单因素方差分析方法如何帮助决策,对多因素方差分析的方法有兴趣的读者可以自行学习。

6.3.1 试验设计

要了解供应商所提供的布料强度,必须要设计一个试验方案,对于单因素的分析,我们只需设计一个完全随机设计检验,而多因素的设计需要采用因子设计法。在本节示例中,我们把一个因素(供应商)分成4组进行数据采集(参见"第6章/例题/例题6-5.xlsx")。为了确保采集到的数据是客观的,不影响后面的方差分析,那么必须对数据先期进行一些假设条件的检验,这些条件是:① 随机性和独立性,即试验的有效性必须进行随机抽样和随机化过程的处理,确保一组的数据独立于实验中的任何其他数据。② 正态性,即要求每组的样本数据是从正态分布总体中随机抽取的,不要严重背离正态分布假设。如果样本数量很大,那么我们可以通过正态概率图等方法来检验每组样本的正态性。正态概率图可以利用数据分析工具库中的"回归"工具的可选项"正态概率图"得到。③ 方差一致性,指通过方差比较,确保每组的方差是相等的。

6.3.2 单因素方差分析

选择数据→数据分析,打开数据分析工具库,选择方差分析:单因素方差分析,即可见到对话框如图6-5所示。

我们对4组供应商的数据进行单因素方差分析以后,得到的分析结果如图6-26所示。

	A	B	C	D	E	F	G	H
1	方差分析:单因素方差分析							
2								
3	SUMMARY							
4	组	观测数	求和	平均	方差			
5	供应商1	5	97.6	19.52	7.237			
6	供应商2	5	121.3	24.26	3.683			
7	供应商3	5	114.2	22.84	4.553			
8	供应商4	5	105.8	21.16	8.903			
9								
10								
11	方差分析							
12	差异源	SS	df	MS	F	P-value	F crit	
13	组间	63.2855	3	21.09517	3.461629	0.041366	3.238872	
14	组内	97.504	16	6.094				
15								
16	总计	160.7895	19					
17								
18								

图6-26 单因素方差分析选项

在方差分析结果中可以看出,P值为0.0414,小于F统计量的临界值的置信度0.05,那么说明这几个供应商之间的确存在明显差异。

单因素的方差分析只能说明各组之间有明显的区别,但是你并不知道哪些供应商是显著不同的,虽然已经可以看出总体的均值并不完全相同。因此如果要进一步分析可以使用一些多元比较法(具体方法参见"第6章/参考/多重对比.pdf"),有兴趣的读者可以根据在 Excel 中自己编写的公式进行比较,同时也可以使用一些第三方软件(如 SAS)进行分析。

6.4 数据分析案例——数据获取与转换

在 Excel 2016 的 2017 年更新中,微软加入了一项名为"获取和转换"的特性。该特性能够带来快速简便的数据收集和整理能力。它允许用户连接、合并以及优化数据源,以满足具体的分析需求。若要在 Excel 2016 中使用获取和转换,请在工作簿中创建查询。通过查询可以连接、预览各种数据源中的数据,用内置查询编辑器对数据做转换,导出到当前工作表中。

6.4.1 对 Web 数据做查询

以往我们在引用网页数据时,往往需要从网页上选择所需数据进行复制,再回到 Excel 中粘贴到工作簿中,然后还要调整列宽,进行一些美化工作。并且当网页数据更新时,我们还要自行手动进行修改,这项工作十分繁复。然而现在这些问题可以在 Excel 2016 新增的内置查询功能中轻松解决。新增的查询功能不仅可以获取本地数据,还可以通过网络等获得外部数据,并且在获得数据后可以直接进行数据处理,然后生成新的本地 sheet。下面先以"从 Web"查询数据为例讲解如何使用数据查询功能。

首先打开"数据"选项卡,在"获取和转换"组中依次点击"新建查询"→"从其他源"→"从Web",会弹出如图 6 - 27 所示的对话框,此对话框要求输入目标数据所在网址。假定要查询的数据是"中国银行外汇牌价",这一数据所在的网址是:http://www.boc.cn/sourcedb/whpj/index.html,将这一网址输入到 URL 栏中。

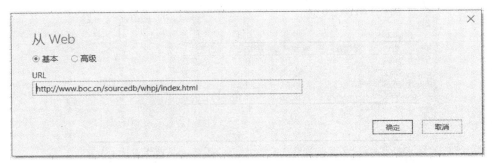

图 6 - 27　Web 数据的网址输入

点击"确定"后,Excel 就能直接在内部与该网页建立连接,自动提取网页中的数据。从网页中提取出的数据项会以列表的形式显示,如图 6 - 28 的左侧所示。从给定的网址中提取到了 Document 和 Table 0 两项数据,点击每一项数据可以在窗口的右侧对数据做预览。预览分为 Web 视图和表视图。

Table 0 中是我们需要的外汇数据,点击"编辑",网页中的数据就会显示在查询编辑器中,如图 6 - 29 所示。如果不需要对数据做进一步转换,可以直接点击"保存并上载",当前查询编辑器中的数据就会添加到当前工作簿的新工作表中。

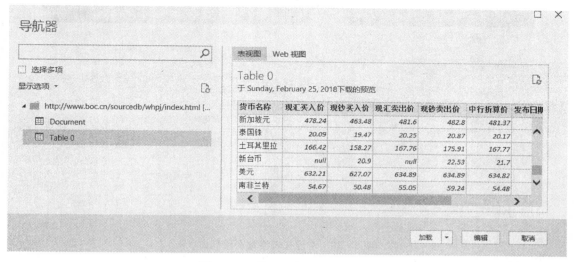

图 6-28　从网页中提取到的数据

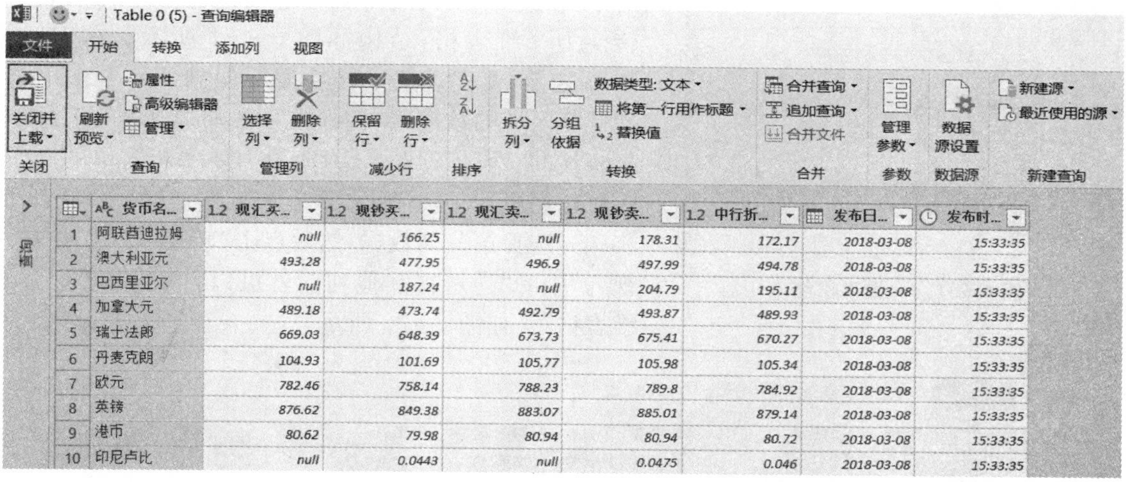

图 6-29　网页数据导入到查询编辑器中的效果

在"新建查询"中还有很多数据源可以选择，我们可以实现从网络云、数据库、本地文件等多类型的数据源中提取数据。因为篇幅的原因，这里就不一一列举每种数据源的查询方法了，读者可以在课后自行练习。

6.4.2　对表格数据做查询

Excel 2016 除了可以从外部获取数据并转换外，还可以对现有表格中的数据做查询和转换，下面以二维表格转化为一维表格和数据分组转换为例讲解如何对现有表格做查询和转换。

1. 二维表格转化为一维表格

首先打开要做查询的数据表（参见"第 6 章/例题/例题 6-6.xlsx"），再点击"数据"，选择"从表格"，Excel 会自动识别数据范围，并弹出窗口显示数据的来源，如果自动识别的数据源不正确也可以手动选定，本表格数据是包含标题的，所以，要勾选窗口中的"表包含标题"。

图 6-30　对现在表格数据做查询

点击"确定"后,表格中的数据会显示在查询编辑器中。有些时候我们需要将上面这样一个二维表格转换为一维表格,结构如图 6-31 所示。在 Excel 2016 之前,要实现这个转换需要先创建一个多重合并计算区域的数据透视表,然后双击透视表的汇总项来实现的。有了 Excel 2016,只需要一步简单的操作就可以完成这种转换。

图 6-31　一维表格结构

先选择第一列数据,然后点击"转换",选择"逆透视列"中的"逆透视其他列",就可以将表格转化为一维表格了,如图 6-32 所示。

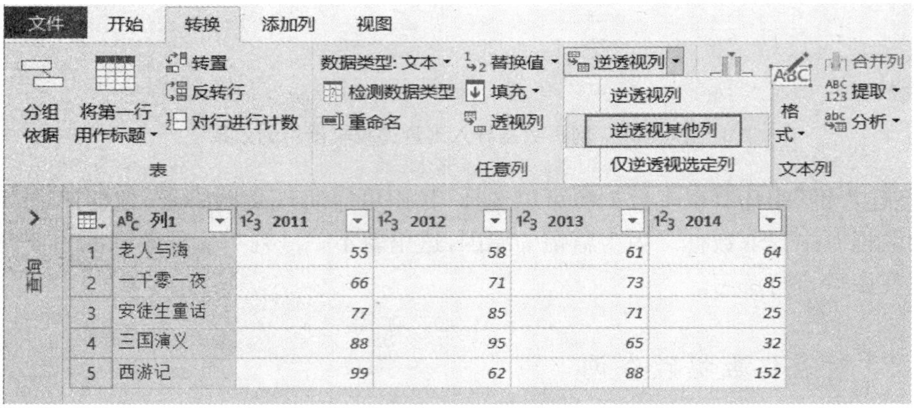

图 6-32　二维表格到一维表格的转换

2. 数据分组转换

有些时候我们需要对表格做分组转换,将一列数据变成多列数据——如图 6-33 所示的数据。其中,第二列中的多个作者是用逗号分隔,我们想将每一个作者作为一列,对表格做转换。以往要实现这样的转换需要用到 VBA 程序,但现在 Excel 2016 中已经集了这样的转换功能。

首先用上面提到的方法将数据导入到查询编辑器中，然后选中“作者”那一列，再点击“开始”→“拆分列”→“按分隔符”，如图 6－33 所示，然后会弹出如图 6－34 所示的窗口。

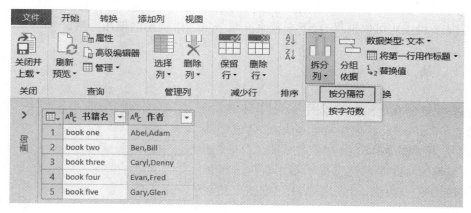

图 6－33　对“作者”列做拆分

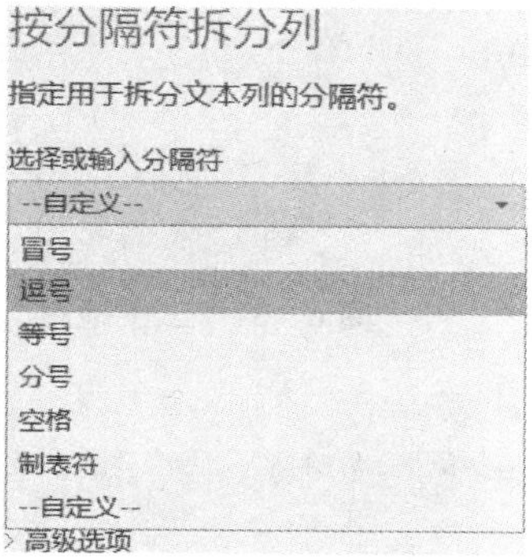

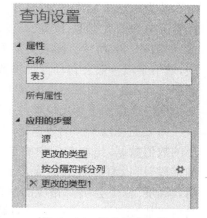

图 6－34　选择分隔符

	书籍名	作者.1	作者.2
1	book one	Abel	Adam
2	book two	Ben	Bill
3	book three	Caryl	Denny
4	book four	Evan	Fred
5	book five	Gary	Glen

图 6－35　拆分列后的结果

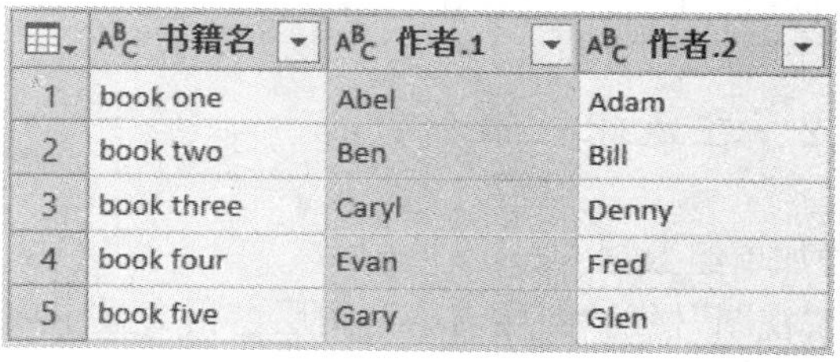

如果在下拉框中没有需要的分隔符，可以点击“自定义”，输入采用的分隔符。点击窗口中的“确定”就可得到转换的结果，如图 6－35 所示。

这里需要注意的是，我们对数据的每一次操作都会被系统记录下来，显示在查询编辑器右侧的“查询设置”窗口中，如图 6－36 所示。

如果要撤销对查询数据所做的更改，只要删除“应用的步骤”中的对应操作就可以了。当完成数据转换后，点击“关闭并上载”就会将当前结果输出到一张新 sheet 中。

图 6－36　操作历史记录

6.5　数据分析案例——三维地图

本节主要介绍一下如何使用 Excel 2016 中的 PowerMap 模块绘制地图。PowerMap 是微软基于 Bing 地图开发的一款数据可视化工具，三维地图对接了 Bing 地图的数据，只要用户在表格中录入了城市名字或经纬度，地图插件就会自动把数据标记在地球上相应的位置。地图插件可以对地理和时间数据进行绘制,并生动形象地展示动态发展趋势。地图插件生成的数据地图不仅有 3D 效果,录入时间数据之后,还能将数据录入过程像视频一样播放出来。你可以想象你的 Excel 生成一个可以转运、可以随时添加数据的地球吗? 另外,地球插件还有 18 款地球模板、3 种图表可以选择,接下来就来介绍一下三维地图的使用方法。

6.5.1　插入三维地图

　　准备好要绘制在地图上的数据(参见"第 6 章/例题/例题 6 - 7.xlsx"),数据中要包含城市名或经纬度。选定所需要的数据,次序点击"插入"→"演示"→"三维地图",此时可能会提示启用数据分析加载项才能使用这一功能,请点击"启用"按钮。然后点击"打开三维地图",如图 6 - 37 所示。系统自动生成三维地图,此时,由于未设置数据项,所以在地图上只有表示城市位置的几个点,拖拽地球或者点击右下角方向键可以改变地球显示角度。

图 6 - 37　三维地图

6.5.2　在地球上添加数据

1. 添加单组数据

　　点击"视图"栏的"图层窗格",图层窗格会显示或隐藏。图层窗格中,可以修改图层名称,点击"图层1"右侧的铅笔符号,图层名就变成可编辑状态。在图层名下面有三个标签——"数据""筛选器""图层选项",若为地球添加数据,则打开"数据"标签。在这一标签下包含图表类型、位置、高度、类别和时间五种设置,如图 6 - 38 所示。图表类别采用默认的堆积柱形图,城市字段一般会自动与提供数据中包含有城市名的那一列匹配。如果不是用城市名来标定位置,可在下拉框中选择用于标定位置的字段类型。

　　第二类可以添加的数据是高度,它是一项表示大小的数值数据,比如本例中的"奶茶销量"。点击"添加字段"可以看到可选的字段。当选择了一个字段后,"高度"栏中会出现相应的字段名,并且会在字段名后添加"求和"的说明,表示对城市名相同的数据做了求和计算。可以点击"求和"右侧的下拉按钮,改变计算类型。

　　"类别"栏中可以添加表示数据类别的字段,然后不同类别的数据会用不同颜色的柱形图来表示。"类别"栏中可以添加表示时间的字段,添加后地球上就

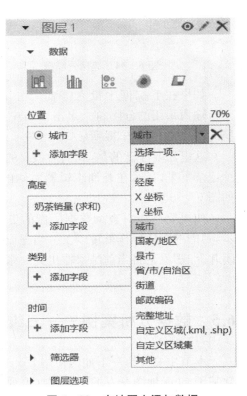

图 6 - 38　在地图上添加数据

会出现"播放"按钮,点击"播放"地球就可以按时间顺序显示数据变化的过程。

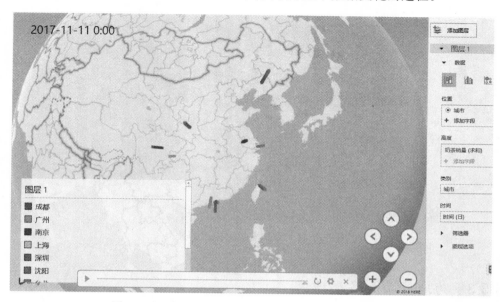

图 6－39　设置了位置、高度、类别、时间后的地球效果

　　最后在"图层选项"中,可以调节图形的高度、厚度、透明度以及柱形图的颜色,图 6－40 是改变了柱形图的颜色、厚度和透明度后的效果。

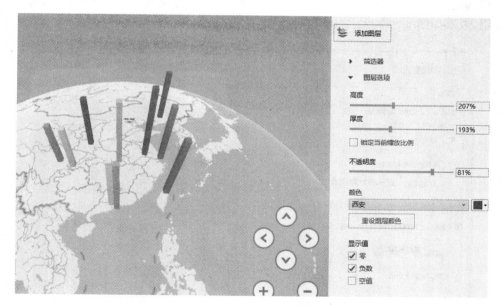

图 6－40　改变地球了高度、厚度和透明度后的效果

2. 添加多组数据

　　三维地图工具,不止可以显示一组数据,还可以选择多组数据的插入。在"高度"小节点击"添加字段",在随后弹出的"区域"下拉菜单中选择需要添加的字段名。这里,必须注意,在插入多组数据时,"类别"栏,应该不进行设置,若是之前设置过,一定要删除设置。添加多组数据的效果如图 6－41 所示。

图 6 - 41　添加多组数据后的效果

6.5.3　为地球添加多个场景

　　点击"新场景",可以增加新场景,有三种选择——"复制场景""世界地图"和"新建自定义地图",本节以"新建自定义地图"为例说明场景的添加方法。在"自定义地图"选项中可以修改场景名称,调整坐标,更改背景图片,所有信息设置好后点击"完成",自定义的地图场景就会被立即使用,效果如图 6 - 42 所示。

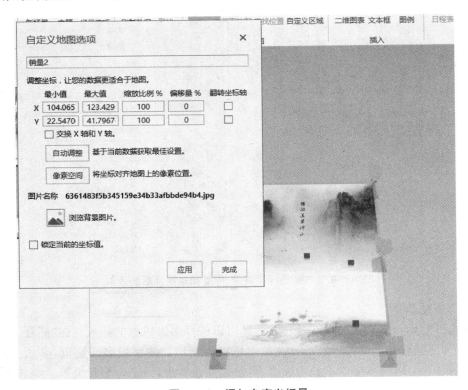

图 6 - 42　添加自定义场景

在"主题"选项中可以更改主题颜色，使整个地图达到最佳效果。在"场景选项"中可弹出场景设置窗口，如图6-43所示。在这个窗口里可修改场景名称、场景演示时间以及切换持续时间。同时也可以选择切换效果，更改地图类型，切换持续时间是指，不同演示场景之间的切换时间，切换效果有多种选项，同时，可以选择效果切换速度。

图6-43 场景设置

6.5.4 地图标签和平面地图

地球默认情况下是不显示地理位置名称的，点击"地图标签"来使地理位置名称显示出来。另外，地球默认是以三维形式来显示的，点击"平面地图"可以使地球以平面方式显示。另外，还可以在地图上执行位置查找，点击"查询位置"，输入要查询的位置名，地图会出现查询结果。

本 章 小 结

数据分析就是一种分析问题的方法，问题一直会有，解决问题的手段也就一直有存在的必要。数据分析涉及来自统计学、数据库和机器学习等多学科的内容。Excel是一个数据分析中最容易接触到的工具之一，它也是一个比较容易掌握的工具，在本章中我们全面介绍了Excel中与数据分析密切关联的功能集合：分析工具库、获取与转换和三维地图。除此之外，Excel许多普通功能在适当的场合进行适当的应用也都能体现出其数据分析的能力。

数据分析技术是正在蓬勃发展的新兴技术，如果你想深入了解数据分析的本质，这不仅需要学习更多的相关知识，更重要的是要在实践过程中不断加以锻炼。

练 习

1. 用三种抗凝剂（A1、A2、A3）对一血标本做红细胞沉降速度（1小时值）测定，每种各做5次，使用方差分析的方法分析用三种抗凝剂所做血沉值测定之间是否有差别。

   A1：15 11 13 12 14

   A2：13 16 14 17 15

   A3：13 15 16 14 12

2. 打开"第6章/练习/原油预测.xlsx"，根据2008年1月初到2月底的油价，用移动平均法和指数分析法预测未来3月份前5天油价的走势。

3. 打开"第6章/习题/NBA球员分析.xlsx"，分析球员的排名除了和得分相关以外，和其他因素中的哪个因素最关联？

4. 将"第6章/练习/数据拼接与转换1.csv"和"数据拼接与转换2.csv"作为外部数据源，将两个表格中的数据提取出来，按列合并生成一个新的表格。

5. 将"第6章/练习/省会经济数据.xlsx"中的数据展现在三维地图上，要求将"地区生产总值"

作为高度轴,将"城市"作为分类轴,将"统计时间"作为时间轴。

6. 打开"第6章/练习/沙滩模型.xls",分析沙滩的位置与营业收入和利润的关系,并通过图表形象体现。

7. 打开"第6章/练习/空气污染.xls",从三个以上不同角度分析并给出结论。

实　验

1. 为测定黄铜铸造车间的空气中氧化锌浓度,在车间内选4个不同地点A、B、C、D,每点各测4次,用双硫腙比色法测定其含量,所得结果如下。试比较不同地点空气中氧化锌浓度有无显著不同。

    A：13.2,12.0,11.2,11.6

    B：12.0,11.1,13.7,12.3

    C：10.5,10.3,12.2,10.2

    D：7.7, 7.5,5.8,5.9

2. 打开"第6章/实验/消费指数.xlsx",根据2009年1月到11月底的消费,用移动平均法和指数分析法预测全国12月份指数,并通过绘图比较各地指数变化趋势是否一致。

3. 打开"第6章/实验/工资分析.xlsx",分析员工的工资高低与他的哪些因素相关,有什么规律?

4. 从网址 http：//q.10jqka.com.cn/中获取股票行情数据,从获取到的数据集中取出"代码""名称""现价""涨跌幅"四列数据,将这些数据加载到当前工作表中。

5. 打开"第6章/实验/省会经济数据. xlsx",将文件内的数据呈现在地图上,要求添加两个图层来分别显示"第一产业"和"第二产业"的数据。

6. 打开"第6章/实验/人口分析.xls",从三个以上不同角度分析并给出结论。

7. 寻找收集你所感兴趣的数据,使用学过的Excel工具分析一下这些数据中蕴含的规律。

附　录

学生数据分析示例见"第6章/资源"目录下"学生分析报告1""学生分析报告2"和"学生分析报告3"。

第7章

宏

7.1 VBA 概述

从 Office 97 开始,微软为所有的 Office 组件引入了统一的应用程序自动化语言——Visual Basic for Application（VBA）,并提供了 VBA 的集成开发环境（Integrated Development Environment,IDE）。在 Office 软件中,VBA 应用程序能够在 Word、Access、Excel、PowerPoint 和 Outlook 等之间进行交互式应用,加强了应用程序的互动。Excel 具有的直观、操作简单的优点,能够处理电子表格、绘制和制作各类商业图表和统计图表,结合 VBA 的开发,能够最大限度地满足办公用户的各类工作需要。

Excel VBA 能实现 Excel 的全部功能,例如插入文本、设置单元格的格式、填充单元格数据、自动计算等。使用 Excel VBA 还能够通过开发一个宏来实现对数据进行复杂的操作和分析、自动执行重复操作、创建自定义命令、自定义 Excel 工具栏、工作表界面和窗体、创建满足用户需求的各种特点的报表、开发新的工作表函数、为 Excel 创建自定义的加载项等功能。利用 Excel VBA 宏,将宏分配给对象,例如工具栏按钮或图形等控件,通过单击该对象来运行宏,能够避免重复烦琐的操作。

由于 Excel VBA 的功能非常强大,Excel 界面完成的任何工作都能使用 Excel VBA 快速完成,所以与其每天或每周手工创建相同的报表,不如花几个小时学习 VBA 编程,自动生成报告。通过宏录制的代码来学习 VBA 编程,会起到事半功倍的效果。

初学者使用 VBA 的时候,会觉得 VBA 的术语很难懂。本章先给出一些关键定义,帮助读者理解相关术语。

① VBA：Visual Basic for Application。一种能在 Excel 和其他 Microsoft Office 应用程序中使用的宏语言。

② VB 编辑器：用于创建 VBA 宏和用户窗体的窗口。

③ 代码：录制宏时,在模块工作表中生成的 VBA 指令,也可以手工输入。

④ 宏(Macro)：能自动执行的 VBA 指令。

⑤ 模块：VBA 代码的容器。

⑥ 对象：VBA 可以操作的一个元素,如工作表、区域、图表、绘图对象等。

⑦ 方法：作用于对象上的操作,如创建工作表、清除单元格上的内容等。

⑧ 属性：对象的特性，如单元格的行高、列宽等。

⑨ 过程：实现某种功能的一段自定义的代码。

⑩ 函数：可以在 VBA 宏或工作表中使用的函数，返回一个值。

⑪ 控件：用户窗体或工作表中可以操作的对象，如按钮、列表框等。

⑫ 用户窗体：包含控件和操作这些控件的 VBA 代码的容器。

7.1.1　VBA 与宏

宏是一系列指令，指示 Excel 2016 或应用程序为用户执行一系列操作。Excel 2016 中的宏是 VBA 编写的一段代码，由一系列命令和函数组成，存在于 VBA 的模块中。用户可以使用宏来自动完成一系列简单、需要不断重复的工作。

宏执行一系列操作的速度远远快于用户自己执行的速度。例如，用户可以创建一个宏，在工作表中的某一区域输入一系列数据，居中显示，然后对该区域使用边框格式；或者也可以创建宏来实现用户在多份文档中重复使用的打印设置，如页边距、纸张大小、纸张方向、打印标题和页眉页脚等。宏能够很好地完成任何需要重复执行的任务。

用户可以通过两种方式来创建宏：录制宏或者在模块中输入指令来创建宏。采用这两种方法中的任意一种，创建的宏都被记录为 Microsoft Visual Basic 应用程序——VBA 编程语言。用户也可以把这两种方法结合起来使用。

宏录制器的存在，使得用户可以不必理解 VBA 的全部输入输出就可以创建出高效、使用简单方便的宏。如果用户对 VBA 感兴趣，希望通过宏来实现仅仅使用宏录制器不能够实现的功能，就可以通过查看宏录制程序所生成的代码来学习 VBA 编程。

7.1.2　VBA 与 VB

VBA 和 VB 都来自同一种编程语言——BASIC 语言。这两种语言都属于面向对象的语言，两者的语法结构基本相同，支持的对象的大部分属性和方法也大致相同，只是在事件或属性的特定名称方面有些差别。VBA 和 VB 主要有以下区别：

（1）VB 用来设计并创建标准的应用程序，而 VBA 则是使已有的应用程序自动化。

（2）VB 具有自己的开发环境，而 VBA 必须依附于已有的应用程序。

（3）运行 VB 开发的应用程序时，因为 VB 开发出的应用程序是可执行文件（＊.EXE），所以不需要安装 VB，而 VBA 开发的程序在必须依赖于它的父应用程序，例如 Excel。

学习了 VBA 后，会给学习 VB 打下坚实的基础。而且，当学会了在 Excel 中用 VBA 创建解决方案之后，就可以很容易地掌握在其他 Office 应用程序中使用 VBA 创建解决方案的基本技能。

7.1.3　理解对象

对 VBA 而言，Excel 环境中的每一项都是一个对象。对象可以包含其他对象。在层次的顶层，Excel 对象模型中最大的对象是 Excel 应用程序。包含在这个最大容器内的对象是工作簿。工作簿包含工作表和图表。工作表包含区域等。

对象需要执行的行为或动作,称为该对象的方法。例如工作表对象,具有复制、删除、移动、保护等方法。又如区域对象,支持复制和粘贴单元格、排序等近 80 种不同的方法。

任何物体都可以看作是对象,类似于"真实"世界中的物体,VBA 中的物体也具有属性。属性描述的是物体的性质、特征或者品质。例如工作表对象,具有名称、大小、单元格或单元格区域、是否可见等属性。

7.2 宏

在默认情况下,VBA 工具被隐藏。要在功能区显示"开发工具"选项卡,需要先修改"Excel"选项中的设置,请执行下列操作:

(1) 单击"文件"选项卡。

(2) 单击"选项",然后单击"自定义功能区"。

(3) 在"自定义功能区"类别的"主选项卡"列表中,选中"开发工具"复选框,然后单击"确定",如图 7-1 所示。

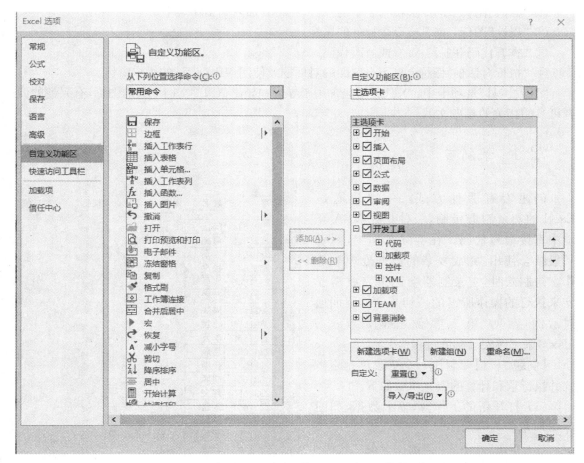

图 7-1 在"自定义功能区"显示"开发工具"选项卡

图 7－2 是"开发工具"选项卡的内容。

图 7－2 "开发工具"选项卡

其中,"代码"组包含用于录制和播放 VBA 宏的图标:

① "Visual Basic"图标:打开 Visual Basic 编辑器。

② "宏"图标:打开"宏"对话框,可从列表中选择要运行或编辑的宏。

③ "录制宏"图标:开始录制宏。

④ "使用相对引用"图标:在使用相对引用录制和绝对引用录制之间切换。

⑤ "宏安全性"图标:打开"信任中心"对话框,用户可选择允许或禁止在当前计算机中运行的宏。

"控件"组包含用于插入控件、查看控件属性的图标:

① "插入"图标:选择下拉列表中的控件,并将其加入到工作表中。

② "属性"图标:查看或设置控件的属性。

③ "查看代码"图标:查看或修改代码。

④ "执行对话框"图标:显示自定义的对话框或使用 VBA 设计的用户窗体。

"开发工具"选项卡中,"XML"组包含用于导入和导出 XML 文档工具的图标,有兴趣的读者可参阅相关的参考文献。

7.2.1 录制宏

创建宏有两种方式。一种是通过 Excel 的宏录制器录制,一种是在 VBA 环境中直接编写代码。在实际工作中,两者一般结合使用,完成复杂的数据处理等工作。录制宏时,宏录制器会记录完成需要宏来执行的操作所需的一切步骤。下面通过示例(参见"第 7 章/例题/例题 7 - 1. xlsx")来了解宏录制的过程。

【例题 7－1】 制作一个更改单元格格式并执行求和计算的宏。步骤如下:

(1) 打开新的工作簿,输入数据,如图 7-3 所示。

(2) 单击"开发工具"选项卡,在"代码"组中,单击"录制宏"。

	A	B	C	D	E	F
1	学号	姓名	课堂	实验	作业	平时成绩
2			10%	10%	10%	30%
3	02321644	向捷	95	93	99	
4	02321645	周纯	75	75	88	
5	02321646	张嘉	90	90	86	
6	02321647	杨文	85	76	74	
7	02321648	旭昊	90	86	88	
8	02321649	严尧	85	84	86	
9	02321650	周辉	78	78	76	
10	02321651	唐拯	85	82	88	
11	02321652	李云	90	99	92	
12	02321653	葛辰	85	86	86	
13	02321654	任斯	95	82	86	
14	02321655	胡旭	75	78	76	
15	02321656	赵文	90	82	86	
16	02321657	张君	70	73	70	
17	02321658	尹磊	82	76	77	
18	02321659	王敏	85	93	82	
19	02321660	许佳	78	76	80	

图 7－3 输入数据

（3）将"宏名"设置成"设置单元格格式"，"快捷键"设置成"Ctrl＋ Shift＋P"，"说明"设置成"设置单元格格式"，单击"确定"，如图 7‑4 所示。

（4）单击"开始"选项卡，选中 B1：B19 单元格，将"字体"组中的字体改成"华文彩云"，字体大小改成"16"，填充颜色为黄色，如图 7‑5 所示。

（5）选中 F3 单元格，输入公式"＝（C3＊0.1＋D3＊0.1＋E3＊0.1）＊100/30"后，使用自动填充功能，把公式从 F3 单元格拖拉填充到 F19 单元格，如图 7‑6 所示。

（6）单击"开发工具"选项卡，在"代码"组中，单击"停止录制"，如图 7‑7 所示。

图 7‑4　使用"录制宏"对话框

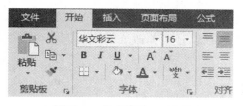

图 7‑5　设置单元格格式

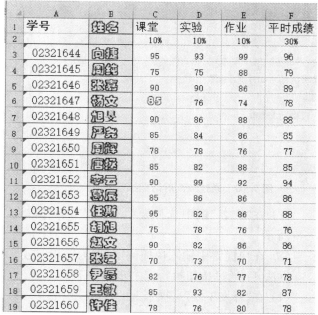

图 7‑6　公式自动填充

图 7‑7　停止录制

7.2.2　执行宏

录制的宏如何使用呢？Microsoft Excel 中执行宏有多种方法。第一，可以通过保存宏时定义的快捷键来执行宏，也可以通过单击功能区上自定义的按钮来执行宏，还可以通过单击对象、图形或控件上的某个区域来执行宏。另外，可以在打开工作簿时自动执行宏。

【例题 7‑2】　执行例题 7‑1 中录制的"设置单元格格式"宏的几种方法。

方法1：通过宏对话框执行宏示例。步骤如下：

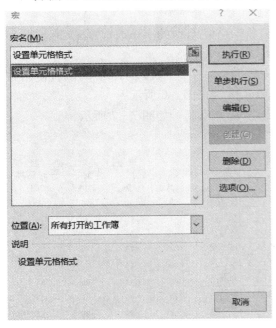

图7-8 通过"宏"对话框执行宏

（1）打开包含宏的工作簿，在"开发工具"选项卡上的"代码"组中，单击"宏"按钮，打开"宏"对话框，如图7-8所示。

（2）在"宏名"框中选择要执行的宏"设置单元格格式"，单击"执行"按钮来执行宏。

注意：用户也可以单击"编辑"按钮更改宏代码，单击"删除"按钮删除已经存在的宏。

方法2：通过快捷键执行已定义快捷键的宏。步骤如下：

打开包含宏的工作簿，在工作表中选择要执行宏的区域，按快捷键 Ctrl＋Shift＋P 执行例题7-1中的宏。

方法3：通过快捷键执行未定义快捷键的宏。步骤如下：

（1）在"开发工具"选项卡上的"代码"组中，单击"宏"按钮，打开"宏"对话框，如图7-8所示。

（2）在"宏名"框中选择要执行的宏，单击右侧"选项"按钮，打开"宏选项"对话框，如图7-9所示。

（3）在快捷键中输入快捷键字母，为宏指定或修改快捷键，还可修改宏的说明。

方法4：通过按钮执行宏。步骤如下：

（1）在"开发工具"选项卡上的"控件"组中，单击"插入"按钮，弹出如图7-10所示的菜单。

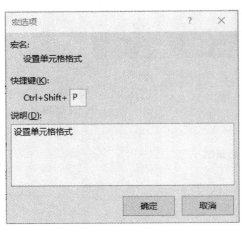

图7-9 "宏选项"对话框

图7-10 插入控件菜单

（2）选择一个"按钮"控件，将鼠标移动到工作表指定区域，按住左键不放开，拖动鼠标，在工作表中画出一个适当大小的矩形，松开左键，弹出如图7-11所示的"指定宏"对话框。

（3）选择"设置单元格格式"宏，单击"确定"按钮，回到工作表。此时可在按钮上单击鼠标

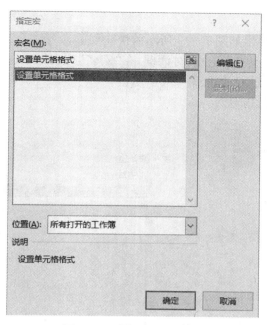

图 7-11 "指定宏"对话框

右键,在弹出菜单上选择"编辑文字"来更改按钮的文字或选择"指定宏"来指定宏设置,将按钮文字改为"设置"。

(4) 单击"设置"按钮,执行"设置单元格格式"宏,执行效果如图 7-12 所示。

	A	B	C	D	E	F	G	H	I
1	学号	姓名	课堂	实验	作业	平时成绩			
2			10%	10%	10%	30%			
3	02321644	向捷	95	93	99	96			
4	02321645	周纯	75	75	88	79			
5	02321646	张嘉	90	90	86	89			
6	02321647	杨文	85	76	74	78			
7	02321648	旭旻	90	86	88	88	设置		
8	02321649	泖尧	85	84	86	85			
9	02321650	周辉	78	78	76	77			
10	02321651	唐拯	85	82	88	85			
11	02321652	李云	90	99	92	94			
12	02321653	惠辰	85	86	86	86			
13	02321654	佳斯	95	82	86	88			
14	02321655	胡旭	75	78	76	76			
15	02321656	赵文	90	82	86	86			
16	02321657	张君	70	73	70	71			
17	02321658	尹瑶	82	76	77	78			
18	02321659	王威	85	93	82	87			
19	02321660	许佳	78	76	80	78			

图 7-12 单元格区域执行宏效果

方法 5:通过图形对象执行宏。步骤如下:

(1) 在"插入"选项卡上的"插图"组中,单击"形状"按钮,选择要使用的形状,在表格中绘制形状。

（2）右键单击形状，弹出如图7-13所示的快捷菜单。

（3）选择"指定宏"，打开"指定宏"对话框，在"宏名"列表框中选择"设置单元格格式"，单击"确定"按钮，为星形指定宏，如图7-14所示。

（4）单击该形状，执行指定宏。

图7-13 插入图形对象　　　　　图7-14 为图形对象指定宏

7.2.3 管理宏

1. 查看宏

Excel会自动将录制的宏以VBA代码的形式保存下来。为了修改录制的宏或者扩展宏的功能，经常需要查看和编辑已经录制的宏。查看宏的具体步骤如下：

（1）在"开发工具"选项卡上的"代码"组中，单击"宏"按钮，打开宏对话框，如图7-14所示。

（2）在"宏名"框中选择要查看的宏的名字，如本例的"设置单元格格式"，单击右侧"编辑"按钮，即可进入宏的代码查看按钮，如图7-15所示。

"设置单元格格式"宏的部分代码和注释如下：

```
'源码位于7-1.xlsm
Sub 设置单元格格式()
'设置单元格格式 宏
'设置单元格格式
'快捷键：Ctrl+Shift+P
        Range("B1:B19").Select '设置选择B1:B19单元格区域
        With Selection.Font '对象属性Font
```

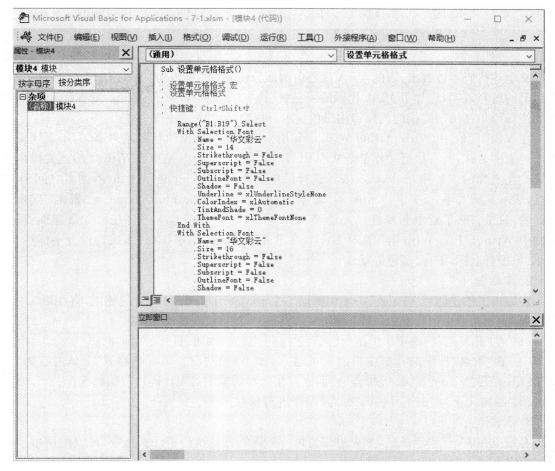

图 7 - 15　宏代码窗口

.Name = "华文彩云"　'设置字体为华文彩云

.Size = 16　'设置字号为 16

.Strikethrough = False　'设置字体无删除线

.Superscript = False　'设置字体无上标

.Subscript = False　'设置字体无下标

.OutlineFont = False　'设置字体为无边框

.Shadow = False　'设置字体为无阴影

.Underline = xlUnderlineStyleNone　'设置字体为无下画线

.ColorIndex = xlAutomatic　'设置字体颜色为自动

.TintAndShade = 0　'设置字体颜色深浅,-1最暗,1最亮,0为中间值,超出范围将出错

.ThemeFont = xlThemeFontNone　'设置字体相关联的应用字体方案中的主题字体

End With

…

Range("F3").Select　'选择 F3 单元格区域

ActiveCell.FormulaR1C1 = "=(RC[-3] * 0.1 + RC[-2] * 0.1 + RC[-1] * 0.1) * 100/30"

'在F3单元格区域内输入公式

Range("F3").Select

```
Selection.AutoFill Destination：= Range("F3:F19"), Type：= xlFillDefault  '自动填充
ActiveWorkbook.Save '保存
    End Sub
```

从上述代码可以看出,宏的 VBA 代码由两部分组成:注释语句和主题语句。注释语句是对代码的解释说明,增加了 VBA 代码的可读性,以"'"或者"Rem"语句开始。在 VBA 中,所有的注释语句及语法错误的代码都用绿色显示,可执行语句用黑色显示。

在 VBA 代码中,With … End With 语句用来对指定的对象执行一系列语句,不需要重复指出对象的名称,所有执行动作都是从 With 开始,到 End With 结束。With 之后是要操作的对象。在上面的代码中,Selection 表示选择的单元格区域,Font 是字体属性,两者之间用"."连接,表示从属关系。语句".Name = "宋体""语句和"Selection.Font.Name = "宋体""实质是一样的,只是省略了对象和属性。关于 With … End With 语句,本书将在第 8 章详细讲解。本例中 With … End With 语句选择 B1:B19 单元格区域内的字体属性,执行设置字体形式、大小、是否有上标、下标、颜色等动作。

2. 编辑宏

宏编辑工作是使用 Visual Basic 编辑器。关于 Visual Basic 编辑器的使用,将在第 7.3 节中介绍,此处先给出编辑宏的操作步骤:

(1) 在"开发工具"选项卡上的"代码"组中,单击"宏"按钮,打开宏对话框。

(2) 在"宏名"框中选择要编辑的宏的名字,如本例的"设置单元格格式",单击右侧"编辑"按钮,打开"Visual Basic 编辑器"对话框。在该对话框中对宏代码进行编辑操作。

(3) 编辑完毕,单击工具栏的"保存"按钮进行保存操作。

3. 调试宏

宏是由 VBA 代码组成的,如果想知道每一条代码究竟执行了什么指令,可以使用单步执行的方式来执行宏。调试宏步骤如下:

(1) 在"开发工具"选项卡上的"代码"组中,单击"宏"按钮,打开宏对话框。

(2) 在"宏名"框中选择要调试的宏的名字,单击右侧"单步执行"按钮,打开"Visual Basic 编辑器"对话框,进入第一条语句。

(3) 在 Visual Basic 编辑器中,当前运行的宏命令被添加黄色的底纹,于是就知道当前宏运行的位置,并可以查看每一个宏命令运行的结果,从而找出宏命令中的错误。

4. 删除宏

要删除制定的宏,可按照以下步骤执行:

(1) 在"开发工具"选项卡上的"代码"组中,单击"宏"按钮,打开宏对话框。

(2) 在"宏名"框中选择要编辑的宏名,单击右侧"删除"按钮,可删除选中的宏。

7.2.4 宏的实例

例题 7-1 中录制的宏存在一个重要缺陷:它总是在 B1:B19 单元格内起作用,如果能够在其他位置使用这个宏,那使用起来就方便了。这就需要使用相对引用来录制宏。

在录制宏的过程中,默认情况下使用绝对引用录制宏,就是说,如果像例题 7-1 那样,在记录宏时用户在 B1:B19 单元格,那么这个宏一定只能作用在 B1:B19 单元格。要录制使用相对引用的宏,可以在"开发工具"选项卡上的"代码"组中,选中"使用相对引用"按钮即可。

【例题 7-3】 使用相对引用录制宏。步骤如下：

（1）在工作表 Sheet1 中选择 B2：E10 单元格区域。

（2）在"开发工具"选项卡上的"代码"组中，选中"使用相对引用"按钮，如图 7-16 所示。

图 7-16 选中"使用相对引用"按钮

（3）在"开发工具"选项卡上的"代码"组中，单击"录制宏"按钮，打开录制宏对话框，为宏命名为"使用相对引用进行单元格格式设置宏"；在说明框中填写相应的说明，然后单击"确定"按钮，如图 7-17 所示。

（4）在"开始"选项卡上的"字体"组中，选中字体宋体，字号 16，加粗，拉开"填充颜色"按钮右侧的下拉箭头，打开"主题颜色"对话框，如图 7-18 所示，在该对话框中，单击"红色"。

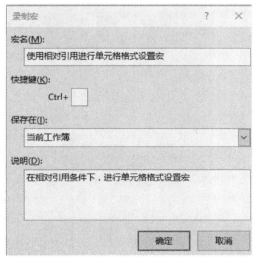

图 7-17 录制宏"使用相对引用进行
单元格格式设置宏"

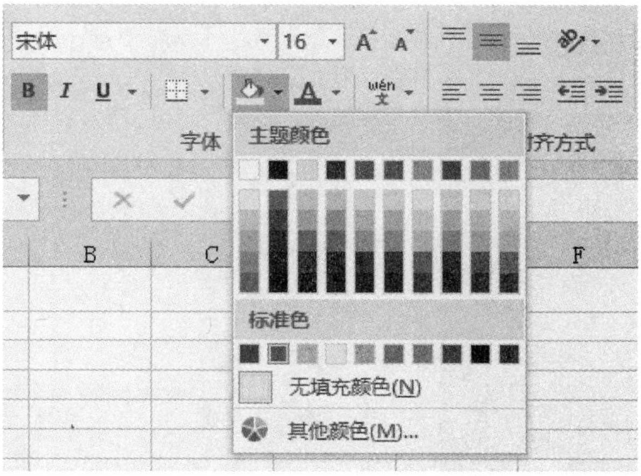

图 7-18 进行单元格格式设置

图 7-19 选中"使用相对
引用"按钮

（5）在"开发工具"选项卡上的"代码"组中，单击"停止录制"按钮，完成该宏的录制工作。

（6）在"开发工具"选项卡上的"控件"组中，单击"使用相对引用"，如图 7-19 所示，执行"使用相对引用进行单元格格式设置宏"。

从这个宏的执行过程中可以看出，使用相对引用录制的宏，可以对所选中的任何区域进行单元格格式设置。而使用非相对引用录制的宏，无论事先选择哪个单元格区域，都只能对固定的 B2：E10 单元格进行格式设置。

7.2.5 宏的安全性

1. 使用宏设置

由于计算机病毒常常通过宏的形式进行传播，所以大部分杀毒软件都禁止宏的设置。

Excel 2016 中默认的是禁用所有宏，这样用户自行录制的宏，当文件关闭后重新打开时就出现了无法使用的问题。因此需要通过如下操作来更改宏设置以允许运行宏：

（1）单击"文件"选项卡，然后单击"选项"。

（2）单击"信任中心"，然后单击"信任中心设置"，打开"信任中心"对话框，如图 7 - 20 所示。

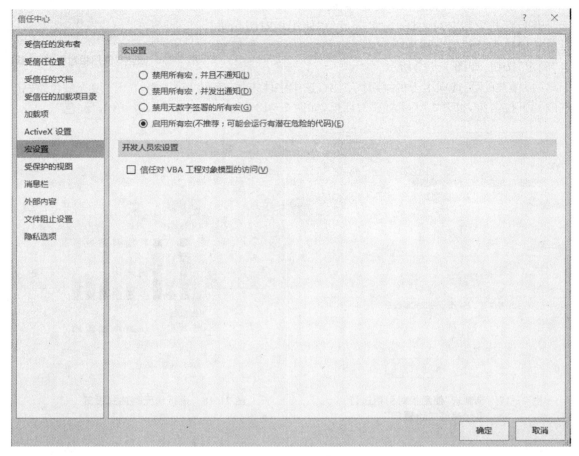

图 7 - 20 "信任中心"对话框

（3）在"信任中心"对话框，单击"宏设置"，单击"启用所有宏"，最后单击"确定"。这样保存的宏就能够被使用了，当然这种设置方式也使计算机容易受到一些恶意宏代码的攻击。因此在图 7 - 20"宏设置"中，提供了更为灵活的选项如下：

① 禁用所有宏，并且不通知　如果你不信任宏，请单击此选项。此时，将禁用文档中的所有宏以及有关宏的安全警告。

② 禁用所有宏，并发出通知　这是默认设置。如果你希望禁用宏，但又希望存在宏时收到安全警报，请单击此选项。这样，你就可以选择在各种情况下启用这些宏的时间。

③ 禁用无数字签署的所有宏　除了宏由受信任的发布者进行数字签名的情况，此设置与"禁用所有宏，并发出通知"选项相同，如果你信任发布者，宏就可以运行。如果你不信任该发布者，你就会收到通知。这样，你便可以选择启用那些已签名宏或信任发布者。将禁用所有未签名的宏，并且不发出通知。

④ 启用所有宏（可能会运行有潜在危险的代码）　单击此选项可以运行所有宏。使用此

设置会使你的计算机容易受到潜在恶意代码的攻击,因此不建议使用此设置。

⑤ 信任对 VBA 工程对象模型的访问　此设置供开发人员使用,专门用于禁止或允许任何自动化客户端以编程方式访问 VBA 对象模型。要启用访问,请选中该复选框。

所以将"宏设置"指定为"禁用所有宏,并发出通知"是一种比较好的方式。这样打开包含宏的工作簿时,将在公示栏上方看到"安全警告",如果确认该宏的来源可靠的话,可按如下步骤来启用宏:

(1) 单击"安全警告"旁边的"选项"按钮,打开"Microsoft Office 安全选项"。

(2) 单击"启用此内容",单击"确定"按钮,启用该工作簿中的宏。

2. 添加受信任位置

为了方便宏工作簿的管理,Excel 定义了受信任位置这一概念。如果将宏工作簿保存在被标记为受信任位置的文件夹中,宏将被启用。受信任位置一般设置在当前计算机的硬盘中,默认情况下不能信任位于网络驱动器中的位置。要指定受信任位置,可按照如下步骤操作:

(1) 单击"开发工具"选项卡中的"宏安全性"按钮。

(2) 在"信任中心"对话框中,单击"受信任位置"。

(3) 单击"添加新位置"按钮,打开"Microsoft Office 受信任位置"对话框,如图 7 - 21 所示。

(4) 单击"浏览"按钮,打开"浏览"对话框。

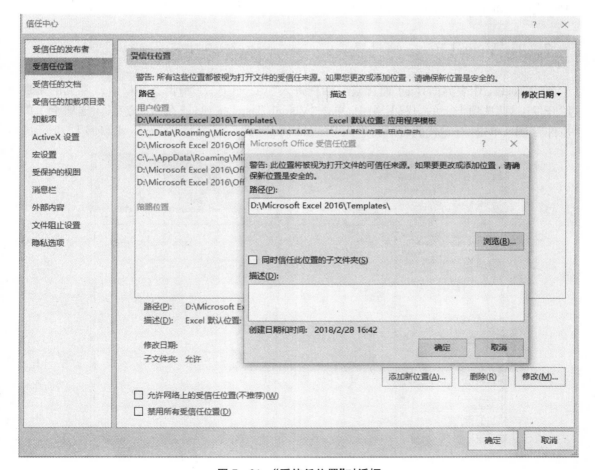

图 7 - 21　"受信任位置"对话框

（5）切换到要将其指定为受信任位置的文件夹的父文件夹，然后单击要指定为受信任位置的文件夹，单击"确定"按钮，"Microsoft Office 受信任位置"对话框中将包含正确的文件夹名称。

（6）如果要信任选定文件夹的子文件夹，可选中复选框"同时信任此位置的子文件夹"。

（7）单击"确定"按钮，将文件夹添加到"受信任位置"列表中。

7.3   VBA

Excel 的运行机制是将每一个应用程序看作一个 Application，每一个 Application 都有自己的对象代表，如菜单栏、工具栏、工作簿、工作表对象。VBA 的代码功能就是通过操作这些对象执行动作来完成。通过录制一个宏，可以记录 Excel 操作的对象或属性的动作。录制的宏没有灵活性。例如，录制的宏没有判断能力，也不能循环，因此灵活性不强；录制的宏不具备人机交互能力，无法显示 Excel 对话框，也无法显示和使用用户窗体等。

因此，在处理复杂工作的时候，需要开发者直接编写宏过程，或者在录制宏的基础上编写或修改宏代码，这就需要学会 VBA 编程。在学习编写 VBA 代码之前，需要先了解其开发环境。VBA 集成在 Office 中的开发环境就是 VBE(Visual Basic Editor)。在该环境下可以编写 VBA 代码。本节将详细介绍 VBE 环境启动、各个部分窗口的功能及应用方法。

7.3.1   Visual Basic 编辑器

在 Excel 工作表界面，除了通过宏对话框进入"Visual Basic 编辑器"以外，最常见的是通过"开发工具"选项卡上的"代码"组中，单击"Visual Basic"按钮，或在"开发工具"选项卡上的"控件"组中，单击"查看代码"按钮，进入"Visual Basic 编辑器"环境，如图 7 - 22 所示。

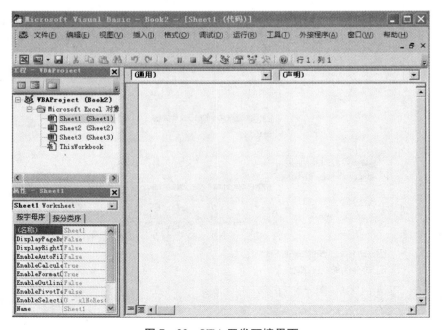

图 7 - 22   VBA 开发环境界面

在图7-22中，缺省情况包括如下三个窗口：① 项目窗口，② 代码窗口，③ 属性窗口。如果打开的 VBA 的编码环境不包含以上窗口，可以在视图菜单下选择"工程资源管理器""属性窗口"和"代码窗口"，打开对应窗口。

7.3.2　VBA 开发环境界面介绍

1. 标题栏和菜单栏

标题栏是用来显示当前环境的标题，如 Excel 文件名等。菜单栏包含 11 类菜单列表，如图7-23所示。通过单击菜单上的选项即可进行相应的操作。

文件(F)　编辑(E)　视图(V)　插入(I)　格式(O)　调试(D)　运行(R)　工具(T)　外接程序(A)　窗口(W)　帮助(H)

图 7-23　菜单栏

2. 工程资源管理器

"工程资源管理器"显示所有打开和加载的 Excel 文件及其加载宏。在 VBA 开发环境中，每一个 Excel 文件就是一个工程。如果打开多个 Excel 文件，则在该环境下能看到多个工程。工程的命名为"VBAProject+文件名"。

在工程名上单击右键，在弹出菜单上将鼠标移动到"插入"选项，然后依次插入"用户窗体""模块""类模块"，如图7-24所示。由图7-24可见，工程资源管理器中每个工程包含以下四种对象：

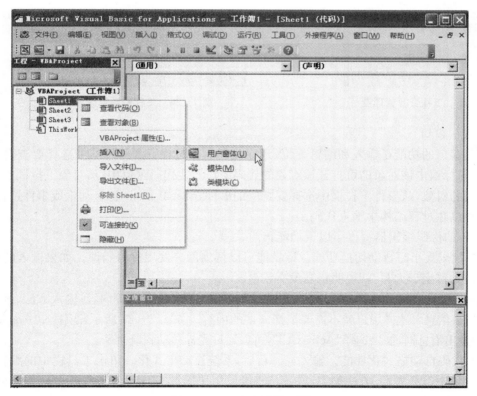

图 7-24　工程资源管理器

（1）Microsoft Excel 对象。在 VBA 中，每一个 Excel 文件都是一个 Microsoft Excel 对象。其中 Sheet 是工作表，Workbook 是工作簿。双击这些对象即可打开相应代码框。

（2）用户窗体。在 VBA 程序中可以生成标准的 Windows 窗口，即用户窗体。窗体可以是对话框，也可以是界面。在该对象下存储窗体及控件的图形描述，包括它们的属性设置、函数和过程代码。

（3）模块。用来保存 VBA 应用程序代码段的对象、录制的宏和编写的代码。

（4）类模块。类是 VBA 程序中一种特殊的语言要素，它们需要被保存在单独的类模块中。

3. 属性窗口

"属性"窗口主要用来设置对象属性。可以显示所选对象的属性，左边是属性名，右边是具体的属性值。属性的设置可以直接输入，也可以单击下拉列表框进行选择。属性窗口除了更改过程、对象、模块的基本属性外，主要是用来对用户窗体中的对象属性进行交互式设计。

【例题 7-4】 通过属性窗口更改工作表的"Name"属性，步骤如下：

（1）在 VBE 编辑器中的"工程项目管理器"中单击"Sheet2"。

（2）在"属性"窗口中的"Name"的值改成"Bonus"，如图 7-25 所示。

（3）同时按下 Alt＋F11 键，返回工作簿，可以发现工作簿底部的选项卡上所显示的名称也改成了"Bonus"，如图 7-26 所示。

图 7-25 工程资源管理器

图 7-26 工程资源管理器

4. 代码窗口

代码窗口的功能是输入和编辑 VBA 程序代码。在过程资源管理器中选择要查看或编辑的对象，鼠标双击该对象即可打开该对象的代码窗口。在代码窗口中，从对象下拉框中选择要编写代码的对象，从事件下拉框中选择要响应的事件，Visual Basic 将自动生成事件过程结构，用户就可以在过程结构中输入代码。

VBA 的代码编辑器提供了以下功能：

（1）代码大小写自动切换功能。该功能可以帮助用户发现拼写错误。如果输入的代码能自动切换为首字母大写，就说明拼写没有错误。

（2）代码即时提示功能。输入对象后或自动列出其属性、方法等内容；输入方法、函数名后会提示参数信息。这样用户就不需要记忆太多的内容。如图 7-27 所示，当输入"Application."时，就会弹出消息框，如果选择"ActiveCell"，可以通过光标移动到该命令。

（3）代码自动格式化功能。输入完一行后，系统自动格式化。单击工具栏中的编辑标签，在下拉菜单中选择属性/方法列表，或者是直接使用快捷键"Ctrl＋J"来打开属性方法列表，这样可以只输入函数前几位字符，就可以在列表中进行选择了。

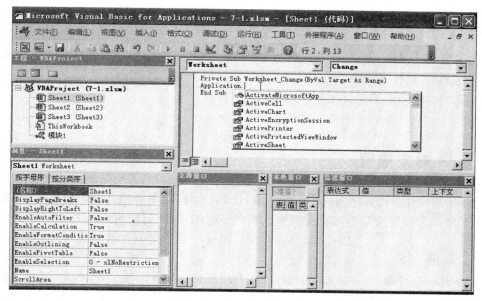

图 7-27　VBA 即时提示功能

5. 工具栏

在 VBA 开发中,把很多常用的命令和操作以按钮的形式放置在工具栏里,如图 7-28 所示。通过工具栏上的按钮,可以快速方便地执行相应的命令和操作,能大大提高工作效率。

图 7-28　工具栏

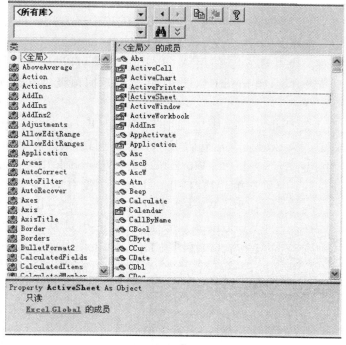

图 7-29　对象浏览器窗口

6. 对象浏览器

打开"视图"菜单,选择"对象浏览器"就可以打开对象浏览器。在"对象浏览器"窗口,可以看到当前工程及其引用对象的属性、方法以及事件。对于熟悉和查看相应的 Excel 对象、引用对象所包含的类、属性、方法和事件非常有帮助。对象浏览器是查看一个对象的组成和结构最有效的工具。对象浏览器窗口如图 7-29 所示。

7.4 Excel 对象模型

在 Excel 中,对象代表应用程序中的元素,比如,工作表、单元格、图表、窗体,或一份报告。Excel 的对象是通过层次结构很有逻辑地组织在一起的,一个对象可以是其他对象的容器,可

图 7-30 Excel 对象模型的层次

以包含其他的对象,而这些对象又包含其他的对象。就像一个工厂体系,最上层是工厂总部,第二层次是各个车间,在车间下面又分为各班组,这样有层次地组织在一起。在 Excel 的对象模型中,位于顶层的是 Application 对象,也就是 Excel 应用程序本身,它包含 Excel 中的其他的对象,如 Workbook 对象;一个 Workbook 对象包含其他一些对象,如 Worksheet 对象;而一个 Worksheet 对象又可以包含其他对象,如 Range 对象,等等。Excel 的对象模型的层次结构如图 7-30 所示。

掌握了某对象在对象模型层次结构中的位置,就可以用 VBA 代码方便地引用该对象,从而对该对象进行操作,并以特定的方式组织这些对象,使 Excel 能根据需要自动化地完成工作任务。因此,要熟练掌握 Excel VBA 编程,必须理解 Excel 的对象模型。Excel 对象模型的层次结构如图 7-31 所示。

Excel 的对象模型中包括 100 多个对象,但 VBA 编程中经常用到的主要是以下四个对象:Application 对象、Workbook 对象、Worksheet 对象和 Range 对象。

(1) Application 对象代表 Excel。使用 Application 对象可以控制应用程序级的设置、内置的 Excel 函数以及高级方法,如 InputBox 方法,也能够返回顶级对象的方法,如 ActiveCell 和 ActiveSheet 等。

(2) Workbook 对象是指 Excel 中的工作簿,就是 Excel 文件。Workbook 对象是 Workbook 集合的成员。Workbook 集合包含 Excel 中当前打开的所有 Workbook 对象。

(3) Workbook 中包括 Worksheet。Worksheet 是 Workbook 中独立的页,数据保存在 Worksheet 中。Worksheet 中包括单元格(Cell)。Excel 中没有单元格对象,只有单元格属性。Worksheet 对象代表一个工作表。Worksheet 对象是 Worksheet 集合的成员,Worksheet 集合包含某个工作簿中所有的 Worksheet 对象。Worksheet 对象也是 Sheet 集合的成员。Sheet 集合包含工作簿中所有的工作表(包括图表工作表和工作表)。

(4) Range 对象表示一个单元格、一行、一列、包含一个或多个单元格块(可以是连续的,也可以是不连续的)的单元格选定范围,甚至多个工作表中的一组单元格。

对象集合是一个包含几个其他对象的对象,而这些对象通常并不总是相同的类型。例如,在 Microsoft Excel 中的 Workbooks 对象包含了所有已打开的 Workbook 对象。而 Visual Basic 中的 Forms 集合则包含了所有在它所属应用程序中的 Form 对象。集合中的项目可以

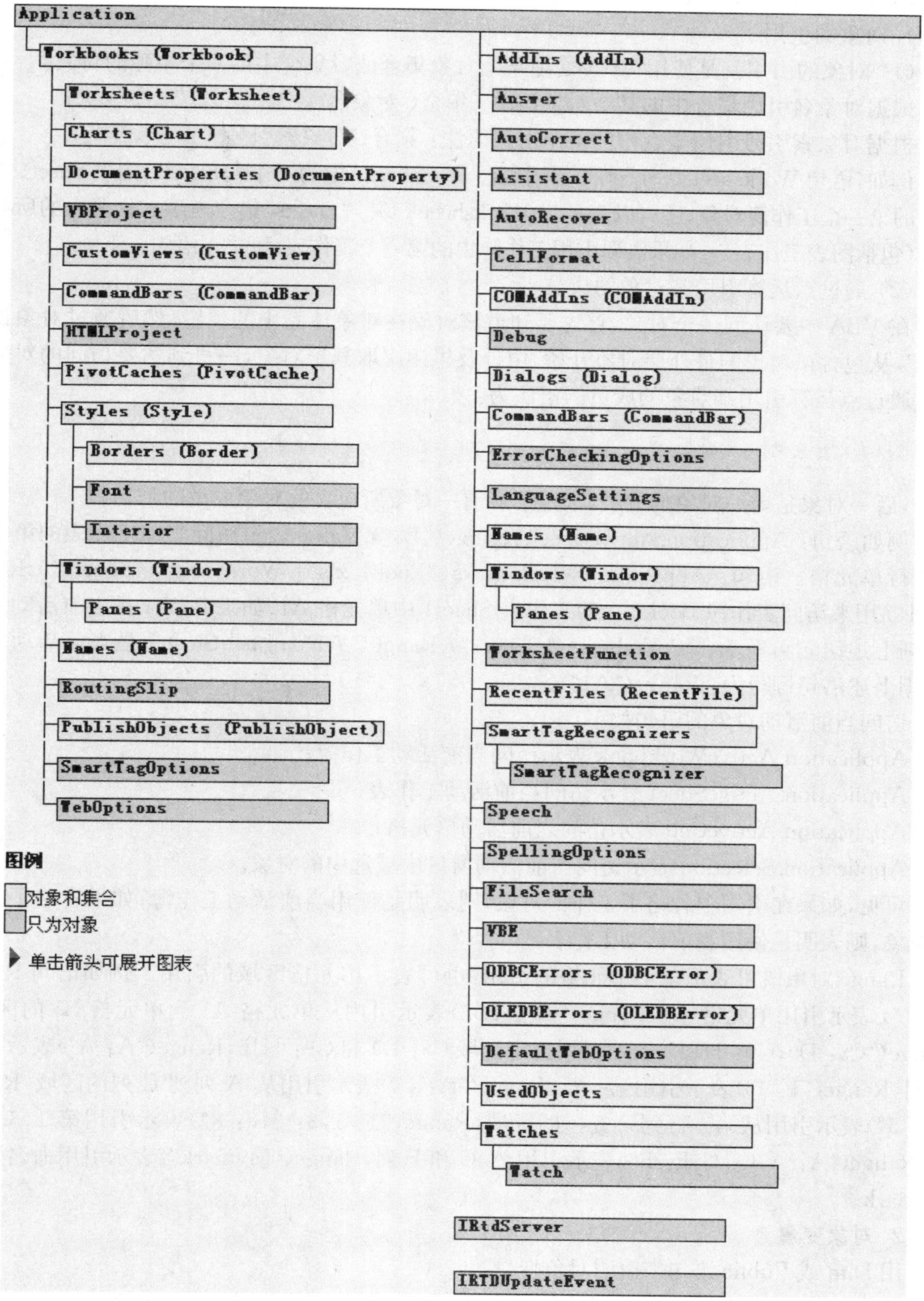

Application

Workbooks (Workbook)

Worksheets (Worksheet) ▶

Charts (Chart) ▶

DocumentProperties (DocumentProperty)

VBProject

CustomViews (CustomView)

CommandBars (CommandBar)

HTMLProject

PivotCaches (PivotCache)

Styles (Style)

Borders (Border)

Font

Interior

Windows (Window)

Panes (Pane)

Names (Name)

RoutingSlip

PublishObjects (PublishObject)

SmartTagOptions

WebOptions

AddIns (AddIn)

Answer

AutoCorrect

Assistant

AutoRecover

CellFormat

COMAddIns (COMAddIn)

Debug

Dialogs (Dialog)

CommandBars (CommandBar)

ErrorCheckingOptions

LanguageSettings

Names (Name)

Windows (Window)

Panes (Pane)

WorksheetFunction

RecentFiles (RecentFile)

SmartTagRecognizers

SmartTagRecognizer

Speech

SpellingOptions

FileSearch

VBE

ODBCErrors (ODBCError)

OLEDBErrors (OLEDBError)

DefaultWebOptions

UsedObjects

Watches

Watch

IRtdServer

IRTDUpdateEvent

图例

对象和集合

只为对象

▶ 单击箭头可展开图表

图 7－31　Excel 对象模型的层次结构图

通过号码或名称来做识别。例如语句"Workbooks(1).Close"的功能是关闭第一个打开的Workbook 对象,语句"Forms.Close"的功能是关闭所有打开的窗体对象。

1. 对象的引用

(1) 对象的引用就是使用 VBA 处理某个对象集合或者集合中的一个单独的对象。

根据对象名引用集合中的某个对象语法:集合("对象名")

根据对象索引号引用集合中的某个对象语法:集合("对象索引号")

例如,语句 Worksheets("Sheet1")引用集合 Worksheets 中的工作表 Sheet1;如果 Sheet1 是集合中的第一个工作簿对象,还可以表示为 Worksheets(1)。"Sheets"集合表示工作簿中的所有工作表(包括图表工作表)。如果需要引用工作簿中的第一个工作表,可采用语句:Sheets(1)。

(2) 通过点运算引用某对象的成员。

在 VBA 中要访问一个对象,首先要知道该对象在对象体系中的位置,然后通过对象访问符".",从包含该对象的最外层对象开始,由外及里逐次取其子对象,一直到达要访问的对象为止。通过点运算引用某对象的成员的语法为:

<对象名>.<对象名>. …

其中,后一对象是前一对象的成员,限定了对前一对象所包含的对象成员的引用。

例如语句:Application.ActiveSheets.Range("B3").Value 表示访问当前工作表的第 2 列第 3 行单元格。语句:Application.Workbooks("Book1.xls").Worksheets("Sheet1").Range("A1")用来访问工作簿 Book1 上的工作表 Sheet1 中单元格 A1;如果 Book1 是当前活动工作簿,则上述语句可写为:Worksheets("Sheet1").Range("A1");如果 Sheet1 是当前活动工作表,则上述语句可写为:Range("A1")。

访问当前活动对象的语句如下:

Application.ActiveWorkbook 表示访问当前活动工作簿;

Application.ActiveSheet 表示访问当前活动工作表;

Application.ActiveCell 表示访问当前活动单元格;

Application.Selection 表示访问当前活动窗口中被选中的对象。

可见,如果在引用中省略了工作簿对象,则表明是使用当前活动工作簿;如果省略了工作表对象,则表明是使用当前活动工作表。

Range 对象既可表示单个单元格的引用,也可表示单元格区域的引用。例如语句 Range("A1") 表示引用单元格 A1,Range("A1:B5")表示引用从单元格 A1 到单元格 B5 的区域,Range("C5:D9,G9:H16")表示引用选定区域 C5:D9 和 G9:H16,Range("A:A")表示引用 A 列,Range("1:1")表示引用第一行,Range("A:C")表示引用从 A 列到 C 列的区域,Range("1:5")表示引用从第一行到第五行的区域,Range("1:1,3:3,8:8")表示引用第 1、3 和 8 行,Range("A:A,C:C,F:F")表示引用 A、C 和 F 列,Range("Mymark")表示引用命名区域 Mymark。

2. 对象变量

用 Dim 或 Public 语句来声明对象变量。

语法:Dim(或 Public) <变量名> AS <对象名>

例如语句:Dim DataArea As Range 将变量 DataArea 声明为一个 Range 对象。

在将变量声明为一个对象变量后,用 Set 语句将某对象赋值给该变量,语法如下:

```
Dim(或 Public)  <变量名>  AS  <对象名>  '将<变量名>声明为一个<对象名>对象
Set <变量名> = <某对象>  '将某对象赋值给该变量
```

【例题 7 - 5】　在工作簿 Book1 的工作表 Sheet1 中的 A1 至 B10 单元格区域输入数值 666,并将它们格式化为粗体和斜体。

方法 1：

```
Sub NotSetObject() '没有设置对象变量
    WorkBooks("Book1.xls").Worksheets("Sheet1").Range("A1:B10").Value = 666
    WorkBooks("Book1.xls").Worksheets("Sheet1").Range("A1:B10").Font.Bold = True
    WorkBooks("Book1.xls").Worksheets("Sheet1").Range("A1:B10").Font.Italic = True
End Sub
```

方法 2：

```
Sub SetObject () '设置了对象变量
    Dim DataArea As Range
    Set DataArea = WorkBooks("Book1.xls").Worksheets("Sheet1").Range("A1:B10")
    DataArea.Value = 666
    DataArea.Font.Bold = True
    DataArea.Font.Italic = True
End Sub
```

这两个程序虽然功能相同,但可以看出,当设置了对象变量后,不仅可减少手工输入重复的代码,而且使得代码得到了明显的简化。此外,对于稍复杂一点的程序,设置对象变量后,由于减少了要处理的点运算符的数目,因此可使代码的运行速度更快。

当设置的变量运行完毕后,需要将该变量释放,以节省内存空间。其语法为：

```
Set <变量名> = Nothing
```

3. 对象的方法和属性

引用了对象变量,需要对其进行操作或设置时,可以使用对象的属性和方法。

(1) 对象的属性

对象的属性用来描述或设置对象的特征,分为只读属性和访问属性。只读属性是使用 VBA 来设置或引用的对象的属性,访问属性是可以修改的对象的属性。使用属性时,需要将对象和属性组合在一起,中间用句点分隔。

引用对象的属性的语法：

```
<对象>.<属性>  <参数>
```

例如：语句 Worksheets("Sheet1").Range("A1").Value 表示引用当前工作簿上工作表 Sheet1 中单元格 A1 的 Value 属性。

将某对象的属性值赋值给一个变量的语法：

```
<变量> = <对象>.<属性>
```

例如：语句 Worksheets("Sheet1").Range("A1").Value＝666 表示修改当前工作簿上工作表 Sheet1 中单元格 A1 的 Value 属性。

常用的属性和用法如下：

Cells 引用单个单元格,有两个参数:行编号和列编号,返回 Range 对象。例如语句 Cells(6,1)和语句 Cells(6,″A″)都返回单元格 A6。语句:Cells(ActiveCell.Row,ActiveCell.Column + 1).Value = ″不及格″表示将当前激活单元格所在行和所在列的下一列的单元格的值赋值为不及格。

Offset 属性表示区域的移动,有两个参数:移动的行编号和移动的列编号,返回 Range 对象。Offset 属性语法:Range.Offset(RowOffset,ColumnOffest)。语句 Range(″A1″).Offset(4,5)表示 F5 单元格,Range(″A1:B2″).Offset(4,5)表示 F5:G6 区域,Range(″B2″).Offset(-1)表示 B1 单元格,Range(″B2″).Offset(,-1)表示 A2 单元格。

Rows 属性和 Columns 属性用来处理整行或整列,返回代表单元格区域的 Range 对象。例如语句:Worksheets(″Sheet1″).Rows(1).Font.Bold = True 表示将当前工作簿上工作表 Sheet1 中 A 行的字体设置为黑体。

(2) 对象的方法

对象的方法表示在对象上执行的某个动作。为对象指定方法时,需要将对象和方法组合在一起,中间用句点分隔。方法可以改变对象的属性,也可以对存储在对象中的数据进行操作。例如一个单元格区域 Range 对象,可以使用 Select 方法来选中某个单元格。

为对象指定方法的语法:

<对象>.<方法>　<参数>

如果对象的方法带有参数或需要为带参数的方法指定参数时,则指定参数以执行进一步的动作;若该参数返回值,则应在参数两边加上括号。

例如语句:

```
Worksheets("Sheet1").Range("A1:B2").ClearContents
```

表示执行 Range 对象的 ClearContents 方法,清除 A1 至 B2 单元格区域的内容,但保留该区域的格式设置。

```
语句:Worksheets("Sheet1").Range("A1:B2").Clear
```

表示执行 Range 对象的 Clear 方法,清除 A1 至 B2 单元格区域的内容,并删除所有的格式。

大多数方法都带有参数,从而能进一步定义动作。例如,Range 对象的 Copy 方法带有一个参数,用来定义将单元格区域的内容复制到什么地方。语句:

```
Worksheets("sheet1").Range("A1").Copy Worksheets("sheet2").Range("A1")
```

表示将当前工作簿上工作表 Sheet1 中单元格 A1 的内容复制到当前工作簿上工作表 Sheet2 中单元格 A1 中。

集合对象一般有特殊的属性和管理该对象的方法。通常,集合对象有 Add 方法、Item 方法和 Remove 方法,集合对象一般有一个 Count 属性用来返回集合中的对象个数。

4. 对象的事件

事件是一个对象可以辨认的动作,例如单击鼠标或按下某键等,可以编写一些代码来针对上述动作做出响应。事件通常由用户动作或程序代码或系统引发。在 VBA 中,可以激发事件的动作包括打开工作表、选择单元格、单击鼠标等几十种。事件发生时将执行包含在事件过程中的代码。如果用户没有定义某事件所调用的过程,则当该事件发生时,将不会产生任何反应。

事件响应代码是在"代码编辑器"中编写的。如图 7 - 32 所示，在代码编辑器左边选择 WorkSheet 控件对象，右边是 WorkSheet 控件对象的事件列表。当左边的控件对象改变时，右边的事件列表也随之发生变化。

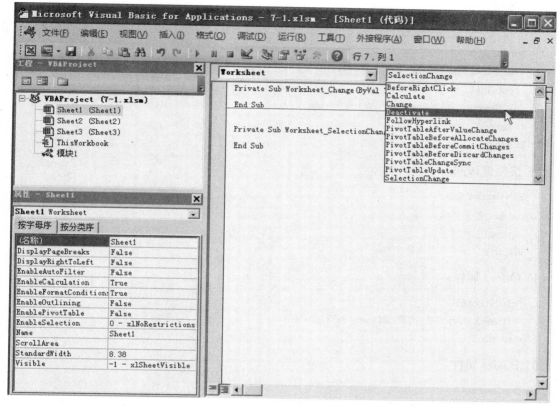

图 7 - 32   对象事件列表

本 章 小 结

宏(Macro)是由 VBA 编写的一段代码，由一系列命令和函数组成，存储在 VBA 的模块中。它是由一个或多个操作组成的组合。本章通过宏的各种操作来初识 VBA 的奇妙之处，并带领大家进入对 VBA 的学习中。然后讲解 VBA 开发环境及程序的调试方法。最后讲解了 Excel 对象模型，帮助读者对 VBA 开发有综合的了解。

练   习

1. 宏录制

　　(1) 使用"录制新宏"记录一段宏：设置单元格的颜色、底色、字体大小。

　　(2) 改变宏代码，使该宏运行时，其单元格的值改为 0。

2. 在 VBA 中输入以下代码，练习掌握 Range、Cell、Worksheet、Workbook 等对象和属性的基本操作。

（1）Range 属性：

```
Sub RngSelect()
    Sheet1.Range("A3: F6, B1:C5").Select
End Sub
```

（2）Cell 属性：

```
Sub Cell()
    Dim icell As Integer
    For icell = 1 To 100
        Sheet2.Cells(icell, 1).Value = icell
    Next
End Sub
```

（3）快捷键访问：

```
Sub Fastmark()
    [A1: A5] = 2
    [Fast] = 4
End Sub
```

（4）Offset 属性：

```
Sub Offset()
    Sheet3.Range("A1:C3").Offset(3, 3).Select
End Sub
```

（5）Resize 属性：

```
Sub Resize()
    Sheet4.Range("A1").Resize(3, 3).Select
End Sub
```

（6）Union 属性：

```
Sub UnSelect()
    Union(Sheet5.Range("A1:D4"), Sheet5.Range("E5:H8")).Select
End Sub
```

（7）CurrentRegion 属性：

```
Sub CurrentSelect()
    Sheet7.Range("A5").CurrentRegion.Select
End Sub
```

（8）使用 Insert 方法，在 Worksheet 工作表中插入多行空行：

```
Sub InSertRows_1()
    Dim i As Integer
    For i = 1 To 3
        Sheet1.Rows(3).Insert
    Next
```

```
    End Sub
```

（9）使用 Add 方法，新建 WorkBook 工作簿对象：

```
Sub AddNowbook()
    Dim Nowbook As Workbook
    Dim ShName As Variant
    Dim Arr As Variant
    Dim i As Integer
    Dim myNewWorkbook As Integer
    myNewWorkbook = Application.SheetsInNewWorkbook
    ShName = Array("余额","单价","数量","金额")
    Arr = Array("01 月","02 月","03 月","04 月","05 月","06 月","07 月","08 月","09 月","10
月","11 月","12 月")
    Application.SheetsInNewWorkbook = 4
    Set Nowbook = Workbooks.Add
    With Nowbook
        For i = 1 To 4
            With.Sheets(i)
                .Name = ShName(i - 1)
                .Range("B1").Resize(1, UBound(Arr) + 1) = Arr
                .Range("A2") = "品名"
            End With
        Next
        .SaveAs Filename: = ThisWorkbook.Path & "\" & "存货明细.xls"
        .Close Savechanges: = True
    End With
    Set Nowbook = Nothing
    Application.SheetsInNewWorkbook = myNewWorkbook
End Sub
```

（10）使用 Save 方法保存 WorkBook 工作簿：

```
Sub SaveWork()
    ThisWorkbook.Save
End Sub
```

（11）使用 Workbook 对象的 SaveAs 方法，将工作簿另存为另一个文件名：

```
Sub SaveAsWork()
    ThisWorkbook.SaveAs Filename: = ThisWorkbook.Path & "\123.xls"
End Sub
```

（12）工作表中的图片的移动、旋转：

```
Sub MoveShape()
    Dim i As Long
    Dim j As Long
    With Sheet1.Shapes(1)
```

```
        For i = 1 To 3000 Step 5
            .Top = Sin(i * (3.1416 / 180)) * 100 + 100
            .Left = Cos(i * (3.1416 / 180)) * 100 + 100
            .Fill.ForeColor.RGB = i * 100
            For j = 1 To 10
                .IncrementRotation - 2
                DoEvents
            Next
        Next
    End With
End Sub
```

（13）在工作表中自动生成图表：

```
Sub ChartAdd()
    Dim myRange As Range
    Dim myChart As ChartObject
    Dim R As Integer
    With Sheet1
        .ChartObjects.Delete
        R = .Range("A65536").End(xlUp).Row
        Set myRange = .Range("A" & 1 & ":B" & R)
        Set myChart = .ChartObjects.Add(120, 40, 400, 250)
        With myChart.Chart
            .ChartType = xlColumnClustered
            .SetSourceData Source: = myRange, PlotBy: = xlColumns
            .ApplyDataLabels ShowValue: = True
            .HasTitle = True
            .ChartTitle.Text = "图表制作示例"
            With.ChartTitle.Font
                .Size = 20
                .ColorIndex = 3
                .Name = "华文新魏"
            End With
            With.ChartArea.Interior
                .ColorIndex = 8
                .PatternColorIndex = 1
                .Pattern = xlSolid
            End With
            With.PlotArea.Interior
                .ColorIndex = 35
                .PatternColorIndex = 1
                .Pattern = xlSolid
            End With
            .SeriesCollection(1).DataLabels.Delete
```

```
            With.SeriesCollection(2).DataLabels.Font
                .Size = 10
                .ColorIndex = 5
            End With
          End With
      End With
    Set myRange = Nothing
    Set myChart = Nothing
  End Sub
```

（14）使用 Export 方法，以图形文件格式导出图表：

```
  Sub ExportChart()
    Dim myChart As Chart
    Dim myFileName As String
    Set myChart = Sheet1.ChartObjects(1).Chart
    myFileName = "myChart.jpg"
    On Error Resume Next
    Kill ThisWorkbook.Path & "\" & myFileName
    myChart.Export Filename：= ThisWorkbook.Path _
      & "\" & myFileName, Filtername：="JPG"
    MsgBox "图表已保存在[" & ThisWorkbook.Path & "]文件夹中！"
    Set myChart = Nothing
  End Sub
```

（15）将工作表中嵌入的图表显示在独立的窗口中：

```
  Sub ChartShow()
    With Sheet1.ChartObjects(1)
      .Activate
      .Chart.ShowWindow = True
    End With
    With ActiveWindow
        .Top = 50
        .Left = 50
        .Width = 400
        .Height = 280
        .Caption = ThisWorkbook.Name
    End With
  End Sub
```

实　　验

按照如下要求，制作自动记录考勤表：

（1）新建工作表，输入姓名、日期信息；

（2）录制"返回当前时间的宏"；

（3）根据（2）中录制的宏，制作上班、下班按钮宏；

（4）采用相对引用的方法，统计每个员工一个月内"迟到""早退""病假""事假"的次数（提示：根据上班时间、下班时间）。

VBA 基本语法

读者在第 7 章中学习了关于宏的相关知识,对 VBA 的开发环境有了一定程度的了解。但是我们会发现,虽然可以方便、快捷地利用宏来实现很多简单的、需要重复执行的工作,但是在录制的宏代码中是不能进行判断的,这就在很大程度上限制了用户功能的实现。例如,如果需要对 Excel 表格中的员工工资,按照以下规则,显示不同的背景颜色:如果员工工资大于6 000 元,则背景显示为蓝色;否则,背景显示为红色。由于宏无法进行条件判断,因此无法实现以上功能。为了实现上述功能,就需要使用 VBA 编写代码。本章将学习 VBA 程序设计的基本知识,了解 VBA 处理的基本数据类型、运算符、程序的流程控制结构、过程、函数等相关知识。经过本章的学习,你将掌握基本的 VBA 编程知识和调试技巧。

8.1 数据处理

8.1.1 数据类型

Excel VBA 程序处理问题的时候,需要处理不同类型的数据。例如,城市的名字由一串字符组成,学生的成绩、职员的工资、人的年龄等都是数值,是否是党员则是一个逻辑值等。"数据类型"是指如何把数据存储在内存中,如作为整数、实数和字符串等。为了处理不同类型的数据,VBA 定义了以下数据类型:数值型、布尔型、字符型、日期型、变体型和对象型。数值型变量又分为字节型、长整型、单精度浮点型、双精度浮点型等。表 8-1 给出了 Excel VBA 2016 常用的数据类型。

表 8-1　VBA 常用的数据类型

数 据 类 型	关 键 字	存 储 空 间	范　　　围
字 节 型	Byte	1 个字节	0～255
布 尔 型	Boolean	2 个字节	True 或 False
小 数 型	Decimal	14 个字节	没有小数点时为 +/−79 228 162 514 264 337 593 543 950 335 小数点右边有 28 位数时为 +/−7.922 816 251 426 433 759 354 395 033 5; 绝对值最小的非零值为 +/−0.000 000 000 000 000 000 000 000 000 1

数 据 类 型	关 键 字	存 储 空 间	范 围
整 型	Integer	2 个字节	-32 768～32 767
长 整 型	Long	4 个字节	-2 147 483 648～2 147 483 647
单精度浮点型	Single	4 个字节	负数时从-3.402 823E38～-1.401 298E-45；正数时从 1.401 298E-45～3.402 823E38
双精度浮点型	Double	8 个字节	负数时从-1.797 693 134 862 31E308～-4.940 656 458 412 47E-324；正数时从 4.940 656 458 412 47E-324～1.797 693 134 862 32E308
变比整型	Currency	8 个字节	-922 337 203 685 477.580 8～922 337 203 685 477.580 7
日 期 型	Date	8 个字节	100 年 1 月 1 日到 9999 年 12 月 31 日
对 象 型	Object	4 个字节	任何 Object 引用
字 符 型	String(变长)	10 个字节+字符串的长度	0 到大约 20 亿
字 符 型	String(定长)	字符串的长度	
变 体 型	Variant(数字)	16 个字节	最大到双精度数据类型的任意数值。也可以保存诸如 Empty、Error、Nothing 和 Null 之类的特殊数值
变 体 型	Variant(字符)	22 个字节+字符串的长度	0 到大约 20 亿
用户自定义		所有元素所需数目	每个元素的范围与它本身的数据类型的范围相同

1. 字节型 Byte

Byte 型是用于记录 0～255 的正整数的数据类型。Byte 数据被存储为单字节数值。

2. 布尔型 Boolean

布尔型 Boolean 通常用来存储各种单一状态或者逻辑上的是否判断,其值只能是 True 或 False 中的一个。当布尔型转换为数值型时,True 转化为-1,False 转化为 0。当数值型转换为布尔型时,0 转化为 False,其他值都转化为 True。

3. 日期型 Date

日期型 Date 用来表示日期和时间。日期型变量可以表示的日期范围从 100 年 1 月 1 日到 9999 年 12 月 31 日,而时间可以从 0:00:00 到 23:59:59。指定日期和时间的时候须以散列符号（#）把它们括起来,例如,#September 9,1999# 或 #9 Sept 99#。

【例题 8-1】 获取日期型数据。

```
Option Explicit
Sub Date_test()
Dim strDate As Date
strDate = Now
strDate = Time
Debug.Print strDate
strDate = Date
Debug.Print strDate
strDate = #5/17/2017#
```

```
Debug.Print strDate
End Sub
```

图 8-1　程序效果

单击工具栏上"执行过程"按钮,可以在"立即窗口"看到程序执行效果,如图 8-1 所示。

由上例可见,日期型数据可以以函数的形式从系统获取,如 NOW 函数获取当前系统的日期和时间,TIME 函数获取当前系统的时间。此外,也可以从一对散列符号♯♯括起来的字符串中获取。需要注意的是,即使系统可以设置为以另一种格式来显示日期,如"日/月/年",但是日期总是使用"月/日/年"的格式来定义。且这个字符串必须是系统能识别的格式,如果格式不对,例如"♯19999/29/60♯",系统将弹出类型不符提示。

4. 整型 Integer 和长整型 Long

整型 Integer 用来存储范围在 $-32\,768 \sim 32\,767$ 之间的整数,类型声明字符是百分比符号(%)。长整型 Long 用来存储范围在 $-2\,147\,483\,648 \sim 2\,147\,483\,647$ 的整数,类型声明字符为符号(&)。

【例题 8-2】　整型计算。

```
Option Explicit
Sub Integer_test()
Dim x, y, z As Integer
x = 2
y = 21
z = x + y
x = x + z
y = y + 7
Debug.Print x, y
'z 溢出,程序报错,不能输出
z = z + 32763
Debug.Print x, y
End Sub
```

单击工具栏上"执行过程"按钮,将出现如图 8-2 所示"溢出"错误信息。溢出是指变量实际的值超过了变量声明类型的数值范围。由于 z 为整型,范围是 $-32\,768 \sim 32\,767$,而"z=z+32763"时得到的结果是 32 786,因此 z 溢出。但又因为该语句是最后一条执行语句,所以之前的输出仍然有结果。在"立即窗口"可以看到程序运行结果,如图 8-3 所示。

图 8-2　溢出错误

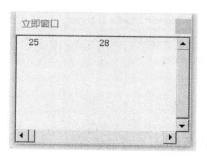

图 8-3　程序效果

"z 溢出,程序报错,不能输出"为注释语句,"注释"是指为便于读者理解而嵌入代码中的描述性文本,Visual Basic 在运行过程时,会忽略掉注释。注释可以清晰地描述代码的作用。注释可以占用整行,也可以在代码之后添加。Vi 注释行可由省略符号(')或 Rem 接着一个空格作为开始,可以加在过程的任何地方。为了在语句的同一行中添加注释,必须在语句后面插入一个省略符号,然后加上注释文本。VBA 中注释以绿色文本显示。

5. 单精度浮点型 Single

单精度浮点型 Single 通常用来存储普通的浮点型数据,数值范围为负数时是从—3.402 823E38～—1.401 298E—45;正数时是从 1.401 298E—45～3.402 823E38。Single 的类型声明字符为符号(!)。

6. 双精度浮点型 Double

双精度浮点型 Double 一般用来存储多维、高精度的数据。表示的数据范围为负数时是从—1.797 693 134 862 31E308～—4.940 656 458 412 47E—324,正数时是从 4.940 656 458 412 47E—324～1.797 693 134 862 32E308。Double 的类型声明字符为符号(♯)。

7. 字符型 String

与 Excel 一样,VBA 既可以处理数字,又可以处理文本(字符串)。字符型用来存储 VBA 中由若干可以识别字符组成的字符序列。例如 VBA 的标识符、ASCII 码中的特殊字符等,通常用于文字处理较多的场合。VBA 中有两类字符串:变长与定长的字符串。变长字符串的长度随存储的字符串的长度改变,最多可包含大约 20 亿(2^{31})个字符,类型声明保留字为 String,定长字符串在声明变量时指定字符串长度,最多可包含 65 335 个字符,类型声明保留字为 String * [保留长度]。使用定长字符串类型时,如果实际数据的长度小于定长字符串的长度,则使用空格填补剩余的空间,如果超出,则截断超出的部分。String 的类型声明字符为符号($)。

8. 对象型 Object

对象型 Object 变量使用 32 位(4 个字节)的地址来存储数据,这些数据用来标识应用程序中的变量,如 Excel 的工作簿、工作表、单元格等。

9. 用户定义数据类型

用户定义的数据类型可以包含一个或多个任意数据类型的元素,用户可以使用 Type 语句定义数据类型,可包含一个或多个某种数据类型的数据元素、数组或一个先前定义的用户自定义类型,目的是为了可以更灵活地处理复杂问题。例如应用程序要处理学生信息,可能需要创建一个名为 StudentInfo 的用户自定义数据类型:

```
Type StudentInfo
    StudentName As String * 5    '定义字符串变量存储一个名字
StudentID As String       '定义字符串变量存储学号
    StudentAge As Integer    '定义整型变量存储年龄
    StudentSex As Bool     '定义布尔型变量存储性别
End Type
```

8.1.2 常量

在过程执行时,变量的值可能会发生变化,但有时候,又需要引用从不发生改变的值或字符串,即"常量"。常量一般用来存储固定的数据,例如在过程中需要多次引用某个具体的值

（如利率），那么最好把该值声明为一个常量，并在表达式中使用该常量的名称而不是值。在程序开发过程中，如果要改变某个常量，只要在声明部分修改，则程序中该常量的值就会全部被修改，这样就大大提高了程序的可修改性和开发效率。常量一般分为一般常量和符号常量。

1. 一般常量

一般常量是在程序中直接给出的数据。例如，数值常量：3.14；字符串常量：Hello!；逻辑常量：True 或 False；日期常量：♯1 - 25 - 2016♯。

2. 符号常量

符号常量是在程序中使用符号的常量。对于经常使用的有特定意义的常量，使用符号常量表示可以增加程序的可读性和可维护性。在 Excel 2016 中符号常量分为两类，一类是系统定义常量，另一类是用户自定义的常量。

（1）系统定义常量

Excel 和 VBA 提供了很多预定义的常量，这些常量不用声明即可使用。其中一类是 VBA 系统内部的符号常量，如定义颜色的常量"vbBlue"，定义日期的常量"vbSunday"。另一类是 Excel 系统内部的符号常量，如设置工作表显示状态属性的常量"xlSheetVisible"，"xlDialogBorder"。VBA 系统内部的符号常量是用 vb 前缀标识的，Excel 系统内部的符号常量是用 xl 前缀标识的。

（2）用户自定义的常量

VBA 中规定使用 Const 语句定义常量。这类常量必须先声明才能使用。Const 语句语法格式如下：

[Public | Private] Const Constname [As Type] = 表达式

功能：将表达式标识的数据值赋给指定的符号常量。

其中，Public 用于在模块级别中声明所有模块中对所有过程都可以使用的符号常量，Private 用于在模块级声明只能在包含该声明的模块中使用的常量。二者省略时，默认值为 Private。Constname 表示常量名，遵循标准的变量命名约定。Type 表示数据类型，常量的数据类型可以是表 8-1 中的任意数据类型。表达式是必需的，可以是文字，其他常量，或由算术运算符或逻辑运算符构成的任意组合。例如：

声明私有常量：

Private Const MyString = "Welcome"

声明公有常量：

Public Const MyVar = 26

声明私有的整数常量：

Private Const MyInt As Integer = 517

在一行中声明多个常量：

Const MyStr = "Hello", MyDouble As Double = 5.6789

8.1.3　变量

变量是指在程序运行过程中值可以改变的量，是一些已命名的位于计算机内存中的存储位置。变量可以接纳很多种的"数据类型",从简单的布尔值(True 或 False)到复杂的双精度值。在使用变量前最好先声明变量,即要求系统为其分配存储单元。变量的名字在其作用域范围内是唯一的。在程序中,名字用来引用变量,数据类型则决定变量的存储方式。

1. 变量命名

通常以英文名字给变量命名。变量命名必须遵守以下几点:

(1) 变量名必须以字母开头,长度最大为 254 个字符,但不推荐创建如此长的变量名称。

(2) 变量名必须由字母、数字和下画线和一些标点符号组成,不能使用空格、句点(.)、@,或特殊类型的声明字符!、&、$、# 等。

(3) 变量名不能使用 VBA 的关键字,不能与 Visual Basic 本身的过程、语句以及方法的名称相同。

(4) 不能在相同层次的范围中使用重复的名称。例如,不能在同一过程中声明两个命名为 age 的变量。但是可以在同一模块中声明一个私有的命名为 age 的变量和过程的级别的命名为 age 的变量。

(5) VBA 不区分大小写,但它会在名称被声明的语句处保留大写。为了使得变量名称更具有可读性,可使用混合的大小写(如 InterestRate)。

2. 声明变量

变量可以声明成下列数据类型中的一种:Boolean、Byte、Integer、Long、Currency、Single、Double、Date、String(变长字符串)、String * length(定长字符串)、Object 或 Variant。关于数据类型,我们将在第 8.3 节中学习。如果不为 VBA 例程中使用的某个变量声明数据类型,VBA 将使用默认的数据类型 Variant。存储为 Variant 数据类型的数据行为,根据所处理的内容不同将改变数据的类型。也可以使用 Type 语句来创建用户定义类型。VBA 中声明变量有以下五种方式。

(1) 用 Public/Private 声明变量

例如语句:

```
Public StudentAge As Integer    '声明公有的模块级别变量
Private MyAge As Integer  '声明私有的模块级别变量
```

其中,Public/Private/Static 用来显式指定声明变量的类型。Public 用来声明公有的模块级别变量,表示所有模块的所有过程都可以访问这个变量。Private 用来声明私有的模块级别变量,表示只能在同一模块中的过程使用该变量。

上面的语句中,添加了注释语句"声明公有的模块级别变量"和"声明私有的模块级别变量"。

(2) 用 Dim/Static 声明变量

可以在一个语句中声明几个变量。但是为了指定数据类型,必须将每一个变量的数据类型包含进来。例如下面的语句中,变量 X、Y 与 Z 被声明为 Integer 类型。

```
Dim intX As Integer, intY As Integer, intZ As Integer
```

而在下面的语句中,由于 VBA 不允许将一组变量以逗号分开的方式声明为某个特殊的数据类型,变量 intX 与 intY 被声明为 Variant 类型;只有 intZ 被声明为 Integer 类型。

```
Dim intX, intY, intZ As Integer
```

在声明语句中,如果省略了数据类型,则会将变量设成 Variant 类型。Dim 语句声明的变量是动态变量,每次过程结束后,其值在内存中不保留,再次执行程序时需要重新初始化。

```
Dim intAge As Integer      '声明动态变量
Static MyName As String     '声明静态变量
```

Static 用来声明静态变量,在程序执行结束后,该变量的值仍然存放在内存中。当再次调用该变量时,其初值为上次运行后的结果值,不需要再次初始化。

【例题 8 - 3】 比较 Dim 和 Static 语句声明变量。

```
Sub Test0()
    Static i As Integer
    Dim j As Integer
    i = i + 2
    j = j + 6
    Debug.Print i, j
End Sub
```

运行该过程三次,在"立即窗口"得到如图 8 - 4 所示的结果。

其中,第一行为第一次运行结果,第二次运行时由于 i 是静态变量,保留上一次运行结果,其初值是上一次的结果 2,本次运行后加 2,所以结果是 4。j 是动态变量,第一次运行时加 6,结果是 6。第二次运行时,再次初始化为 NULL,加 6,结果仍为 6。第三次运行原理与之前相同。

（3）用 Option Explicit 声明变量

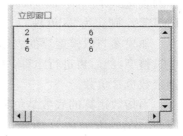

图 8 - 4　运行结果

把 Option Explicit 语句放置在模块中所有的过程之前,需要对模块中所有的变量进行显示声明。如果模块包含 Option Explicit 语句,则当 Visual Basic 遇到一个先前没有定义类型的变量或拼写错误时,它会产生编译错误。

使用 Option Explicit 可以避免在键入已有变量时出错,在变量的范围不是很清楚的代码中使用该语句可以避免混乱。

8.2　运算符

在 VBA 中,运算符扮演着非常重要的角色。运算符作为用来完成运算的符号,可以在程序中对各种数据类型常量和变量进行运算。而将常量、变量和函数等用运算符连接起来的运算式就是表达式。VBA 中把单个变量、常量和函数也称为表达式。VBA 中有算术表达式、字符串表达式、关系表达式和逻辑表达式四类表达式,每种表达式对应着一种运算符。

8.2.1　算术运算符

常见的算术运算符详细说明如表 8 - 2 所示。

表 8 – 2　算 术 运 算 符

运　算　符	功 能 说 明	示　　　例
加法（＋）	求两数之和	1 234.56 ＋ 789 ＝ 2 023.56
减法（－）	求两数之差或表示数值表达式的负值	56.72 － 35.84 ＝ 20.88
乘法（＊）	将两数相乘	3 ＊ 45 ＝ 135
除法（/）	对两个数作除法并返回一个浮点数	10 / 3 ＝ 3.333 333
整除（\）	对两个数作除法并返回一个整数	10 \ 3 ＝ 3
取模（Mod）	对两个数作除法并且只返回余数	13 Mod 5 ＝ 3
指数（＾）	求一个数字的某次方	2 ＾ 4 ＝ 16
连接（&）	两个表达式作字符串连接	″Hello″&″World″＝″HelloWorld″

算术运算结果表达式的数据类型通常与参与运算的表达式的数据类型相同。

如果参与整除运算的表达式有小数部分，系统会舍去小数部分并将其转化为字节型、整型或长整型，然后再进行运算；如果运算结果有小数部分，则将小数部分舍去。如果参与整除运算的表达式有一个是 NULL，则结果为 NULL；如果参与整除运算的表达式有一个是 EMPTY，则作为"0"处理。

如果参与取模运算的表达式有小数部分，系统会舍去小数部分并将其转化为字节型、整型或长整型，然后再进行运算，并把运算得到的余数作为表达式的返回值。如果被除数是负数，则余数也是负数。

当指数运算的底数是负数时，指数必须是整数；当表达式中执行多个指数运算时，计算顺序为从左到右。运算结果的数据类型是长整型或变体型；如果底数或指数中有一个是 NULL，则结果为 NULL。

VBA 中对取反运算符（负号）采取了与 Excel 不同的处理方式。在 Excel 中，"a＝－5 ＾ 2"返回"25"；而在 VBA 中，"a＝－5 ＾ 2"返回"－25"，这是因为 VBA 首先执行乘幂运算，然后应用求反运算符。

8.2.2　逻辑运算符

常见的逻辑运算符详细说明如表 8 – 3 所示。

表 8 – 3　逻 辑 运 算 符

运　算　符	说　　明	示　　　例
And	执行两个表达式的逻辑"与"运算	7＞5 And 5＞8 ′结果为 False
Eqv	执行两个表达式的逻辑"等价"运算	6＞3 Eqv 7＞5 ′结果为 True
Imp	执行两个表达式的逻辑"蕴涵"运算	9 ＞12 Imp 8 ＞11 ′结果为 True
Is	用于比较对象	
Like	用于比较字符串	″Welcome″ Like ″? e″
Not	执行逻辑否定	Not(7 ＞ 8) ′结果为 True
Or	执行两个表达式的逻辑"或"运算	7 ＞ 9 Or 7 ＞ 5 ′返回 True
Xor	执行两个表达式的逻辑"异或"运算	8 ＞ 10 Xor 6 ＞ 8 ′返回 False

8.2.3　比较运算符

常见的比较运算符详细说明如表 8-4 所示。

表 8-4　比较运算符

运　算　符	含　义	示　　例	结　　果
<	小　于	5<17	True
<=	小于或等于	"3"<="10"	True
>	大　于	"6">"8"	False
>=	大于或等于	"6">="9"	False
=	等　于	0 = Empty	True
<>	不　等　于	6<>5	True
Is	对象引用比较		
Like	字符串匹配	"Q" Like"[A−Z]"	True

小技巧：Like 运算符

Is 和 Like 运算符用来比较两个对象的引用变量。如果两个变量引用相同的变量,结果为 True,否则结果为 False。Like 运算符用来比较两个字符串。如果两字符串能够匹配,则结果为 True,否则结果为 False。与之匹配的样本字符串可以含有通配符,"?"可以代表任意一个字符,"*"代表任意的 0 个或多个字符,"♯"代表任意的一个数字,[字符列表]表示一个自定义的字符列表,如[A−Z],[abcdefg]。[字符列表]代表在字符列表中的任一单一字符,[! 字符列表]代表不在字符列表中的任一单一字符。

Like 比较运算符示例：

```
Dim MyCheck
MyCheck = "aBCDe" Like "a*e"        '返回 True
MyCheck = "G" Like "[A−Z]"          '返回 True
MyCheck = "D" Like "[! A−Z]"        '返回 False
MyCheck = "a2b" Like "a#b"          '返回 True
MyCheck = "aM5b" Like "a[L−P]#[! c−e]"   '返回 True
MyCheck = "BA123khg" Like "B? T*"   '返回 True
MyCheck = "CA23khg" Like "B? T*"    '返回 False
```

8.2.4　运算符优先顺序

在计算一个表达式时,每一部分都会按预先确定的顺序进行计算求解,称这个顺序为运算符的优先顺序。

在表达式中,当运算符不止一种时,要先处理算术运算符,再处理比较运算符,最后处理逻辑运算符。所有比较运算符的优先顺序都相同,即需要按它们出现的顺序从左到右进行处理。而算术运算符和逻辑运算符则必须按表 8-5 中的优先顺序进行处理。

表 8-5　运算符优先顺序

优　先　级	算 术 运 算 符	比 较 运 算 符	逻 辑 运 算 符
1	指数运算（^）	相等（＝）	Not
2	负数（—）	不等（＜＞）	And
3	乘法和除法（＊、/）	小于（＜）	Or
4	整数除法（\）	大于（＞）	Xor
5	求模运算（Mod）	小于或相等（＜＝）	Eqv
6	加法和减法（＋、—）	大于或相等（＞＝）	Imp
7	字符串连接（&）	Like 或 Is	

当乘法和除法或者加法和减法同时出现在表达式中时,每个运算都按照它们从左到右出现的顺序进行计算。但是可以用括号改变优先顺序,强令表达式的某些部分优先运行。括号内的运算总是优先于括号外的运算。而在括号之内,运算符的优先顺序不变。

字符串连接运算符(&)不是算术运算符,就其优先顺序而言,它在所有算术运算符之后,且在所有比较运算符之前。

Like 的优先顺序与所有比较运算符都相同,实际上是模式匹配运算符。

Is 运算符是对象引用的比较运算符。它并不将对象或对象的值进行比较,而只确定两个对象引用是否参照了相同的对象。

8.3　数组

"数组"是一组拥有相同名称的同类元素。使用数组名称和一个索引号可以引用数组中的某个特定元素。

8.3.1　声明数组

数组的声明方式和其他的变量是一样的,它可以使用 Dim、Static、Private 或 Public 语句来声明。标量变量(非数组)与数组变量的不同之处在于通常必须指定数组的大小。若数组的大小被指定的话,则它是个固定大小数组。若程序运行时数组的大小可以被改变,则它是个动态数组。

数组是否从 0 或 1 索引是根据 Option Base 语句的设置。如果 Option Base 没有指定为 1,则数组索引从零开始。

（1）声明固定大小的数组

下面这行代码声明了一个固定大小的数组,它是个 11 行乘以 11 列的 Integer 数组：

```
Dim MyArray(10, 10) As Integer
```

（2）声明动态数组

若声明为动态数组,则可以在执行代码时去改变数组大小。可以利用 Static、Dim、Private 或 Public 语句来声明数组,并使括号内为空,如下示例所示。

```
Dim sngArray() As Single
```

8.3.2 获取数组的最大与最小下标

利用 LBound 函数与 UBound 函数，可以分别来获得数组的最小与最大下标，其语法是：

```
LBound(arrayname[, dimension])
UBound(arrayname[, dimension])
```

语法包含下面部分

arrayname 必需的。数组变量的名称，遵循标准的变量命名约定。

dimension 可选的；Variant（Long）。指定返回哪一维的下界。1 表示第一维，2 表示第二维，以此类推。如果省略 dimension，就认为是 1。

8.3.3 ReDim 语句

ReDim 语句用来定义或重新定义原来已经用带空圆括号（没有维数下标）的 Private、Public 或 Dim 语句声明过的动态数组的大小，其语法是：

```
ReDim [Preserve] varname(subscripts) [As type] [, varname(subscripts) [As type]] ...
```

ReDim 语句的语法包括以下几个部分：

Preserve 可选的。关键字，当改变原有数组最末维的大小时，使用此关键字可以保持数组中原来的数据。

varname 必需的。变量的名称，遵循标准的变量命名约定。

subscripts 必需的。数组变量的维数，最多可以定义 60 维的多维数组。subscripts 参数使用下面的语法：

```
[lower To] upper [,[lower To] upper] ...
```

如果不显式指定 lower，则数组的下界由 Option Base 语句控制。如果没有 Option Base 语句，则下界为 0。

type 可选的。变量的数据类型，所声明的每个变量都要有一个单独的 As type 子句。对于包含数组的 Variant 而言，type 描述的是该数组的每个元素的类型，不能将此 Variant 改为其他类型。

8.4 流程控制

一个实现某种特定功能的程序，一般由三部分组成：输入数据、计算和输出结果。为了实现这些功能，需要用赋值语句、条件语句、循环语句这些流程控制语句。

8.4.1 赋值语句

赋值语句是一条 VBA 指令，它进行数学计算并将结果赋给某个变量或对象。例如：

```
                x = 15
```

把 15 赋值给变量 x;

```
        ActiveCell.Font.Bold = True
```

设置活动单元格 Font 对象的 Bold 属性。

VBA 使用等号(=)作为赋值运算符,它不同于数学公式中的等号。例如赋值语句:x＝x+1,表示把变量 x 的当前值加 1,然后再赋给 x,但是在数学上这样的等式是不成立的。

赋值语句分为两类:一种是 Let 语句,用来将表达式的值赋给变量或属性;另一种是 Set 语句,用来将对象引用赋给变量或属性。

1. Let 语句

Let 语句将表达式的值赋给变量或属性,其中 Let 关键字是可选的,通常省略。Let 语句语法如下:

```
        ［Let］变量名 = 表达式
```

例如,语句:

```
        Let MyStr = "Welcome"        '使用 Let 语句进行字符串变量赋值
```

因为 Let 语句通常可以省略,上述语句一般写为:

```
        MyStr = "Welcome"
```

2. Set 语句

Set 语句用来将对象引用赋给变量或属性。与 Let 不同,Set 关键字是必备的,不能省略。Set 语句语法如下:

```
        Set 对象 1 = ｛［New］对象 2 | Nothing｝
```

例如,语句:

```
        Set myCell = Worksheets("Sheet1").Range("A1")
```

表示将 Sheet1 的 A1 单元格的值赋值给对象变量 myCell。

"对象变量"是代表一个完整对象的变量,如单元格区域或工作表。由于对象变量可以显著地简化代码,并且可以使代码的执行速度更快,因此它很重要。使用关键字 Set 可以把对象赋给变量。

8.4.2　With ... End With 语句

在 VBA 中,方法和属性是与对象紧密相连的,因此,在进行方法和属性的调用时必须声明具体对象。With ... End With 结构允许在单个对象上执行多项操作。这样可以避免反复地键入相同的代码,也加快了程序运行的速度。

With 语句语法如下:

```
        With object
        ［statements］
        End With
```

其中,object 表示对象的名称,是必需的。statements 表示执行在 object 上的一条或多条语句,可以省略。当程序一旦进入 With 块,object 就不能改变。因此不能用一个 With 语句来设置多个不同的对象。但是,With 语句可以嵌套使用。

【例题 8-4】 用户希望 Sheet1 的 A1:C10 的单元格都填入 32,字体加粗,底色为红色。如果不使用 With ... End With 语句,那么代码如下:

```
Sub With_Test()
        Worksheets("Sheet1").Range("A1:C10").Value = 32
        Worksheets("Sheet1").Range("A1:C10").Font.Bold = True
        Worksheets("Sheet1").Range("A1:C10").Interior.Color = RGB(255, 0, 0)
End With
```

如果使用 With ... End With 语句,代码如下:

```
Sub With_Test()
    With Worksheets("Sheet1").Range("A1:C10")
        .Value = 32
        .Font.Bold = True
        .Interior.Color = RGB(255,0, 0)
    End With
End Sub
```

例题 8-4 的运算结果如图 8-5 所示。虽然使用 With ... End With 语句使得该过程比第一个过程更难理解,但是在需要改变某个对象的多个属性时,使用 With ... End With 语句的过程比在每个语句中显式地引用对象的过程快得多。

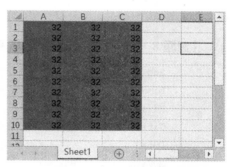

图 8-5 With ... End With 示例结果

8.4.3　输入语句

Excel 的 VBA 应用程序的数据来源以表单数据为主。但是,有些情况下也需要通过交互的方式由用户临时输入一些数据。输入语句(InputBox)是用户向应用程序提供数据的主要途径之一。使用 InputBox 函数可以产生一个对话框,用户可以输入数据,并返回用户输入的内容。

InputBox 函数语法:

变量 = InputBox(提示信息[,标题][,默认值][,边距整数1][,边距整数2][,帮助文件,帮助号])

① 提示信息(必需的):代表显示在输入框中的文本,最多包含 1 024 个字符。

② 标题(可选的):代表显示在输入框标题栏中的文本。

③ 默认值(可选的):代表显示在这个输入框中的默认值。

④ 边距整数 1、边距整数 2(可选的):代表输入框左上角的屏幕坐标值。

⑤ 帮助文件(可选的):为对话框提供上下文相关帮助文件的字符串表达式。

⑥ 帮助号(可选的):帮助主题的上下文 ID。它表示要显示的某个特定的帮助主题。如果使用了帮助号,则必须使用帮助文件。

其中,提示信息是必需的,作为对话框消息出现的字符串表达式,最大长度为 1 024 个字符;标题用来显示对话框标题栏中的字符串表达式;默认值显示文本框中的字符串表达式,在没有其他输入时作为默认值;边距整数 1 和边距整数 2 是对话框显示在屏幕上的坐标,分别表示距离左边距和上边距的距离,是可选的。变量中存储 InputBox 函数的输出值。使用 InputBox 函数可以显示一个简单的对话框,以便输入需要的信息。此对话框有一个"确定"按钮和一个"取消"按钮。如果选择"确定"按钮,则 InputBox 函数将返回对话框中输入的值。如果单击"取消"按钮,则 InputBox 函数的值是一个零长度字符串或者是 False。

InputBox 函数参数如图 8-6 所示。

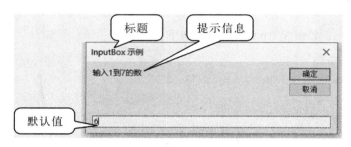

图 8-6 InputBox 函数示例

【例题 8-5】 InputBox 函数示例。

```
Sub InputBox_test()
Dim Message, Title, Default, MyValue
Message = "输入 1 到 7 的数"    '设置提示信息。
Title = "InputBox 示例"    '设置标题。
Default = "6"    '设置缺省值。
MyValue = InputBox(Message, Title, Default)    '显示信息、标题及缺省值。
End Sub
```

8.4.4 输出语句

输出语句是有些情况下用户需要把运算结果或信息临时给用户的主要方法。在 VBA 中,提供了 Msgbox 函数进行信息输出。

MsgBox 函数用来把输出信息用消息框的形式输出,MsgBox 函数语法如下:

变量 = MsgBox(提示信息[, 按钮类型][, 标题][, 帮助文件, 帮助号])

① 提示信息(必需的):该消息显示在弹出的对话框中。

② 按钮类型(可选的):指定在消息框中出现哪些按钮和图标的值。使用内置常量,如 vbYesNo。VBA 中的按钮类型、值和功能如表 8-6 所示。

③ 标题(可选的):出现在消息框标题栏中的文本。默认值为 Microsoft Excel。

④ 帮助文件(可选的):为对话框提供上下文相关帮助文件的字符串表达式。

⑤ 帮助号(可选的):帮助主题的上下文 ID。它表示要显示的某个特定的帮助主题。如果使用了帮助号,则必须使用帮助文件。

表 8 - 6　按钮类型参数的功能

参　　数	值	功　　能
vbOKOnly	0	只显示 OK 按钮
vbOKCancel	1	显示 OK 及 Cancel 按钮
vbAbortRetryIgnore	2	显示 Abort、Retry 及 Ignore 按钮
vbYesNoCancel	3	显示 Yes、No 及 Cancel 按钮
vbYesNo	4	显示 Yes 及 No 按钮
vbRetryCancel	5	显示 Retry 及 Cancel 按钮
vbCritical	16	显示 Critical Message 图标
vbQuestion	32	显示 Warning Query 图标
vbExclamation	48	显示 Warning Message 图标
vbInformation	64	显示 Information Message 图标
vbDefaultButton1	0	第一个按钮是缺省值
vbDefaultButton2	256	第二个按钮是缺省值
vbDefaultButton3	512	第三个按钮是缺省值
vbDefaultButton4	768	第四个按钮是缺省值
vbApplicationModal	0	应用程序强制返回；应用程序一直被挂起，直到用户对消息框作出响应才继续工作
vbSystemModal	4 096	系统强制返回；全部应用程序都被挂起，直到用户对消息框作出响应才继续工作
vbMsgBoxHelpButton	16 384	将 Help 按钮添加到消息框
vbMsgBoxSetForeground	65 536	指定消息框窗口作为前景窗口
vbMsgBoxRight	524 288	文本为右对齐
vbMsgBoxRtlReading	1 048 576	指定文本应为在希伯来和阿拉伯语系统中的从右到左显示

其中，提示信息是必需的，是在消息框中提示的信息内容，可以是常数或变量。按钮类型是消息框中的按钮样式。

标题参数用来显示消息框的标题，如果省略标题参数，则显示系统默认值。帮助文件和帮助号一般可以省略。使用 MsgBox 用变量接受该函数返回值。根据返回值，可以判断用户单击了哪个按钮，还可以进行相应的分支操作。MsgBox 返回值如表 8 - 7 所示。

表 8 - 7　MsgBox 返回值

参　　数	值	功　　能
vbOK	1	OK
vbCancel	2	Cancel
vbAbort	3	Abort
vbRetry	4	Retry
vbIgnore	5	Ignore
vbYes	6	Yes
vbNo	7	No

在代码中可以利用位置或名称来指定函数与方法的参数。如果利用位置来指定参数,则必须根据语法中的顺序,利用逗号来分隔每一个参数,例如:

MsgBox（Your answer is correct! ",0," Answer Box"）

如果用名称来指定参数,则必须使用参数名称或跟着冒号与等号(:=),最后再加上参数值。可以采用任何顺序来指定命名参数,例如:

MsgBox（Title:=" Answer Box", Prompt:=" Your answer is correct! "）

由于 MsgBox 函数会返回值,所以必须用圆括号将参数封闭起来,才可以赋值给变量。如果忽略返回值或是没有传递所有的参数,则可以不用圆括号。如果方法不返回值,则可不用将参数用圆括号封闭起来。

【例题 8-6】 使用 MsgBox 函数显示如图 8-7 所示的对话框。

```
Sub MsgBox_test()
    Dim Msg, Format, Title, Help, Text, Result, Mystring
    Msg = "是否需要帮助? " '定义提示信息
    Format = vbYesNo + vbQuestion + vbDefaultButton1
'定义按钮样式
    Title = "帮助"        '定义标题
    Result = MsgBox(Msg, Format, Title)
    If Result = vbYes Then
        Mystring = "是"
    Else
        Mystring = "否"
    End If
End Sub
```

图 8-7　运行结果

8.4.5　GoTo 语句

改变程序流程最直接的方法就是使用 GoTo 语句。该语句只是将程序的执行转移到一条新的指令,并且必须要有标签标识此指令(带冒号的文本字符串或不带冒号的数字)。GoTo语句不能转移到过程之外的指令。

【例题 8-7】 GoTo 示例,运行结果如图 8-8 所示。

```
Sub GoToDemo()
UserName = InputBox ("Enter Your Name:")
If UserName <> "Mike" Then GoTo WrongName
MsgBox ("Welcome Mike ..")
Exit Sub
WrongName:
MsgBox " Sorry, Only Mike can run this macro."
End Sub
```

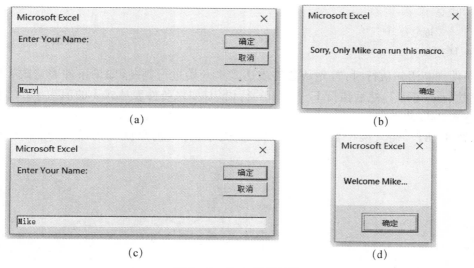

(a)

(b)

(c)

(d)

图 8 - 8　GoTo 示例结果

8.4.6　条件语句

在实际中,人们需要按照某些条件来决定自己的行动。例如根据学生的成绩奖励不同的奖学金。条件语句提供了根据条件来进行程序动作选择的功能,条件语句评估条件表达式的值,然后根据具体的值执行不同的语句。

条件语句分为两种: If ... Then ... Else 语句和 Select Case 语句。

1. If ... Then ... Else 语句

If ... Then ... Else 语句语法:

```
If 条件 Then
    语句行 1
Else
    语句行 2
End If
```

If ... Then ... Else 语句的执行顺序为:如果 If 后的条件表达式的值为 True,则运行语句行 1;否则,运行 Else 后的语句行 2。其中,Else 子句是可选的,如果包含了 Else 子句,那么当 If 后的条件结果为 False,Else 子句允许执行一条或多条指令。

以上语法只能进行单个条件的判断,If ... Then ... Else 语句也可以实现多个条件的判断。

多条件判断语句语法:

```
If 条件 1 Then
    语句行 1
If 条件 2 Then
    语句行 2
If 条件 3 Then
    语句行 3
    ...
```

```
        Else
            语句行 n
        End If
```

多条件判断语句执行时,首先从条件表达式 1 开始进行判断,如果条件表达式 1 的值为 True,则执行语句行 1,然后执行 End If 下一行语句;如果条件表达式 1 的值为 False,则判断条件表达式 2;以此类推。

【例题 8-8】 输入两个数 a 和 b,判断其大小,并用消息框输出,运行结果如图 8-9 所示。

图 8-9 If ... Then ... Else 语句示例

```
Sub text()
Dim a As Integer
Dim b As Integer
a = InputBox("请输入 a:")
b = InputBox("请输入 b:")
If (a > b) Then
MsgBox ("a>b")
Else
    If (a < b) Then
        MsgBox ("a<b")
    Else
        MsgBox ("a = b")
    End If
End If
End Sub
```

VBA 的 IIf 函数:

在 VBA 中,可以使用 IIf 函数替代 If ... Then ... Else 结构,这个函数包含三个参数,语法格式如下:

```
IIf(expr,truepart,falsepart)
```

- expr(必需的):需要求值的表达式。
- truepart(必需的):当 expr 返回为 True 时,返回的值或表达式。
- falsepart(必需的):当 expr 返回为 False 时,返回的值或表达式。

例如:

```
MsgBox IIf(Range("A1") = 0,"Zero","Nonzero")
```

如果单元格 A1 包含零值或为空时,消息框将显示 Zero;如果单元格 A1 包含其他内容,消息框将显示 Nonzero。

2. Select Case 语句

在需要做出判断时，使用 Select Case 语句和 If … Then … Else 语句中的 ElseIf 都能够实现该功能。但是，If … Then … Else 语句需要在控制结构的顶部计算每个 ElseIf 语句的不同的表达式，而 Select Case 语句只需要计算表达式一次。因此在三个或多个选项之间做出选择时，Select Case 语句结构更为清晰，更易于调试。

Select Case 语句语法：

```
Select Case 测试表达式
        Case 表达式 1
            语句块 1
        Case 表达式 2
            语句块 2
        Case 表达式 3
            语句块 3
    …
        Case Else
            语句块 n
    End Select
```

其中，测试表达式可以是数值表达式、字符串表达式、逻辑表达式，但只能包含一个条件。每个 Case 语句可以包含一个或一个以上的值，一个范围，或是一个值的组合以及比较运算符（可以选择"，"来隔开所选择的值或者用"To"来确定所选择的值的范围）。如果 Select Case 语句后的测试表达式的值与某一个 Case 语句后的表达式的值相匹配，则选择该 Case 表达式后的语句块运行。如果测试表达式与任何一个 Case 语句中的表达式都不匹配，则执行 Case Else 语句下的语句块。只要发现为 True 的情况，VBA 就退出 Select Case 结构。

【例题 8 - 9】 用 Select Case 语句根据成绩计算奖励。

```
Sub test()
Dim Message, Title, grade
Message = "输入成绩"
Title = "Select Case 示例"
grade = InputBox(Message, Title)
  Select Case grade
        Case 100
            Reward = 100
        Case 97, 98, 99
            Reward = 80
        Case 85 To 96
            Reward = 50
        Case Is > 70
            Reward = 20
        Case Else
```

```
                    Reward = 0
            End Select
    Debug.Print Reward
    End Sub
```

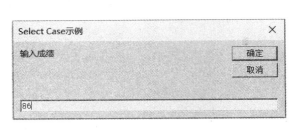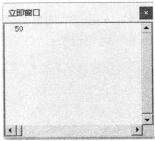

图 8-10　Select Case 示例

以上代码中,grade 的值可以是单个值,如"100",也可以是多个值,如"97,98,99",还可以是一个范围,如"85 To 96"和"Is＞70",如果 grade 的值不是 Case 语句后的任何一个,则执行 Case Else 后的语句。

8.4.7　循环语句

在程序设计中,经常会碰到按一定规则重复执行某些运算或操作的问题。例如,在工作表中需要一行行地分析学生的成绩,统计职工的出勤、缺勤的天数等。VBA 程序语言提供的循环结构就适用于处理循环运算问题。

"循环"是指重复指令块的过程。必须知道循环的次数,或者可以由程序中变量的值来确定循环的次数。

能实现循环的语句被称为循环语句。循环是在指定条件下多次重复执行一组语句,被重复执行的语句称为循环体。VBA 提供的循环语句有:For 循环和 Do … Loop 循环。

1. For 循环语句

For 循环语句有两种:一种是 For … Next 循环语句,使用一个计数器来运行指定的循环次数;另一种是 For Each … Next,用于在集合中对每个对象重复执行一组语句。

(1) For Next 语句

For Next 语句适用于当一组语句重复执行的次数一定的情况。For Next 语句采用一个循环控制变量作为计数器,以设置固定的重复次数,从控制变量的初值执行到控制变量的终值,每个步长执行一次。

For Next 语句语法:

```
For 控制变量 = 初值 To 终值＞ ［Step 步长］
        ［循环体］
        ［Exit For］
        ［循环体］
Next［控制变量］
```

其中,控制变量必须是数值变量,初值、终值和步长都是数值表达式,步长的缺省值为 1,

可以是正数或负数,如果步长为正数或 0,则循环执行的条件为控制变量<=终值;如果步长为负数或 0,则循环执行的条件为控制变量>=终值。

当 For 循环开始执行时,先计算初值、终值和步长,然后将初值赋给控制变量,再判断控制变量是否超过终值,在控制变量超过终值且步长为正,或控制变量小于终值且步长为负时退出循环。否则执行循环体语句,执行 Next 语句给控制变量增加一个步长。然后继续执行循环体,直到满足停止条件再退出循环。

【例题 8-10】 使用 For Next 语句计算 1~10 之间奇数的和。

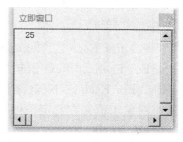

```
Sub TwosTotal()
    For i = 1 To 10 Step 2
        total = total + i
    Next i
    Debug.Print Total
End Sub
```

图 8-11 For Next 语句示例

在上面的代码中,计数变量 i 会在每次循环重复时加上 2。当循环完成时,total 的值为 1、3、5、7 和 9 的总和。在 Next 语句后面可以不写计数变量的名称,程序仍然正常执行。

可以将一个 For ... Next 循环放置在另一个 For ... Next 循环中,组成嵌套循环。但是,不同循环中的计数器要使用不同的变量名。

【例题 8-11】 测试循环嵌套的计数器。

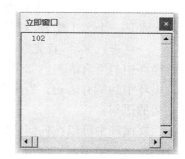

```
Sub For_test()
For i = 1 To 10
    For j = 1 To 10
        For k = 1 To 10
            i = i + 1
        Next k
    Next j
Next i
Debug.Print i
End Sub
```

图 8-12 运行结果

以上代码执行过程中,首先执行最内层计数器为 k 的循环后,i 的值为 11;执行中间层的计数器为 j 的循环后,i 的值为 101;最后执行最外层的计数器为 i 的循环,先执行 $i = i + 1$ 后,由于最外层的循环的终值要求是 10,而此时 i 的值为 102,不满足最外层的循环条件,所以程序将退出。

【例题 8-12】 利用 For ... Next 循环计算 1~10 内的阶乘的累加和。

```
Sub test()
Dim num As Long
Dim i As Integer
Dim j As Integer
Dim x As Long
For i = 1 To 10
```

```
x = 1
For j = 1 To i
x = x * j
Next
num = num + x
Next
Debug.Print num
End Sub
```

图 8-13　运行结果

（2）For Each … Next 语句

For Each … Next 语句是在一个确定的集合中遍历每个对象或在数组中遍历每个元素的循环。For Each … Next 结构可以用于在集合的所有对象上执行某个动作，还可以对集合的所有对象求值并在特定条件下执行动作。

For Each … Next 语句语法：

```
For Each 元素 In 集合
        ［循环体］
        ［Exit For］
        ［循环体］
Next ［元素］
```

其中，元素是指用来遍历集合或数组中所有元素的替代变量名。比如对于工作簿而言，它的元素是一个个工作表，对于工作表而言，每一个单元格是它的元素。

一旦进入循环，首先取出集合中第一个元素，将其作为当前元素（即把元素变量名给它）执行循环中的所有语句。如果集合中还有其他的元素，则将其逐一取出，赋以临时元素名后，执行循环中的所有语句。当集合中的所有元素都执行完了，便会退出循环，继续执行 Next 语句之后的语句。

在循环中可以在任何位置放置任意个 Exit For 语句，随时退出循环。Exit For 经常在条件判断之后使用，并将控制权转移到紧接在 Next 之后的语句。

与 For … Next 相同，For Each … Next 可以嵌套。但是每个循环的循环变量必须是唯一的。

【例题 8-13】　使用 For Each … Next 语句，统计图 8-14 中输入的单元格内值为 H 的单元格的数目。

	A	B	C	D	E	F
1	E	G	Z	H	Y	N
2	K	D	H	Y	X	C
3	J	W	X	F	Z	S
4	L	R	C	I	R	Y
5	R	H	Z	H	E	Q
6	H	U	F	B	V	N
7	V	H	E	F	H	V
8	K	D	O	Y	Z	C
9	V	V	E	H	J	V
10	Z	I	J	X	W	Q

图 8-14

```
Dim C As Range        '定义区域
Dim CountC As Integer    '定义计数器
    CountC = 0
    For Each mcell In C    '遍历区域中的每一个单元格
        If mcell.Value = "H" Then    '如果该单元格的值为 H
            CountC = CountC + 1
            CellCounts = CountC
        End If
    Next
```

【例题 8-14】 在图 8-15 所示的工作表中，使用 For Each … Next 语句，对于选中的单元格，如果该单元格的值小于 -500，则设置字体为红色；如果单元格的值大于 -500 并且小于 0，则设置背景色为绿色；如果单元格的值大于 0 并且小于等于 500，则设置字体为蓝色；如果单元格的值大于 500，则设置字体颜色为绿色。

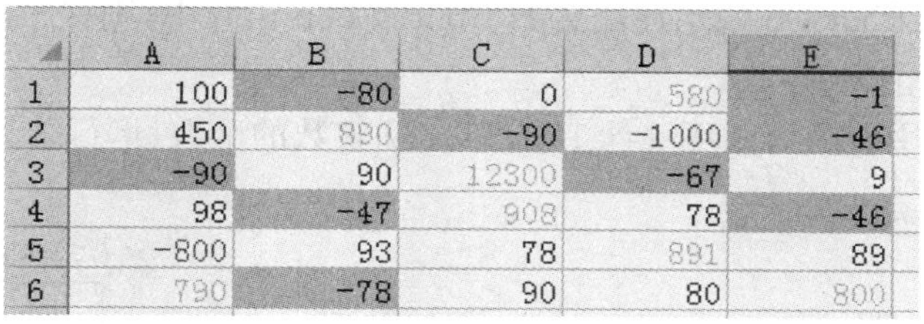

	A	B	C	D	E
1	100	-80	0	580	-1
2	450	890	-90	-1000	-46
3	-90	90	12300	-67	9
4	98	-47	908	78	-46
5	-800	93	78	891	89
6	790	-78	90	80	800

图 8-15

```
For Each mycell In Selection      '遍历选定区域中的每一个单元格
If mycell.Value < -500 Then       '如果该单元格的值小于 -500
mycell.Font.color = vbRed         '设置字体为红色
ElseIf mycell.Value < 0 Then      '如果单元格的值大于 -500 并且小于 0
        mycell.Interior.color = vbGreen  '设置背景色为绿色
    ElseIf mycell.Value <= 500 Then  '如果单元格的值大于 0 并且小于等于 500
        mycell.Font.color = vbBlue    '设置字体为蓝色
    Else                              '如果单元格的值大于 500
        mycell.Font.color = vbGreen   '设置字体颜色为绿色
    End If
    End If
    End If
Next
```

2. Do … LOOP 语句

当循环次数确定时，For 循环可以解决该类问题。但是有时候循环次数是不确定的，例如在学生成绩工作表中，需要统计成绩不及格、成绩良好、成绩优秀的学生的人数，处理这类事先无法知道循环次数的问题，Do … Loop 循环语句就非常适合解决这类问题。

Do … Loop 循环语句有两种语法格式：前测型循环结构和后测型循环结构。两者的区别就在于判断条件的先后次序不同，前测型先判断再决定是否执行循环体，而后测型则是先执行循环体，然后再判断后面的循环是否继续执行。

（1）前测型循环

前测型循环语法格式：

```
Do [{While | Until} 条件]
    [循环体]
    [Exit Do]
    [循环体]
Loop
```

其中,循环条件是条件表达式,其值为 True 或 False;循环体是需要重复执行的一条或多条语句。

前测型循环在进入循环之前检查条件式,Do While ... Loop 循环在条件满足（即结果为 True）时进入循环,而 Do ... Loop Until 循环在条件不满足（即结果为 False）时进入循环。在 Do ... Loop 中的任何位置都可以放置 Exit Do 语句来跳出 Do ... Loop 循环。如果 Exit Do 语句用于条件判断之后,例如 If...Then 语句之后,则程序的控制权将转移到紧接在 Loop 命令之后的语句。如果 Exit Do 使用在嵌套的 Do ... Loop 语句中,则程序的控制权转移到 Exit Do 所在位置的外层循环。

【例题 8-15】 用前测型循环统计 10～20 之间整数的个数,运行结果如图 8-16 所示。

```
Sub ChkFirstWhile()
    counter = 0
    myNum = 20
    Do While myNum > 10
        myNum = myNum - 1
        counter = counter + 1
    Loop
    Debug.Print counter
End Sub
```

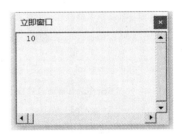

图 8-16　运行结果

在过程 ChkFirstWhile 中,需要在进入 Do While ... Loop 循环之前先检查条件：如果将 myNum 的值由 20 改成 9,则 Do While ... Loop 循环的判断条件“myNum > 10”永远不会满足,所以循环中的语句将永远不会运行。而只要循环的判断条件“myNum > 10”满足,就会执行循环中的语句。该过程的流程图如图 8-17 所示。

Do Until ... Loop 循环的实现代码如下：

```
Sub ChkFirstUntil()
    counter = 0
    myNum = 20
    Do Until myNum > 10
        myNum = myNum - 1
        counter = counter + 1
    Loop
    Debug.Print counter
End Sub
```

在过程 ChkFirstUntil 中,执行 Do Until 循环内的

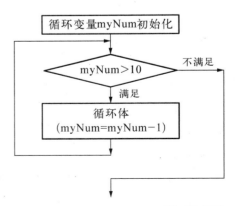

图 8-17　Do While ... Loop 循环流程图

语句之前,先判断条件"myNum = 10"是否成立,如果不成立,则执行 Do Until 循环内的语句,直到条件成立为止。该过程的流程图如图 8-18 所示。

（2）后测型 Do ... Loop 循环

后测型 Do ... Loop 循环语法格式:

```
Do
[循环体]
[Exit Do]
[循环体]
Loop [{While | Until}条件]
```

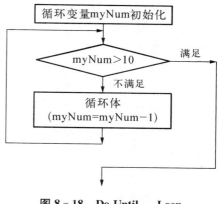

图 8-18　Do Until ... Loop
循环流程图

与前测型 Do ... Loop 循环不同之处在于,后测型循环先执行循环体一次,然后才检查条件式,Do ... Loop While 循环在条件满足时继续执行循环体,而 Do ... Loop Until 循环在条件不满足时进入循环。

【例题 8-16】　用后测型循环统计 10～20 之间整数的个数。

```
Do ... Loop While 循环实现代码如下:
Sub ChkLastWhile()
    counter = 0
    myNum = 20
    Do
        myNum = myNum - 1
        counter = counter + 1
    Loop While myNum > 10
Debug.Print counter
End Sub
```

在过程 ChkLastWhile 中,先执行 Do ... While 循环内的语句,然后才判断循环条件"myNum > 10"是否满足。如果该条件满足,则继续执行循环中的语句,然后再继续判断,如果条件不满足,则退出循环;如果条件满足,则继续执行循环中的语句。该过程的流程图如图 8-19 所示。

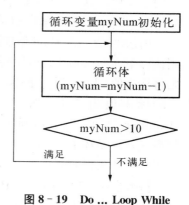

图 8-19　Do ... Loop While
循环流程图

Do ... Loop Until 循环实现代码如下:

```
Sub ChkLastUntil()
    counter = 0
    myNum = 20
    Do
        myNum = myNum - 1
        counter = counter + 1
    Loop Until myNum > 10
Debug.Print counter
End Sub
```

在过程 ChkLastUntil 中,先执行 Do Until 循环内的语句一次,然后判断条件"myNum >

10"是否成立,如果条件不成立,则继续执行循环内的语句,直到判断条件满足为止。该过程的流程图如图 8-20 所示。

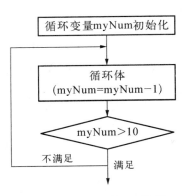

图 8-20 Do ... Loop Until 循环流程图

（3）多重循环

多重循环就是指在循环中还包括有循环,又叫多层循环或循环嵌套。多重循环的执行过程是:外层循环每执行一次,内层循环就要从头开始执行一轮循环。

以下代码实现多重循环,根据图 8-21 显示的结果,可以发现它与图 8-16 一致。

```
Public Sub test()
Dim Check, Counter
Check = True
Counter = 0      '设置变量初始值
Do      '外层循环。
    Do While Counter < 20      '内层循环
        Counter = Counter + 1      '计数器加一
        If Counter = 10 Then      '如果条件成立
            Check = False      '将标志值设成 False
            Exit Do      '退出内层循环
        End If
    Loop
Loop Until Check = False      '退出外层循环
Debug.Print Counter
End Sub
```

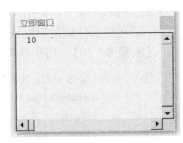

图 8-21 运行结果

上面的代码中,首先进入外层循环,由于外层循环是 Do Until 循环语句,首先执行一次内部的语句块,然后才判断 Until 后的外层循环条件是否成立,如果条件成立,则外层循环结束;如果 Until 后的外层循环条件不成立,则继续执行外层循环内部的语句块。

内层的 Do ... While 循环语句首先判断条件"Counter < 20"是否成立,如果条件为 True,则执行下面的语句块,即计数器 Counter 加一,然后判断计数器 Counter 是否等于10,如果是,则将标志值 Check 设成 False,然后执行 Exit Do 语句强制退出内层循环。而外层循环则在检查到标志值为 False 时,马上退出。如果内层的 Do ... While 循环语句的判断条件"Counter < 20"不成立,则不执行 Do ... While 循环语句下面的语句块,直接跳出内层循环。然后在外层循环中,由于标志值设成 True 的值没有被改变,则继续执行内层循环,直到退出外层循环的条件 Check = False 满足为止。

【例题 8-17】 用公式 Pi/4＝1－1/3＋1/5－1/7＋…来求 Pi 的近似值,直到某一项的绝对值小于 1e－6 为止。运行结果如图 8-22 所示。

```
Public Sub GetPI()
Dim Pi As Double
a = 1
Do
n = n + 1
```

图 8-22 求 Pi 的近似值

```
m = 2 * n − 1
s = s + a * 1 / m                    '计算 Pi/4
a = −a
Loop While Abs(1 / m) > 0.000 001    '当 1/m 的绝对值大于 1e−6 时继续执行循环体
Pi = s * 4
Debug.Print " Pi =" & Pi
End Sub
```

8.5 过程和函数

在面对一个复杂的问题时,人们往往需要先将这个问题进行分解。同理,在面对一个复杂的程序时,并不是在一开始就把精力投入到细节中去,而是需要知道相应程序的功能是什么,亦即首先要构建一个大的框架。而过程是构建框架的工具。在程序设计时,首先需要将完成的功能抽象为一个过程,然后确定每个过程的功能,再编写代码完成过程。

过程就是取了名字的一段程序代码,它是构成程序的一个模块,往往用来完成一个相对独立的功能。它不仅可以减少重复性的劳动,而且它更为重要的作用是对程序进行功能抽象,使程序更清晰、结构性更强。

VBA 中的过程按照功能可以分为通用过程和事件过程。通用过程又分为子程序过程(Sub 过程)和函数过程(Function 过程,又叫自定义函数)。事件过程就是在窗体中针对控件的操作,响应不同的外部事件时编写的代码,将在本书的第 9 章进行介绍。

8.5.1 Sub 过程

1. Sub 过程的定义

Sub 过程定义的语法:

```
[Private | Public | Friend] [Static] Sub 过程名 [(形式参列表)]
[局部变量和常量声明]
[语句块]
[Exit Sub]
[语句块]
End Sub
```

其中,Public、Private、Friend 和 Static 用来显式指定 Sub 过程的类型,默认是 Public。Public 定义全局级过程,表明该工作簿中所有模块中的所有其他过程都可以访问这个过程。Private 定义模块级过程,表明只有同一个模块中的其他过程才可以访问这个过程。Friend 表示该 Sub 过程在整个过程中都可以被访问,但对对象实例的控制者是不可以被访问的,不能被后期绑定。Static 表明过程结束时将保存过程的变量。Static 属性对在 Sub 外声明的变量不会产生影响。

每个过程都必须有一个名称,过程的命名规则与变量的命名规则相同,并且系统事件进程的名称不能作为一个通用进程名使用。理想情况下,过程的名称应该描述其内在进程的目标。

参数列表是指从调用过程传递给子进程的参数的数量和类型。常量和表达式都可以用作参数。允许一个进程有多个参数,参数用逗号","分隔。

特别需要注意的是,过程不能嵌套定义的,即不能在过程的语句块中出现另一个过程的定义。

Exit Sub 语句使执行立即从一个 Sub 过程中退出。程序接着从调用该 Sub 过程的语句下一条语句执行。End Sub 表示一个 Sub 过程的结束。Sub 与 End Sub 之间的语句构成过程体。当过程执行到 End Sub 时,系统将自动退出该过程体,返回到调用该过程语句的下一个语句。

参数列表的语法如下:

[ByVal | ByRef] 变量名[( )][As 数据类型]

其中,ByVal 表示该参数是按值传递的,因为通过值传递参数,该参数的值在过程中发生变化,影响范围仅在这个过程中,它不会影响传递给它的变量。ByRef 表示参数传递给过程按地址传递实际上是这个值的地址,而不是值本身,在这个过程中,改变参数会改变这个地址的值,这样在过程外面也可以看到这个值被改变了。当两者均没有明确写出时,默认为使用 ByRef。想进一步了解这个内容可以参阅相关的参考资料。

【例题 8-18】 定义一个过程在立即窗口输出从 0~20 内的所有数字。

```
Sub PrintNum()
Dim i As Integer
Dim n As Integer
n = 20
For i = 0 To n
Debug.Print i
If i = 10 Then
Exit Sub
End If
Next
End Sub
```

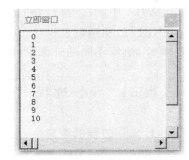

图 8-23 运行结果

在 $i = 10$ 时会退出该过程,因此只会输出 0~10 内的数字,运行结果如图 8-23 所示。

2. 创建 Sub 过程

创建 Sub 过程的步骤如下:

(1) 在工程资源管理器窗口,右键单击工程名,在"插入"功能上,单击"模块",如图 8-24 所示。

(2) 单击"模块"后,工程资源管理器窗口新增模块 1,单击该模块,在右侧代码区键入 Sub 或 Function、Property 关键字,后面写上过程名,如图 8-24 所示。

(3) 键入过程的代码(图 8-25)。

(4) 代码输入完毕后,按"回车"键,Visual Basic 会在过程的后面自动加上 End Sub 或 End Function、End Property 语句。

3. 执行 Sub 过程

(1) 通过"运行"|"运行子过程/用户窗体"命令(在 VBE 菜单中),按 F5 快捷键,或使用"标准"工具栏中的"运行子过程/用户窗体"按钮(假定鼠标指针在过程中)执行过程。

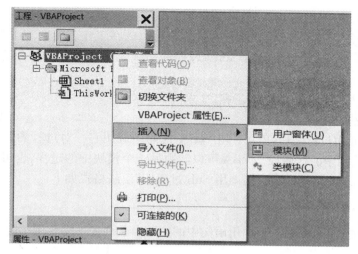

图 8‐24　插入模块

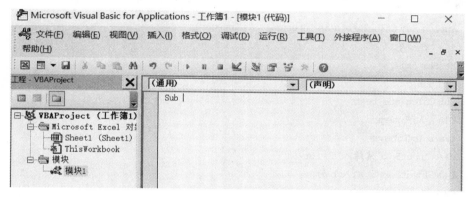

图 8‐25　键入代码

（2）从 Excel 的"宏"对话框执行过程。

（3）用 Ctrl＋快捷键组合执行过程。

给过程指定 Ctrl 快捷键或更改某个过程的快捷键的步骤如下：

先激活 Excel 并显示"宏"对话框；然后从"宏"对话框的列表中选择合适的过程；再单击"选项"按钮显示"宏选项"对话框，并在 Ctrl＋文本框中输入字符和说明信息；最后单击"确定"按钮关闭"宏选项"对话框，单击"取消"按钮关闭"宏"对话框。

（1）从功能区执行过程。

（2）从 Excel 2010 起，用户可直接在 Excel 中修改功能区，但不能使用 VBA 向功能区中添加控件。

（3）从自定义快捷菜单中执行过程。

（4）从另一个过程中执行过程。

可以采用下列三种方式从另一个 VBA 过程中调用此过程：

① 输入过程的名称和它的参数，参数用逗号隔开，不要将参数列表放在括号内；

② 在过程名称和它的参数前加关键字 Call，参数用括号括起来并用逗号隔开；

③ 使用 Application 对象的 Run 方法。

上述参数都不是必需的。

（1）通过单击对象执行过程。

（2）Excel 提供了各种各样的对象，这些对象可以放在工作表或图表工作表中，还可以把宏附加到这些对象上，这些对象包括 ActiveX 控件、表单控件和插入的对象。

（3）从"立即窗口"执行过程。

（4）在事件发生时执行过程。

4. Sub 过程的调用

定义了一个通用过程之后，就可以在 VBA 代码中调用它。对过程的一次调用就相当于执行一次 VBA 过程中的代码段。VBA 可以调用另一个模块中的过程，也可以调用另一个工作簿中的模块，可以使用过程名直接调用 Sub 过程，其语法格式如下：

<过程名>［<实际参数列表>］

如果被调用的过程有参数，则调用语句中的实际参数列表不需要用括号括起来。

通过参数传递的数据可能是变量、常量、表达式、数组或对象。

【例题 8-19】 设计一个被调用过程，实现两个数相减，并输出两个数的差。

```
Public Sub Calculate(x As Integer, y As Integer)
x = x - y
MsgBox(x)
End Sub
Sub Calculate_test()
Dim a As Integer
Dim b As Integer
a = InputBox("请输入 a 的值：")
b = InputBox("请输入 b 的值：")
Calculate a, b
End Sub
```

代码执行情况如图 8-26 所示。

图 8-26　求两数之差

5. 变量的作用域

在过程中编写代码的时候，首先要声明变量。变量可以使用的范围，就是变量的作用域。变量在声明的时候就已经决定了它的范围。因此，将所有的变量进行显示声明，就可以避免发生不同范围中变量之间的命名冲突的错误。

在 VBA 中，有以下三种不同级别的变量作用域：

（1）过程级别：在过程开始用 Dim 或 Static 语句声明的变量，只有在声明此变量的过程中可以使用，同一模块的其他过程不能使用。

（2）模块级别：在模块的首部用 Dim 或 Private 语句声明的变量和常数。模块级别变量可以是私有的,也可以是公有的。在程序中,公有变量对于所有模块中的所有过程是可用的;而私有变量只对该模块中的过程是可用的。

（3）程序级别：用 Public 语句声明,在整个 VBA 程序中都可以使用的变量。

6. 变量的生存周期

变量保存其值的时间称为生命周期。在整个生命周期中,变量的值可以被使用和修改,变量的值在生命周期结束后将不再保留。

当过程开始运行时,所有的变量都会被初始化。一个数值变量被初始化为 0,变长字符串被初始化为零长度字符串(""),而定长字符串会被填满 ASCII 字符码 0 所表示的字符或是 Chr(0)。Variant 变量会被初始化成 Empty。用户定义类型中的每个元素变量都会被当成个别变量来做初始化。如果变量的值在代码运行期间从未改变,则它将继续保留其初始值,直到其生命周期结束为止。

用 Dim 语句声明的过程级别的变量,其生存周期和作用域是相同的。用 Static 关键字声明的过程级别的变量,其生存周期是整个程序的作用域,即只要代码正在任何模块中运行,此变量就会保存在内存中。只有当所有的代码都完成运行后,变量生存周期才结束。如果在 Sub 或 Function 语句前加上 Static 关键字,则在此过程中所有过程级别的变量的值会在调用期间被保留。

【例题 8 - 20】 变量作用域示例。步骤如下：

① 进入 Excel 2016,在工作表 Sheet1 中单元格 A1、A2 中分别输入 40、120。

② 进入 VBA 开发环境,在"工程资源管理器"中,双击"Microsoft Excel 对象"下的"Sheet1"。在弹出的代码窗口中输入下面的代码：

```
'Option Explicit  '设置强制必须声明变量
Dim Data1 As Integer '声明模块级变量
Sub getdata()  '从单元格中提取数据的过程
    Dim Data2 As Integer Data2 '声明过程级别变量
    Data1 = Range("A1").Value '提取数据
    Data2 = Range("A2").Value
End Sub
Sub setdata()     '插入数据的过程
    Range("B1").Value = Data1
    Range("B2").Value = Data2
End Sub
```

③ 单击工具栏"执行"按钮,执行该过程,能够在该工作表 B1、B2 单元格看到与 A1、A2 单元格相同的数字,但是弹出如图 8 - 27 所示的错误提示框。

出现错误提示的原因在于,在插入数据过程 setdata 中使用了在提取数据过程 getdata 中声明的过程级变量 Data2,Data2 变量在过程 getdata 调用结束后,作用域已经结束。显然,本例应将 Data2 声明为模块级变量才可得到准确数据。如果将 Option Explicit 语句删掉,能运行成功而不报错,但是只有 B1 有数据,B2 将是空数据。

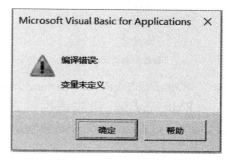

图 8 - 27 错误提示框

这是因为在数据插入过程中,自动声明了一个 Data2 变量,其值为空。如图 8-28 所示。

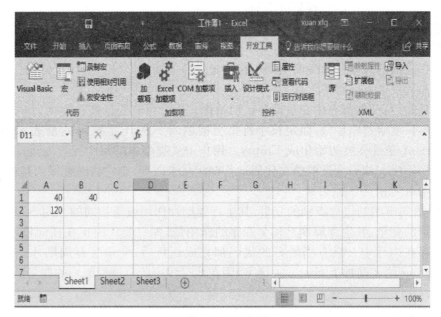

图 8-28　错误数据

8.5.2　用户自定义函数

VBA 中有大量内置函数,在本书第 6 章已经对内置函数的使用进行了详细的介绍。内置函数是 VBA 系统定义的函数,用户可以根据自己的需要,在程序中选择使用合适的内置函数。由于内置函数能够实现的功能是有限的,当用户想要简化工作或是实现一些其他特定功能,而内置函数又不能实现时,用户可以自己定义函数以达到自己的目的,即定义用户自定义函数。

1. 用户自定义函数的定义

用户自定义一个函数过程 Function 语句语法:

[Public | Private | Friend] [Static] Function 函数名 [(形式参数列表)] [As 数据类型]
[语句块]
[函数名 = 表达式]
[Exit Function]
[语句块]
[函数名 = 表达式]
End Function

其中,Public、Private、Friend、Static 与函数名的命名规则与 Sub 过程的要求相同。

Exit Function 语句使执行立即从一个 Function 过程中退出。程序接着从调用该 Function 过程的语句之后的语句执行。在 Function 过程的任何位置都可以有 Exit Function 语句。

(1) 关于函数的作用域,需要记住以下几点:

① 在没有声明函数作用域时，默认作用域为 Public。

② 声明为 As Private 的函数不会出现在 Excel 的"插入函数"对话框中。

③ 如果 VBA 代码需要调用另一个工作簿中定义的函数，可以设置对其他工作簿的引用，方法是 VBA 中的"工具"|"引用"命令。

④ 在加载项中定义函数时，不必建立引用。这样的函数可以用在所有工作簿中。

Function 过程与 Sub 过程的相似之处在于：Function 过程是一个可以获取参数，执行一系列语句，以及改变其参数值的独立过程；而 Function 过程与 Sub 过程不同之处在于：Sub 过程可被看成由用户或另一个过程执行的命令。而函数过程通常返回一个数值（或一个数组），当要使用该函数的返回值时，可以在表达式的右边使用 Function 过程，这与 Excel 的工作表函数和 VBA 内置函数一样。

与过程不同的是，VBA 函数是指执行计算并返回一个值的过程，其类型在定义时通过［As 数据类型］来定义。若要从函数返回值，只需要将值赋给函数名。此赋值可以发生在过程的任意位置。如果没有对函数名赋值，则过程将返回一个缺省值：数值函数返回 0，字符串函数返回一个零长度字符串（""），Variant 函数则返回 Empty。如果在返回对象引用的 Function 过程中没有将对象引用赋给 name（通过 Set），则函数返回 Nothing。

与 Sub 过程一样，可以在"代码窗口"直接创建 Function 过程。

（2）关于函数过程的参数，我们需要记住以下四点：

① 参数可以是变量、常量、字面量或表达式。

② 某些函数没有参数。

③ 某些函数必须有固定数量的参数。

④ 某些函数既有必需的参数，又有可选的参数。

可以将自定义函数存储在某个加载项文件中，这么做就可以在任意工作簿中使用这一函数。此外，还可以在不使用文件名限定符的时候使用该函数。

2. 用户自定义函数的调用

只能通过以下四种方式执行函数过程：

（1）从某个过程中调用函数过程。

（2）在工作表的公式中使用函数过程。

（3）在条件格式公式中调用函数过程。

（4）从 VBE 的"立即窗口"中调用函数过程。

用户自定义的 Function 过程的调用与 Sub 过程的调用相同，可以写上函数名直接调用。

【例题 8-21】 定义一个函数过程 Function，实现对学生成绩的判断：如果为 90～100，则返回 1；如果为 80～89，则返回 2；如果为 70～79，则返回 3；如果为 60～69，则返回 4；如果为 50～59，则返回 5；否则返回 0。

```
Sub Judge()
Dim num As Integer
Dim level As Integer
num = InputBox("请输入成绩")
level = test(num)  '调用函数 test，一个实际参数 num，返回值赋值给 level
MsgBox (level)
End Sub
```

```
Public Function test(a As Integer)    '定义函数 test,一个形参 a,数据类型是 Integer
Select Case a
Case 0 To 59
test = 5
Case 60 To 69
test = 4
Case 70 To 79
test = 3
Case 80 To 89
test = 2
Case 90 To 100
test = 1
Case Else
test = 0
End Select
End Function
```

运行结果如图 8‐29 所示。

图 8‐29　运行结果

3. 在工作表中调用用户自定义函数

当用户自定义一个函数后,就可以在工作表的单元格中,像使用内置函数一样使用自定义函数,不过必须确保 Excel 能够找到这个函数过程。当函数过程与工作簿不在同一个工作簿中,则可能必须提示 Excel 在哪里才能找到这个自定义函数。

【例题 8‐22】　定义一个函数过程 Function,函数名为:CD_ANALYSIS,函数的输入参数为 CD 的销量,根据以下规则,显示分析得到 CD 的销量评价,并返回:如果 CD 销量小于等于 10 000,则显示"滞销";如果 CD 销量在 10 000~50 000 之间,则显示"较好";如果 CD 销量在 50 000~200 000 之间,则显示"很好";如果 CD 销量大于 200 000,则显示"太棒了"。

代码如下:

```
Function CD_ANALYSIS(sales)    '定义函数过程 Function,函数名为:CD_ANALYSIS,输入参数为
sales,表示 CD 的销量
    Select Case sales
        Case Is <= 10000:
            CD_ANALYSIS = "滞销"
        Case Is <= 50000:
            CD_ANALYSIS = "较好"
        Case Is < 200000:
```

```
                CD_ANALYSIS = "很好"
        Case Is > = 200000
                CD_ANALYSIS = "太棒了"
        Case Else:
                CD_ANALYSIS = "无法判断"
    End Select
End Function
```

代码输入完毕后,在表 Sheet1 中 C2 调用测试函数 CD_ANALYSIS,如图 8 - 30 所示,得到函数的运行结果:太棒了。

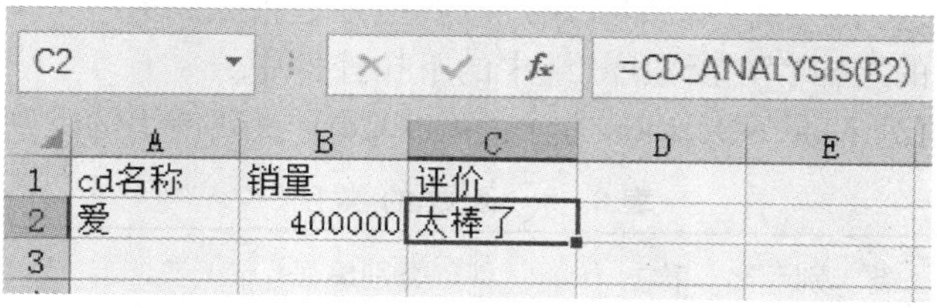

图 8 - 30　在工作表中调用用户自定义函数

8.5.3　扩展后的日期函数

Excel 用户不能处理 1900 年之前的日期。如果某个人的出生或死亡日期在 1900 年之前,就无法计算这个人的寿命。而 VBA 可以处理的日期范围是从 0100 年 1 月 1 日开始的。

这些函数包括:

(1) XDATE(y,m,d,fmt):返回给定年、月、日的日期。

(2) XDATEADD(xdate1,days,fmt):将一个日期增加指定的天数。

(3) XDATEDIF(xdate1,xdate2):返回两个日期之间相隔的天数。

(4) XDATEYEARDIF(xdate1,xdate2):返回两个日期之间相隔的年数。

(5) XDATEYEAR(xdate1):返回一个日期的年份。

(6) XDATEMONTH(xdate1):返回一个日期的月份。

(7) XDATEDAY(xdate1):返回一个日期的日子。

(8) XDATEDOW(xdate1):返回一个日期是一周中的哪一天。

8.5.4　使用"插入函数"对话框

Excel 的"插入函数"对话框是一个非常方便的工具。在创建工作表公式时,此工具允许用户从函数列表中选择一种特定的工作表函数。这种函数按照类型划分成不同的组,因此更容易找到某个特定函数。选择一个函数并单击"确定"按钮后,将显示"函数参数"对话框以帮助插入函数的参数。

"插入函数"对话框还显示出自定义工作表函数。默认情况下,自定义函数列在"用户定义"类别中。"函数参数"对话框显示输入函数的参数。

"插入函数"对话框允许通过关键字来搜索函数。但是,这种搜索特性不能用于定义在

VBA 中创建的自定义函数。

1. 使用 MacroOptions 方法

通过使用 Application 对象的 MacroOptions 方法，可以使函数看上去与内置函数一样。具体来说，使用该方法可以提供函数说明、函数类别和对函数参数的说明。

使用 MacroOptions 方法的另一个好处是允许 Excel 自动将函数的字母转换为大写。如创建一个 MyInformation 函数，输入表达式＝myinformation(a)，Excel 会自动将表达式改成＝MyInformation(a)。

2. 指定函数类别

如果没有使用 MacroOptions 方法指定另一个类别，自定义工作表函数将出现在"插入函数"对话框中的"用户定义"类别中。如果用户想要把函数指派到另一个类别中，这将使得自定义函数显示在功能区的"公式"|"函数库"组中的下拉控件中。

表 8-8 列出了可为 MacroOptions 方法的 Category 参数使用的类别编号。

表 8-8 函 数 的 类 别

类别编号	类 别 名 称	类别编号	类 别 名 称
0	全部(没有特别指定的类别)	10	命令
1	财务	11	自定义
2	日期与时间	12	宏控件
3	数学与三角函数	13	DDE/外部
4	统计	14	用户定义
5	查找与引用	15	工程
6	数据库	16	Cube
7	文本	17	兼容性
8	逻辑	18	Web
9	信息		

3. 手动添加函数说明

除了使用 MacroOptions 方法提供函数说明外，还可以使用"宏"对话框。

可按如下步骤为自定义函数提供说明：

(1) 在 VBE 中创建函数。

(2) 激活 Excel，确保包含这个函数的工作簿为活动工作簿。

(3) 选择"开发工具"|"代码"|"宏"命令(或按 Alt＋F8 快捷键)。

(4) 在"宏名"框中输入函数名称。

(5) 单击"选项"按钮以显示"宏选项"对话框。

(6) 在"说明"框中输入对函数的说明。

(7) 单击"确定"按钮，然后单击"取消"按钮。

在采取了上述步骤后，当选择这个函数时，"插入函数"对话框将显示出在第(6)步中输入的说明。

8.5.5 使用 Windows API

VBA 可从其他与 Excel 或 VBA 无关的文件中借用方法，如 Windows 和其他软件使用的

DLL(Dynamic Link Library,动态链接库)文件。所以可以使用 VBA 做 VBA 语言范畴之外的事。

Windows API 是编程人员可以使用的一套函数。当从 VBA 中调用某个 Windows 函数时,就是在访问 Windows API。Windows 编程人员可在 DLL 中获得很多 Windows 资源,DLL 存储了程序和函数,并将在运行时链接这些 DLL。

8.6 程序调试

在编程过程中,错误在所难免。程序调试是上机运行程序,找出错误的、不满意的地方进行修改,直到程序正确运行并满足用户的需要。程序代码编写完成后,还需要调试程序。程序调试实践性很强,需要在实践中不断总结经验,逐步提高程序调试能力。

8.6.1 VBA 中的错误类型

VBA 中的错误分为四类:语法错误、编译错误、运行错误和逻辑错误。

1. 语法错误

在输入错误时会引起语法错误。在关键字或标点符号拼写错误时,就会产生语法错误。当某个语句产生语法错误时,该语句就会显示为红色。常见的语法错误有:

(1) 输入的符号错误,如把代码中的英文符号输入成中文字符。

(2) 关键字输入错误,例如把"Integer"输入成"Interger"的拼写错误,把数字字符"1"输入成英文字符"l"。

(3) 在 With 语法结构中没有输入小数点。

(4) 在换行时没有输入空格符。

在出现语法错误时,虽然有错误提示,但并没有明确指示错误类型和原因。

2. 编译错误

当 VBA 在编译代码中遇到问题时,就会产生编译错误。常见的编译错误有:

(1) 当使用对象方法时,该对象不支持这个方法。

(2) 没有按照要求显示声明变量。

(3) For 循环中没有 Next 语句。

(4) If 结构中没有 Then 或 End If 语句。

3. 运行错误

当应用程序在运行期间执行了非法操作而发生的错误是运行错误,即运行错误只有在程序运行时才能被发现。常见的运行错误有:

(1) 除数为 0。

(2) 打开并不存在的文档。

4. 逻辑错误

当程序运行时没有得到预期的结果时,就说明程序中出现了逻辑错误。逻辑错误很难找到,它是由程序中的逻辑问题引起的。具有逻辑错误的程序可以运行,而且在程序运行时不会显示任何错误消息,因此很难确定错误的位置。

提示：语法错误是指在输入一行不能识别的 VBA 代码时发生的错误。而运行时错误是指在代码正在运行时发生的错误。例如，当一语句要进行非法操作时就会发生运行时错误。

8.6.2　程序工作模式

在 VBA 编辑环境中，有三种工作模式：设计模式、运行模式和中断模式。

1. 设计模式

设计模式是指工程中的过程代码不能被执行且来源于主应用程序或工程中的事件也不能被执行。用户可以使用运行宏或使用"立即窗口"来退出"设计模式"。设计模式下用户编写程序代码、创建用户界面、设置控件属性等。

2. 运行模式

运行模式是指代码处于运行阶段。在工具栏上单击"运行子过程和用户窗体"按钮，或按 F5 键，即可进入运行模式。此时，标题栏上显示"正在运行"。在此过程中，可以查看程序代码，但不可以进行编辑修改代码。

3. 中断模式

调试程序的时候，可以在程序中设置若干个断点，程序运行到断点处会中断程序的运行而进入中断模式状态。在中断模式下，用户可以利用 VBA 提供的各种测试手段检查或更改某些变量或表达式的值，或在断点处单步调试，一边发现错误，一边更正错误。

进入中断模式的方式：在代码窗口中把光标移到要设置断点的程序行，例如图 8-31 中test 过程中代码的第 2 行，单击"调试"调试菜单中的"切换断点"命令，或按 F9 键后，该行就会以红色高亮显示，如图 8-31 所示。

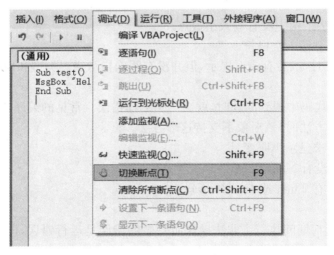

图 8-31　添加断点

当出现语法错误或运行时错误时，程序将处于中断模式。中断模式是指在开发环境中暂时中止程序的执行。在中断模式下，可以检查、调试、重置、单步执行或继续执行程序。在以下情况中可进入中断模式：

（1）在执行程序时遇到断点。

（2）在执行程序时按下 Ctrl+Break 组合键。

（3）在执行程序时遇到 Stop 语句或未捕获的运行时错误。

（4）添加一个 Break When True 监视表达式，当监视的值改变时将停止执行且值为 True；添加一个 Break When Changed 监视表达式，当监视的值改变时将停止执行。

下面给出一个进入中断模式的例子，在代码窗口中把光标移到要设置断点的程序行，即图 8-32 中 test 过程中代码的第 2 行，单击"调试"调试菜单中的"切换断点"命令，或按 F9 键后，该行就会以红色高亮显示，如图 8-32 所示。

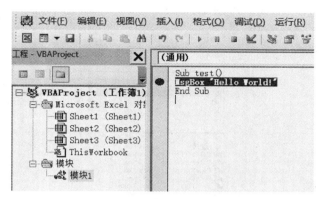

当程序运行中出现错误时，就会自动切换到中断模式。此时用户也可以检查和修改代码。当检查程序无误后，需要清除断点。可以直接单击边界标识条上中断标识的圆点或者单击"调试"菜单中的"清除所有断点"命令。

图 8-32　进入中断模式

8.6.3　VBA 帮助文件

在编程和调试过程中，可以用以下方法得到 VBA 帮助文件：启动 Excel，按 Alt + F11 键切换到 VBA 编辑器。选择菜单"插入"→"模块"，输入图 8-31 所示的 3 行代码后，在单词 MsgBox 内部单击，当光标位于单词 MsgBox 内部的情况下按 F1 键。Office 从 2013 版起，所有帮助文件全部改为在线帮助了，用户会看到如图 8-33 所示帮助。

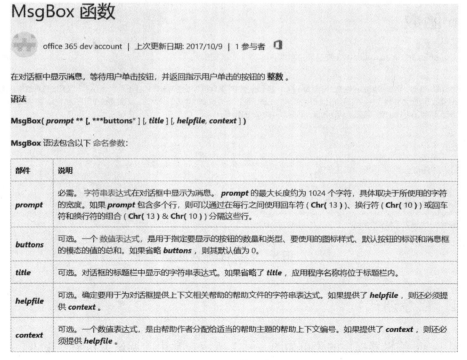

图 8-33　获取帮助

【例题 8 - 23】 查找 SIN 函数及其用法。

在对象浏览器窗口的对象库列表框中选择"VBA",在查找框中输入"SIN",然后按回车键。则在弹出的搜索列表中显示搜索到的信息,在成员信息窗口中,显示搜索到的成员的详细信息,如图 8 - 34 所示。如果要查看该成员的使用方法,在工具栏上单击"?"按钮,打开帮助网页,如图 8 - 35 所示。

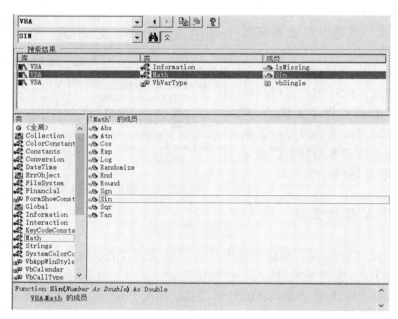

图 8 - 34 搜索结果

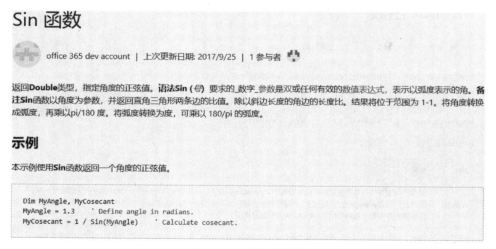

图 8 - 35 "帮助"网页

8.6.4 程序调试

Visual Basic 编辑器提供的菜单如图 8 - 31 所示。常用的调试方法有:逐语句、逐过程、运行到光标处、设置断点和跳出。此外,我们还可以采用添加监视、编辑监视等方法,通过立即窗口、本地窗口和监视窗口,在调试过程中对程序的变量进行查询。

1. 单步调试

单步调试程序的方法是把光标定位在一个过程的起始行,然后按 F8 键(或者单击图 8-31 中的"调试"→"逐语句"),这时在边界标识条上出现一个黄色的箭头,指向当前运行的程序代码行(这个代码行的背景也涂成黄色)。如果要继续执行,只要不断按 F8 键。在单步调试过程中,只要把光标放在某个变量上,就可以显示该变量的值。

2. 设置断点

单步调试是一个很长的过程,如果过程的某一部分已经调试好,确定没有错误,而你又大概了解程序可能出现错误的地方,那么你就可以采用设置断点的方法来调试。断点是告诉 VBA 挂起程序执行的一个标记,当程序执行到断点处即暂停程序的执行,进入中断模式。在代码中设置断点是常用的一种调试方法。在程序可能出现错误的代码行,单击 F9 键设置断点,然后单击 F5 键开始执行程序,当程序执行到设置断点的代码行,程序停止执行。你可以将光标移动到变量处,查看变量的值。

3. 逐过程

如果要调试的程序调用别的过程,而被调用过程已经经过了调试,确保能正确执行,那么在调试这个程序时,若使用"逐语句"去跟踪就会在调用时到被调用过程里去一句句地执行,这显然没有必要。这时最好的办法是采用"逐过程"跟踪,把被调用过程当作一条语句处理。单击图 8-31 中的"调试"→"逐过程"或按下 Shift+F8 组合键,就可以采用逐过程的方法来调试程序。当单步调试程序的时候,如果遇到过程调用,使用逐过程调试选项,可以不进入被调用的过程来单步调试该过程,而是直接从调用过程返回,再继续单步调试程序。

4. 跳出

当使用逐语句跟踪进入被调用过程后,如果从开始的几条语句就断定出该过程没有问题,可以执行"调试"→"跳出"命令。当单步调试到某一过程内部的某一代码行处时,单击图 8-31 中的"调试"→"跳出"或按下 Ctrl+Shift+F8 组合键,可以从该代码行开始,一下子执行完该过程内部剩余的全部代码,然后继续单步调试该过程的下一行代码。

5. 执行到光标处

在对程序进行跟踪时,总是要一条语句一条语句地执行,这样有时显得较烦琐。如果程序的某一部分已经调试好,确定没有错误,而你又大概了解程序可能出现错误的代码行的位置,你就可以把光标定位到该代码行,单击图 8-31 中的"调试"→"运行到光标处"或按下 Ctrl+F8 组合键,程序将直接运行到光标所在的、你想要暂停执行的位置,然后你可以选择按下 F8 键,继续单步调试程序。

6. 在单步调试代码时进行查询

(1) 使用立即窗口

在程序进入中断模式后,一般会自动弹出立即窗口,如果界面上没有显示出立即窗口,可以执行"视图"→"立即窗口"命令或按下 Ctrl+G 组合键来打开它,如图 8-36 所示。通过立即窗口,即可以监视当前过程中各变量或属性的值,还可以重新为变量或属性赋值。立即窗口主要用来帮助进行程序调试。用户在立即窗口输入的代码,可以被 VBA 立即执行。可以根据运行结果判断程序是否正确。但是立即窗口不能存储代码,所有用户必须将代码复制到代码窗口才可以保存下来。立即窗口主要作用如下:

① 如果要立即执行立即窗口的代码,在执行的语句前加上"?",按下回车键,即可看到结果。

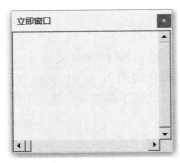  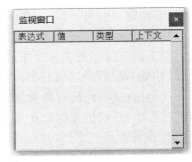

图 8 - 36　立即窗口、本地窗口和监视窗口

　　② 在开发过程中,在代码中加入 Debug.Print 语句,将在立即窗口输入内容,跟踪程序的执行路径和变量的中间结果。

　　③ 在调试程序时,程序处于中断模式,可在立即窗口中查看对象和变量的状态。

　　④ 在立即窗口使用 Print 语句,可以看到运行结果,比用 MsgBox 信息提示对话框更方便。

　　(2) 使用本地窗口和监视窗口

　　在 Visual Basic 编辑器窗口,单击"视图"→"本地窗口",可以打开本地窗口,单击"视图"→"监视窗口",可以打开监视窗口,如图 8 - 36 所示。本地窗口和监视窗口都可以用来帮助进行程序调试。本地窗口能够在中断模式下,显示当前模块和当前过程中所有变量和活动窗体的所有属性值。利用本地窗口不但可以查看当前过程中的所有变量取值,而且还可以查看该窗体及其上所有控件的属性取值。本地窗口可以以展开和折叠的视图方式显示变量值。可以单击"+"按钮展开或单击"-"按钮折叠本地窗口。

　　调试时,可以在监视窗口添加指定的变量,并在运行中监视它。很多情况下,程序的错误不是由单个语句产生的,而需要在整个过程运行中观察变量或表达式值的变化情况,从而确定出错原因。为了监视表达式或变量,必须设置监视表达式。设置后,这些表达式将显示在监视窗口。添加监视的方法如下:单击"调试"菜单中"添加监视"命令,打开"添加监视"对话框,在表达式文本框中输入添加的表达式,然后单击"确定",于是打开"监视窗口"。在单步调试程序时,在监视窗口中可以看到变量值及其变化。

　　立即窗口、本地窗口和监视窗口如图 8 - 36 所示。下面是一个程序调试的例子。

　　【例题 8 - 24】　使用代码窗口、立即窗口、本地窗口和监视窗口等方法帮助调试程序。步骤如下:

　　① 在 VBE 编辑器中双击"工程项目管理器"中的"Sheet1",右边则会出现 Sheet 1 的代码窗口。

　　② 在代码窗口中输入以下代码,如图 8 - 37 所示。

```
Sub proFirst()
Range("A1").Value = 13
Range("A2").Value = 250
Range("A3").Formula = " = A1 + A2"
Range("A1").Select
End Sub
```

　　③ 单击菜单栏中的"运行",选择"运行子过程/用户用窗体"。

　　④ 同时按下"Alt"和"F11"键,返回工作簿,最终效果如图 8 - 38 所示。

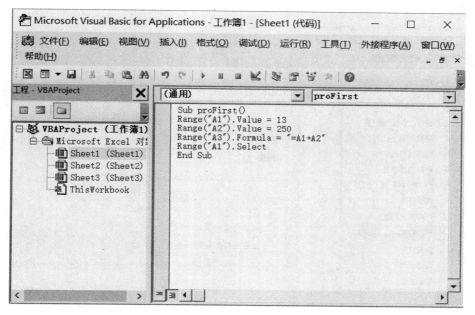

图 8-37　代码输入窗口

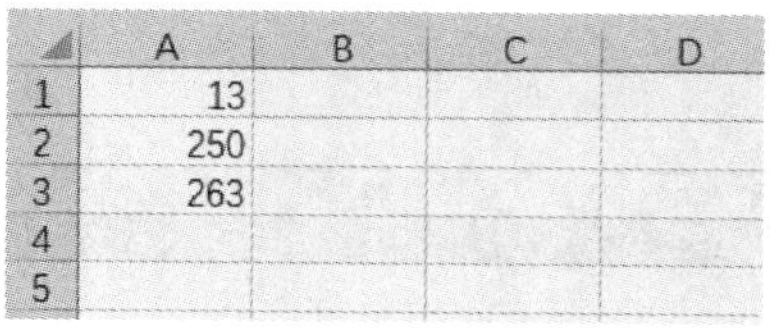

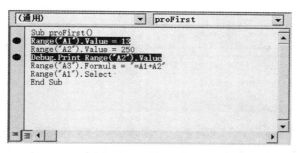

图 8-38　程序运行结果

⑤ 将工作簿中的 A1，A2，A3 的内容清除，在代码窗口，设置断点，如图 8-39 所示。

图 8-39　设置断点

⑥ 在代码窗口，单击鼠标右键，选择"添加监视"，打开添加监视对话框，为"A2"单元格的值添加监视，如图 8-40 所示。添加监视后，由于程序还没有执行，监视窗口显示的"A2"单元格的值和数据类型如图 8-41 所示。

⑦ 按 F8 键单步调试该过程，当程序执行到第 3 行时，本地窗口状态如图 8-42 所示。

⑧ 按 F8 键继续单步调试该过程，当程序执行到第 5 行时，立即窗口显示"A2"单元格的值，如图 8-43 所示。

⑨ 按 F8 键继续单步调试该过程，当程序执行到第 6 行时，监视窗口显示"A2"单元格的值，如图 8-44 所示。

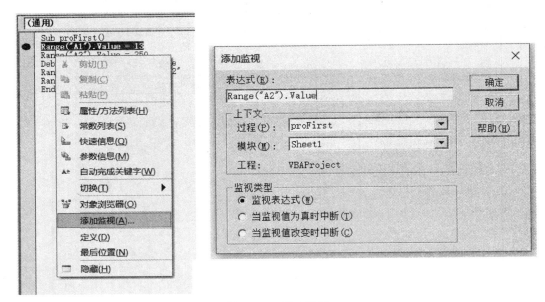

图 8-40 添加监视

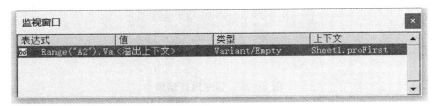

图 8-41 监视窗口状态

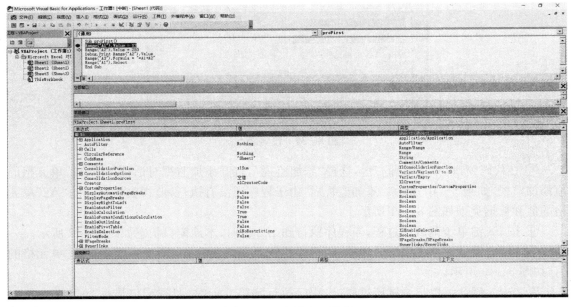

图 8-42 本地窗口状态

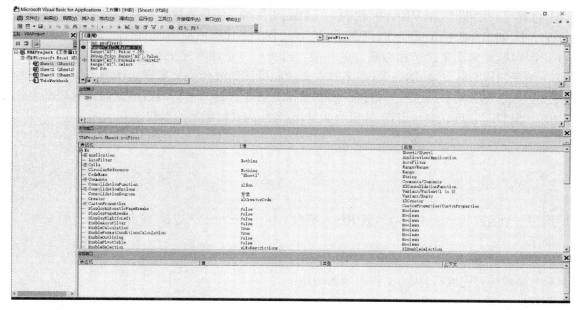

图 8-43　立即窗口状态

⑩ 按 F8 键继续单步调试该过程,直到程序执行完毕,程序执行效果如图 8-44 所示。

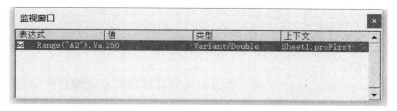

图 8-44　监视窗口状态

本 章 小 结

　　学习 VBA 编程需要了解 VBA 程序的语法和结构,包括常量、变量、基本数据类型等。在本章中,首先介绍了 VBA 的基本语法,并详细介绍了 VBA 的基本数据类型。通过学习这方面的知识,基本上可以了解 VBA 的一些简单程序例子,为进一步的研究打下基础。

　　在 VBA 中,表达式包括算术表达式、连接表达式、关系表达式和逻辑表达式。每种表达式对应一种运算符。本章主要讲解上述四种运算符和表达式。然后,介绍了各种运算符的优先级。

　　在程序中,如果要实现某个特定的功能,必须要有一个运行的流程,而流程控制是整个程序的经脉。本章介绍了 VBA 中常用的流程控制语句,包括顺序结构流程、分支结构流程和循环流程。在所有编程语言中,最基础的流程是顺序结构。顺序结构程序是从程序开始到结束的程序的操作,它按照语句的先后顺序执行,不会重复执行语句;主要有声明语句、赋值语句和输入、输出语句。分支结构的程序可以根据条件表达式的运算结果选择程序的不同分支来执行。根据程序分支的数目,分支结构可分为单分支选择结构、双分支选择结构和多分支选择结构。在循环结构中,程序可以根据程序是否满足指定的条件重复执行某个程序段。VBA 的循环结构可以分为基于条件的循环和指定次数的循环两类。

过程是一段操作,在 VBA 中,代表一段自定义代码。用户为这段代码取个名称。在后续的程序中,如果你想使用此操作,只需要书写该过程的名称即可调用该过程。过程是组成程序的一个模块,通常用来执行相对独立的功能。过程可以是使程序更清晰、更结构化。函数是 VBA 编程的核心部分,功能强大,程序的主要功能可以通过函数来实现。函数需要一些逗号分隔的参数,函数将根据这些参数执行某些操作之后才会返回值。函数的返回值可以在表达式中处处使用,它可以参与运算,赋值给变量,或者作为其他函数的参数。

程序调试是程序设计的基础工作。只有掌握程序调试的基本方法,才能写出正确的程序。

练　习

1. 编写一个函数 TriArea(a,b,c),其中输入参数 a,b,c 为三角形三边长,输出为三角形面积值。

要求:

(1) 如果三边无法构成三角形,面积值为 0;

(2) 函数编写完成后,作为工作表函数调用。

提示:

(1) 三角形面积公式

$$s = \frac{a+b+c}{2}$$

$$area = \sqrt{s(s-a)(s-b)(s-c)}$$

(2) 求平方根

Sqr(number)

2. 编写一个函数 SumColor,统计下面表单选中区域具有目标单元颜色的单元格的和。

3	9	1	6	7	3
8	2	9	4	2	1
2	3	8	8	3	5
2	5	7	0	6	3
7	4	6	4	6	8
7	6	1	8	6	2
8	4	4	4	8	4
2	7	2	7	9	3
2	6	9	9	7	2
7	4	8	0	9	8
1	5	7	1	4	3
0	8	4	9	7	4
8	3	2	3	4	8
0	2	5	2	1	1
8	7	7	5	6	0
8	6	0	9	6	3
7	3	4	8	0	9
9	2	3	3	4	7

提示：

SumColor(CellColor As Range，SumRange As Range)

CellColor：具有目标颜色的单元格地址；SumRange：要搜索的单元格的区域。

3. 使用 For … Next 语句创建一个字符串，其内容为由 0～9 的十个数字所组成的字符串，每个字符串之间用空格隔开。外层循环使用一个变量当作循环计数器，每循环一次，变量值减 1。

4. 设计一个 Function 过程，输入十个整数，统计出正数个数、负数个数和零的个数，并在工作表中进行验证。

5. 输入时间，使用 If … Then … Else 语句判别，在 6 点到 12 点输出"上午好"，12 点到 18 点输出"下午好"，其余时间输出"晚上好"。

6. 使用循环结构计算 N 的阶乘。

实　　验

1. 打开"第 8 章/实验 1.cls"：

（1）编写过程 1，实现以下功能：根据 D 列的工资，判断工资是否大于 3 500，如果是，在 E 列中输出"是"；如果不是，在 E 列中输出"不是"。

（2）编写过程 2，实现以下功能：如果当前激活单元格的值为零，则右移三个单元格，输出"zero"；如果当前激活单元格的值大于零，则右移三个单元格，输出"positive"；如果当前激活单元格的值小于零，则右移三个单元格，输出"negative"。

2. 对一个星期的七天进行判断，如果 1～5，则为工作日，6 和 7 为休息日，其他数值为非法数值。

3. 编写一个过程 Function，输入两个参数：performance 和 salary，根据以下规则计算奖金：

如果 performance＝1，则奖金＝salary ∗ 0.1；

如果 performance＝2，则奖金＝salary ∗ 0.09；

如果 performance＝3，则奖金＝salary ∗ 0.07；

否则，奖金＝0。

4. 计算折扣：定义一个过程 Displaydiscount，用 InputBox 函数输入"销售产品的数量"，在该过程内调用一个函数 getdiscount，函数 getdiscount 返回值就是折扣。在函数 getdiscount 内，根据传入的"卖出的产品的数量"，按照以下规则计算折扣：

如果 1≤销售产品的数量＜200，则折扣＝0.05；

如果 200≤销售产品的数量＜500，则折扣＝0.1；

如果 500≤销售产品的数量＜1 000，则折扣＝0.15；

如果销售产品的数量≥1 000，则折扣＝0.2；

并将该函数计算的折扣返回过程 Displaydiscount。

5. 利用 VBA 编程制作一个简单的日历。

6. 学生成绩分为 A、B、C、D、E 五等，具体的区间段分布为：

A：90～100；B：75～89；C：60～74；D：50～60；E：0～49。

请用 IF 语句和 Select 语句实现，假设 A1 单元格输入了学生的成绩，B1 输出他的等级。

7. 设计一个 Function 过程，根据年份和月份判断这个月有几天，在工作表中进行验证。

第 9 章
VBA 用户界面设计

　　不可否认，VBA 是一个强大的工具，通过前面学习到的宏和自定义函数，可以使得我们处理那些重复性的工作变得无比便利。我们可以利用宏和自定义函数来完成很多自动化的功能，提高自己的工作效率，当然也可以将它们存储在文件中分发给其他 Excel 用户，使得他们也可以利用这些工作成果。但是到现在为止，我们编写的宏和自定义函数在输入输出方面还略显简陋，使用的时候也需要记住一些特别的快捷键和特定的使用方法，并且由于主要的输入和输出都是使用工作表里面的单元格来完成的，使用者需要知道我们设定的这些单元格在哪里。而且还要学会怎么看结果，使得我们写的宏和自定义函数仅限于在那些学习过 Excel 宏技术的 Excel 高手之间共享，更多的初级用户就无法容易地享受我们编写的程序所带来的便利了。

　　如果我们可以像普通的 Windows 应用程序那样，提供图文并茂的高质量用户界面，使得那些初级用户依靠他们使用 Windows 的一般经验，就可以方便地使用我们编写的宏和自定义

图 9-1　图文并茂的用户窗体

函数,并且将最终运行结果以漂亮的方式显示给他们。Excel 内置的 VBA 提供了用户窗体 (UserForm)以及相关的控件,帮助我们实现以上目的。使用好用户窗体和控件,将是我们学习 VBA 用户界面设计的主要内容。

在这一章里,我们将结合几个简单的例子,来介绍用户窗体、控件的作用和属性,以及如何为用户窗体及控件事件编写程序。已经掌握了第 8 章 VBA 宏编写的基本知识,需要创建交互式 VBA 程序的读者适合学习本章内容。

9.1　用户窗体的基本操作

9.1.1　用户窗体的创建

前面的章节我们已经学会了如何进入 Excel 的 Visual Basic 开发界面。现在,我们只需要选择菜单上的"插入",然后选择"用户窗体",Excel 就会帮我们创建好一个新的用户窗体。

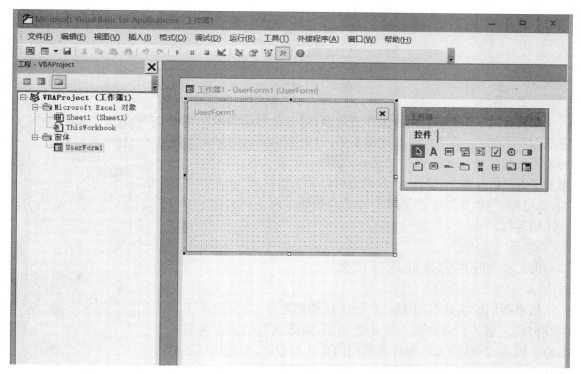

图 9–2　创建用户窗体

这个用户窗体的默认名称是 UserForm1,也就是第一个 UserForm 的意思,如果我们继续插入新的用户窗体,默认名称将依次为 UserForm2,UserForm3,…以此类推。UserForm1 被放置在工作簿的窗体目录下。在创建 UserForm1 的通知时,Excel 还打开了一个工具箱窗口,上面放置了名为"控件"的图标,其中放置了一些常用的控件。当前默认选中的控件是"箭头",它其实不是任何控件,而是告诉我们当前在一种选择控件的状态下。在这种状态下,我们可以通过点击任何一个控件来选中它。

9.1.2　用户窗体的运行和终止

在我们插入一个用户窗体的时候，其实 Excel 已经帮我们做了很多事情，如为 UserForm1 这个用户窗体内置了一些和操作系统相联系的默认动作，使得它可以被显示和关闭。因此，实际上这个用户窗体本身已经可以运行了，只不过由于我们没有为它添加控件，因而它默认情况下只能够产生一个空荡荡的窗口。运行我们第一个 UserForm 的方法也很简单，只需点击图标上的绿色三角或者按下快捷键 F5 即可，运行效果如图 9 - 3 所示。

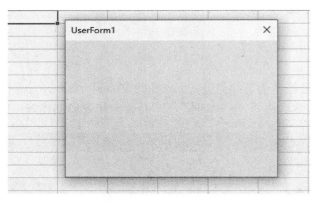

图 9 - 3　运行用户窗体

我们看到 Excel 切换到了工作表界面，同时显示了我们刚才创建的 UserForm1，虽然它什么也做不了，但是至少可以通过右上角的关闭按钮来终止这个窗口的运行，这和一个普通的 Windows 应用程序窗口的反应是相同的。我们也可以手工切换到 VBA 开发界面，通过那个叫"重新设置"的黑色小方块按钮来终止我们这个用户窗体的运行。

9.1.3　用户窗体的属性设置

如果我们的窗体都叫 UserForm1 这样的名字，相信过不了多久我们就忘记了它究竟是个做什么的了，因此我们必须改变它的名称。同样，默认的大小也许和我们的设计不相符，默认的标题栏当然必须提示窗体的主题，这是我们必须首先更改的几个窗体属性。

在默认状态下，属性窗口应该在 VBA 开发环境的右下角，如果它没有出现，我们也可以在点选我们要改变属性的窗体后，按快捷键 F4 来显示属性窗口，如图 9 - 4 所示。

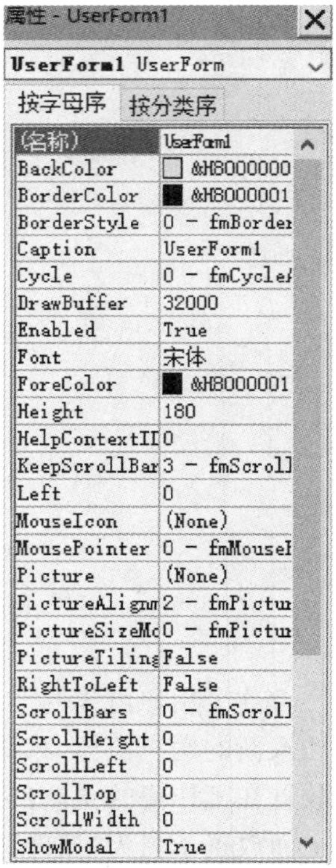

我们可以看到，属性窗口主要分为两列，左边一列是属性的名称，右边一列是该属性的值。值可能是数值型的，也可能是文本、字体、甚至图片地址等。任何两个用户窗体，它们的属性数量和种类

图 9 - 4　用户窗体的属性窗口

是完全一样的,体现用户窗体不同的就是它们不同的属性值。通过改变这些属性的值,我们就可以定制自己想要的用户窗体。

根据刚才提到的几个属性,我们需要更改 UserForm1 的名称、Caption 和涉及窗口大小和位置的 Left、Height、Top、Width 等属性的值。更改名称和 Caption 的方法,可以直接在相应的属性值单元格中输入我们需要的值。而涉及窗口大小属性,不仅可以通过输入数值的方法,也可以通过鼠标直接拖动窗体边界的方法来达到目的。

9.1.4 开始一个简单的程序

为了初步演示一个用户窗体能够做些什么,我们通过一个简单的程序来继续用户窗体的设计学习。创建这个简单程序的目的是取出工作表 A1 单元格的数值,和我们在窗体中输入的数值相比较,并且向用户显示比较的结果。我们可以把这个程序称为"比较",因此要把用户窗体的 Caption 属性值改为"比较",并将其名 Name 属性改为"CompareForm"。为了在这个用户窗体上放下更多的控件,还可以通过鼠标拖动将它的尺寸变大一些。

9.1.5 在用户窗体上放置控件

分析程序需求,我们发现需要一个让用户输入数值的控件,一般使用文字框(TextBox)控件来完成这一任务。同时在用户输入了一个数值以后,还需要点击某个按钮通知计算机开始进行比较,一般使用命令按钮(CommandButton)控件来完成这一任务。接着,还需要一个控件来向用户显示我们比较的结果,一般使用标签(Label)控件来做。这些控件在工具箱的位置分别如图 9-5 所示。

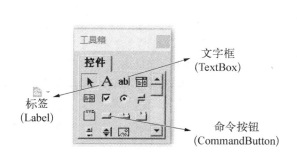

图 9-5 所用控件位置

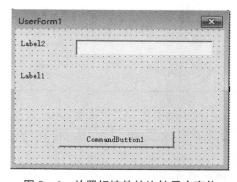

图 9-6 放置好控件的比较用户窗体

可以使用鼠标拖拽的方法,将控件从工具箱拖到窗体中的合适位置,并通过使用鼠标拖动它们边界的方法,来改变控件的大小。将上面提到的几个控件拖过来以后,可以发现文字框是没有提示的,这样用户怎么能知道这个文字框中到底要输入一些什么呢?因此我们需要另外一个标签,放置在文字框的前面,以提示用户应该做些什么。调整完放置位置后如图 9-6 所示。

除了我们用到的标签、文字框和按钮控件之外,工具箱还提供了很多其他常用的控件。它们的名称和功能如表 9-1 所示。

控 件 名 称	图 标	功 能
选定对象		允许用户点选和拖拽其他对象
标 签	A	显示文本信息
文 字 框	abl	使用户可以输入文本
复 合 框		输入或从一个下拉列表中选择
列 表 框		从一个列表中选择
复 选 框		提供是/否选择,可以选中多个
选 项 按 钮		提供是/否选择
切 换 按 钮		成组情况下只能选中一个
框 架		能包含其他控件的容器
命 令 按 钮		可单击的按钮
选 项 卡		能包含其他控件的容器
多 页		能包含其他控件的容器
滚 动 条		可以通过拖动或者点击箭头来指定一个数值
旋 转 按 钮		可以通过点击箭头来指定一个数值
图 像		包含一幅图像
引 用 编 辑		从工作表中选择一个区域

9.1.6 改变控件的属性

现在放在用户窗体上的控件显示的都还是缺省的文字,这不符合我们的要求。因此通过选中每一个控件,在属性窗口中分别更改它们的属性值来使窗口更加符合我们的要求。

用于输入的文本框,将 Name 改为"InputNum"。

用于提示的 Label2,改变其 Caption 为"请输入一个数值: ",Name 为"InputNumTip"。

用于显示结果的 Label1,改变其 Name 为"DisResult";点击 Font 属性后面的小按钮,通过对话框将其 Font 属性改变为宋体、粗体、小四。将其文本对齐的方式(TextAlign)由 1 改为 2,即由左对齐变为居中。由于用户窗体刚开始出现时,一定还没有开始进行过比较,因此将 Label2 的 Caption 改为"还未进行比较。"

用于开始比较的 CommandButton1,将其 Caption 值改为"比较",Name 的值改为

"Compare"。

设置好这些基本属性后，根据 Caption 改变后的要求，调整各控件的大小和位置，使其更加美观，结果如图 9-7 所示。

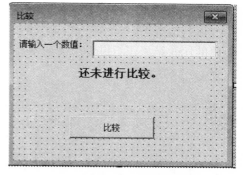

图 9-7　最终设计的比较用户窗体

9.1.7　为控件实现功能

运行现在这个窗口，我们可以看到控件都似乎能够正常的工作了，例如可以在文字框里面输入一些数字，也可以点击比较按钮。只不过点击按钮以后 Label2 没有改变，这是因为我们还没有为它设计程序。现在要做的就是为点击比较按钮写一个宏，使得它可以完成既定的任务。

在 VBA 开发环境下，双击用户窗体上的比较按钮，会进入宏编辑界面。我们会发现，Excel 已经帮我们写好了这个宏的外壳：

```
Private Sub Compare_Click()


End Sub
```

让我们来看看这个外壳所携带的信息，这个宏是一个私有（Private）宏，说明它是专属于这个用户窗体的，在这个用户窗体以外无法使用。同时 Compare_Click 这个宏名说明这个宏是在 Compare 这个控件的 Click 事件发生的时候被执行的。我们可以在宏编辑窗口的左上选择控件，右上选择事件，即可自动生成不同的宏外壳，写在这些宏外壳里面的内容就会自动在不同控件发生不同事件的时候自动执行了。

我们在刚才的宏外壳里面写上实现功能的代码，使它变成这样：

```
Private Sub Compare_Click()


Dim num1, num2 As Integer      //'定义两个整型变量作为中间变量
num1 = Cells(1, 1).Text     'num1     //取 A1 单元格的数值
num2 = InputNum.Text     'num2     //取文本框的数值


If num1 = num2 Then
DisResult.Caption = "A1 单元格数值和输入数值一样大！"
Else
    If num1 > num2 Then
DisResult.Caption = "A1 格的数值较大！"
    Else
DisResult.Caption = "输入的数值较大！"
    End If
End If


End Sub
```

然后我们再运行这个用户窗体,就能实现起初想要实现的功能了。在 A1 单元格已有一个数值的情况下,在文字框中输入另外一个数值,点击比较按钮,就能在用户窗体中看到两个数值的比较结果了,如图 9-8 所示。

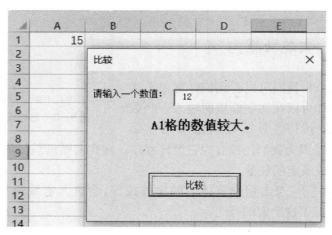

图 9-8　运行结果

9.1.8　显示用户窗体

用户窗体虽然做好了,但是一个新的问题出现了,如何让初级用户也能方便地显示它呢?可不能指望每个 Excel 用户都知道怎么进入 VBA 环境。Excel 为每个用户窗体提供了一个 Show 方法来显示它。所谓方法,是指对象所属的类能够执行的操作。例如在现实世界中,"汽车"这个类可以有"启动"的方法,所以每个特定的汽车对象都能够执行"启动"这个操作。在我们的例子里,使对象执行方法的语法是对象名后面带一个点,然后接这个对象所支持的方法。因此,显示用户窗体 UserForm1 只需一句代码:

```
UserForm1.Show
```

刚才做好的 UserForm1 即会显示出来,就好像在 VBA 环境中按下 F5 或者绿色小三角一样。

9.1.9　使用工作表控件显示用户窗体

已经知道可以使用 Show 方法来显示用户窗体,但是如何让用户运行这句代码呢?这时候我们就需要使用工作表控件,即直接将控件放置在工作表上,这样,即使是初级用户,也能够很方便地运行显示用户窗体了。

【例题 9-1】　通过在开发工具页上选择"插入",然后点击"插入",在表单控件栏选择左上角第一个 CommandButton 控件,再点击工作表的相关位置,即可在工作表上直接放置一个 CommandButton(如图 9-9 所示)。

插入的这个 CommandButton,缺省显示为按钮 1。可以通过鼠标右键单击这个按钮,然后选择编辑文字,来改变它显示的内容。如图 9-10 所示。

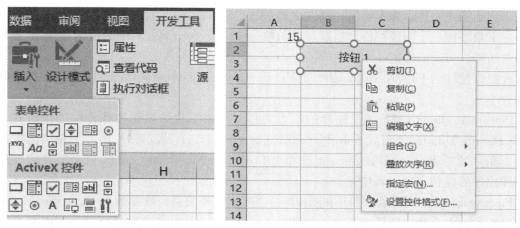

图 9-9　在工作表上插入控件　　　图 9-10　改变按钮 1 的显示文字

将按钮 1 的文字改为"比较一下",然后点击开发工具页上的"查看代码",即可以看到按钮 1 的 Click 事件宏,对它进行编辑,使之变成:

```
Sub 按钮 1_Click()
CompareForm.Show
End Sub
```

然后回到工作表界面,点击这个按钮,就可以显示我们刚才设计的用户窗体了。

9.1.10　用户窗体的隐藏、调入和卸载

既然可以使用 UserForm1.Show 来显示我们制作好的窗口,VBA 也提供了一个 UserForm1.Hide 方法使其隐藏起来。可以在合适的情况下,使用这一代码使得用户界面看起来更加清爽干净。

VBA 还提供了两个方法,Load 和 Unload 来向内存中调入和从内存中卸载一个对象,也包括用户窗体对象。值得注意的是,如果我们使用 Show 方法的时候,这个用户窗体还没有载入内存的话,VBA 会自动将其载入。但是如果只是使用 Hide 方法将窗口隐藏,用户窗体实际上还在后台运行,只是不显示出来而已,这样当我们使用 Show 方法将其显示的时候,用户窗体并不会初始化,而是保持上次隐藏之前的状态。因此如果我们需要下次使用用户窗体恢复初始化状态,就应当使用 Unload(UserForm1)来将其卸载,这样下次再 Show 的时候,用户窗体会自然地随着 Load 的过程而执行初始化。

例如,在前面的比较用户窗体,当它被第一次调入的时候,文本框控件里面是没有内容的,如果用户输入了内容,文本框里面会显示用户输入的数字。如果我们对用户窗体先用 Hide,然后再 Show,用户输入的数字不会消失。但是如果先用 Unload,然后再 Show,那么用户输入的内容就消失了。

9.1.11　用户窗体的美化

我们设计的用户窗体已经正确地执行了它的小任务。现在我们为它添加一幅图片,使它

看起来更加美观一些。为了给图片腾出位置，我们将比较按钮向右边拖动一些，然后在用户窗体的左下角添加一个图像控件。通过点击图像控件的 Picture 属性后面的按钮，会弹出加载图片的对话框。当我们选定一个合适的图片，并点击打开时，该图片就会出现在图像控件中。通过修改图像控件的 PictureAlignment 属性和 PictureSizeMode，来调整图片在图像控件中的位置和大小。

PictureAlignment 属性表示图片的哪个角与使用该图片的图像控件相应的角对齐。例如，将 PictureAlignment 设置为 fmPictureAlignmentTopLeft，表示图片的左上角与图像控件的左上角一致。将 PictureAlignment 设置为 fmPictureAlignmentCenter，则把图片放在相对于图像控件的高和宽的中间位置。

PictureSizeMode 属性表示图片和图像控件之间的大小关系。设置为 fmPictureSizeModeClip 表示以原始的大小和比例显示图片。如果窗体或页面比图片小，该设置将只显示图片在窗体或页面内的那部分。设置为 fmPictureSizeModeStretch 和 fmPictureSizeModeZoom 则放大图像，但 fmPictureSizeModeStretch 引起高/宽比例的变化，直到充满图像控件的边界。而 fmPictureSizeModeZoom 放大图片，直至图片到达容器或控件垂直或水平边界为止；如果图片先到达水平边界，则到垂直边界的剩余距离保持空白；如果图片先到达垂直边界，则到水平边界的剩余距离保持空白。

然后通过修改图像控件的 BorderColor 属性，将其设为"按钮表面"，去掉图像控件原有的边框，形成如图 9-11 的效果。当然，用户可以从网络上选择更加切题的图片或者创建自己的图片来进一步使得用户窗体更加美观。

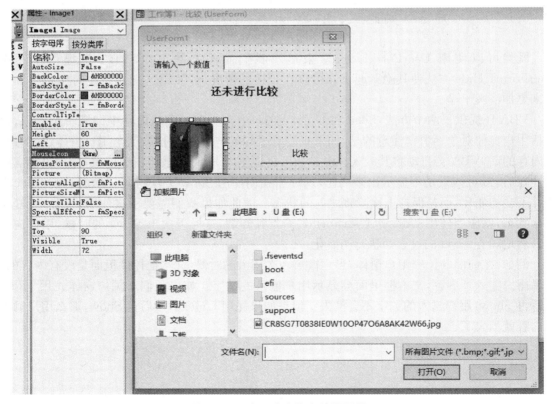

图 9-11 在用户窗体上放置图片

9.1.12 创建用户窗体的更多知识

通过上面的努力，我们在工作表窗口点击"比较一下"这个按钮，就可以开始运行这个用户窗体了，它可以正确地满足我们的需求，执行情况如图9-12所示。

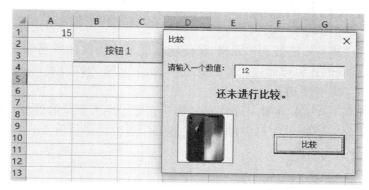

图 9 - 12   比较数字程序的用户窗体执行情况

通过这个例子，大家一定可以看出，通过在用户窗体上放置控件的方法，我们可以复制出在 Windows 应用程序里面看到的大部分对话窗口的外观，使用 VBA 为 Excel 编写出符合 Windows 操作习惯的应用程序，这对我们理解 Windows 应用程序的运行和制作出能受到广泛欢迎的 Excel 程序很有帮助。

通过使用帮助系统和其中的范例，我们可以更好地了解每一个控件的具体使用方法和特性。虽然控件之间的功能有所重叠使得它们之间往往可以互相替代，例如使用列表框能完成的输入文字的任务，让用户使用文字框也能做到，但是在不同的场合使用什么样的控件，需要程序编写者丰富的经验和认真的思考才能做出最合理的选择。当我们举棋不定的时候，可以参考那些成熟的 Windows 软件，看看它们在类似的情况下做出了什么选择，使用了什么控件，再思考一下这种选择背后的理由，也是一种很好的学习途径。

例如同样是让用户输入一些文本和数字，一般的选择是使用文本框控件。但如果这种文本或数字仅限于在几个或几十个选择之中选择一个，比如让用户在中国的省份、直辖市和自治区中选择一个，那么就可以使用列表框控件。当然，如果供用户选择的项数非常少，比如性别，只能选择男或者女，那么更适于使用选择按钮控件。而如果常常输入的只有几个选项，但是允许用户输入其他内容，例如使用无线上网的地点，我们可以预先给用户列出家里、办公室、公园、机场、咖啡厅等几个选项供用户选择，而用户也可以输入餐厅或者火车站等其他选项，那么这时可以使用复合框控件。而如果需要限制用户在一个范围内输入数字，我们可以使用旋转按钮，如果想要使用户可以在大范围内快速调节数字大小，则可以选择滚动条控件。

控件都有一些特定的缺省含义，例如，通常命令按钮控件代表着用户点击以后会启动一系列动作；而框架、选项卡和多页控件的使用，代表着放于其上的多个控件需要分类协同工作。

9.2   在工作表上使用控件

在前面一个例子中，为了方便弹出用户窗体，我们在工作表界面上直接放置了一个按钮

"比较一下"，这使得启动整个用户窗体的方法变得比较直观。当然，总有些人喜欢更加直接的方法，当任务比较简单的时候，他们倾向于直接在工作表上使用控件，而不是另外弹出一个用户窗体，然后再将控件都放在用户窗体上。Excel 很好地支持了这个想法，那就是在工作表上直接使用控件。

9.2.1 工作表控件的优点

工作表上的控件还可以链接到单元格，使得现在能够使用鼠标来完成输入单元格数值的任务。更进一步地，我们还可以通过控件的设定，限制单元格的数值上下限以及步长，这样就给用户输入带来了很大的便利。

添加一个控件到工作表比创建一个用户窗体让它显示出来要简单得多。控件链接到单元格也不需要使用任何宏的知识即可完成。这就是工作表控件尽管种类比用户窗体中的控件少，但还是得到广泛使用的原因。

9.2.2 工作表控件的使用

我们使用另一个例子来演示工作表控件的使用。

【例题 9-2】 在世博门票这个例子中，服务于世博会的 A 旅游公司需要制作一个表格，根据报名参观世博会的游客的数量，计算优惠额度和总收费。A 旅游公司的成人票为每张 160 元，老人票为每张 90 元，每位成人或老人可以携带最多一名免票儿童。根据成人和老人数量，达到一定团队规模后给予一定的优惠。具体优惠折扣率如表 9-2 所示。

表 9-2　团队优惠折扣率

团队规模（成人＋老人）/人	折扣率/％
＜10	2.5
≥10,＜30	5
≥30	8

我们可以先制作一个表格，来列出计算中所需要用到的各种变量，然后在下面列出需要计算的结果，对于成年人、老人和免票儿童的数量，我们通过三个合适的工作表控件来进行更改，最后还需要一个按钮来命令 Excel 帮我们进行计算。

9.2.3 添加工作表控件

先制作表格如图 9-13 所示，做好添加工作表控件的准备。要添加工作表控件，只需要在开发工具页面上，点击插入，再在表单控件中选择一个所需的控件即可。刚添加的控件无需过分追求位置和大小，可以等所需控件都添加好以后，再逐步调整至合适的位置和大小。

我们可以先放置三个"滚动条（窗体控件）"，随后放

世博门票团体订单		
门票种类	门票单价	数量
成年人	160	37
老人	90	16
免票儿童	0	37
折扣率		
总票价		
优惠金额		
实付总价		

图 9-13　世博门票团体订单表格

置一个"按钮（窗体控件）"，然后分别调整其大小和位置到类似图 9－14 的样子。

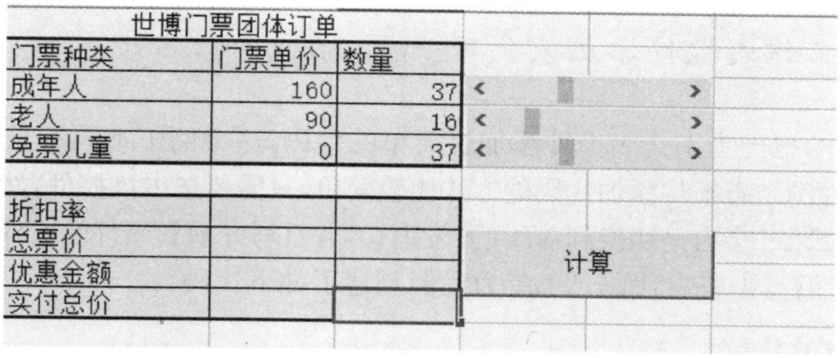

图 9－14　世博门票团体订票的工作表控件界面

根据在本章前面例子里面学到的方法，可以很容易地把按钮表面文字改为"计算"。我们会发现，当插入工作表控件的时候，Excel 将进入设计模式，在这种模式下，可以选中控件以调整它们的位置、大小和其他属性，并且也可以为它们编写代码。当 Excel 处于设计模式的时候，控件无法正常对点击等事件做出反应。可以通过点击开发工具页面上的"设计模式"来退出设计模式。在调试控件的时候，同样可以点击它在设计模式和非设计模式之间进行切换。

9.2.4　调整控件属性

和用户窗体中使用控件一样，可以通过属性表格来改变工作表控件的属性。在设计模式下选中一个控件以后，可以通过点击开发工具页面的"属性"按钮，来打开控件的属性窗口。这个属性窗口同样分为两列，左边是属性名称，右边是属性的值。如果需要改变某个属性，只需要用鼠标选择并进行修改。其中一些属性，如字体，提供了一个方形按钮，点击它可以弹出一个对话框来进行更加深入的设置。还有一些属性提供了一个下拉框，可以方便地在预先设置的几个值中选择一个。

除了大小、位置、颜色等这样的常规属性以外，工作表控件最激动人心的好处是可以和某个单元格链接起来。右键单击最上面的一个"滚动条（窗体控件）"，然后左键单击开发工具页面上的属性，再选择"控制"图标页，会发现几个不同寻常的属性。它们分别是当前值、最小值、最大值、步长、页步长和单元格链接。

在"最小值"和"最大值"框中，输入用户在将滚动框置于距垂直滚动条顶端或水平滚动条左端和右端最近的位置时，可以指定的最小值和最大值。

在"步长"框中，输入值增加或减小的幅度，以及单击滚动条任意一端的箭头时使滚动框产生的移动程度。

在"页步长"框中，输入值增加或减小的幅度，以及在单击滚动框与任一滚动箭头之间的区域时使滚动框产生的移动程度。例如，在最小值为 0、最大值为 100 的滚动框中，如果将"页步长"属性设置为 10，则在单击滚动框与任一滚动箭头之间的区域时，值将以 10 作为递增或递减的幅度。

在"单元格链接"框中，可以输入包含滚动条当前位置的单元格引用。通过这种方式，将三个滚动条分别和成人数量、老人数量和免票儿童数量链接起来。同时，分别将三个滚动条的最小值设为 1，最大值设为 100，步长设为 1，页步长设为 10。

退出设计模式，现在点击或者拖动滚动条，就可以在最小值和最大值之间，快速而准确地设定成年人、老人和免票儿童的数量了。

9.2.5 为工作表控件添加宏代码

在上个例子中,已经为工作表控件添加过简单的代码,这个例子不同的只是代码的复杂程度。为工作表控件的缺省事件添加代码的方法比较简单,只需要选中该控件,然后再点击开发工具中的查看代码,Excel 会自动切换到 VBA 开发窗口,并且写好缺省事件的宏外壳。

选中按钮,然后点击查看代码,VBA 为我们创建了如下代码:

```
Sub 按钮 1_单击()


End Sub
```

我们只需要在 Sub 和 End Sub 之间写一段程序来进行计算,并填入相关的单元格即可。根据前面的世博门票订单表格,可以编写如下代码进行计算。

```
Sub 按钮 1_单击()
Dim adt_num, old_num, kid_num As Integer
Dim discount As Double


adt_num = Cells(3, 3).Text
old_num = Cells(4, 3).Text
kid_num = Cells(5, 3).Text


If kid_num>adt_num + old_num Then
MsgBox ("免票儿童数量过多!")
    Exit Sub
End If


If adt_num + old_num< 10 Then
discount = 0.025
Else
    If adt_num + old_num< 30 Then
discount = 0.05
    Else
discount = 0.08
    End If
End If


Cells(7, 3) = discount
Cells(8, 3) = adt_num * 160 + old_num * 90
Cells(9, 3) = (adt_num * 160 + old_num * 90) * discount
Cells(10, 3) = (adt_num * 160 + old_num * 90) * (1 - discount)


End Sub
```

这一段代码的运行结果如图 9 - 15 所示。

世博门票团体订单		
门票种类	门票单价	数量
成年人	160	27
老人	90	56
免票儿童	0	47
折扣率		0.08
总票价		9360
优惠金额		748.8
实付总价		8611.2

图 9 - 15   世博门票团体订票计算结果

9.3   其他工作表控件

9.3.1   数值调节按钮

除了上面例子中介绍的滚动条控件以外,数值调节按钮也常被用于更改数字,它占用的控件比滚动条少,但是当需要进行大范围调节的时候也没有滚动条灵活。它有时候也被称作旋转按钮。

设置数值调节按钮的控件属性中,在"当前值"框中,应在下面允许的值范围内输入数值调节钮的初始值。此值不得小于"最小值",否则将使用"最小值";也不能大于"最大值",否则将使用"最大值"。在"最小值"框中,输入用户通过单击数值调节钮的下箭头可以指定的最小值;在"最大值"框中,输入用户通过单击数值调节钮的上箭头可以指定的最大值(图 9 - 16)。而在"步长"框中,输入单击箭头时值增加或减小的幅度。在"单元格链接"框中,输入包含数值调节钮当前位置的单元格引用,链接单元格将返回数值调节钮的当前位置。

图 9 - 16   数值调节按钮

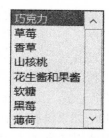

图 9 - 17   列表框

9.3.2   列表框

列表框是一个显示用户可从中选择一个或多个文本项的列表(图 9 - 17)。设置列表框的属性时,在"数据源区域"框中,输入对某个区域的单元格引用,该区域中包含要在该列表框中显示的值。在"单元格链接"框中,输入包含列表框选定内容的单元格引用,链接单元格返回列表框内的选定项目数。

9.3.3   组合框

组合框又常被称为下拉列表框,看起来好像是文本框与列表框的组合(图 9 - 18)。组合框平时看起来似乎是一个按钮的文本框,比列表框更加简洁,当用户单击下箭头,就能显示项目列表了。通过使用组合框,用户可以键入一个条目或者仅从列表中选择一个项目。该控件显示文本框中的当前值,而不管该值是如何输入的。

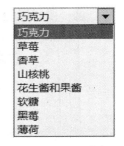

图 9-18　组合框

9.3.4　选项按钮

选项按钮通常被用于单项选择的情况,它由一个小圆形框和一个标签组成,标签说明该选项按钮所代表的选项含义(图 9-19)。

在运行时,如果用户点击选项按钮,就可以改变它的状态。小圆形框将被填充,以表示该选项按钮已经被选中。通常在框架中使用选项按钮,以选择一组相关项目中的一个。例如,可以创建一个包含可选项目清单的订单窗体,每个项目前有一个选项按钮。用户可以通过选中相应的选项按钮来选择某个项目。一个组中的各个选项按钮是互斥的。也就是说,一个组当中的选项按钮,如果选中一个,先前被选中的就会处于非选中状态。通过设置选项按钮的Group 属性或者将其放入一个组框,就能够将选项按钮分组。

图 9-19　选项按钮　　　　　　　图 9-20　复选框

9.3.5　复选框

复选框和选项按钮类似,也是允许用户选中或者不选中某一个项目,不同的是,复选框允许用户选中一组中的多个项目。

它由一个小方形框和一个标签组成,标签说明该复选框所代表的选项含义,如图 9-20 所示。利用复选框可以允许用户从两个值中选择一个,例如从 Yes/No、True/False 或 On/Off中进行选择。如果选中了复选框,它会显示特殊的标记(如 X),而且其当前设置为 Yes、True或 On;如果没有选中复选框,那么它是空白的,而且其设置为 No、False 或 Off。也可以在框架中使用复选框,以选择一组相关项目中的一个或多个项目。例如,可以创建一个包含可选项目清单的订单窗体,每个项目前有一个复选框。用户可以通过选中相应的复选框来选择某个或某些项目。

9.3.6　框架

框架控件主要用于将不同功能群的控件分离开,或者让一组选项按钮或者复选框放置在一起,使其成为一组。框架中的所有选项按钮是互斥的,所以可用框架创建选项组,还可用框架将关系密切的控件组合起来。例如,在处理顾客订单的应用中,可用框架将顾客的姓名、地址和账号组合在一起。

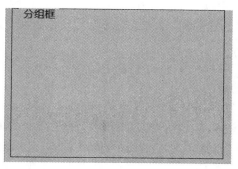

图 9‑21　框架

本 章 小 结

在本章中，我们主要讨论了如何创建用户窗体，然后在用户窗体上放置控件，以及直接在表单上放置控件这两种 VBA 主要的用户界面设计手段。通过这两种手段，可以设计出符合 Windows 操作习惯的用户界面，从而将一组完成相关功能的宏有序结合起来完成一定的任务。其中前一种方法可以设计出豪华的界面，提供良好的界面，并且将大多数变量作用域隔离在用户窗体以内，适合未来向与用户进行复杂交互的程序发展。而后一种方法简单明了，直接将控件和 Excel 表单相结合，适合快速创建直观的程序。在编程中根据对不同用户需求的认识，灵活地运用这两种方法。并且注意在 Excel 使用中不断加深对各种控件优缺点和适应性的认识，合理排布，就能做出美观便捷的操作界面。

练　习

1. 打开"第 9 章/练习/富豪排名.xlsm"，创建一个可以逐条浏览富豪信息的窗体，窗体名为"F1"，标题为"富豪信息浏览"，窗体上的控件属性及功能说明："富豪信息浏览"标签；字体：楷体；字号：18，加粗；名称为 Title；使用几个标签分别显示每位富豪的相关信息，文本框前标签是字段名；命令按钮功能分别为："上一富豪"转到上一条记录，其名称为 Lastrecord；"下一富豪"转到下一条记录，其名称为 Nextrecord；"关闭窗体"可以关闭窗体，其名称为 Closeform。
2. 打开"第 9 章/练习/比较.xlsm"，利用自己的图片放在图像控件中，并通过调整属性，使图片和各控件排布美观。
3. 打开"第 9 章/练习/世博门票.xlsm"，用数值调节按钮替换滚动条，通过合理设置，保持程序功能不变。

实　验

1. 创建一个新的用户窗体，在其上添加一个命令按钮，通过命令按钮的 MouseMove 事件中修改 Left 属性或 Top 属性，创建一个会移动位置从而让用户点击不到的命令按钮。
2. 创建一个新的用户窗体，然后在上面放置工具箱里面的所有控件，并为每个控件的缺省事件添加一个弹出 Message Box，显示不同的信息，以探索在什么情况下会触发该事件宏。

3. 创建用户窗体,窗体名为"除以 7",标题为"被 7 整除数的和",点击"开始计算"按钮,能够计算 1 000 以内能被 7 整除的数的和,并将结果显示在文本框里,文本框名称为"SUM",命令按钮名称为"计算"。

4. 创建用户窗体,窗体名为"除以 7",标题为"被 7 整除数的和",点击"开始计算"按钮,能够计算 100 以内能被 7 整除的数的和,并将结果显示在文本框里,文本框名称为"Total",命令按钮名称为"Compute"。

5. 创建一个名为"闰年"的窗体,标题为"是否闰年",属性及功能说明:"判断是否是闰年"标签;字体:宋体;字号:14、加粗;名称:Title;"年份"标签,名称 Label1;文本框为未绑定,名称是 Year;命令按钮,名称为 Compute,其功能分别为:单击"开始判断"判断用户输入的年份是否是闰年,如是闰年,弹出对话框"XXXX 是闰年",否则弹出对话框"XXXX 不是闰年"(XXXX 为用户输入的年份,注意年份为数字,而后面是文本,要同时将年份和提示文本显示在一个消息框中,可以采用连接符"&"或先使用 CSTR 函数将年份转换成字符串再用"+"连接);闰年的计算方法:如某年能被 400 整除或不能被 100 整除但能被 4 整除,则该年为闰年,否则是平年。

第10章
VB 程序案例综合分析与设计

在学会了基本的用户界面设计之后，我们要做的是综合运用前面所学的宏知识和用户窗体、控件等知识来实现一些简单的程序，以验证所学的知识，并且学会使之协调工作。Excel 中的 Visual Basic(简称 VB)可以实现很多复杂的功能，结合 Excel 内置的工作表、工作簿以及相关函数，不仅可以实现简单的小程序，还可以实现与学习、工作、娱乐相关的复杂功能。图 10-1 就是利用 VB 在 Excel 工作表上实现的俄罗斯方块游戏，图 10-2 是手机归属地等信息的实用查询程序。

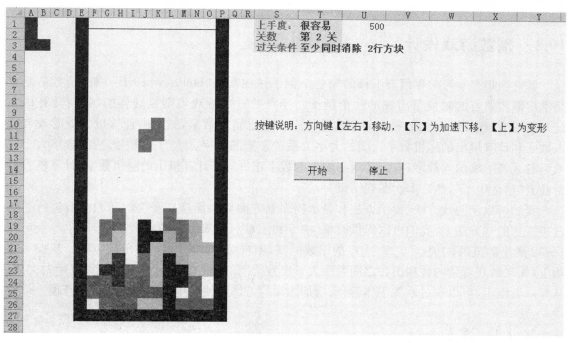

图 10-1 俄罗斯方块游戏

其实，不论多么复杂的功能，通过仔细分析程序的功能需求，逐步分析每个功能执行的条件，顺序和所用到的数据，然后按照一定的条件将不同的功能和控件相结合，就能够实现我们所需的功能。

在任何一本书里面，都不可能介绍所有的编程技巧，勤动手多练习是成为熟练程序员的不二法门。在遇到新的编程问题时，要善于运用 Excel 系统内置的帮助系统，也可以参考网络上

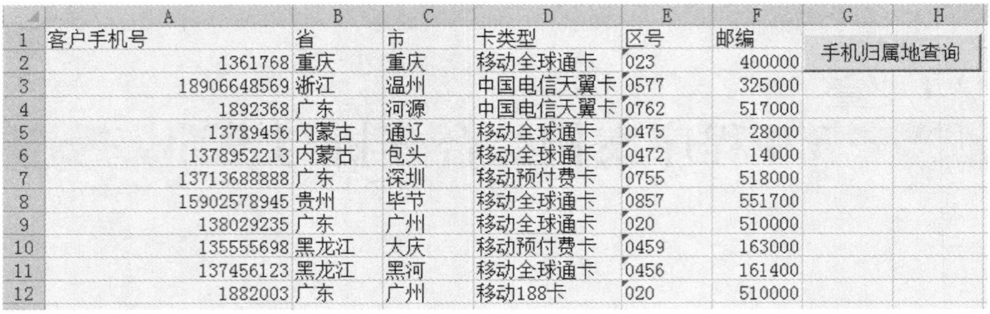

	A	B	C	D	E	F	G	H
1	客户手机号	省	市	卡类型	区号	邮编	手机归属地查询	
2	1361768	重庆	重庆	移动全球通卡	023	400000		
3	18906648569	浙江	温州	中国电信天翼卡	0577	325000		
4	1892368	广东	河源	中国电信天翼卡	0762	517000		
5	13789456	内蒙古	通辽	移动全球通卡	0475	28000		
6	1378952213	内蒙古	包头	移动全球通卡	0472	14000		
7	13713688888	广东	深圳	移动预付费卡	0755	518000		
8	15902578945	贵州	毕节	移动全球通卡	0857	551700		
9	138029235	广东	广州	移动全球通卡	020	510000		
10	135555698	黑龙江	大庆	移动预付费卡	0459	163000		
11	137456123	黑龙江	黑河	移动全球通卡	0456	161400		
12	1882003	广东	广州	移动188卡	020	510000		

图 10－2　手机归属地和区号、邮编查询

其他人的实现方法，并和自己的思路加以比较，这样就能够更快成长为一名优秀的 Excel 高手程序员了。

限于篇幅，本书只能从娱乐、工作和学习三个方面各举一个简单的例子，并且提供了所有的代码。以这样三个例子为基础，读者可以亲手实现这些程序，进而完善和改进这些程序的功能，来作为提高综合编程能力的第一步。本章适合需要编写复杂交互式 Excel 程序以实现更多功能的读者，此外，猜数游戏着重介绍了随机数的生成和使用，抽奖程序介绍了引入外部函数扩充 Excel 功能的方法，模拟测试程序介绍了隐藏工作表界面和自动开始程序的方法。

10.1　猜数游戏设计

就好像很多学习编程语言书籍的第一个例子往往都是“Hello，world!”一样，猜数游戏也是学习编程语言的时候常出现的一个例子。经典的猜数游戏规则是这样的，先由计算机在1～100之间随机出一个数，游戏者每次输入一个自己猜的数字，然后由计算机告诉游戏者输入数字和计算机出的随机数字之间的大小关系，“您猜的数字太大”，或者“您猜的数字太小”。然后游戏者继续输入数字，直到游戏者输入的数字正好等于计算机出的随机数字，计算机告诉游戏者“您猜中了”，然后本次游戏结束。

我们可以从游戏方法、提示方法和显示界面等方面对上面这样经典的猜数游戏进行一些改进。从游戏方法上，我们可以提供简单、中等和困难三个等级供游戏者挑战，简单等级对应1～32的出数范围，中等对应1～100的出数范围，困难对应1～1 000的出数范围。从提示方法上，如果游戏者猜的数和出数之间差距大于出数范围的四分之一，提示游戏者“差距太大!”。从显示界面上，可以通过改变字体颜色、增加图案等方法来使简单的猜数游戏更加有趣。

10.1.1　需求分析

针对上面的需求，整个程序可以分为三个阶段：第一个阶段是设定游戏的难度；第二个阶段是由计算机按照第一个阶段设定的难度出一个随机数；第三个阶段是由游戏者来猜数，并不断告诉他数字的大小关系，直到最后猜中，显示猜中的信息。

三个阶段之间有前后顺序的关系，而第一阶段设定好后，不需要每次更改，因此可以专门设计一个按钮来设定游戏的难度。在游戏过程中，需要一个按钮来让游戏者开始或者重新开始游戏,另一个按钮让游戏者确认输入的数字,最后还需要一个按钮退出程序。

由于设定难度是一个专门的任务,可以在这个按钮之上弹出另外一个用户窗体来进行设置,因此最终需要两个用户窗体:一个是用于猜数的主界面用户窗体,一个是用于设定难度的用户窗体。设定难度应该可以随时设置,但是直到下一次开始游戏才会生效。

至少应当有一个文字框让游戏者输入数字,同时有一个标签向游戏者显示游戏过程中的相关信息。最后,如果游戏者猜中了,应当重置文字框的内容,同时向用户提示已经猜中。

10.1.2 界面设计

针对上述的需求,首先新建一个 Excel 工作簿,然后进入 VB 开发环境,插入两个窗体:UserForm1 和 UserForm2。接下来将 UserForm1 的名称改为"GuessGameForm",Caption 改为"猜数游戏",然后调整至合适的大小。在上面放置 4 个按钮,将 Name 分别改为"SetDifficulty""Start""Guess"和"Exit",Caption 分别改为"设定难度""开始游戏""我猜是它"和"退出游戏"。顾名思义,它们分别会执行弹出设定难度的用户窗体,让游戏者开始或重新开始游戏,让游戏者确认自己输入的数字和退出程序的功能。另外添加一个文字框用来让用户输入数字,因为我们最大只会猜到 1 000,所以将文字框的 MaxLength 设为 4。在文字框上面添加一个标签 Label1,将标签的 Name 改为"NumberRange",Caption 设为"当前数字范围(1~32)",用于提示用户当前的猜数范围,因为我们缺省的难度是容易,因此先将数字范围设为 1~32。在文字框的前面添加一个标签 Label2,将标签的 Name 改为"LnputTip",Caption 设为"请输入一个数字:",用于提示游戏者在文字框中输入数字。在文字框下面再添加一个 Label3,用于显示当前猜数的结果,将其 Name 改为"ShowResult"。为了突出结果,因此将 ShowResult 的 Font 设为宋体小四加粗,将文本对齐方式(TextAlign)改为 2 - fmTextAlignCenter。同时,由于缺省情况下还没有开始猜数,因此将 ShowResult 的 Caption 设为"还未开始。"。都设置好以后,用户窗体"猜数游戏"应如图 10 - 3 所示。

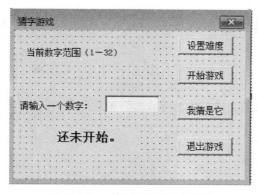

图 10 - 3 "猜数游戏"用户窗体

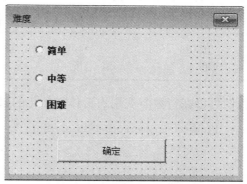

图 10 - 4 设置难度用户窗体

UserForm2 的名称改为"DifficultyForm",Caption 改为"难度",然后在上面放置三个选项按钮,分别将它们的 Name 改为"Easy""Middle"和"Difficult",Caption 改为"简单""中等"和"困难",然后将它们的 Groupname 统一设置为"Difficulty"。将"简单"选项按钮的 Value 属性设为 True。另外在下方添加一个命令按钮,将 Name 改为"OK",Caption 改为"确定"。难度设置用户窗体如图 10 - 4 所示。

10.1.3 事件编程

我们可以发现,选项按钮的选择和文字框的输入,都由控件内置的逻辑来响应用户的操作,这两个操作只是改变了选项按钮组合文字框的状态。用户启动游戏、猜数、退出游戏等都是靠单击按钮完成,因此这里主要触发的事件是点击命令按钮,我们的事件编程也主要集中于命令按钮上。

命令按钮 SetDifficulty 的主要功能就是弹出的用户窗体 DifficultyForm。根据我们前面所学的知识,可以这样来编写宏:

```
Private Sub SetDifficulty_Click()
DifficultyForm.Show
End Sub
```

命令按钮"开始游戏"要读取当前的难度信息,并根据难度信息生成一个随机数。在程序初始化的时候,缺省为简单。这样我们需要一个公用变量 Diff 在不同的用户窗体中传递信息,因此,我们在模块1"通用"的"声明"里面使用 Public 关键字来声明这个变量,如图 10-5 所示。

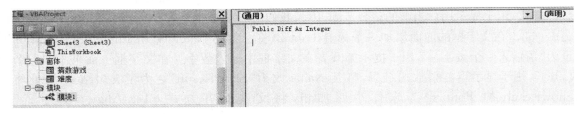

图 10-5 定义一个公用变量

这个变量和难度之间的关系设定如表 10-1 所示。

表 10-1 Diff 变量和难度的对应关系

值	32	100	1 000
难度	简单	中等	困难

我们可以在猜数游戏用户窗体初始化的时候就将其设为 32,即简单难度。代码如下:

```
Private Sub UserForm_Initialize()
    Diff = 32
End Sub
```

另外还要在窗体的通用声明中声明两个宏公用的变量:

```
Dim InputNum, RndNumAs Integer
```

接下来就可以根据这个表格来产生相应的随机数了。代码如下:

```
Private Sub Start_Click()
RndNum = Int(WorkSheetFunction.randbetween(1,Diff))
End Sub
```

其中工作表函数 RANDBETWEEN 用于产生一个大于等于 1 但小于 Diff 的随机整数。这个函数的语法是这样的：

```
RANDBETWEEN(bottom,top)
```

其中，Bottom 是函数 RANDBETWEEN 将返回的最小整数，Top 是函数 RANDBETWEEN 将返回的最大整数。我们这里的 Bottom 参数是 1，Top 参数是 Diff，就会产生一个大于等于 1 但小于等于 Diff 的随机整数。由于 RANDBETWEEN 是工作表函数，因此在用户窗体编程中使用该函数的时候要在函数名前加 WorkSheetFunction 的方式引用。如果在实际使用中发现该函数不可用，并返回错误值 ♯NAME?，请安装并加载"分析工具库"加载宏。具体操作方法是在"工具"菜单上，单击"加载宏"。然后在"可用加载宏"列表中，选中"分析工具库"框，再单击"确定"。

命令按钮"Guess"的事件宏，主要是判断用户在文字框中输入的数字是否和计算机产生的随机数相等。如果相等，计算机告诉用户猜中了数字；如果不相等，计算机提示用户两个数字之间的关系。因此这段代码主要由嵌套的 if 语句组成，如下所示：

```
Private Sub Guess_Click()
InputNum = Int(Val(TextBox1.Text))
If InputNum = RndNum Then
ShowResult.Caption = "您猜中了！"

Else
    '下面判断哪一个比较大
    If InputNum>RndNum Then
ShowResult.Caption = "您猜的比较大！"
    Else
ShowResult.Caption = "您猜的比较小！"
    End If

    '下面判断是否差距太大
    If Abs(InputNum - RndNum) >= (Diff / 4) Then ShowResult.Caption = ShowResult.
Caption&"差的比较多。"

End If

End Sub
```

命令按钮"Exit"的功能是退出游戏，只需要简单地 Unload"猜数游戏"用户窗体即可。代码如下：

```
Private Sub Exit_Click()
Unload GuessGameForm
End Sub
```

这样 GuessGameForm 这个用户窗体就具备基本的游戏功能了。DifficultyForm 用户窗体上还有一个 OK 按钮需要编程。通过分析可以知道，点击这个按钮之后，需要执行三个任务：第一，根据用户选择的选项按钮设置 Diff 变量。在此可以利用 Boolean 型变量可以参与整数运算的特性，通过一个算式计算出 Diff；第二，根据 Diff 变量设置猜数游戏用户窗体上 Label1 控件显示的提示信息；最后，隐藏难度用户窗体，让用户回到猜数游戏用户窗体继续后面的操作。因此代码如下：

```
Private Sub ok_Click()
'根据选项按钮选择情况计算难度
Diff = Abs(easy.Value * 32 + middle.Value * 100 + difficult.Value * 1000)

'根据难度显示提示
Select Case Diff
Case 32
GuessGameForm.NumberRange.Caption = "当前数字范围(1-32)"
Case 100
GuessGameForm.NumberRange.Caption = "当前数字范围(1-100)"
Case 1000
GuessGameForm.NumberRange.Caption = "当前数字范围(1-1000)"
End Select
'隐藏难度设置窗口
DiffcultyForm.Hide

End Sub
```

现在我们运行 GuessGameForm 用户窗体，依次设置难度，开始游戏，就可以开始猜数游戏了。

10.1.4　完善美化

虽然现在已经可以正常游戏了，但是这个程序还是有很多不完善的地方，可以进行进一步的完善和美化。

首先就是按照现在的代码，用户还需要去 VBA 环境中运行猜数游戏用户窗体，这当然很不方便。可以用第 9 章例子中的方法，在工作表上放置一个命令按钮来运行猜数游戏用户窗体，但本例中其实没有用到工作表的功能，因此可以使得用户一打开工作簿就自动运行猜数游戏。为此目的，可以在 ThisWorkBook 中使用查看代码，为 WorkBook 的 Open 事件编写宏，代码如下所示：

```
Private Sub WorkBook_Open()
    Application.WindowState = xlMaximized
    GuessGameForm.Show
End Sub
```

代码中包含两行，第一行的目的是最大化 Excel 窗口，第二行的目的是运行 GuessGameForm 用户窗体。这样只要用户打开 XSLM 文件，就会自动最大化窗口并运行猜数游戏。

另外,现在我们假设用户是按照先设置难度,再开始游戏,然后猜数的顺序操作的。实际上,用户可能不按照这一顺序操作。如果用户不设置难度,就进行下一步操作,难度缺省为简单,Diff=32,是不影响游戏后续操作的。但是如果用户不先点击"开始游戏"命令按钮就去输入数字,然后点击 Guess 按钮,就会因为没有生成过随机数而造成逻辑混乱。为了避免这种情况的发生,可以设定点击了 Start 命令按钮之后,Guess 命令按钮才可用。为此,先在用户窗体的设计界面中,通过改变 Guess 命令按钮的 enabled 属性改为 False,然后在 Start_click 宏中,增加一行代码:

```
Guess.Enabled = True
```

这样就可以保证,先生成随机数,然后才让用户开始猜数。

此外,为了程序美观,我们可以通过两幅图片来展现用户当前的过程:点击开始游戏后,显示一幅表示用户在思考的图片,而猜对数字以后,显示一幅表示用户成功的图片。为了达到这个目的,我们可以在 InputTip 标签的后面,重叠放置两张图像控件,然后通过代码来控制它们的显示。两个图像控件分别为 Image1 和 Image2,大小设为一样,位置也一样。图像的PictureSizeMode 属性设为 3 - fmPictureSizeZoom,然后 Picture 属性分别设为一张表示思考的图片和一张表示成功的图片,将两个图像控件的 Visible 属性都设为 False。

在程序运行中,在开始游戏之后,显示 Image1,不显示 Image2。而一旦猜中数字,显示Image2,不显示 Image1。因此我们在"开始游戏_click"宏中添加代码:

```
Image1.Visible = True
Image2.Visible = False
```

在"我猜是它_click"宏中向用户显示猜中信息的代码后面添加两行代码:

```
Image1.Visible = False
Image2.Visible = True
```

这样运行中效果如图 10 - 6 和图 10 - 7 所示。

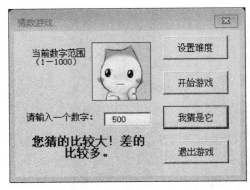

图 10 - 6　未猜中时的图片提示

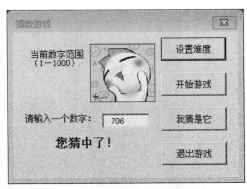

图 10 - 7　猜中时的图片提示

这样,一个简单的猜数游戏就完成了。通过这个例子,我们展现了如何将程序需求分解为每个按钮的事件程序的过程。还展现了如何产生随机数,如何通过在不同的地方声明变量在用户窗体的两个宏之间以及两个用户窗体间传递信息,以及如何在适当的时候将控件 Enable 隐藏或者显示以使得程序更加美观等方法。

10.2 新年抽奖程序设计

新年晚会中,抽奖是很多单位的必备节目,一个自制的抽奖程序可以显示单位名称和特别的图片,还可以定制一些抽奖要求,在晚会上使用会起到比普通抽奖程序更好的效果。我们也可以使用 Excel 中的 VBA 编程完成这一任务。

假设我们要求程序根据 Excel 表格中给出的名单,分多次抽出不同等级的奖项,每一个等级的奖项最多大约 15 个人获奖。为了方便操作,我们要求按下回车键或点击某个按钮,程序在给定的名单中随机选择名字和单位滚动显示,再按下回车键或点击某个按钮,就抽出一个人,放在一个名单中显示。上述过程可以不断重复,直到该等级奖项的所有人被抽出来。每个等级的奖项不能重复获得,不同等级的奖项之间允许重复。程序要显示清晰,便于在晚会中使用投影让观众看清每个抽出来的人的姓名和单位。

10.2.1 需求分析

按照上面的需求,可以设计一个基于用户窗体的程序。该用户窗体要有一个滚动显示区域,每秒滚动 10 个或者更多名字,还有一个列表显示已被抽到过的人的姓名和单位,列表中的人员不能重复出现。有一个按钮负责开始和停止滚动,另外还有一个按钮负责清空列表。为了防止错误点击按钮退出程序,不设置退出程序的按钮,而要通过右上角的关闭按钮退出运行。

为了烘托喜庆的气氛,我们可以为用户窗体设置一张背景图,在颜色设计上,多使用暖色调。为了方便投影的时候让更多的人看清楚,滚动的名字和操作按钮都要设计得非常巨大和明显。

10.2.2 界面设计

根据上面的要求,可以使用一个用户窗体来作为主界面。控件安排如图 10 - 8 所示。

图 10 - 8　新年抽奖界面设计

用户窗体的属性更改如表 10 - 2 所示。

表 10 - 2　用户窗体的属性设置

属　性	值
Caption	新年抽奖程序
Special Effect	0 - fmSpecialEffectFlat
StartUpPosition	1 -所有者中心

其中要特别注意的是通过 Picture 属性给用户窗体设置了一个背景图像,然后通过 PicturesizeMode 属性使图像充满整个窗口。

窗体的正中间放置了一个标签控件,用于显示抽奖时滚动的信息。它的属性设置如表 10 - 3 所示。

表 10 - 3　用于滚动显示的标签 Label1 属性设置

属　性	值
Caption	开始抽奖!
BackColor	000000FF

需要注意的是 Caption 先被设置为"开始抽奖!",字体也要做相应调整,调整到和标签大小相符。接下来是在左边放置一个文本框,用于显示列表,要修改的属性如表 10 - 4 所示。

表 10 - 4　文字框 TextBox1 属性设置

属　性	值
MultiLine	True
BorderStyle	0 - fmBorderStyleNone
ScrollBars	3 - fmScrollBarBoth
SpecialEffect	2 - fmSpecialEffectSunken
BackStyle	0 - fmBackStyleTransparent
Enabled	False

需要注意的是 MultiLine 属性要设为 True,以便显示多行文本,Enabled 属性设为 False,以免它得到焦点。同时将 BackStyle 设为透明,效果会比较好。其他属性参照图中设置。

另外放置两个按钮,将命令按钮调整到合适大小和位置,将字体设置到合适大小,将 ForeColor 设置成红色,BackColor 设置成黄色,以配合整体风格。

10.2.3　事件程序

如需做到用回车来控制程序的滚动和停止,就要将焦点设置在"开始"那个按钮上,按下回车,Label1 开始滚动显示,它即变为"抽奖",再按下回车,Label1 就停在某个名字上。依照这个思路,我们为 CommandButton1,也就是现在显示"开始"的按钮编程如下:

```
Private Sub CommandButton1_Click()
If CommandButton1.Caption = "开始" Then
    '开始滚动,将按钮文字设为"抽奖"
    CommandButton1.Caption = "抽奖"
    Call name_move
    '设置每50毫秒触发一次 name_move()
timerset = SetTimer(0, 0, 50, AddressOfname_move)
Else
'停止滚动,将按钮文字设为"开始"
    CommandButton1.Caption = "开始"
    '停止定时器工作
    timerset = KillTimer(0, timerset)
    '将新抽出来的人姓名单位放入列表
listnum = listnum + 1
    TextBox1.Text = TextBox1.Text &listnum& " " & Label1.Caption &Chr(13)
namelist = namelist& Label1.Caption

End If
End Sub
```

因为 Excel 内置的定时函数定时精度最快只有 1 秒,因此如果使用 Excel 的定时器,最快 Label1 每秒最多只能显示一个名字,这就起不到抽奖的作用了。因此必须借助外部函数来达到这一要求。在 Windows 编程中,通过动态链接库来调用外部函数是可行的方法,借助这种方法,Windows 可以在软件之间实现代码复用,同时也为编程提供了无穷无尽的可能性。Windows 自身带有一系列函数库,这些函数库比起第三方提供的函数库而言,更加稳定,兼容性也更好。因此我们这里调用的函数 SetTimer( )和 KillTimer( ),SetTimer( )和 KillTimer( )是 Windows 函数,而不是 Excel 内置函数。在使用 Windows 函数库里面的函数之前,需要在通用的声明部分先进行声明,让 Excel 知道调用哪个动态链接库:

```
Private Declare Function SetTimer Lib "user32" (ByValhwnd As Long, ByValnIDEvent As Long,
ByValuElapse As Long, ByVallpTimerFunc As Long) As Long
    Private Declare Function KillTimer Lib "user32" (ByValhwnd As Long, ByValnIDEvent As Long)
As Long
    Public timerset As Long
    Public listnum As Integer
    Public namelist As String
```

引入 SetTimer 和 KillTimer 主要起到控制定时器的作用。当我们用 SetTimer 的时候,计算机内置的时钟被安置了一个小闹钟,每当设定的时间间隔到达,比如本例的 50 毫秒,就会触发一个函数,比如本例的 name_move,而我们要做的事情就是为每 50 毫秒触发的这个宏 name_move 编写程序。另外一个 KillTimer 函数则取消这个定时器,也就不再每 50 毫秒触发 name_move。

在声明中我们可以看到这两个函数都是来自 Windows 的 User32 库,Windows 还提供了很多类似的类库，每个类库又包含了很多有用的函数，是我们在运用 Excel 时除 Excel 函数库之外的庞大宝库，对 Windows 类库的运用也是任何 Windows 高级程序员都应该掌握的知识。

在 Textbox1.text 的设置上，我们使用了 CHR(13)来产生一个回车，让后面的加上来的名字和单位处于下面的一行，这样才能比较整齐地排列。CHR()函数根据数字，从 ASCII 码表中检出相应的字符。编程中常用的还有 CHR(7)，让喇叭发出 BEEP 的声音，CHR(10)，代表换行。需要特别说明的是，在所有的计算机语言中，ASCII 码 10 都是代表换行符。在键盘上没有对应按键，只在各种计算机语言程序中出现。在 VB 及以前的 BASIC 版本中，CHR(10)都是调用 ASCII 码 10，即换行符。而"回车"CHR(13)与"换行"CHR(10)的区别在于"回车"代表上一句终了，再输入或输出就是下一句了。而"换行"时前一句并没有结束，前后还是一句话，仅仅是从形式上"换行"后的部分放到下一行，看起来跟回车的形式一样。但是，VBA 中要换行时，却是要 CHR(13)或者 CHR(10)＋CHR(13)，单独一个 CHR(10)，已经不能换行了。

当 CommandButton1 开始触发滚动后，name_move 宏每 50 毫秒被执行一次，它使用随机数，从本例提供的 109 个人名单中取出一位，并检查他是否在已经被抽出的列表中，如果不在，则显示他的名字和单位；如果在，则说明重复了，应再次随机抽取，直到显示一个人的名字和单位为止。具体代码如下：

```
Sub name_move()
Dim ID_numberAs Integer
Do
        foundname = 1
        '产生随机 ID
ID_number = Rnd() * 108 + 2
            If Not (UserForm1.TextBox1.Text Like ("*" &Sheet1.Cells(ID_number, 1).Text &
"*")) Then
            '找到一个没有被抽出来的随机 ID
            UserForm1.Label1.Caption = Sheet1.Cells(ID_number, 2).Text + " " + Sheet1.Cells(ID_
number, 1).Text
        foundname = 0
            Else
            End If
Loop While foundname = 1


        End Sub
```

这段代码应当放在工作簿的模块当中。

此外，还有一个用于清空列表的 CommandButton2，它的 Click 事件先弹出一个对话框让用户确认是否清空获奖人员列表，如果是，就清空列表，重置定时器，设置 Label1 的文字，清空相应变量，并让焦点回到 CommandButton1，以保证用户回车还是可以开始滚动和抽奖。具体代码如下：

```
Private Sub CommandButton2_Click()
If MsgBox("确定清空获奖人员列表？", vbYesNo) = vbYes Then
    CommandButton1.Caption = "开始"
timerset = KillTimer(0, timerset)
    Label1.Caption = "再次开始抽奖！"
```

```
        TextBox1.Text = ""
    namelist = "中奖者"
    listnum = 0
    Else
    End If
    CommandButton1.SetFocus
    End Sub
```

此外,用户窗体初始化的时候要初始化相应的变量,代码如下:

```
    Private Sub UserForm_Initialize()
    namelist = "中奖者"
    listnum = 0
    End Sub
```

由于没有退出按钮,用户可能会在 Label1 还在滚动的时候就按下用户窗体的关闭按钮,因此要在用户窗体的终结处理好定时器的善后工作,代码如下:

```
    Private Sub UserForm_Terminate()
    timerset = KillTimer(0, timerset)
    End Sub
```

最后,为了能使抽奖前用户检查一下名单是否有误再启动抽奖程序,因此采用在工作表上用防止按钮的方法来启动抽奖用户窗体。实际应用效果如图 10-9 所示。

图 10-9 抽奖程序运行效果

10.3　模拟测试程序

在学习中,我们常常要进行一些模拟测试,以检验学习的效果。例如 Excel 的知识测试或者单词词意的测试等。利用 Excel,我们可以方便地更换题库,然后利用一个程序来实现测试的功能。

假设我们有 10 道题,每道题目有 4 个选项,其中只有 1 个选项是正确的,题目、选项、答案被按照如图 10 - 10 所示的格式存在 Excel 表格里,相当于是个微型的单选题题库。

序号	题目	选项A	选项B	选项C	选项D	答案	答题
1	以下哪一个特殊字符的作用是只显示有效数字而不显示无效的零?	!	0	#	@	3	
2	A1单元格内容为 "Text",如果在A1单元格中设置条件格式,公式为:=ISTEXT(A1),相应的格式代码为 "@!.",那么A1的显示效果是:	Text	Text.	!Text	@Text	1	
3	下列符号不属于运算符的是:	:(冒号)	_(空格)	^	$	4	
4	下列哪个函数不需要参数?	TRUE	SUM	IF	ROUND	1	
5	如果把$D$5引用转换成R1C1引用样式,下列哪个答案是正确的?	R1C1	R5C4	C4	R[1]C5	2	
6	如果要定位表格中包含数组公式的单元格,应按下列哪个快捷键?	CTRL+A	CTRL+C	CTRL+H	CTRL+G	4	
7	2003中需要加载宏才能使用,而在2007中不需加载宏即可以使用的函数是?	SUMPRODUCT	MMULT	NETWORKDAYS	TEXT	3	
8	下列等式中可以成立的是:	MOD(n, d) = n-d*INT(n/d)	ROUND(n,0)=INT(n)	ABS(n)=--TRUNC(n)	FLOOR(n,0.1)=ROUNDUP(n,0.1)	1	
9	下列哪个函数可以代替运算符 ^	SQRT	SQRTPI	POWER	SIGN	3	
10	假定A1单元格内容为 "abc78函数ad教程98",下列哪个公式可以求取其中汉字字符的个数?	=LEN(A1)-LENB(A1)	=LENB(A1)-LEN(A1)	=LEN(A1)	=LENB(A1)	2	

图 10 - 10　微型题库的格式

从左至右分别是序号、题目、选项 A、选项 B、选项 C、选项 D、答案和答题列,其中答案用 1、2、3、4 分别代表 A、B、C、D 选项,答题列留着填入用户选择的选项,同样也用 1、2、3、4 来表示。我们需要做的是,逐一显示题目和可选的选项,然后由用户通过点击选择答题,等用户全部答题完毕之后,通过和标准答案的比对,每道题答对给 1 分,加总给出用户的得分。

10.3.1　需求分析

针对上面的要求,我们当然不能一开始就把这个小题库和里面的标准答案让用户看到。这意味着工作簿一打开,就必须隐藏好这个题库,然后再弹出一个用户窗体来给用户做。每次显示题目的方式是一样的,上面显示序号和题目内容,下面纵列显示 4 个选项,用户依靠鼠标点选的形式来进行单项选择。用户应该能使用按钮向前一题或者向后一题移动,以便用户能检查自己做过的题目并且更改答案。当用户到达最后一题时,可以选择提交全部答题结果,这样系统就开始为用户计算分数。因此程序可以分为三个阶段:第一个阶段是显示题目和选项之前的初始化结算,用于隐藏题库,显示用户窗体;第二个阶段是记录用户答题阶段,程序主要提供用户在题库中前后移动和点击答题的功能;第三个阶段是评分阶段,在用户提交以后,根据标准答案为用户计算分数并加以显示。

10.3.2　界面设计

根据上面的分析,我们界面设计的第一步自然是隐藏好题库内容,以免标准答案泄露。Excel 提供了在工作簿打开时就触发的一个事件,Workbook_Open()。一般我们在这个宏里面写上工作簿一打开就立即执行的代码。如果我们在这个宏里面写上 Application. Visible = False,那么你会发现整个 Excel 的窗口都不见了,甚至同时打开的其他 Excel 窗口也都消失了,自然就能很好地隐藏题库内容了。但是,如果程序接下来没有代码让 Excel 窗口显示出来,你也就无法操作 Excel 来终止这个模拟测试程序的执行了。在调试程序阶段,这会让程序员很麻烦,所以应该先将这一句注释起来,反正我们在调试阶段也应该看到题库的标准答案。

知道了我们能在第一步就隐藏好标准答案之后,就要弹出我们还没有开始设计的用户窗体,开始和用户进行第二阶段的交互。插入一个用户窗体 UserForm1,并设置属性如图 10-11 所示。

(名称)	UserForm1
BackColor	&H8000000F&
BorderColor	&H80000012&
BorderStyle	0 - fmBorderStyleNone
Caption	模拟测试
Cycle	0 - fmCycleAllForms
DrawBuffer	32000
Enabled	True
Font	宋体
ForeColor	&H80000012&
Height	330
HelpContextID	0
KeepScrollBarsVisible	3 - fmScrollBarsBoth
Left	0
MouseIcon	(None)
MousePointer	0 - fmMousePointerDefault
Picture	(None)
PictureAlignment	2 - fmPictureAlignmentCenter
PictureSizeMode	0 - fmPictureSizeModeClip
PictureTiling	False
RightToLeft	False
ScrollBars	0 - fmScrollBarsNone
ScrollHeight	0
ScrollLeft	0
ScrollTop	0
ScrollWidth	0
ShowModal	True
SpecialEffect	0 - fmSpecialEffectFlat
StartUpPosition	1 - 所有者中心
Tag	
Top	0
WhatsThisButton	False
WhatsThisHelp	False
Width	393
Zoom	100

图 10-11　UserForm1 属性设置

然后通过在其上放置控件,使其如图 10-12 所示。

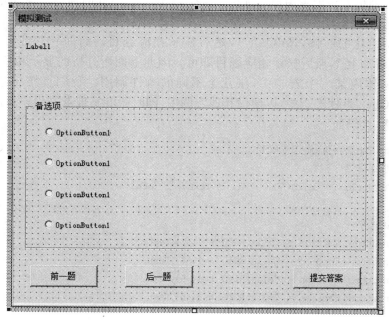

图 10-12 UserForm1 控件放置

需要特别注意的是 OptionButton 是通过放置第一个以后,将其属性中的 GroupName 设为 1,然后复制粘贴生成其他三个,这样它们自然就会成为一组了。其他控件除了改变大小和位置以外,都是用缺省属性,仅将分组框 Frame1 的 Caption 改为"备选项",命令按钮 CommandButton1 的 Caption 属性改为"前一题",命令按钮 CommandButton2 的 Caption 属性改为"后一题",命令按钮 CommandButton3 的 Caption 属性改为"提交答案"。这样,我们的界面设计就完成了。

先做一些初始化的工作,例如在通用的声明区域中声明一些公共变量,它们分别是:

表 10-5 公 共 变 量 表

公共变量名	含　义	初　值
NOfQ	题目总数	10
ROfQ	当前题目序号	1

赋初值的工作可以放在 UserForm1 的 Initialize 事件宏中完成。

10.3.3　事件编程

当然不能将上面的窗口直接给用户看,因此必须在窗口初始化的时候就调入第一题的内容。有了全局变量 RofQ,就能时刻知道现在第几题,只需要将 RofQ+1 行相应列单元格的内容,分别通过相应控件显示出来即可,其中 Label1 的显示内容是序号列内容、顿号和题目列内容连接在一起构成的。选项按钮则显示相应选项的内容。哪一个选项按钮被选中,则取决于答题列单元格是否记录了用户曾经选过的选项按钮。反之,任何一个选项按钮被点选,则应该在相应行的答题列单元格记录用户的选择。这样,不论什么时候回到某一题,都能正确显示用户是否曾经点选答题过了。

　　用户窗体初始化的时候,RofQ 为 1,然后显示相应题目。而前一题或者后一题,只需 RofQ 减去 1 或者加上 1,然后显示相应题目即可。因此上面所分析的显示相应题目的功能,可以放在用户窗体内某一个宏当中,供几个不同的事件调用。我们直接将这个功能写在 UserForm1 的 Click 事件宏当中,以便供其他宏调用,同时还能实现点击用户窗体空白处刷新当前题目的功能,代码如下:

```
Private Sub UserForm_Click()
'显示题目
Label1.Caption = Cells(ROfQ + 1, 1).Text & "、" & Cells(ROfQ + 1, 2).Text

'显示备选项
OptionButton1.Caption = Cells(ROfQ + 1, 3).Text
OptionButton2.Caption = Cells(ROfQ + 1, 4).Text
OptionButton3.Caption = Cells(ROfQ + 1, 5).Text
OptionButton4.Caption = Cells(ROfQ + 1, 6).Text

'显示被选中的备选项

Select Case Cells(ROfQ + 1, 8).Text
Case "1"
    OptionButton1.Value = True
Case "2"
    OptionButton2.Value = True
Case "3"
    OptionButton3.Value = True
Case "4"
    OptionButton4.Value = True
End Select

End Sub
```

这样,用户窗体初始化和前一题后一题两个按钮的代码就分别简化为:

```
Private Sub UserForm_Initialize()
'初始化变量
NOfQ = 10
ROfQ = 1

'清空答题列
For i = 2 ToNOfQ = 1
Cells(i, 8).Value = ""
Next
```

```
'显示题目
Call UserForm_Click

End Sub


Private Sub CommandButton1_Click()
If ROfQ > 1 Then  '判断是否第一题
ROfQ = ROfQ - 1
    Call UserForm_Click
Else
    response = MsgBox("已经是第一题了。", vbOKOnly, "提示")
End If
End Sub


Private Sub CommandButton2_Click()
If ROfQ < NOfQ Then   '判断是否最后一题
ROfQ = ROfQ + 1
    Call UserForm_Click
Else
    response = MsgBox("已经是最后一题了。", vbOKOnly, "提示")
End If
End Sub
```

题目显示实现了,下一步是要实现利用答题列来记录用户曾经选择过的选项。当用户点选某个选项按钮的时候,就应该显示该选项按钮被选中,同时在答题列记录该选项按钮被选中的序号,选项按钮被选中,同时前一个被选中的不再被选中,是由 VB 内在逻辑完成的,因此只需记录哪个按钮被选中即可,如第一个选项按钮的 Click 宏如下:

```
Private Sub OptionButton1_Click()
    Cells(ROfQ + 1, 8).Value = "1"
End Sub
```

接下来,就是要提交答案,按照我们的设计,用户其实可以在任何时候提交答案,为了避免用户误点提交答案命令按钮,需要给用户一个提示和选择的机会。然后对比标准答案和用户答题,并记数显示分数。因此,提交答案命令按钮的事件宏如下:

```
Private Sub CommandButton3_Click()
'询问用户是否提交答案
response = MsgBox("确定提交答案吗? ", vbYesNo, "提示")

If response = vbYes Then
'计算用户分数
score = 0
    For i = 2 ToNOfQ + 1
        If Cells(i, 7).Text = Cells(i, 8).Text Then score = score + 1
    Next i
```

```
'显示用户分数
response = MsgBox("总题目数为" &NOfQ&"道,您的得分为" & score &"分。")
Else
End If


'退出程序
Unload UserForm1
'重新显示 Excel 窗口
Application.Visible = true
End Sub
```

接下来,我们在 Workbook_open 事件宏中加上显示 UserForm1.show,就可以实现在工作簿打开的时候自动运行程序了,由于在这里加上了重新显示 Excel 窗口的语句,如果调试其他语句都没有问题的话,前面隐藏窗口的语句也可以不再注释了。

```
Private Sub Workbook_Open()
'隐藏 Excel 窗口
Application.Visible = False
'运行用户窗体 1
UserForm1.Show
End Sub
```

至此,一个简单的模拟测试程序就完成了。

本 章 小 结

通过以上三个例子,可以发现,学会了 Excel 编程的基础知识,就可以大大拓展 Excel 的应用空间,在能够引用 Windows 类库后,又进一步拓展了用户的能力,弥补了 Excel 的缺陷。但是,也需要注意在编程中熟悉控件的属性、事件和方法,才能够在不同的要求情况下将其运用得游刃有余。

同时,我们也需要注意到,在 Windows 环境下做一个 VBA 这样的事件驱动型程序时,必须摒弃线性和顺序思维,应对用户可能的操作有所估计,才能够顺应用户的操作习惯,编写出易学易用的 VBA 程序来。

练　习

1. 打开"第 10 章/练习/猜数游戏.xlsm",为它添加"最困难"等级,将猜数范围扩大到 1～65 535。
2. 打开"第 10 章/练习/新年抽奖.xlsm",将已中奖名单从 TextBox 控件改为 LixtBox 控件显示,并添加一个纵向滚动条,使它可以支持每次抽出 100 名中奖者。
3. 打开"第 10 章/练习/模拟测试.xlsm",(1) 修改程序使得程序可以支持任意数量的题目;(2) 将单选题改为多选题。

实　验

1. 新建一个工作簿文件,使得在用户窗体上,用户可以通过拖动代表红、蓝、绿三种颜色的三个滚动条,改变用户窗体上 Label1 的文字颜色,使之可以从全黑到全白之间任意变化,此外用户可以通过点击一个调节按钮,来改变 Label1 的文字大小,使之可以从 1 变化到 40。

2. 新建一个工作簿文件,编程在用户窗体上模拟 Windows 自带的计算器程序实现一个简单的计算器。

3. 新建一个工作簿文件,编程在用户窗体上实现一个随机数产生功能,用户可以通过选择不同的选项按钮,在不同的范围内产生带两位小数的 100 个随机数,填充(A,1)至(A,100)单元格。可以通过一个按钮,清空(A,1)至(A,100)单元格,还可以通过一个按钮统计(A,1)至(A,100)单元格数字的和与平均数。

4. 新建一个工作簿文件,为自己建立一个记账程序,要求在工作表上记录收入和消费的项目、日期、时间和数额,输入的时候项目用下拉框选择,日期和时间按当前日期和时间自动生成并允许用户修改,数额使用文字框输入。